超完整

基礎木工入門

圓滿家庭

木作計畫

生活實用系列

決定版

圓滿家庭木作計畫

木作計畫基礎作業 場所索引表……6
木作計畫所需工具……10

Part 1 花園……11
製作三色種植箱……12
製作花園座椅&桌子……15
製作英式木柵欄……18
DIY製作簡易木製露臺……21
重新塗刷木製露臺……26
塗刷陳舊混凝土臺階……30
製作簡易烤肉爐……32
製作鋪磚陽臺……36
為陽臺加鋪陶磚……40
製作簡單排列枕木柱……44
製作簡易枕木立式水龍頭……46
花園DIY的基礎技巧……50

Part 2 圍牆・大門・房屋周邊……57
重新塗刷磚砌圍牆……58
磚砌圍牆與外牆的維修保養……60
鋁合金大門的維修保養……62
混凝土地面的維修保養……63
鐵皮屋頂的維修保養……64
雨水管的維修保養……65

Part 3 木工DIY基本技能……67
鋸子的使用方法……68
電動圓鋸機的使用方法……70
線鋸機的使用方法……72
砂紙&電動砂紙機的使用方法……74
鐵鎚的使用方法……76
電動起子機的使用方法……78
接著劑的使用方法……82
塗刷的基礎知識……84
油漆的使用方法……86
木工DIY規劃 基礎中的基礎……90

Part 4 客廳……99
製作太極矮桌……100
用2×4 basics製作置物架……104
製作玩具收納箱……106
重新塗刷家具……108
將家具塗刷成古典風……110
重新塗刷掛鐘……112
黏貼壁紙……114
塗刷塗料壁材……118
鋪砌企口式木地板……120
鋪砌方塊地毯……122

本書乃基於學研出版社所出版之DIY專業雜誌《DOPA！》與MOOK《製作花園家具&小物》、《簡單！2×4木工》、《塗刷技巧》、《挑戰花園景觀DIY！》、《花園鋪裝》、《自己打造創意花園》、《200秘笈教你擁有珍藏版住宅》、《超基礎DIY木工》、《快樂無限！膠合板木工》、《自家牆壁、地板改造DIY》、《通用改建》、《簡單自然木工入門》、《10萬元精彩改建》、《假日木工暢享4×2材木工入門》、《自家水道DIY改建》以及《DOPA！》別冊《從零開始 簡單DIY》等書籍中收錄的內容，重新經補充整合之綜合讀本。
參照本書施工時，請務必注意安全並抱持責任心。刊載的商品名、價格等數據均為取材當時之情形。

客廳牆壁的維修保養……124
木地板的維修保養……127
地毯的維修保養……130
在窗框上安裝防盜鎖……132
在窗戶上黏貼玻璃防盜膜……133
室內門與玄關門的維修保養……134
窗框的維修保養……136
紗網的維修保養……139

Part 5
和室……141
製作風化木裝飾承板……142
塗刷日式牆壁……144
日式牆壁的維修保養……146
和室木結構部分的維修保養……147
榻榻米的維修保養……148
和室障子門的維修保養……150
和室拉門的維修保養……152

Part 6
走廊・玄關……155
製作壁掛衣架……156
安裝樓梯扶手……158
製作玄關用矮凳與腳踏板……160

Part 7
飯廳・廚房……163
以三夾板製作置物櫃……164
製作風格簡約的杯櫃……168
製作桌上型九宮格櫃……170
鋪貼塑膠地磚……172
黏貼裝飾貼膜……174
在廚房牆壁鋪貼白色瓷磚……176
安裝防震小物件……178
更換方便適用的出水口……180
廚房水管的維修保養……182
飯廳與廚房的維修保養……184

Part 8
洗臉臺・浴室・廁所……185
洗臉臺的維修保養……186
更換蓮蓬頭……188
浴室的維修保養……190
安裝廁所扶手……194
廁所的維修保養……196

木工計畫用語詞典……201
製作、改造時輕鬆查詢
關鍵字索引……208

木作計畫基礎作業

依場所細分索引表

從木工DIY的家具製作，至小型整修與修繕。
日常生活中，可藉由DIY 解決的「小願望」和「小煩惱」比比皆是。
開始動手作木工，生活也變得更加快樂！

室外篇

雨水管的維修保養 ☞ P65

■雨水管的清潔■修補雨水管的裂縫
■更換雨水管

製作簡易枕木立式水龍頭 ☞ P46

主要材料	工具	難易度
枕木、水龍頭、PVC水管、L型彎管、水龍頭連結部件、PVC管膠水、轉接頭、砂漿	電動起子機、圓鋸機、PVC水管鋸（PVC水管切刀）、鐵鏟	★★★★★

DIY製作簡易木製露臺 ☞ P21

主要材料	工具	難易度
砂漿、木料（2倍材、4倍材）、基石、木螺絲、戶外用著色劑、2吋材專用五金	鐵鏟、電鑽、圓鋸機、磨砂機、鋸子、角尺、捲尺、水平儀、油漆滾筒、馬蹄刷、拖盤等	★★★★☆

重新塗刷木製露臺 ☞ P26

主要材料	工具	難易度
戶外用著色劑	滾筒、馬蹄刷、拖盤、遮蔽膠帶、掃帚、膠帶、砂紙	★☆☆☆☆

製作簡易烤肉爐 ☞ P32

主要材料	工具	難易度
耐火磚、水泥、砂、烤肉網	平面砂輪機、抹刀、尖尾鎚、鑿子、海綿、水桶、水平儀、鐵鏟、捲尺	★★★☆☆

製作花園座椅&桌子 ☞ P15

主要材料	工具	難易度
板材、螺絲	電動起子機（或電鑽）、圓鋸機、角度尺、角尺、鋸子、銼刀	★★★☆☆

其他家庭木作計畫能做的事

目的	材料	工具	難易度
製作三色種植箱 P12	板材、螺絲	電動起子機、線鋸機、刨刀、砂紙	★★★☆☆
製作英式木柵欄 P18	板材、螺絲、混凝土支撐石、砂漿、塗料	電動起子機、圓鋸機、線鋸機、鐵鎚、鑿子、毛刷	★★★★☆
為陽臺加鋪陶磚 P40	陶磚、石英砂、砂漿、瓷磚黏劑	平面砂輪機、橡膠鎚、抹刀、水平儀	★★★☆☆

P132 在窗框上安裝防盜鎖

主要材料	工具	難易度
防盜鎖	十字起子	★☆☆☆☆

窗框的維修保養 P136

■調節窗鎖■更換窗鎖
■更換滑輪■貼隔熱膜防止玻璃窗結霜

紗網的維修保養 P139

■更換紗網■修復破洞■更換滑輪
■調節固定卡■解決紗網鬆弛■清掃紗網

P58 重新塗刷磚砌圍牆

主要材料	工具	難易度
水性底漆（塗料底料）、室外水泥塗料	滾筒、馬蹄刷、抹刀、樹脂膠	★☆☆☆☆

混凝土地面的維修保養 P63

■修補地面裂紋■填補凹陷和裂縫

P36 製作鋪磚陽臺

主要材料	工具	難易度
磚塊、砂、砂漿、石英砂	平面砂輪機、角尺、鐵鏟、抹刀、橡膠鎚、水平儀、掃帚	★★★☆☆

P44 製作簡單排列枕木柱

主要材料	工具	難易度
枕木	圓鋸機、鐵鏟、水平儀	★★☆☆☆

鋁合金大門的維修保養 P62

■重新塗刷鋁合金大門

木作計畫基礎作業　按場所細分索引表

室內篇

更換蓮蓬頭 P188

主要材料	工具	難易度
蓮蓬頭	無需特別準備	★☆☆☆☆

浴室的維修保養 P190

■更換淋浴水管■修理淋浴掛鉤
■清洗蓮蓬頭■修補瓷磚缺口
■清除瓷磚霉漬■清除瓷磚表面黑漬

鋪砌企口式木地板 P120

主要材料	工具	難易度
企口式木地板、踢腳板	鋸子、角尺、捲尺、鐵鎚、刨刀	★★★☆☆

黏貼裝飾貼膜 P174

主要材料	工具	難易度
裝飾貼膜	美工刀、刮刀	★★☆☆☆

更換方便適用的出水口 P180

主要材料	工具	難易度
密封圈、出水管	水管鉗	★☆☆☆☆

黏貼白色瓷磚在廚房牆壁 P176

主要材料	工具	難易度
瓷磚、瓷磚接著劑、填縫劑	瓷磚刀、壓填縫劑的小工具、刮刀	★★★☆☆

客廳牆壁的維修保養 P124

■消除汙跡和塗鴉■填補圖釘孔和刮傷
■修復壁紙剝離■塗刷油漆■在牆壁塗刷上矽藻土

將家具塗刷成古典風 P110

主要材料	工具	難易度
室內用水性塗料	油漆刷、砂紙	★★☆☆☆

木地板的維修保養 P127

■隱藏小刮傷■消除地板發出的聲響■填補刮傷和凹陷
■打蠟■塗刷專用保養漆

排水管的維修保養 ☞P186
■解決漏水問題■清洗排水管
■清洗排水管存水彎

廁所的維修保養 ☞P196
■廁所馬桶無法出水時■廁所馬桶水流不止時

P104☞ **製作置物架**

主要材料	工具	難易度
木材、木螺絲、置物架專用連接部件	捲尺、鋸子、電動起子機、角尺	★☆☆☆☆

門的維修保養 ☞P134
■調整門把■調節鉸鏈
■消除開關門時的吱嘎聲

日式牆壁、和室木結構部分的維修保養 ☞P146
■清除汙漬■遮蓋斑點和凹陷
■修補日式牆壁的破洞■隱藏木結構部分的汙漬與變色
■重新塗刷損傷和汙漬部分

P144☞ **塗刷日式牆壁**

主要材料	工具	難易度
和室用壁材塗料、遮蔽膠帶	抹刀、托灰板、噴水器、水桶	★★★★☆

榻榻米的維護保養 ☞P124
■去除汚漬■修補菸頭焦黑痕跡
■修補起毛邊的部分■修理家具壓痕■淡化日曬痕跡

和室障子門的維修保養 ☞P150
■更換障子紙■修補門紙破洞
■修補裂痕和折斷部分

和室拉門的維修保養 ☞P152
■ 更換和室拉門紙■修補拉門破裂和破洞
■ 改善滑動功能

P158☞ **安裝樓梯扶手**

主要材料	工具	難易度
扶手、螺絲、自攻螺絲、木工用接著劑	電動起子機、鋸子、起子、捲尺	★☆☆☆☆

P160☞ **製作玄關用矮凳與腳踏板**

主要材料	工具	難易度
板材、防滑橡膠墊、華司、橡膠護套、延長螺帽、自攻螺絲、木螺絲、木工用接著劑	電動起子機、砂紙、鐵鎚、鋸子、刨刀、線鋸機	★★☆☆☆

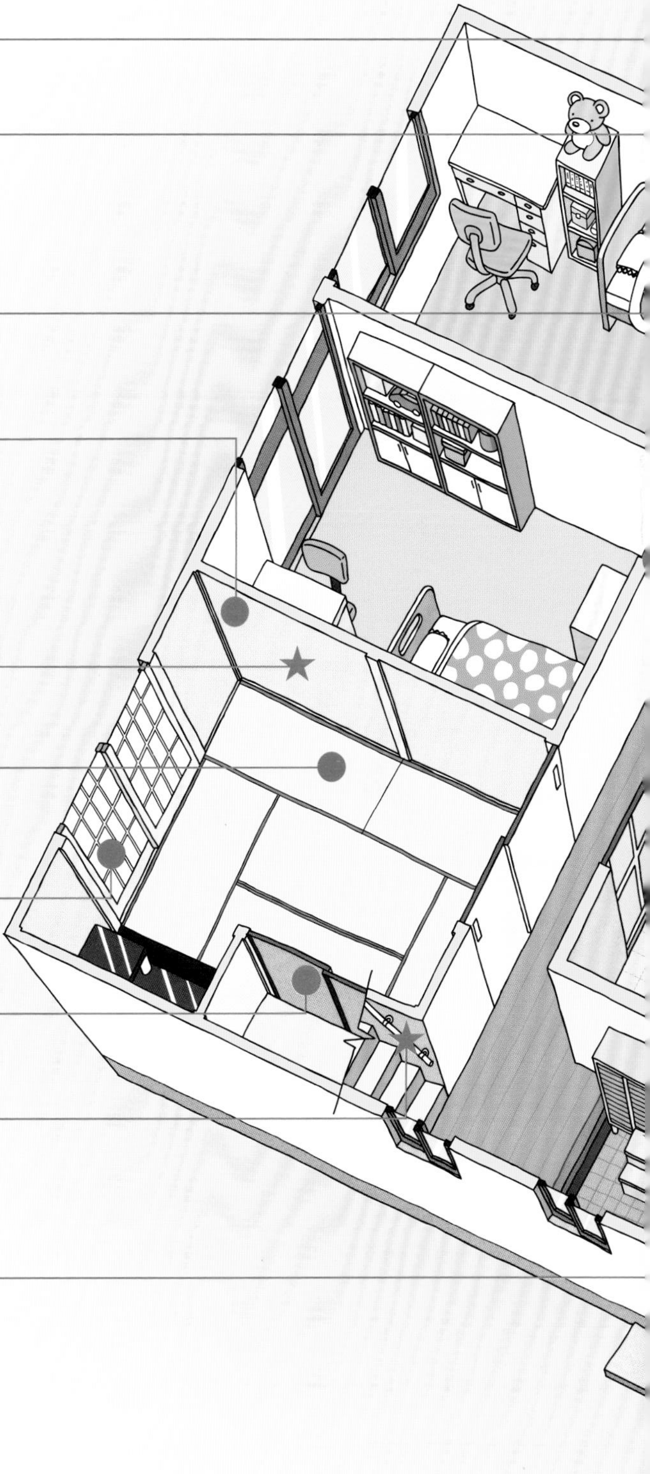

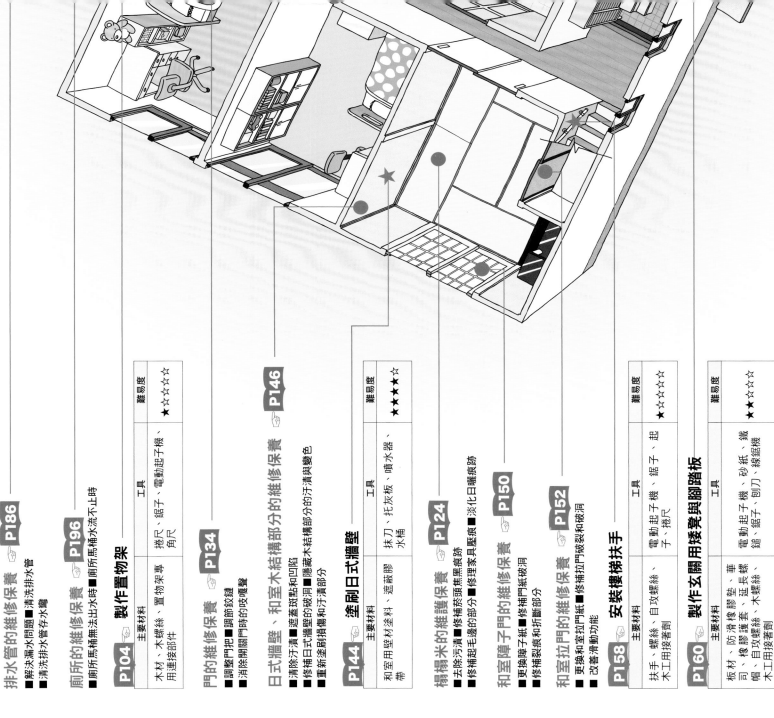

Column

關鍵時刻發揮作用！

家庭木作計畫工具

進行改造或維修時，皆可使用這些工具。本書所介紹的皆為基本工具，能解決日常生活所需，建議家中可購買以下工具作為備用。

鋸子

切斷木板等材料時使用。鋸子的種類很多，有雙刃、單刃、摺疊式。最適合家庭使用的則為可換更鋸片的單刃鋸。

起子

起子在鎖緊、鬆開螺絲或木螺絲時，是絕對不可缺少的工具。家中可隨時備有一字起子與十字起子大小各一把。

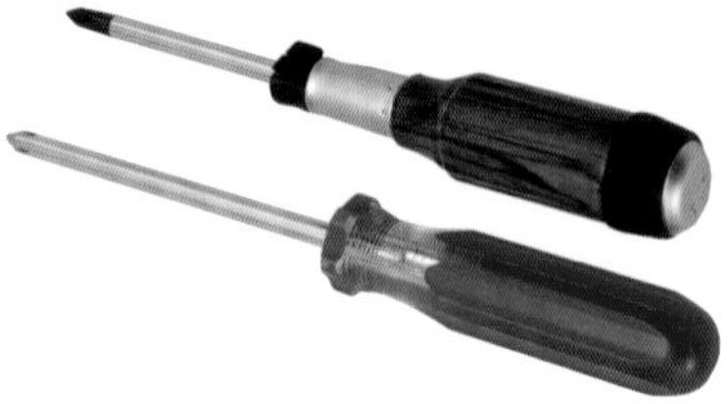

鐵釘、木螺絲組

市面上有許多種鐵釘和木螺絲販售組合。用盒子分裝的好處在於容易整理，及方便取用。

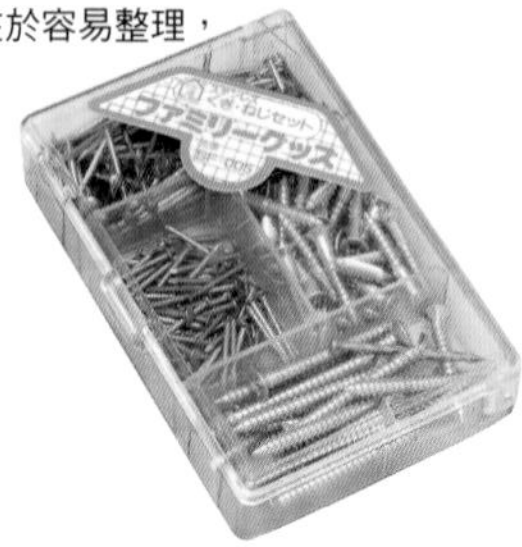

電動起子機

電動起子機兼有拴緊木螺絲和鑽洞、開孔兩種功能。電動起子機配備多種形狀、口徑之鑽頭和鉗口，在作業中能發揮出極大的功效。

錐子

用於開孔的工具。使用釘子或木螺絲時，若先用錐子刺出引孔，操作時會更加順利。市面上有多種錐子類型，其中以三面錐與四面錐較為普遍。

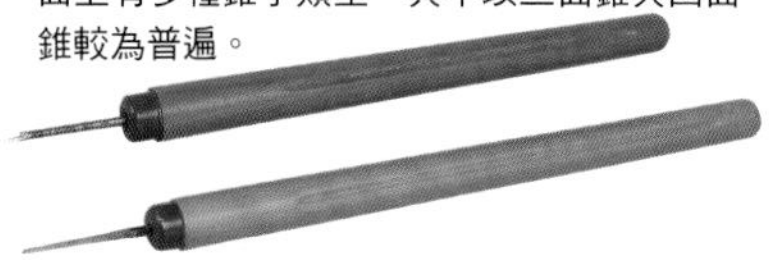

複合扳手

鎖緊或鬆開螺栓時使用。開口的一端為開口扳手，閉合的一端為閉口扳手。圖片中均為六角複合扳手。

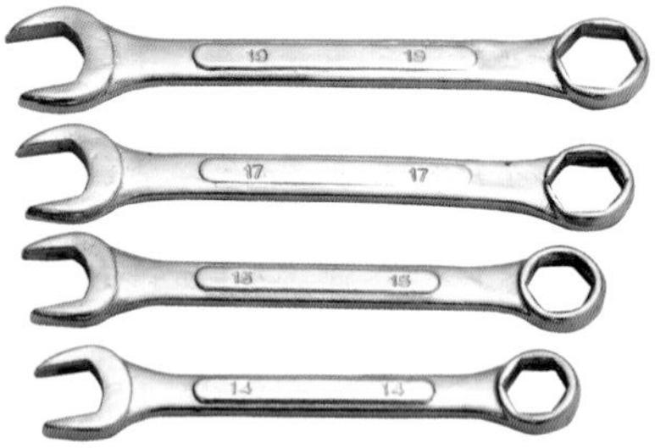

活動扳手

活動扳手的開口可根據螺帽及螺栓的尺寸調整，用於鬆開或鎖緊螺帽及螺栓。

老虎鉗

用途廣泛，可以夾住物品，也可切斷鐵絲。鉗口可根據物品尺寸調整。

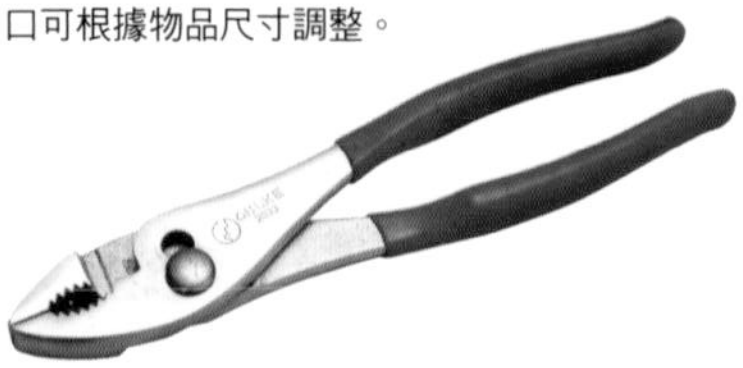

砂布機

塗刷前的表面加工或平面打磨時都可發揮功效的電動工具。安裝砂紙，用手壓住機器即可打磨加工表面的電動砂紙機使用起來相當便利。

尖嘴鉗

用於夾住較細物品，彎曲鐵絲等的工具。鉗子前端細尖，鉗口後部可切斷鐵絲。

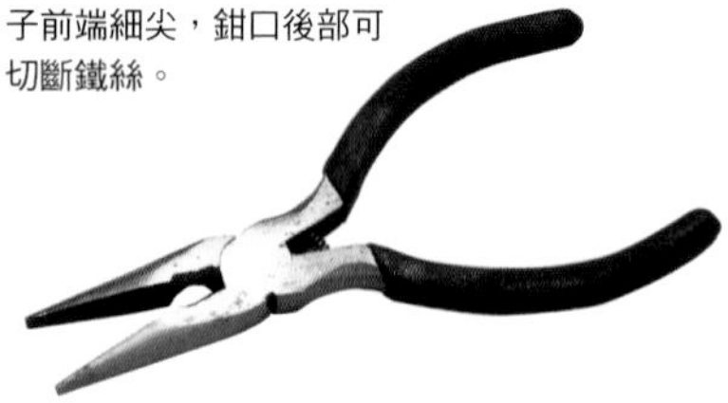

斜口鉗

用於切斷鐵絲等線材的工具。有時也可用於剝去金屬線材外層的橡膠皮，使其露出線材金屬芯等。

鐵鎚

釘、拔鐵釘或敲擊物品時使用。有些鐵鎚的兩端皆為敲擊錘，建議選用尾端附有拔釘器的鐵鎚，會更加方便使用。

Part 1

花園

以家中的花園為舞臺，盡情揮灑家庭木作的技巧與巧思吧！作作花園椅、花園桌，還有烤肉爐及洋溢著自然風情的枕木立式水龍頭……假日的休閒也可以這麼豐富！

◎製作三色種植箱
◎製作花園座椅&桌子
◎製作英式木柵欄
◎DIY製作簡單木製露臺
◎重新塗刷木製露臺
◎塗刷混凝土地臺
◎製作簡易烤肉爐
◎製作鋪磚陽臺
◎為陽臺加鋪陶磚
◎製作簡單排列枕木柱
◎製作簡易枕木立式水龍頭
◎花園DIY的基礎技巧

製作三色種植箱

可移動的半盒式設計

製作重點為五邊形的箱子本體

種植箱附帶提把，可隨時移動的作為隔間，種植不同種類的鮮花也十分方便。

製作過程中，最難的部分在於箱子本體的製作。若五邊形的隔板做不好，箱子本體就無法組合成功。隔板的尺寸和角度可參考截面圖，預先做好紙型，製作時會更加方便。只要掌握以上細節，就已經完成80％了。最後，再接合2×4木料，箱子本體便大功告成了。

作業流程

依設計圖裁切
▼
接合側板、隔板與1×4木料
▼
安裝箱腳
▼
安裝提把
▼
以砂紙打磨光滑，完成製作

展開圖

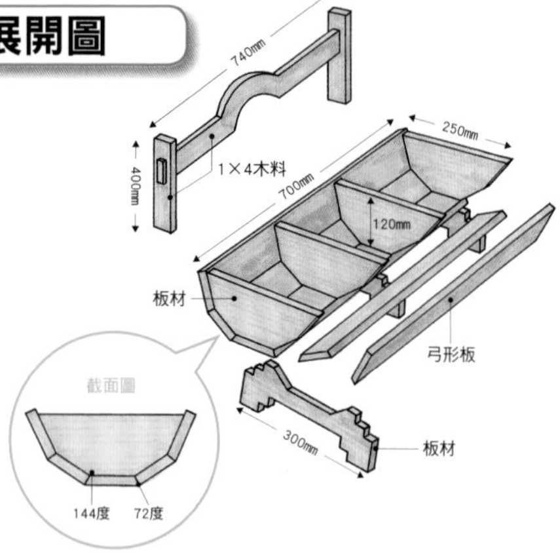

工具

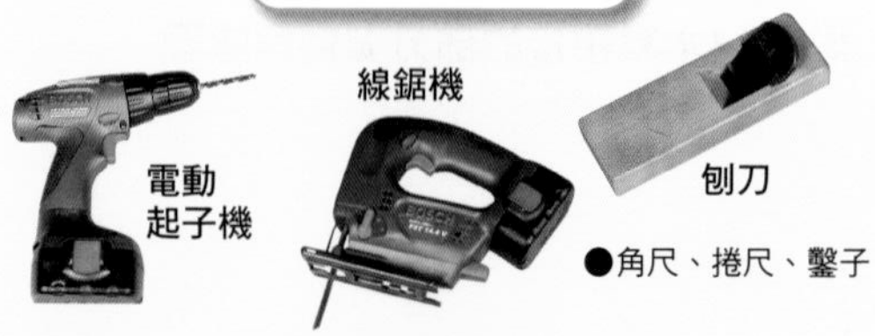

●角尺、捲尺、鑿子

材料

1×4木料	2440mm ························	2條
板材	1220×120×15mm ········	2條
螺絲	38mm ····························	適量

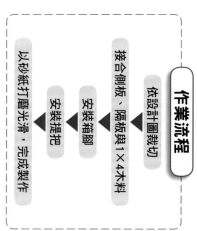

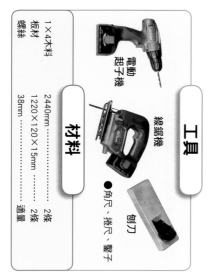

STEP 1 製作種植箱本體

1 依照設計圖圖示，裁切木材

裁切所需木料的尺寸。裁切過程中的重點為照片正中央的隔板。

2 版型的便利性

事先做好隔板的版型，並依照版型進行加工的話，作業過程會輕鬆許多。

3 將側板塗抹木工接著劑

接合隔板與形成本體的1×4木料。塗抹接著劑可使其緊密黏合。

4 以螺絲固定側板與底板

塗抹完接著劑後，以螺絲固定。由於是在隔板的板緣上鑽入，需要特別注意勿讓螺絲穿出木板。

5 確定隔板的位置

使隔板的間距一致，將本體分隔為三等分。

6 以螺絲固定全部的板材

將全部1×4木料以38mm長的螺絲接合。

7 完成主體

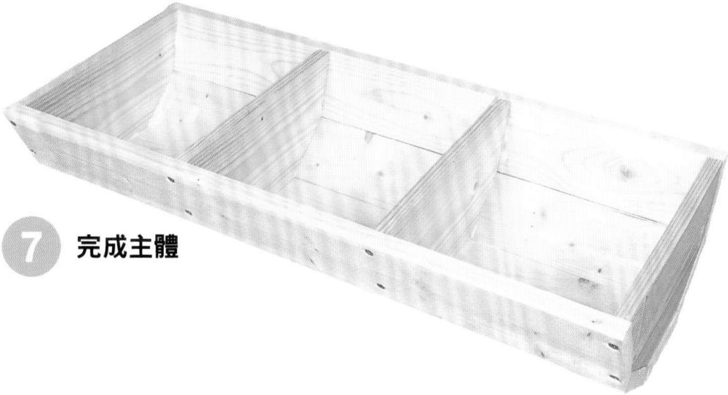

POINT

對1×4木料相接的部分做倒角處理

相接1×4木料與隔板時，可能會出現1×4木料之間稜角相抵的情形。一旦出現此情況，便很容易形成誤差，影響箱體結構。此時可用刨刀對木板邊緣稍做倒角處理，以利於接合本體。可依照實際製作情況，再針對板材進行微調。

用刨刀倒角後，本體的接合會更順利。

STEP 2

接合箱腳與提把

1 為箱腳標出記號

製作箱腳時，可依照箱體的正確尺寸標出記號，角度會較精確，安裝時也會更輕鬆。

2 裁切箱腳

製作箱腳。可以依自己喜好，靈活設計箱腳的樣式

3 從本體內側以螺絲固定箱腳

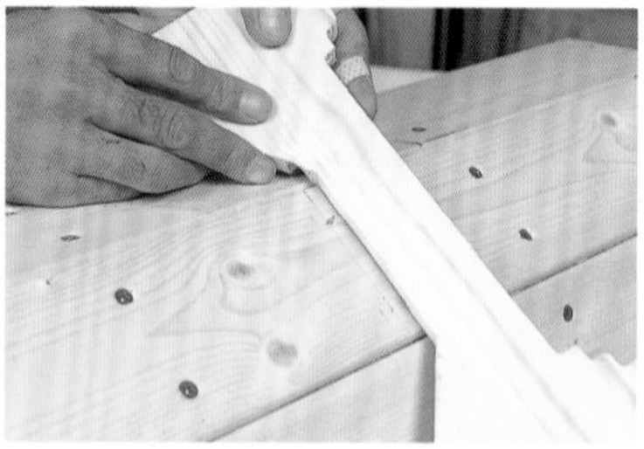

固定箱腳時，可先從本體內鑽出少許前端的螺釘頭做出箱腳對應位置後，鎖緊螺絲，固定箱腳。

4 以等距安裝箱腳

安裝好箱腳後的箱體。

5 準備提把部分的木材

照片為提把部分的所需材料。照片上方為提把，下方為支撐提把的支柱。

6 以螺絲從側面固定提把

固定支撐提把的支柱。提把部分只需插入支柱上的開孔即可固定。

7 完成

最適合午茶時光的花園家具

製作花園座椅&桌子

準確進行基本作業，決定了作品的完成度

以此套作品而言，正確裁切板材、用釘子垂直釘入接合部位等木工基本作業顯得特別重要。若桌腳、椅腳的尺寸未能準確裁切，便無法穩定站立於地面，也無法準確接合。這樣的話，作品的強度就會大大減弱。因此，請務必注意基本操作之重要性，並確實依照製作順序來進行製作。

使用2×4木料製作木工作品，可突顯自然、純樸之氛圍。用循序漸進的方式，嘗試在桌面或桌角，以及座椅的扶手等部位做一些斜向裁切，讓作品展示出另一種清新風貌。

木料裁切表

木料	長度	數量
2×4	700mm	2條
2×4	530mm	2條
2×4	520mm	4條
2×4	580mm	2條
2×4	534mm	5條
2×4	350mm	2條
2×4	460mm	2條
2×4	551mm	4條
2×6	610mm	4條

工具

電動起子機

圓鋸機

●直角規、曲尺、鋸子、銼刀

材料

2×4木料 12呎 ………… 4條
2×6木料 12呎 ………… 1條
木螺絲 ………… 適量

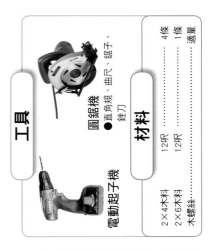

STEP 1

製作花園座椅

作業流程

依照圖示尺寸裁切木料
▼
安裝椅腳到椅面的支撐板上
▼
安裝左右扶手
▼
安裝椅背

展開圖

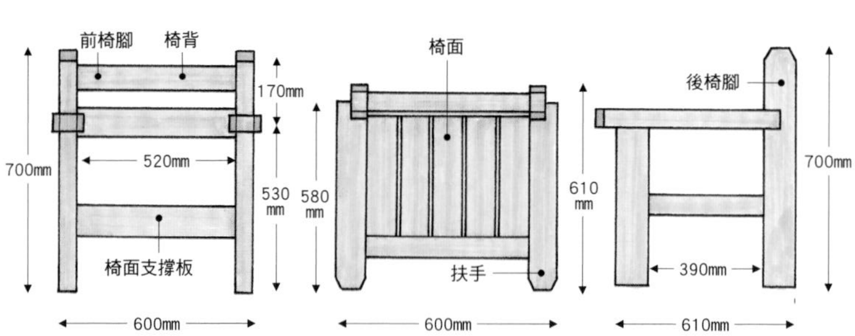

1 以螺絲接合椅面

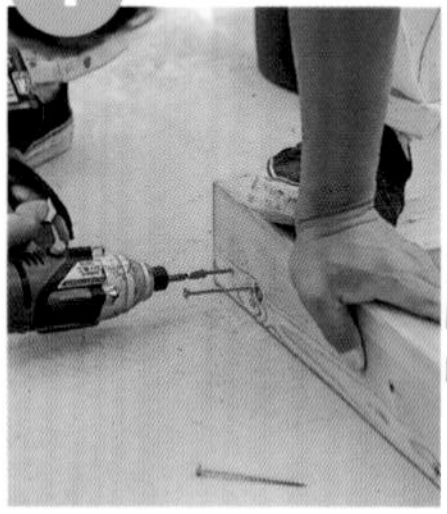

接合椅面和支撐板。螺絲從椅面的木板的端面釘入。作業時需避免出現板材龜裂、螺絲刺出之情形。

2 完成椅面

完成椅面。椅面板材以適當的間距排列固定，避免留下厚重的印象。

3 後椅腳頂端裁成斜角

後椅腳的頂端裁切成斜角，不僅可增加線條變化，還能讓椅子顯得更加輕巧。

4 以螺絲固定椅面和椅腳

緊密結合前椅腳與椅面支撐板。製作時須注意將椅腳與支撐板成直角。

5 接合四隻椅腳

安裝椅腳後，椅子便大致成形。此時要檢查確保椅腳穩固，不會左右搖晃。

6 在扶手後部鋸出搭接口

製作花園座椅的扶手。扶手若不加工，會頂到後椅腳，因此需先在扶手後方鋸出搭接口。

7 安裝扶手

安裝椅子扶手。這時，椅子已大致成型。扶手前端兩角也做可斜角處理，增強設計感。

8 安裝椅背

安裝椅背。為了提高舒適度，可將兩片背板稍稍傾斜向後，再安裝於後椅腳上。

9 完成花園座椅

初學者在3至4小時內即能完成。

STEP 2 製作桌子

作業流程

組裝桌面支撐板
▼
接合桌面
▼
安裝裝飾桌腳至桌面支撐板上

展開圖

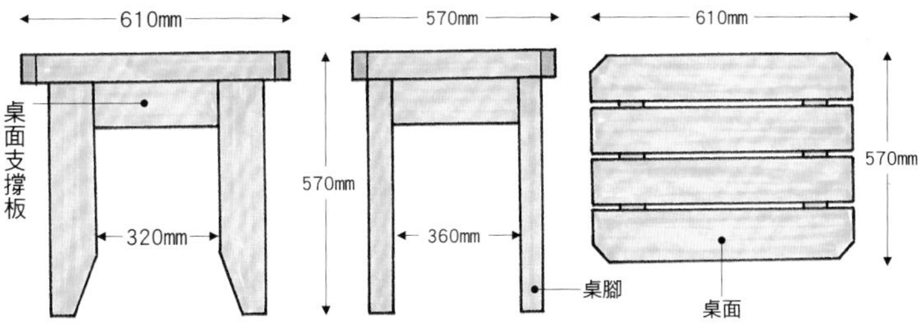

1 組裝桌面支撐板

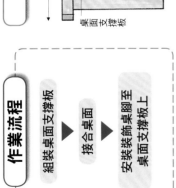

組裝桌面支撐板。依照正確的尺寸進行裁切，裁切時需確定木材皆呈直角。

2 以螺絲固定支撐板

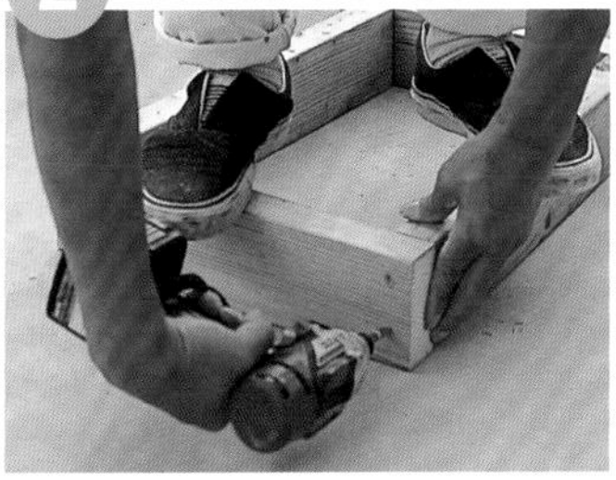

接合支撐板。安裝時需避免螺絲刺出，支撐板整體也不能歪斜。

3 鋪上桌面

將桌面鋪裝到支撐板上。使用4片2×6木料。若使用2×4木料的話，桌面會顯得較細長。

4 鋸掉多餘的桌面部分

因為做的是桌面，所以，需將多餘的部分裁掉。依照尺寸大小，將每條木材統一裁切再釘牢也是可以的。

5 磨平鋸口

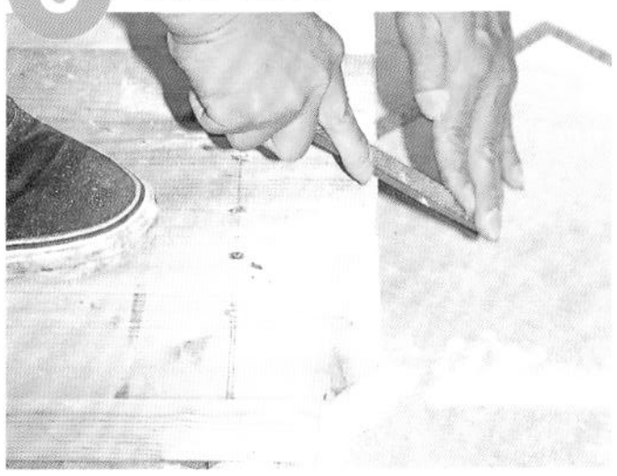

以銼刀將鋸口銼平，可提高作品的完成度。

6 完成桌面

完成桌面製作。若在桌子的四個角切出斜角，就不會留下桌子原有的死板印象。

7 於桌腳前端裁出斜錐

為了讓桌腳前端具有設計感，可以裁切出斜錐。注意不能太細。

8 以螺絲固定桌腳至支撐板上

固定桌腳至桌板上：以螺絲牢牢固定，避免桌子不平搖晃。

9 花園桌完成

花園桌完成。

製作英式木柵欄

可作為庭院裝飾重點的柵欄圍牆

細心作業是成功完成作品的捷徑

柵欄並非只是簡單的邊界線，更具有提升花園美觀和營造居家周邊氣氛的巧妙功用，是美化室外環境的極佳選擇。

這裡介紹的木柵欄，採用了被稱作「生薑頭」的英式欄桿頭設計。使用2×4、4×4、1×4三種板材。製作過程中，皆是運用土木技術、木工技術、塗刷技術中的基本作業。只要細心製作，不論是誰都能完成這款漂亮的木柵欄。

作業流程

加工並塗刷柵欄板材
▼
製作柵欄基礎
▼
組裝木架
▼
組合板條

材料

1×4木料	8呎	15條
2×4木料	14呎	2條
4×4木料	8呎	3條
混凝土支撐石		3個
砂漿		25kg左右
塗料		適量

木料裁切表

木料	長度	數量
1×4	740～950mm（參照插圖）	29
2×4	1890mm	2
2×4	4010mm	1
4×4	880mm	3

工具

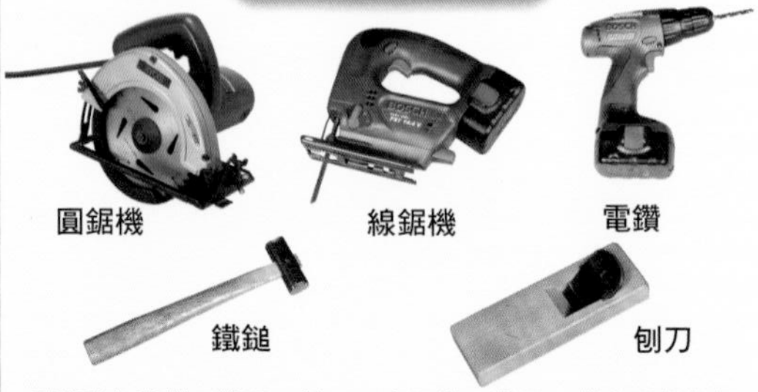

●電動起子機、鑿子、銼刀、水平儀、捲尺、盛水器與塑膠軟管、鐵鏟、角尺、塗刷工具

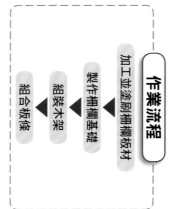

木柵欄的結構

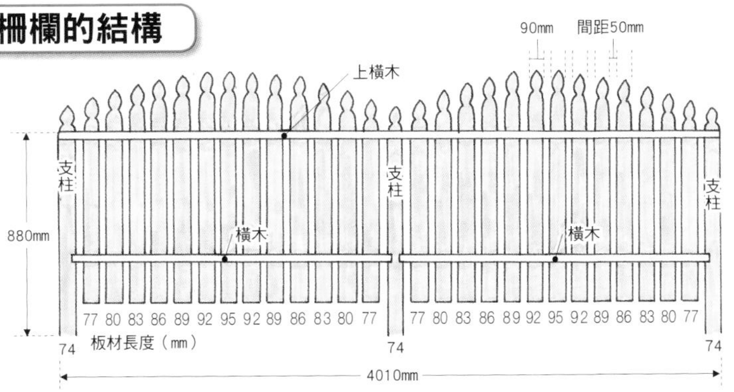

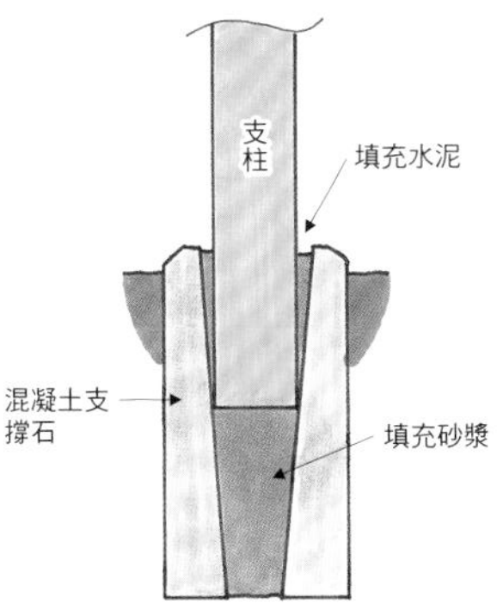

STEP 1 柵欄基礎製作／木料加工

1 拉出水平線

在搭建柵欄的位置將水平線拉直固定。水平線距離地面的高度為10cm左右。要簡單地判斷水平，可以放置一塊較長的木板支撐住水平線，並將水平儀置於木板上，透過觀察水平儀的刻度進行調整。即可正確地找到水平。

2 挖坑，埋入混凝土支撐石

挖出可埋入支撐石的坑洞之後，埋入支撐石。埋入時需注意支撐石頂面是否水平。要想柵欄更加穩固，可在小坑內埋入一些碎石。至於支撐石頂面的離地高度，可以藉助水平線，使其整齊。只要確保每個支撐石的頂面到水平線的距離相同即可。

3 填充砂漿

在支撐石中填入砂漿（參照上方插圖）。如此一來，支柱就不會與泥土直接接觸，可有效延長木柵欄的使用壽命。若支撐石的中央並無穿透，則無需另外填充砂漿。

4 描出裝飾柱頭的輪廓

利用型板將裝飾柱頭的輪廓描於1×4木料上。由於4公尺長的柵欄會用到29枚板材，因此需使用型板，才能做出一致的形狀。柱頭採用了稱作「生薑頭」的設計。

5 以線鋸機裁切

使用線鋸機的話，看似複雜的造型加工起來也會變得十分簡單。但是要鋸好29個相同形狀的造型，耐性也是絕對需要的。

6 在支柱上鋸出搭接口

在3支支柱上作出搭接橫木的缺口。參照橫木之高度，製作寬40mm的缺口。先用鋸子鋸出深10mm的2條鋸縫，2條鋸縫間距為40mm。

7 以鑿子鑿出榫接用溝槽

將鑿子靠在先前鋸出的2條鋸縫中間，以鐵鎚敲擊鑿子，鑿出缺口。最後以鑿子清理缺口底部，盡可能的將缺口修得平整漂亮。

8 完成支柱之製作

以4×4木料製作支柱。高度800mm，此高度包括了埋入支撐石中的200mm。需從一開始就先將其調整完成。

9 塗刷

依照設計圖的長度裁切好所有板材之後，就可對板材進行雙面塗刷。於完工後再進行塗刷，會有漏刷及未刷到的情形。

STEP 2 豎立柵欄

1 豎立支柱於支撐石上

在支撐石中央填充砂漿，調整好底部高度之後，便可插入柵欄。安裝支柱時，請確定支柱為垂直的。

2 嵌入橫木在支柱的缺口中

嵌入橫木在支柱之間。支柱的缺口寬度只需為40mm，就可漂亮嵌入橫木。以螺絲斜向鎖入橫木固定。

3 搭建柵欄骨架

上橫木部分會用幾乎一整條長約14呎的2×4木料。安裝完上橫木之後，支撐板材的骨架就搭建完成。

4 以相同間距平均配置橫木

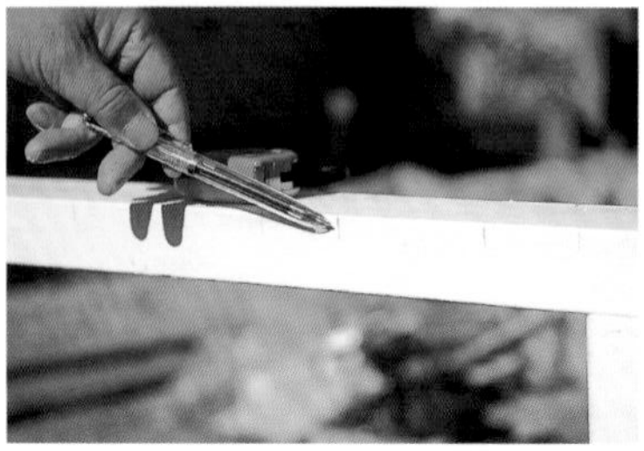

為了平均配置柵板，可先在上橫木上標記出安裝位置。這就叫等距分配。

5 下橫木也依相同方法等分

與上橫木一樣，下橫木也需等距分配。想要安裝得漂亮，此製作環節非常重要。請務必確實等分。

6 暫時固定基準木板

為了讓板材的下端整齊劃一，可於支柱上暫時固定一條筆直的木板作為基準木。完成柵欄後再撤去。

7 以螺絲用相同間距固定板材

板材下端置於基準木上，依照橫木上的標記調整好位置後，就以長度30至40mm的螺絲將柵板固定至橫木上。

8 塗刷木螺絲的釘頭

釘入螺絲後，以塗刷的方式隱藏釘頭。塗刷時可在柵欄下鋪一塊墊布防止塗料弄髒地面。

9 英式木柵欄製作完成

柵欄製作完成。圖片顯示的是從柵欄內側看到的情形。將長度不同的板材整齊排列後，即可具有律動的視覺效果。

DIY製作簡易木製露臺

木製露臺，可說是花園DIY中之集大成者。
只要能細心運用木工技巧，逐一完成基礎製作，親手做出一款自己心儀的精緻木製露臺就不再只是夢想！

❶木製露臺的基本組成

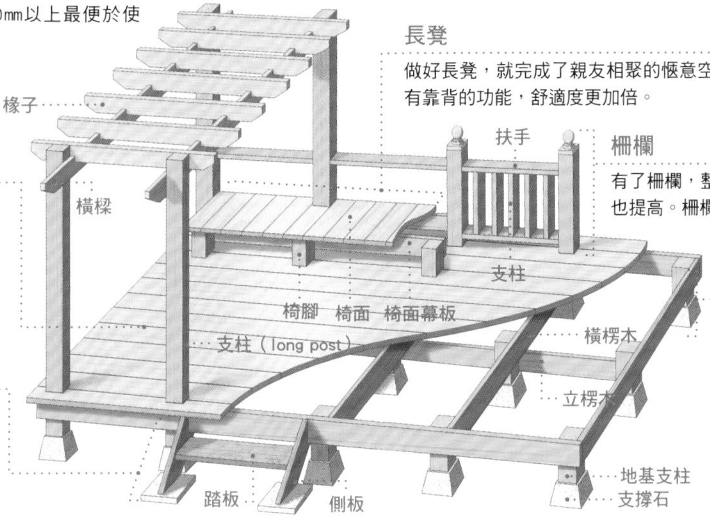

棚架
棚架是為表現木製露臺特色和增添綠意的最佳選擇。棚架高度設置在2000mm以上最便於使用。

地板
平鋪用長木條之間通常都間隔3至5mm。長木條多選用2×6木料或2×8木料，並需與地板樑呈直角。

階梯（樓梯）
寬踏板，坡度平緩的階梯最方便使用。

長凳
做好長凳，就完成了親友相聚的愜意空間。若是利用柵欄來製作，就具有靠背的功能，舒適度更加倍。

柵欄
有了柵欄，整個木製露臺便充滿活力，完成度也提高。柵欄通常以高過地板800mm為佳。

基臺
木製露臺的基臺部分。通常橫楞木和立楞木為採用2×6、2×8木料，而地基支柱則使用4×4木料。另外，也有直接省去立楞木的情形。

❷木製露臺使用的材料

適宜初學者選用的2×材

製作木製露臺的材料大致包括木材、金屬零件、基礎材料、塗料這四類。木材通常使用2×木料（2倍材）。小五金則是木螺絲、釘子、鉸鏈等金屬零件的總稱。

基礎材料是指地基支柱下所放置的水泥塊。對於木製露臺而言，每個支柱對應一份基石（獨立基材）即可，因此，只需準備與支柱相同數量的基石即可。

木材

何謂2×材
2×材（2倍材）是指以英吋為丈量單位的木材。市售包括端面（截面）的尺寸為2×4、2×6、2×8等多種木材。

關於樹種
最容易買到的2×材是SPF松木板。松木板雖具有木質柔軟，利於加工之優點，但若使用它來製作室外木製露臺時，其耐久性則顯得有些差強人意。使用松木製作的木製露臺，往往需要對木料進行嚴密塗刷，同時還必須定期對木製露臺做維修保養。雖然價格稍貴，但美國側柏、柏木、鐵木、紫壇等材質的耐久性會相對高過松木許多。

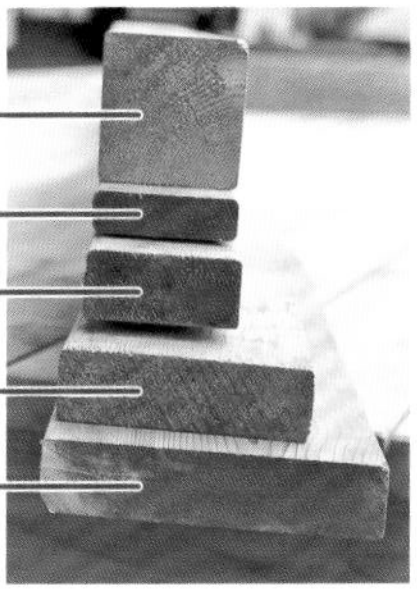
4×4…89×89mm（用於地基支柱、支柱）
1×4…19×89mm（用於柵欄等）
2×4…38×89mm（用於地板、柵欄等）
2×6…38×140mm（用於橫楞木、地板等）
2×8…38×184mm（用於橫楞木、階梯等）

基礎材料

在建材行裡，它們通常被稱為「基石」、「束石」、「根石」等。附有金屬部件的基礎材料被稱為「鍵板基石」，金屬部件可將基石牢牢固定在地基支柱上。
在地基較鬆軟的地方挖洞之後，依序將砂利、水泥放入洞內後，再放入基礎石也可以。

4×4尺寸
鍵板基石

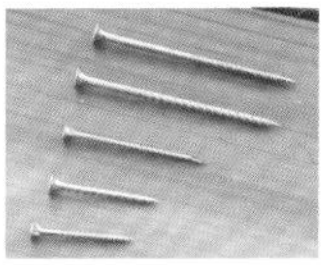

木螺絲（粗牙螺釘）
2×材的厚度為38mm，因此，約為板材2倍厚度的75mm和65mm的木螺絲最適合。木螺絲的材質通常以鍍鋅為主，也較便宜。此外，也有不鏽鋼製的木螺絲。

塗料

只要是「木用，室外用」就沒問題。就算是水性塗料，當塗料完全硬化（乾燥）之後，雨水也很難浸入木料。
當然，若使用木材著色劑等滲透性強的塗料，則可有強化木質之作用。

金屬零件

要藉助木螺絲固定部件，需先重疊部件。所以，在無法使用木螺絲的地方，可運用一些特殊用途的金屬零件。

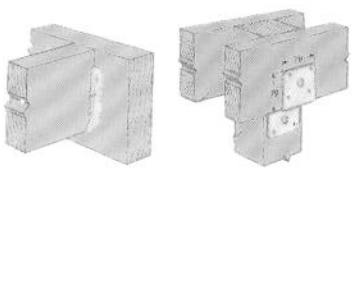
2×材專用金屬零件

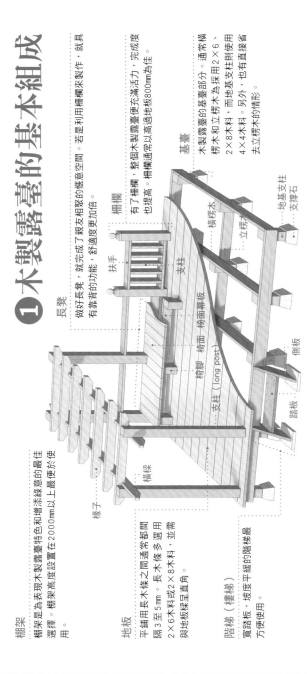

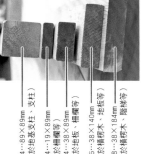

❸作業流程

作業時需要多少人力？

最少需要3個人力，可以的話，4個人作業最好。釘製工件時，通常需要兩個人支撐，第三個人以螺絲起子等工具連接固定部件。

若有4人一起合作，則可一人專門負責裁切與上下料，工作效率可大為提升。

周密的準備是成功的祕訣

下方作業圖標示了製作木製露臺的標準流程。若需進行2次塗刷，則購入板材後的第一項工作即為塗刷。考慮到乾燥所需時間，請計畫一整天作為製作時間。

耗時最長的環節是製作木製露臺的基臺。安排作業流程時，需擠出充裕的時間來製作木製露臺的基臺。只要細心地做好水平的木製露臺基臺，之後的鋪地板與固定柵欄的工作就能順利進行。

繪製設計圖 → 準備資料及材料 → 整平預定施工地 → 塗刷木料 → 製作基臺 → 鋪地板 → 整體塗刷

非常重要！
地面必須認真壓實。若地面不夠硬實，基臺就很難穩定。

最辛苦……
製作基臺是製作木製露臺中最關鍵的一環。基臺的完成品質會直接影響木製露臺是否能搭建成功。

最快樂！
鋪地板是最有趣的作業環節。隨著工程進展，木製露臺的輪廓也逐漸呈現。

製作基臺

對於木製露臺而言，基臺的製作是最關鍵的部分。需有充裕的時間並慎重精確地將其完成。

以橫楞木為標準來製作是基臺的製作重點。架好橫楞木，再依照其高度豎立地基支柱。只要將第一根橫楞木架設完成，之後就可依照相同的高度來製作，仔細沿著水平方向架設即可。

結合作為基準的橫楞木與新鋪的橫楞木並使其水平後，暫時固定。放置基石，並測量高度根據基石的高度來裁切地基支柱，並將支柱固定於基石之上。重複製作，做出水平的木製露臺基臺。

第一根橫楞木

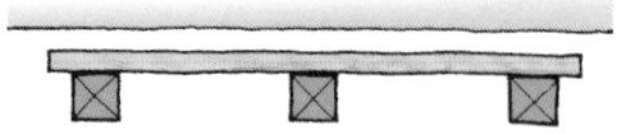

首先，架好沿著建築物旁邊的橫楞木。

第二根以後

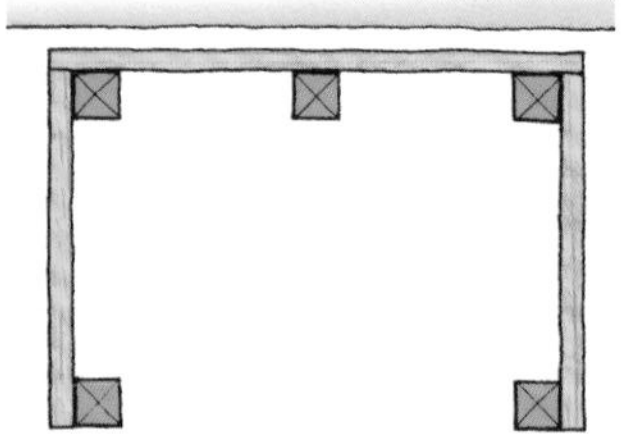

以第一根橫楞木為基準，架設兩側橫楞木。

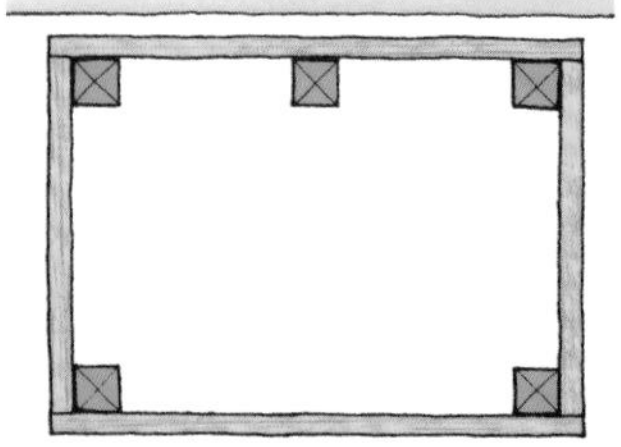

完成大致框架後，置於中間的橫楞木以兩端楞木為基準，即可快速架設成功。如此一來，基臺便大功造成。

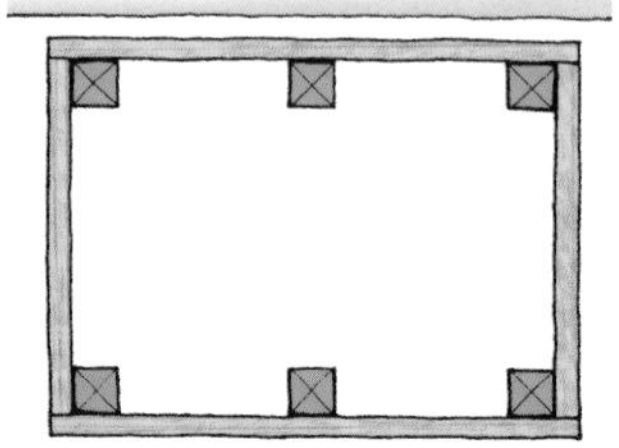

以四條橫楞木為基準，補足中央的地基支柱。基臺的大致框架完成。

中央的橫楞木是以兩側的橫楞木為基準來架設，較容易完成。

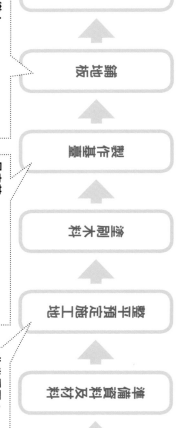

第一根橫楞木的基石鋪設方法

1

（正視圖）

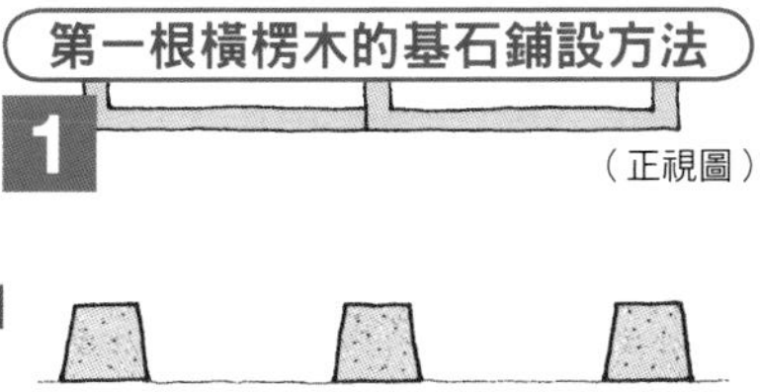

以建築物的壁面為基準，將基石一字排開。除了與牆壁之間的距離要一致之外，也需仔細檢查基石是否為水平。

2

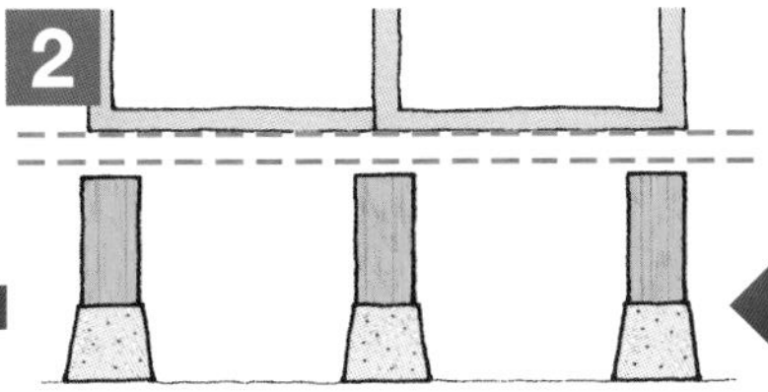

從完成尺寸中減去地板所需厚度，根據計算出的高度來裁切地基支柱。地基支柱需比剛剛好的高度再裁短10㎜（若支柱高過橫楞木，地板就無法鋪平），而不是完全依照量好的長度做裁切。由於地面會有凹凸，所以，每根支柱的裁切高度不同。

3

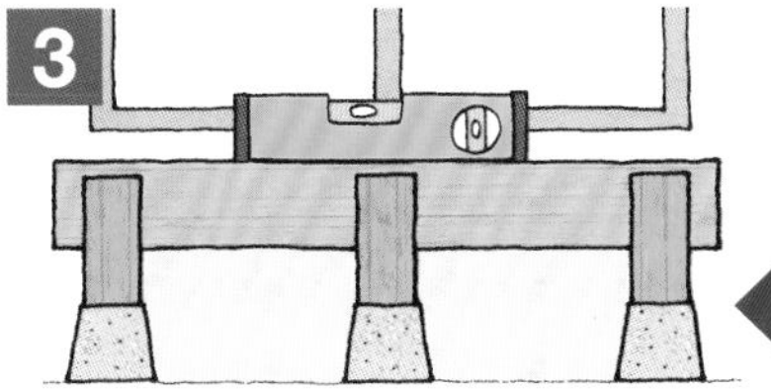

架上橫楞木，確定水平後，在橫楞木上標出與支柱的相接點。若人手不夠，可用固定夾等工具暫時固定。

4

依照標示點接合橫楞木與地基支柱。由於需要將鎖入螺絲的板面正對建築物牆壁，因此需先取下木板放平再組裝。

5

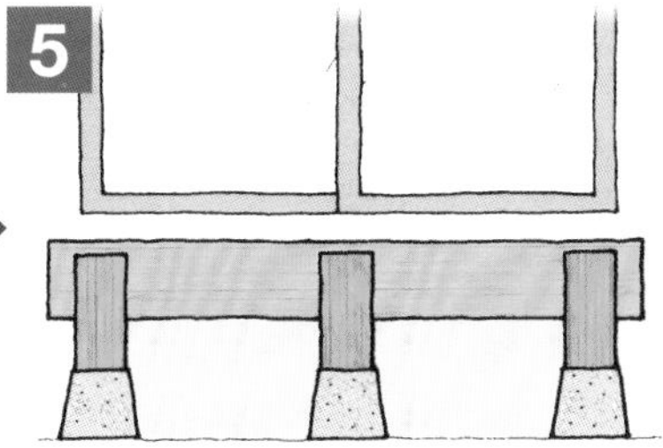

固定支柱和橫楞木以後，放回基石上。接合支柱柱腳與基石（使用毽板基石的情形）。

第2根橫楞木後的架設方法

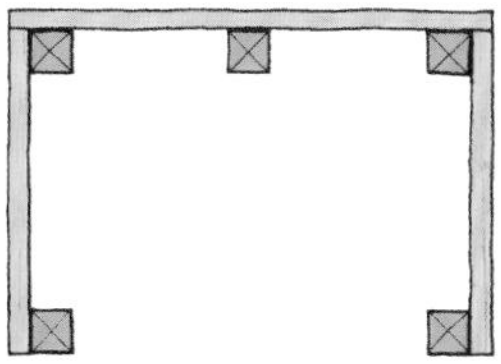

架好第一根橫楞木後，按照其高度，準確安裝左右兩側的橫楞木。

6 以第一根橫楞木為基準，沿水平方向展開固定

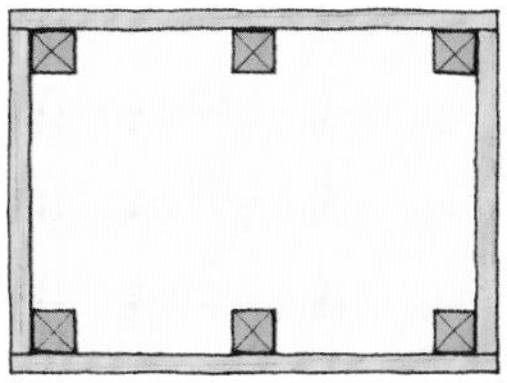

夾在2根橫楞木中間的楞木以兩側楞木為基準，較容易架設。

7 完成外框架後，中間楞木的安裝就可輕鬆完成

平行固定外框內側的橫楞木。以兩側為基準即可。

找到水平後先暫時固定、安裝基礎支柱

可藉助廢棄的材料作為支撐，再以F夾夾住固定，便可達到暫時固定的效果。

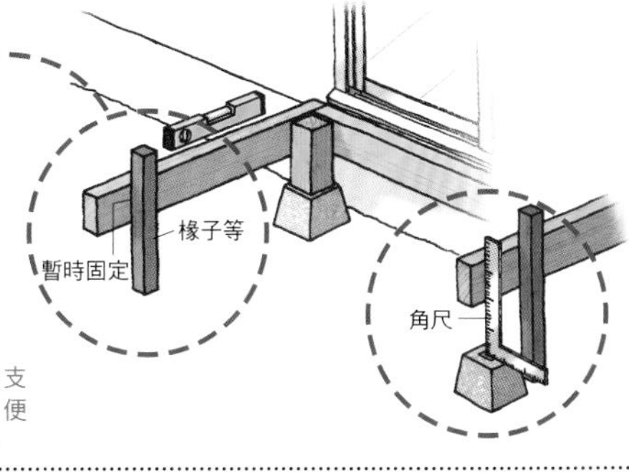

確定高度後，先在作為基準的橫楞木上栓入一根木螺絲，便於微調。在這樣的狀態下，放置水平儀，確定好水平之後，就以支撐件暫時固定。將角尺立於基石上，測出基石頂面到橫楞木的距離，確定地基支柱的所需長度。安裝好支柱後，即可在第一根橫楞木上栓入第2根木螺絲。

橫楞木較長的情況，接合處的「差之毫釐」到了楞木的前端就可能「謬以千里」。因此，每次連接支柱時，都需以角尺準確的確定高度與是否呈垂直，這一點非常重要。

鋪地板

基臺完成以後，就開始進入鋪地板的作業。因為製作基臺時已確定好了水平，就算板材有一點出入，只要在一邊鋪設時一邊進行微調，就不會出現太大問題。

通常會以板材的表面朝上，但若是表面情況不佳的話，翻面鋪設也無妨。

縫隙為3至5㎜

預留縫隙是鋪地板的原則之一，目的在預防積水與加強通風。縫隙間的寬度以3至5㎜為佳。

若縫隙的寬度不一致，看起來就會不漂亮，因此，建議找幾個厚度相同的薄板或塑膠片作為墊片，夾著墊片進行鋪設。

統一拴入木螺絲的位置

不論是用2×4木料，還是2×6木料，每次都用2根木螺絲固定地板，板條為原則。若僅用1根固定，過不了多久，木板兩邊就可能會上翹。此外，2根木螺絲之間的間隔需一致。具體標準是在距離臨近板材15㎜的地方各鎖一支。可以每次透過測量確定位置，也可以參照右圖所示，以畫出指示箭頭的木片當做專用標記，操作起來就會便利許多。

地板的鋪設樣式與橫楞木的配置

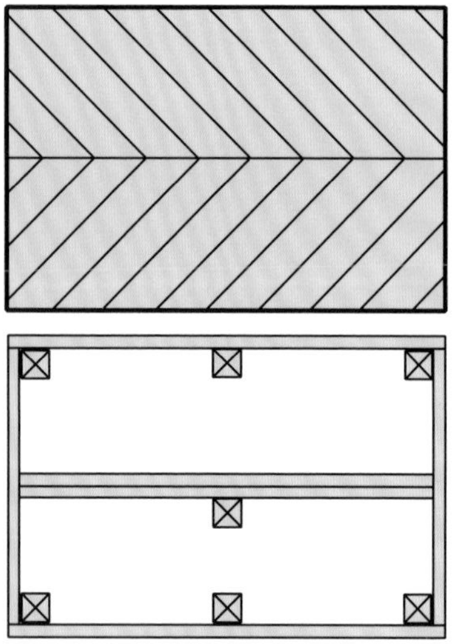

變化為斜鋪

斜鋪時，需將兩邊的板材相對斜向鋪設。
需特別注意凸出的斜切處。

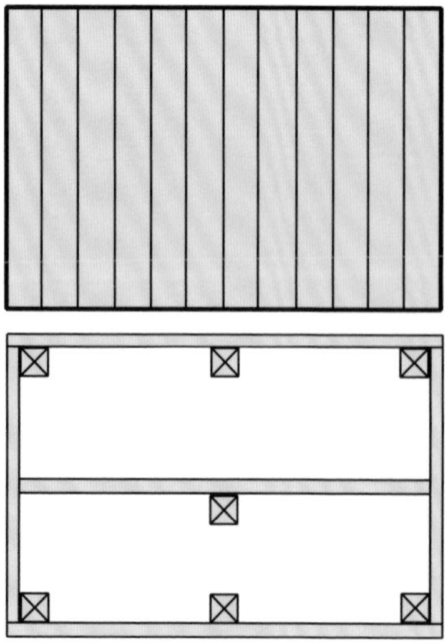

短板也可完成的縱鋪

只要板材有足夠的深度即可使用，
容易備料為其優點。給人簡潔的視覺印象。

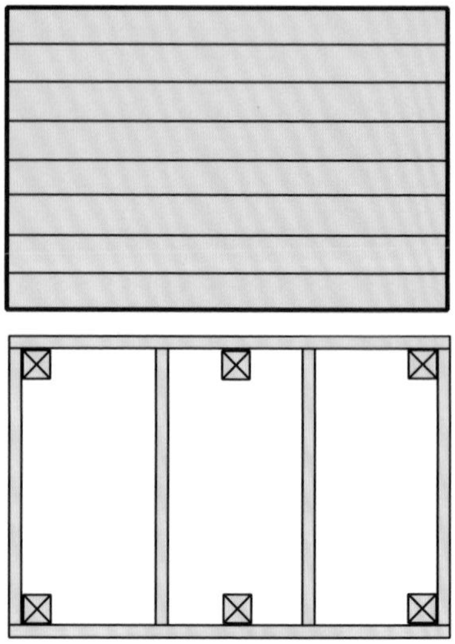

標準的橫鋪

最普遍的鋪陳方式。
從正面看不到端面，相當美觀。

手工釘入釘子

以電動起子機或電鑽鑽入木螺絲的話，一不小心會在地板的板條上留下凹痕，容易積水，腐蝕地板。為了避免凹痕，可在固定板條時使用鐵釘與鐵鎚直接釘入。

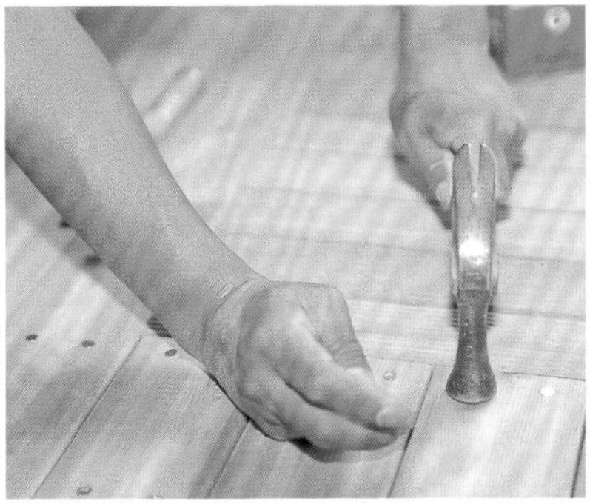

最後一起鋸齊板條端

若有足夠的板材時，可讓地板的板條超出一些，待鋪設完後，再統一鋸齊。這樣可使整體更加美觀，也可省去測量長度的麻煩。不過，若是加裝飾板的情形（為隱藏木板的端面而在外側加裝的擋板）則無法將板條超出完成尺寸，且橫楞木也需限制鋸齊的空間，因此從一開始就鋸好每塊地板，板條較方便作業。

製作柵欄

柵欄部分是最能體驗設計樂趣的環節，不過，由於柵欄往往會被作為靠背用、小孩子也會在上面玩耍，因此，柵欄的受力會較大。正因為這樣，需設計出具有一定強度的結構才行。

因此，再柵欄後方另外加裝柵欄支柱，不如讓它與木製露臺的地基支柱合而為一來得安心。

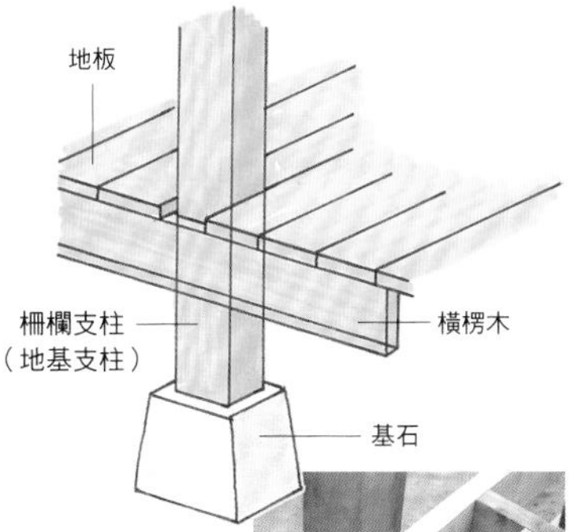

若延伸木製露臺支柱作為柵欄支柱的話，柵欄和地基合為一體，會更牢固。

製作階梯

配合落地窗高度製作而成的木製露臺，高度通常在500mm左右。因此需要製作一段階梯。梯子之間的差距以150mm為佳。踏板越寬且坡度平緩，即可製作出便於行走的階梯。由於階梯是在露臺之外，所以需依照實際的空間狀況，製作適用的階梯。

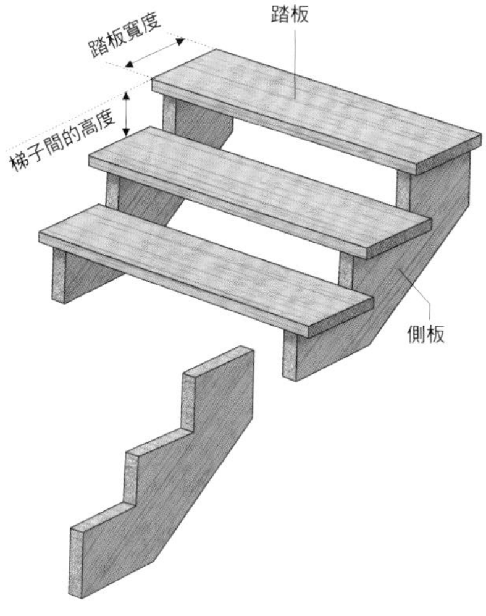

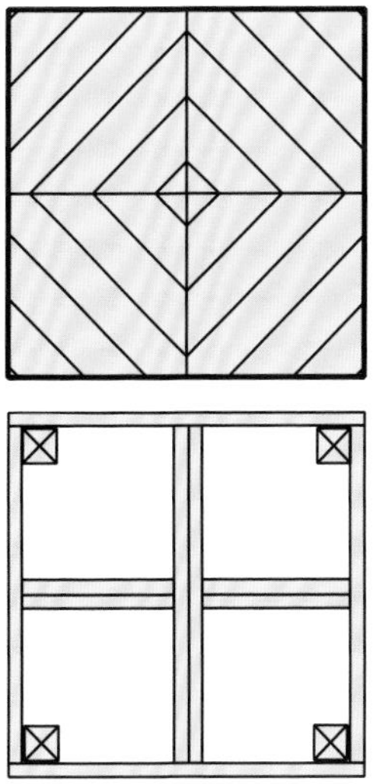

斜鋪組合

雖然斜裁板材會比較辛苦，
卻是可以凸顯個性的一款木製露臺。
可設想邊長為1200mm的正方形。

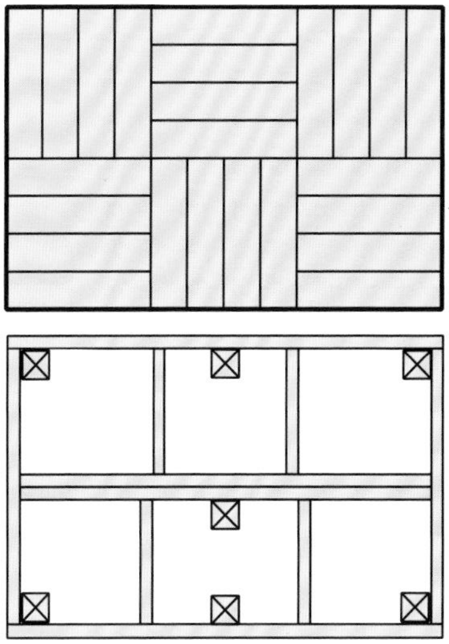

縱橫混搭，表現變化

這是一款同時迎合東西方口味的設計。
先確定好容易等分的板材尺寸，
操作起來會更加輕鬆。

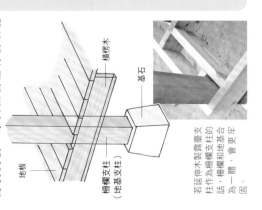

Garden
花園

室外用護木油的定期維護

重新塗刷木製露臺

每三年重刷一次 護木油是最常使用的塗料

由於木製露臺或柵欄等會遭受風吹日曬，容易腐蝕而變得陳舊。即使木材經過塗刷，幾年後表面也會明顯褪色，防水塗膜也會逐漸脫落。最好每隔三年就重刷一次。

通常都是使用室外用護木油來塗刷木製露臺。不需塗膜，讓護木油充分浸透木料，凸顯木材本身的紋路，表現出原木獨特的質感。重新塗刷護木油時，若原本只塗刷護木油的木製露臺上，可直接在木製露臺表面加塗一層護木油。若木製露臺已塗刷過防水塗膜，重刷護木油時，就必須將先前的塗膜完全除去，這道程序無法DIY完成。只能使用具有原先塗料成分的塗料來進行塗刷。

作業流程

砂磨表面
▼
清掃
▼
進行遮蔽
▼
塗刷護木油

材料

室外用護木油

工具

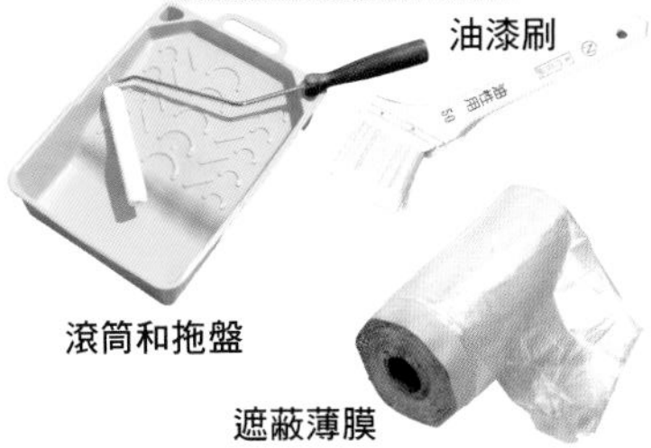

●工作手套、長柄掃帚、膠帶、刮刀、砂紙、遮蔽膠帶

STEP 1 使用砂紙

1 砂磨表面

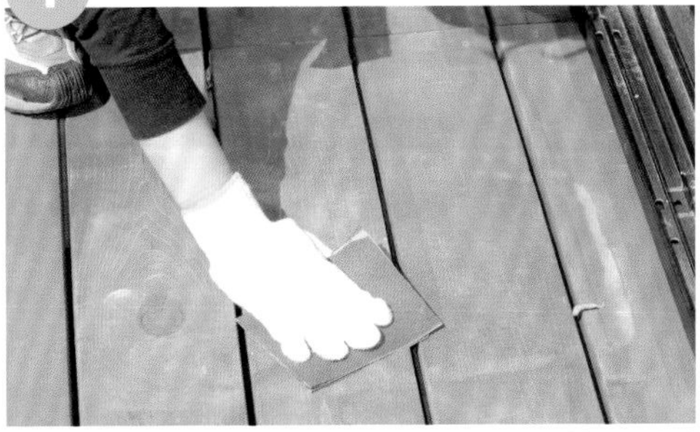

仔細砂磨木材表面。建議選用180至240號研磨顆粒較細的砂紙。

刮刀可用於清除黴菌和木材毛邊等。除了室外木製工程之外，其他情形也經常用到，建議家中可備有此工具，便於使用。

2 掃去研磨屑

砂磨完表面後，用長柄掃帚清掃掉研磨屑。至此，地板的整理工作也告一段落。即可進入遮蔽步驟。

POINT

不需處理龜裂及生銹的釘頭也OK！

龜裂和生鏽釘頭都不需補土填埋。由於護木油無法附著在補土的表面，反而會造成色差。生鏽的釘頭對木材不會有太大影響，因此可讓它們保持原樣。

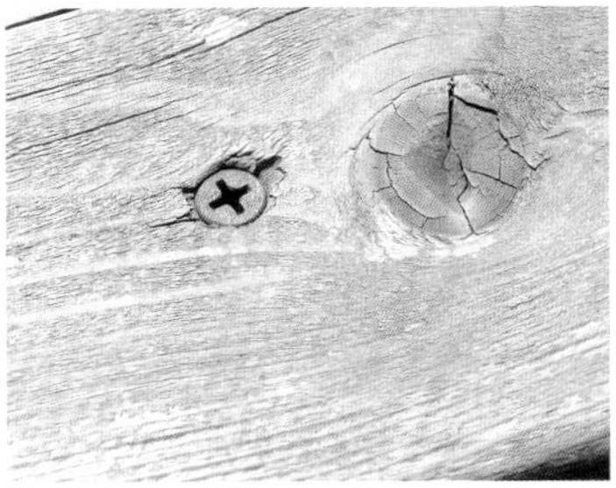

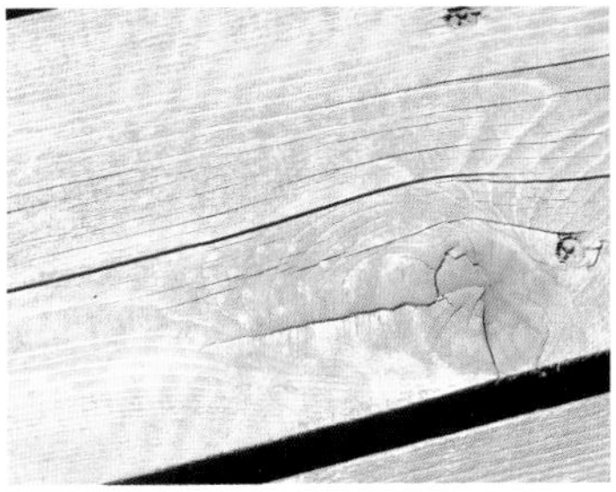

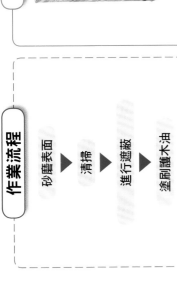

STEP 2 進行遮蔽

1 貼上專用膠帶

在不希望塗上塗料的地方，可用遮蔽膠帶貼住。照片中展示的是防風門，貼住邊緣部分即可。

2 靈活運用布膠帶

無法貼上遮蔽膠帶的石塊、灰泥、鐵片等部位，可選用布膠帶等進行遮蔽，比較方便。

3 別忘了遮蔽細節部分

仔細做好遮蔽，可有效避免塗刷到不應塗刷的地方。

4 徹底遮蔽

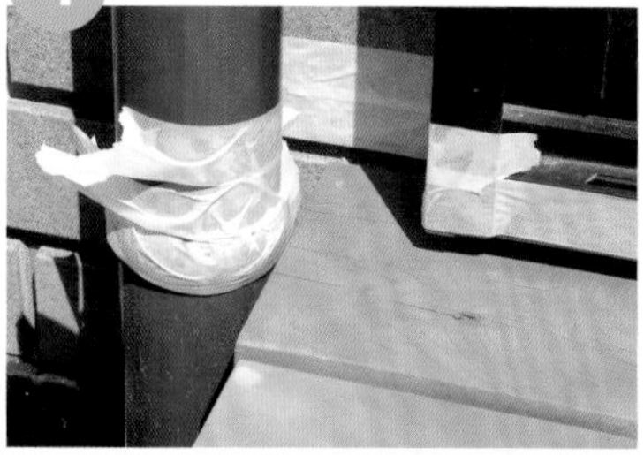

最容易漏掉的木製露臺邊緣部分。一旦塗刷上塗料後就來不及清除了，所以需徹底的進行遮蔽。

5 地面千萬別遺漏

塗料可能會從木製露臺外側滴落，因此木製露臺周邊也需進行遮蔽。可以在地面鋪上塑膠布或是厚紙板。

6 花草也需遮蔽

花草的遮蔽經常被忽略。為了防止植物們染上塗料，可用遮蔽膠帶進行遮蓋保護。

小秘技

善用「墊底膠帶」，輕鬆完成遮蔽膠膜的黏貼

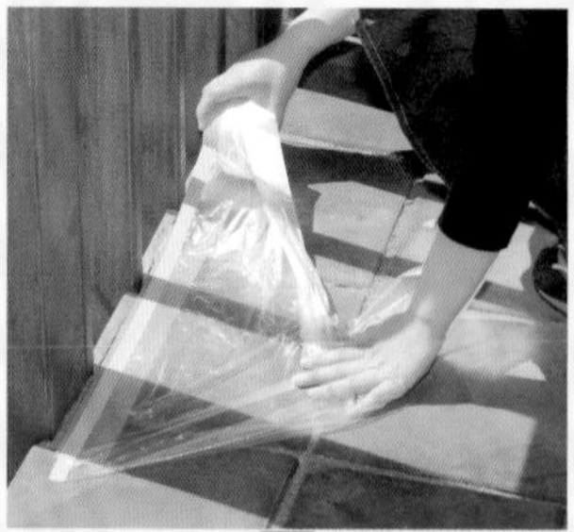

照片中為木製露臺內的BBQ空間。進行遮蔽時，可先在空間的地板邊緣貼上膠帶，稱為「墊底膠帶」。如此一來，遮蔽膠帶只需直接貼在墊底膠帶上，不必費力將其完全黏貼於邊緣了。這樣可有效提高遮蔽效果。

POINT

建議初學者黏貼2條遮蔽膠帶

如圖所示，同時張貼兩條遮蔽膠帶進行遮蔽的話就萬無一失了。雖然需多花一些時間，但還是建議油漆的初學者使用。另外，完成了所有的遮蔽工作後，就不用害怕發生誤刷的情形，反而可以有效提高塗刷效率。所以在進行遮蔽時，越細心越好。

STEP 3 塗刷室外用護木油

1 倒置罐子並充分搖勻

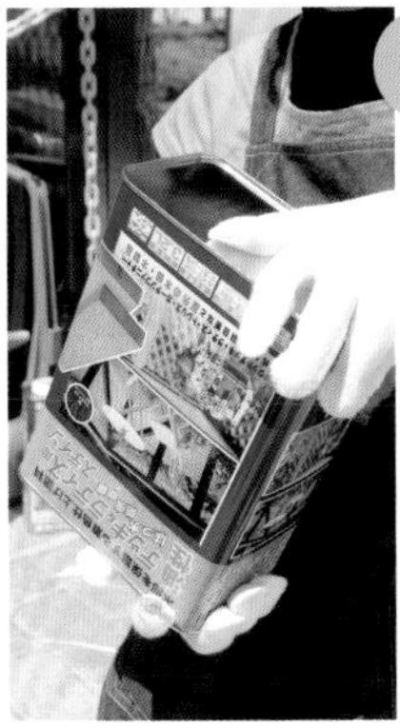

打開包裝前，先倒置罐子，用力搖晃，充分混合內部液體。每次只需倒入少量塗料至水桶內即可。

2 從邊緣開始塗刷

首先從木製露臺邊緣開始刷起。寬30㎜的窄毛刷最為方便使用。

地板板條之間先伸入毛刷塗刷剩餘的大面積，在整體塗刷時再以滾筒一起塗刷即可。

3 使用滾筒塗刷較寬板面也很方便

以窄毛刷塗刷好細節部位之後，可用滾筒將剩餘板面一起塗刷。為防止吸入塗料過多，建議選用較細的滾筒。

4 接合部位也要仔細塗刷

木材的相接部分容易積水導致腐朽，因此需仔細的將這些部位充分塗刷護木油。

5 塗刷完成後，充分乾燥

油性護木油需要1天來乾燥，水性護木油則需2天。漏刷的小部位再補刷一次即可，不用太在意。

6 重複塗刷後完成

由於本次是製作有高低的木製露臺，為了便於辨識高低階，因此重複塗刷了較低的露臺，做出色差。

POINT

護木油塗刷順序為由上而下，由右至左

由於護木油的黏度較低，所以容易有滴落的情況。在塗刷欄桿等部位時，以刷開滴落的護木油的方式，由上而下進行塗刷。慣用右手的人，可參照插圖由右至左塗刷即可。左撇子則以相反方向塗刷。塗刷過程中要朝向護木油最後會流到的地方塗刷。

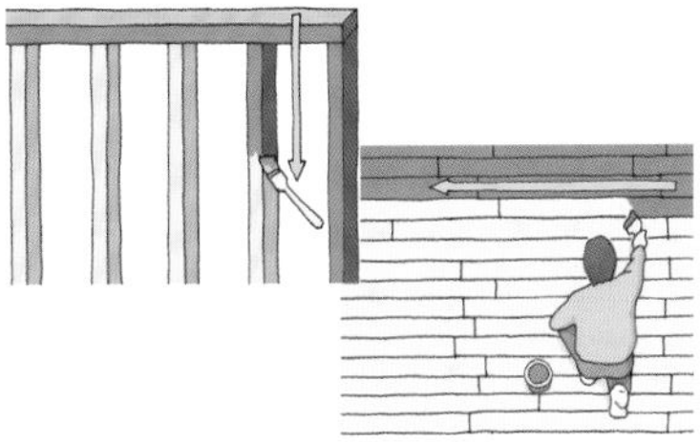

Garden
花園

塗刷陳舊混凝土臺階

讓舊屋再次明亮的混凝土地臺

讓老舊的混凝土臺階變明亮

經過多年的使用，車庫或玄關的混凝土臺階表面變得粗糙、暗淡，無論怎麼清掃都很難徹底清除上面的沙塵。這些都是因為臺階表面的混凝土逐漸風化所造成的。使用混凝土臺階專用的塗料可以有效保護臺階表面，讓臺階再次明亮。

建議使用易於操作的「水性混凝土室外用塗料」來進行塗刷。由於是水性的，容易風乾，而且乾燥之後就會轉變為堅固的塗膜，具有很強的耐磨性。選擇「水性混凝土室外用塗料」的底漆時，需搭配「水性底漆」，才能凸顯其效果。

操作流程十分簡單。挑一天好天氣，來挑戰一下吧！

作業流程

清除污垢
▼
塗刷底漆
▼
塗刷
混凝土室外用塗料

材料

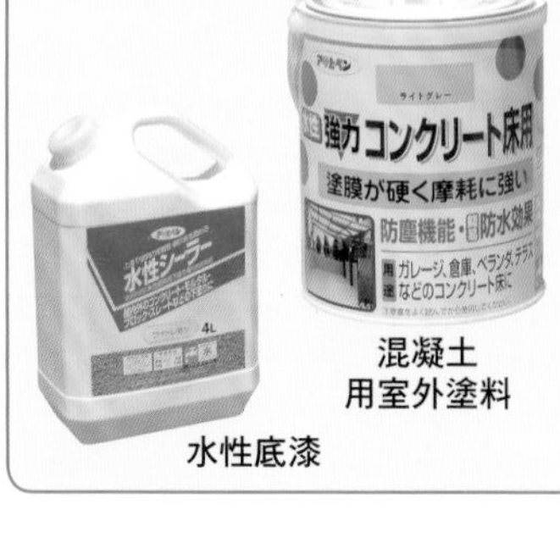

水性底漆

混凝土
用室外塗料

工具

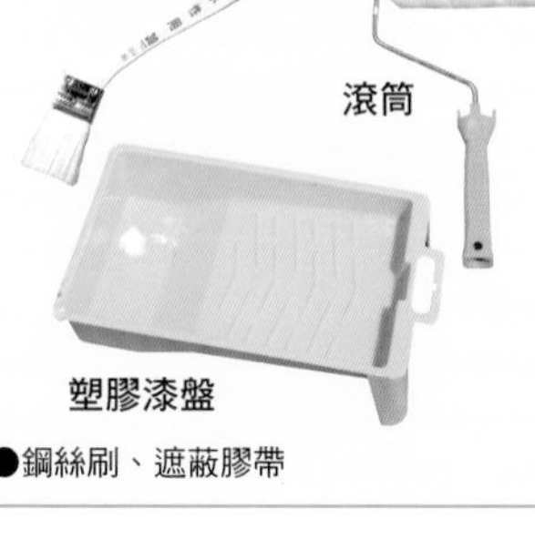

馬蹄刷

滾筒

塑膠漆盤

●鋼絲刷、遮蔽膠帶

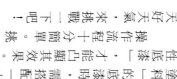

1 清除表面的污垢

清除混凝土臺階表面的污垢。可用鋼刷刷除黏附在表面的頑漬，也可利用軟管一邊導水，一邊以掃把進行清除。可依據汙漬種類選擇合適的清潔方法即可。

2 將底漆倒入漆盤

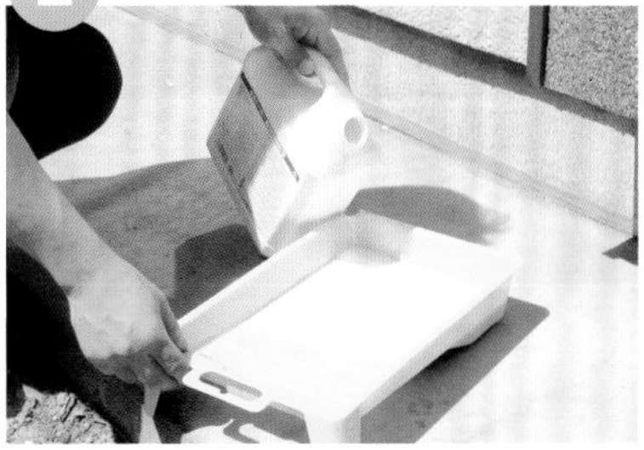

充分搖勻容器中的底漆，倒入適量的底漆至漆盤中。

3 塗刷底漆

讓滾筒充分吸附底漆，開始塗刷臺階。

4 全面塗刷

滾動滾筒刷塗刷臺階表面，避免漏刷。

5 側面也一併塗刷

將滾筒刷豎起使用，讓臺階的側面也一併塗刷上底漆。塗刷完側面後等待底漆乾燥。

6 以馬蹄刷塗刷細部

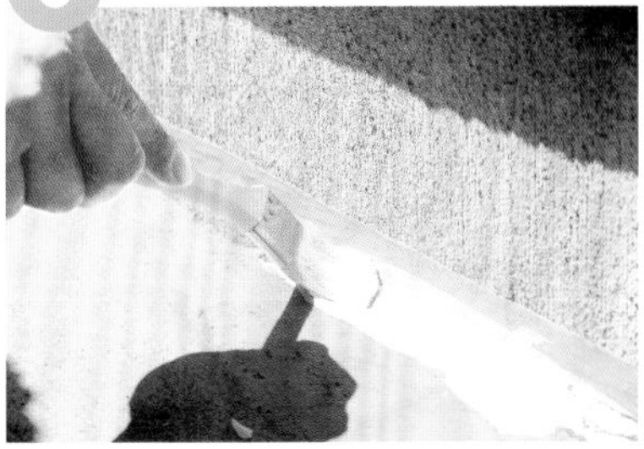

細部和角落等滾筒刷不易刷到的部位，可事先以馬蹄刷塗刷。

7 讓滾筒吸附塗料

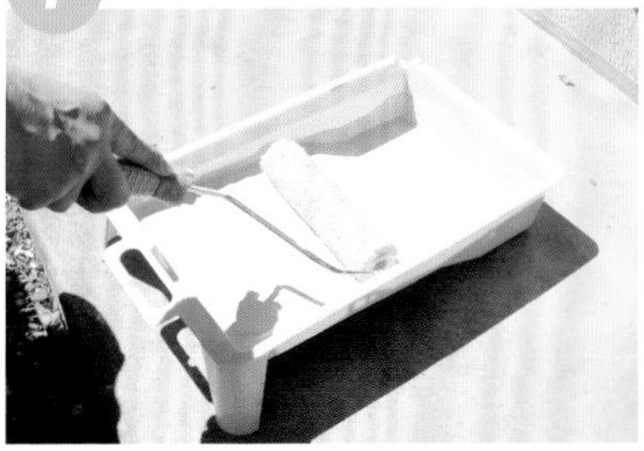

讓滾筒吸附塗料。若塗料的延展性不佳，可加清水將其稀釋5%。

8 塗刷塗料

以滾筒塗刷臺階，避免漏刷。

9 也在側面塗刷塗料

為了避免塗料滴落，塗刷時可用厚紙板置在側面底部。

10 確認有無漏刷

若發現透底或漏刷，可待塗料乾燥後進行第 2 次補刷。

11 撕掉遮蔽膠帶，塗刷完成

撕掉遮蔽膠帶的最好時機為塗料快要完全乾燥時。

製作簡易烤肉爐

DIY新手也能在2天內完成

運用基本技巧就能製作而成的簡易烤肉爐

只需水平堆砌磚塊，就能完成的簡易烤肉爐。

完成尺寸為長595×寬950×高550㎜。製作順序如下：先挖出比完成尺寸大一點的坑洞，在砂漿上鋪上一層層交錯的磚塊。另外，施工過程中需要使用手提平面砂輪機來裁切磚塊。製作重點為施工過程中，需不厭其煩地使用水平儀來確認磚塊是否水平。

作業流程

挖好基礎，整平地面
▼
堆砌基底磚塊
▼
製作放置木炭及火苗網子的部分
▼
製作放置烤肉網的部分
▼
清理溢出的砂漿

材料

耐火磚	230×115×60mm	110塊
水泥	25kg	2至3袋
砂	35kg	3袋
木炭用鋼絲網		1枚
烤肉網		1枚

工具

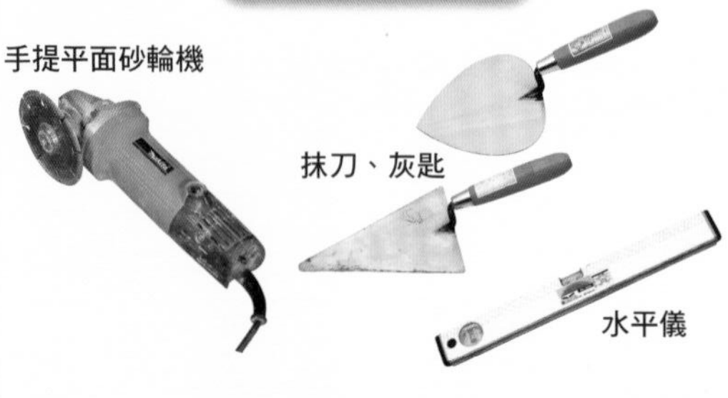

●石錘、鑿子、海綿、水桶、捲尺、鐵鏟、砂漿桶、填縫袋

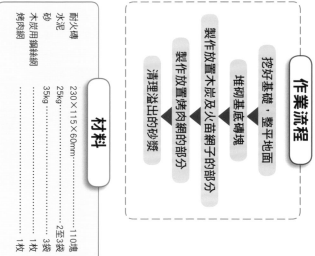

STEP 1

堆砌基底磚塊

磚塊之組合樣式（順序）

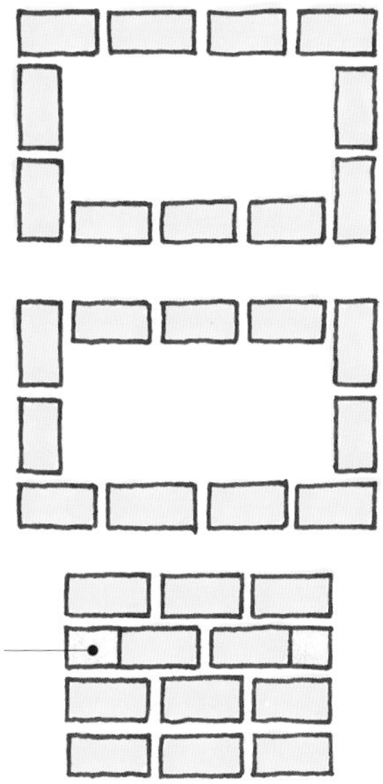

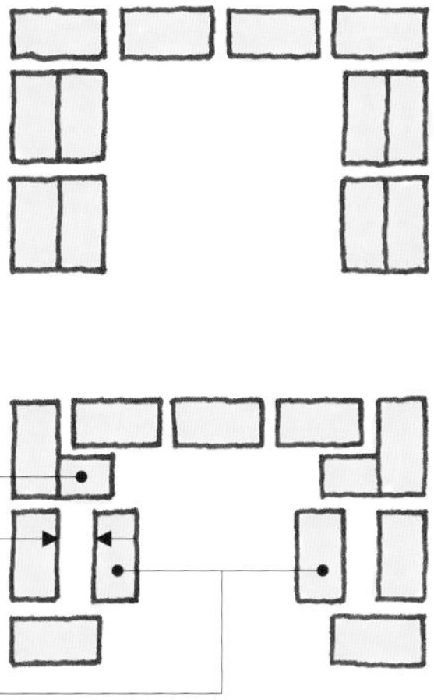

1 將磚塊浸水

堆砌磚塊之前，需先放入裝水的水桶等容器中浸泡，可有效提高磚塊與砂漿的黏合。

2 挖出深約10cm的坑洞

挖好作為基礎的坑洞後，可用磚塊來確認尺寸是否正確。基礎土坑的深度以5至10cm為宜。

3 鋪製砂漿作為基礎

在作為基礎的坑洞中倒入砂漿。用塑膠抹刀等工具抹平砂漿。

4 將砂漿做出口字型

整理砂漿形狀，使其呈現口字型。

5 堆砌第1層磚塊

開始砌磚。以水平儀確認磚牆是否為水平。施工時，需不時以較長的直材從側面測量磚塊是否水平。

6 完成第1層

砌好第1層磚。再次確認接縫間隔和磚塊沒有歪曲變形。

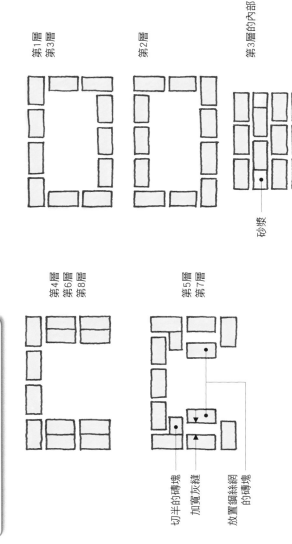

STEP 2 砌磚至放置木炭用鋼絲網的部位

1 以抹刀鋪好砂漿

將砂漿鋪於磚塊之上。如圖所示，將砂漿鋪成平行的棒狀。圖片中使用的是水泥抹刀。

2 鋪砌第2層以上的磚塊

鋪砌好第3層後，以海綿擦掉灰縫滲出的砂漿。

3 將砂漿倒入內部

在已鋪砌好3層的磚框內倒入砂漿，具有抬高並固定內部磚臺之功用。

4 以抹刀抹平砂漿

讓磚框中的砂漿與第2層同高即可。達到所需高度後再以抹刀抹平即可。

5 鋪砌磚塊在磚框中間

在砂漿上鋪砌磚塊。製作時需隨時注意整體是否為水平。

6 第3層完成

鋪砌內部的磚塊至第3層。此處即為爐膛。不用擔心露在外面的砂漿，因為鋪砌第4層時，會被鋪砌的磚塊遮蓋。

7 第4層以後，將磚塊砌成「ㄈ」形

開始鋪砌第4層。圖片中蓋縫部分的磚塊構成了通縫結構（沒有按慣例交叉砌磚——譯者注），不過，這不會造成什麼影響。

8 鋪砌第5層

開始鋪砌第5層。砌磚時，可用鐵鎚的握把等敲打磚塊進行微調。

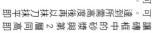

STEP 3 鋪砌所有磚塊

1 鋪砌第6層

鋪砌第6層磚塊，鋪砌樣式與第4層相同。

2 鋪砌第7層

放置食材烤肉網、木炭用鋼絲網的部分，需要突出1/3塊磚。照片正下方突出的磚塊即為放置木炭用鋼絲網的位置。

3 整理灰縫

使用勾縫刀等工具，整理灰縫。

4 烤肉爐完成

烤肉爐製作完成。相當簡潔的設計，初學者只需利用週末兩天也能輕鬆完成。

9 裁切磚塊

第5層開始會用到一部分切半磚塊，這裡需要使用帶有鑽石刀輪的手提平面砂輪機進行裁切。從正反兩面鋸開切口後，將鑿子靠著切口，再以鐵鎚向下敲擊就可做出整齊平滑的切口。

10 完成第5層後的鋪砌

完成放置木炭用鋼絲網的部分。由於放置鋼絲網的位置會突出1/3塊磚塊，因此需拉大與相鄰磚塊之間的間隙。

POINT

填縫袋能讓填縫工作變得輕而易舉

填灰縫的時候，可以使用專用的「勾縫刀」。也很推薦使用根據奶油槍原理設計的「填縫袋」。使用結實的塑膠麻袋做成袋子，不用擔心砂漿滲出。由於是直接對準灰縫注入砂漿，初學者也能輕鬆操作。

如照片所示，只需用力擠壓，砂漿就會從袋子前端擠出。

製作鋪磚陽臺

不需水泥就能輕鬆施工

最適合DIY的砂底鋪砌

將磚塊或石材鋪裝至地面上的工程為鋪裝（Paving）。專業工匠進行鋪裝時往往會使用水泥砂漿鋪裝在材料下方，不過，這裡介紹的「砂底鋪砌」則採用更簡單的方法——直接排列磚塊在砂土上。理論上鋪裝前，需先製作鋪砌的框架。也就是說，剛開始製作的水平邊框會成為之後鋪裝磚塊時的參照基準。邊框與框內磚塊的若使用不同色調，可做出視覺效果，讓陽臺整體顯得更加漂亮。

作業流程

在地面挖洞
▼
製作邊框
▼
在內側鋪滿磚塊
▼
撒上石英砂粉末填埋磚塊間縫隙

材料

澳洲磚
古典磚（邊框）
砂
砂漿（固定邊框用）
石英砂

工具

手提平面砂輪機
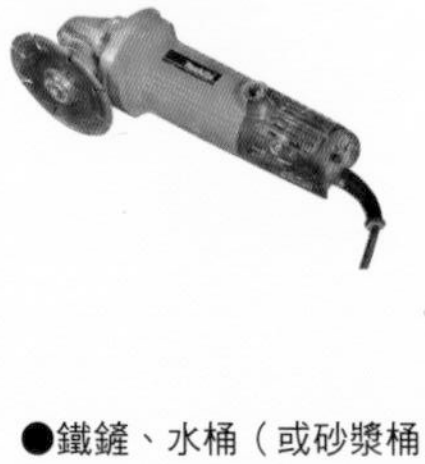

鏨子

水平儀

灰匙

●鐵鏟、水桶（或砂漿桶）、鋤頭、勾縫刀、水平儀、鐵鎚（建議使用橡膠鎚）、掃帚

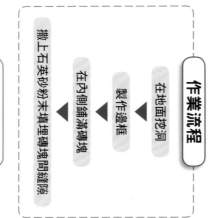

STEP 1 製作邊框

1 立水線

在預定施工地立好水線。若省略此步驟，會發現筆直鋪砌磚塊相當困難，而且高度也容易出現誤差。因此，建議不要省略立水線的步驟。

2 挖出製作邊框的基礎土溝

順著水線，向下挖坑。土坑深度視磚塊厚度而定。可藉助砂漿微調。

3 在基礎土溝內灌入砂漿

將砂漿灌入挖好的基礎土溝中。大略抹平表面即可。

4 鋪砌邊框磚塊

鋪砌邊框磚塊。灰縫控制在10㎜左右。利用鐵鎚的木柄對磚塊高度進行微調。若有確實立水線，就可以參照水線來確定每塊磚的位置及高度。

5 在灰縫內注入砂漿

往灰縫中注入砂漿。可使用前端為尖角的勾縫刀會很方便。以勾縫刀填滿縫隙。

6 使用濕海綿清理邊框磚塊

用濕海綿擦去溢出灰縫以及附著在磚塊表面的砂漿。

7 邊框完成

結束邊框的製作。只需配合邊框高度鋪砌邊框中間的磚塊即可。

STEP 2 鋪滿中央磚塊

1 向下淺挖邊框內部泥土

挖低並整平。具體深度可依磚塊和墊底砂的厚度來決定。

2 填入墊底砂並整平

填入並整平。厚度約為30mm左右。

3 確認高度

水線為完成高度，因此，水線高度減去磚塊厚度即為墊底砂的高度。

4 在墊底砂上鋪砌磚塊

開始鋪砌磚塊。不留灰縫，緊密鋪砌。用鐵鎚木柄輕輕敲擊磚塊使高度統一。

5 鋪砌時需每列錯開

用手提平面砂輪機裁切出半塊磚，從頂端部分開始鋪砌。磚塊裁切方法請參照P.56。

6 鋪砌全部磚塊

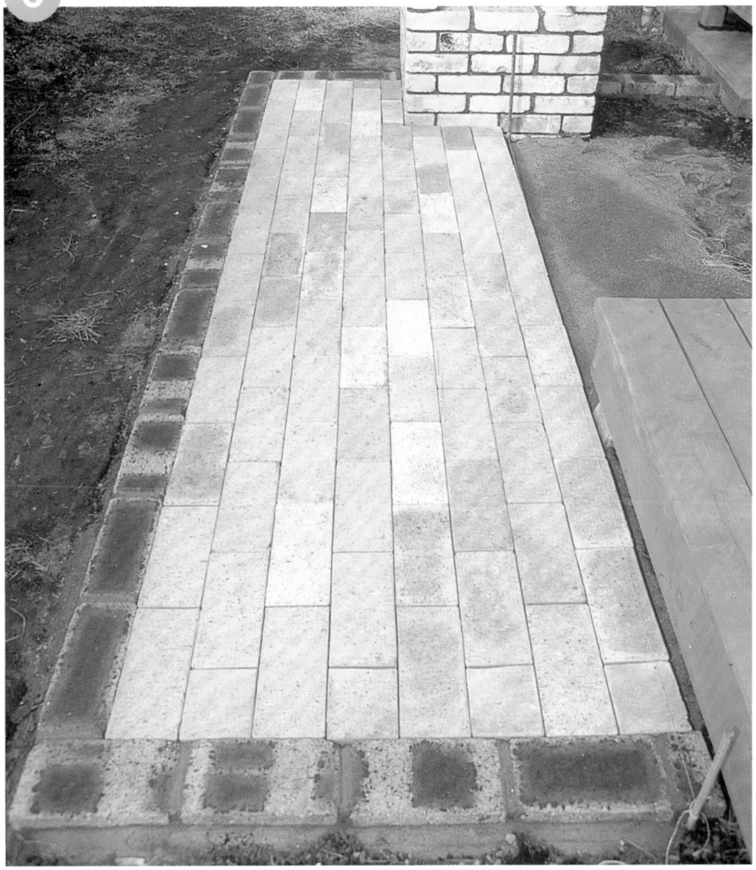

鋪完一半面積後的狀態。計劃鋪到內側的木製露臺邊。鋪砌樣式採用正統的順式砌法（Running Bond）。

巧妙搭配磚塊種類與鋪砌樣式，突顯層次變化

雖然同為鋪裝（Paving），但只要稍微改變素材或鋪砌方式，外觀就會大大不同。可思考多種搭配方式。

這裡使用的是手作氣息濃厚的不規則的磚塊。利用兩種不同色調的磚塊來進行鋪砌。鋪好以後，一塊低調且極具品味的陽臺就呈現在眼前。

1 高低垂直面用2×6木料進行加強，突顯邊框。

2 鋪細砂，整平。

3 從邊緣開始鋪砌。參考照片，先將磚塊鋪成四角後，在中央放入不同顏色的磚塊。

4 鋪完磚塊後，掃入填充砂。這裡使用的是普通細砂。

5 快完工時的情形。搭配兩種磚所呈現出的變化之美。

6 庭院一隅的小型陽臺誕生了！緊密鋪砌的磚塊地面呈現出另一種風味。

STEP 3 掃入填充砂

1 鋪撒細砂

使用石英砂。石英砂顆粒很細，具有填充縫隙、統一鋪磚地面的效果。

2 將石英砂填入灰縫

填砂時，可使用刷子或掃帚。填滿所有縫隙。

3 輕敲穩定磚面

以鐵鎚的木柄輕輕敲擊磚塊表面，利用震動讓細砂落入縫隙深處。最後在地面上輕輕撒上一些水。

為陽臺加鋪陶磚

將混凝土陽臺改造為南歐風陽臺

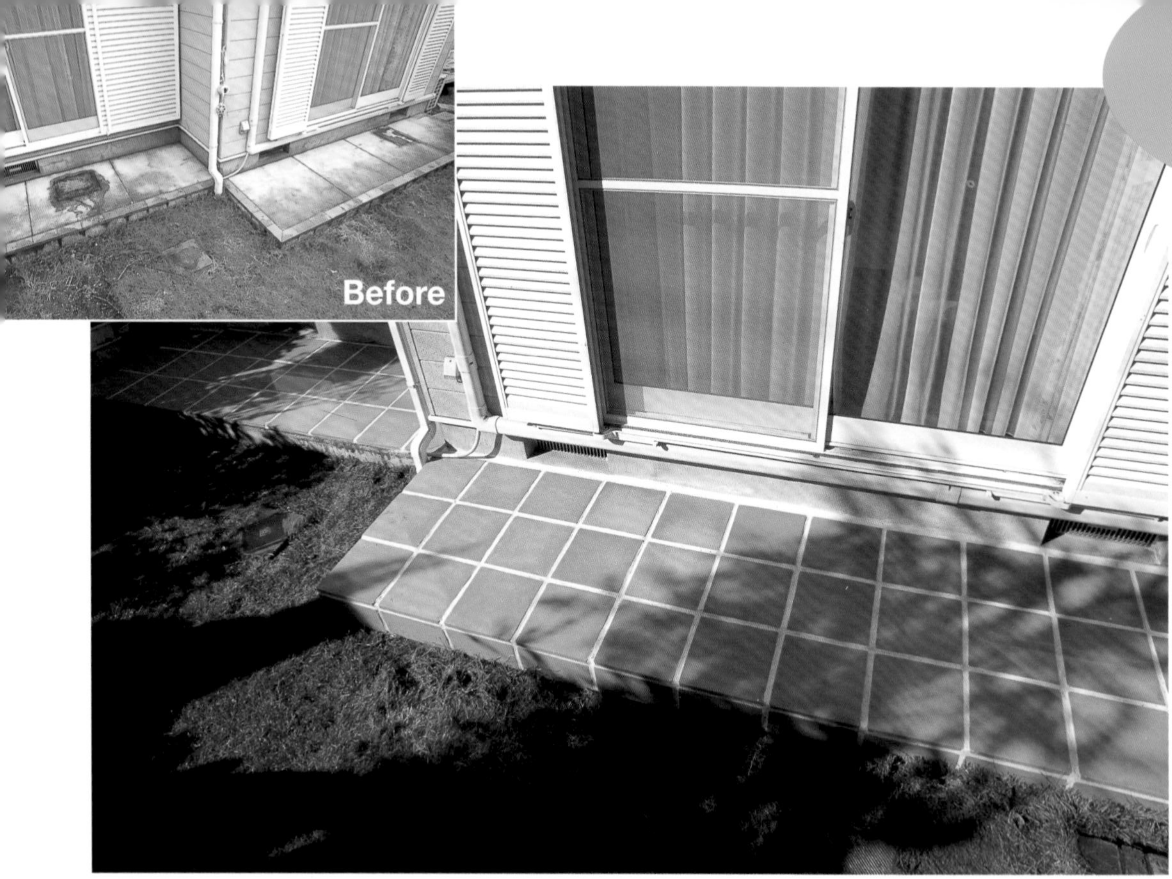

無需製作基底的簡易鋪裝

介紹在原有的混凝土陽臺上鋪砌陶磚的製作方法，是較簡易的鋪裝工程。因為有現成的混凝土陽臺，所以，不需要重新製作基底。準備好砂漿，就可以開始鋪砌。

將地磚鋪得漂亮的關鍵為地磚之間的灰縫需一致（範例為15㎜），像描畫圍棋棋盤一樣精準地鋪砌。水平儀是必備工具。

另外，填埋灰縫時會使地磚表面髒汙，所以必須趁汙漬變乾前，以濕海綿仔細的擦洗去除。此為很重要的步驟，不可省略。

作業流程

測量・規劃
▼
試貼陶磚
▼
加工陶磚
▼
鋪砌陶磚
▼
清理地磚表面汙漬

材料

陶磚	約80片
5號石英砂10kg	1袋
白色速乾水泥4kg裝	5袋
成品水泥10kg裝	1袋
川砂	適量
瓦匠用砂漿混合劑45kg裝	1袋
瓷磚黏劑10kg裝	1袋

工具

抹刀

橡膠鎚

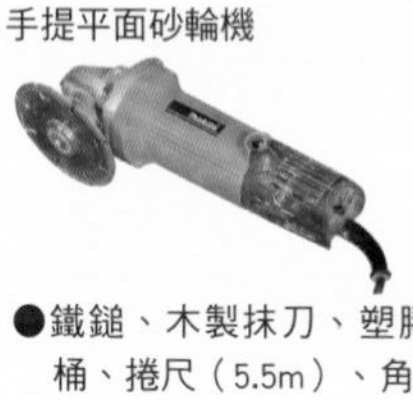
手提平面砂輪機

水平儀

●鐵鎚、木製抹刀、塑膠抹刀、鋤頭、海綿、水桶、砂漿桶、捲尺（5.5m）、角尺

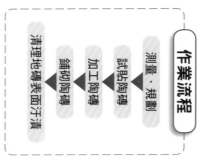

STEP 1 計量&準備／鋪砂漿

1 試鋪地磚

先試鋪陶磚，確定位置。這裡灰縫確定為15mm。也可在此步驟計算地磚用量及裁切尺寸。

2 以墨線標示位置

為了橫向、縱向均能準確鋪砌，可用墨斗先拉好墨線。

3 裁切地磚

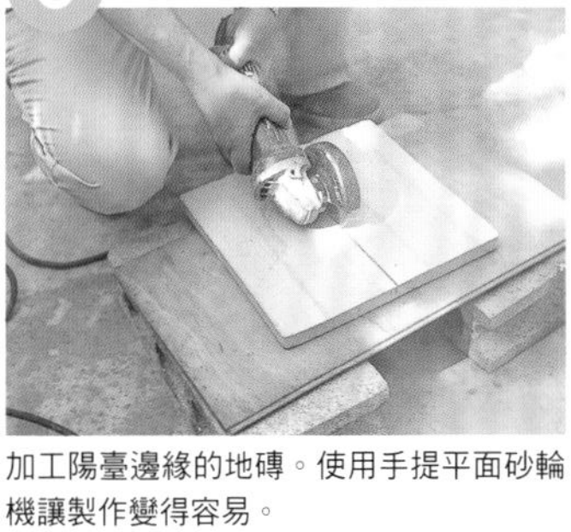

加工陽臺邊緣的地磚。使用手提平面砂輪機讓製作變得容易。

4 調製砂漿

混合攪拌加入了石英砂的砂漿。將1:2的石英砂和水泥，加水充分攪拌。調和砂漿到比耳垂稍軟一點即可。

5 鋪砂漿

清理好混凝土陽臺表面，薄鋪上一層混合石英砂的砂漿。以抹刀平整砂漿表面。

6 以抹刀逐步平鋪延展

如果一次鋪完，可能還沒鋪好地磚，砂漿就乾掉了，也會沒有可以站立的地方。另外，逐步平鋪砂漿還有一個好處，即為隨時能看到事先彈好的墨線，便於及時修正。

7 以梳狀抹刀梳整砂漿表面

鋪貼地磚前，先用梳狀抹刀在砂漿表面抹出紋路，能讓地磚和砂漿更加緊密。

8 在地磚底面抹上砂漿

從邊角頂端開始鋪砌。在陶磚的底面也薄薄抹上一層混了石英砂的砂漿，再逐一鋪砌。

小祕技

天氣炎熱時，可使用混合劑或保水劑

砂漿是由水泥、細砂混合之後，一邊加水一邊攪拌而成。不過，天氣太熱時，很容易就蒸發了，所以必須進行一些應對措施，像是多加一份水等。此時若有市售的混合劑或保水劑等類似產品，問題就會迎刃而解。加入這些產品混和後，可提升砂漿的保水性，硬化速度也會變慢。

在水泥中加入保水劑混和後，可使硬化速度變慢

STEP 2 鋪砌陶磚

1 平整固定地磚

以鐵鎚的木柄輕輕敲擊地磚表面，使全部瓷磚鋪砌得水平且牢固。

2 以濕海綿清潔

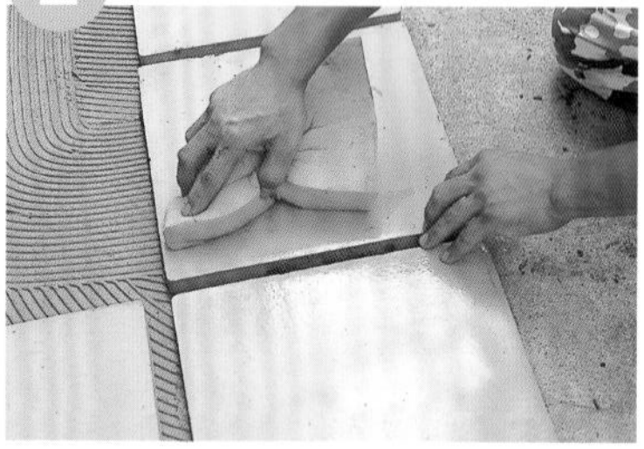

陶磚表面若沾上砂漿等汙漬，一定要在汙漬變乾之前，以濕海綿擦掉。如果省略此一步驟，會大大降低整體美觀。

3 在陽臺側面塗刷砂漿

黏貼地磚在陽臺側邊時，需先抹好砂漿。為避免砂漿掉落，需藉助抹刀用力黏貼砂漿和陽臺。

4 鋪砌側面地磚

鋪貼上事先加工的陶磚。不過剛鋪上地磚時，會很容易掉落，可暫時用手壓住固定，待地磚固定後再鬆手。

5 調製補縫材料

製作補縫材料。這裡是使用白色速乾水泥。只需加入清水攪拌即可。調至與軟中帶硬的柔軟程度即可。

6 填入補縫材料

在灰縫中填入補縫材料。因為灰縫比15mm再寬一點，因此不使用勾縫刀也可以。就算補縫材料溢出也沒關係。

7 以濕海綿擦拭

填好灰縫後，需立即以濕海綿擦掉地磚表面的髒汙。多擦拭幾次，將汙漬全部清理乾淨。

8 側面也用相同方法製作

側邊的灰縫也用相同方法填埋，不過此步驟的難度較高。填埋垂直的灰縫需傾斜抹刀的板面，以塗刷左右地磚時的感覺進行填縫。

9 南歐風陽臺製作完畢

工整地填好灰縫後便大功告成。

小秘技

使用「水泥糊漿」更省錢

在混凝土臺上鋪貼陶磚還有一種使用「水泥糊漿」的省錢方法。「水泥糊漿」是指水泥加水充分攪拌之後的糊狀混合物。具體操作方法如下：先在混凝土地面上塗上一層薄的「水泥糊漿」，加強地面與砂漿的黏著性。鋪砂漿在「水泥糊漿」上面後再鋪上一層「水泥糊漿」。最後再將地磚鋪砌在上面。這種方法只需使用一般砂漿（水泥＋砂），不需使用到石英砂，價格相對低廉。另外，以「水泥糊漿」貼好地磚後，灰縫的處理方法與之前的方式相同。

1 塗刷「水泥糊漿」之前，將木擋板臨時固定在陽臺的周圍（使用混凝土釘）。鋪砂漿打底時以這些木擋板的高度為準。

2 以勺子薄鋪一層水泥糊漿，再以刷子刷平整體。

3 在水泥糊漿上鋪砂漿。以1:2的比例將水泥與細砂混合後加水攪拌而成。

4 填入砂漿至木擋板的高度，一邊確定水平，一邊抹平表面。

5 利用墨斗拉墨線，標出地磚之鋪砌線條。在砂漿上，也可清楚看見墨線。

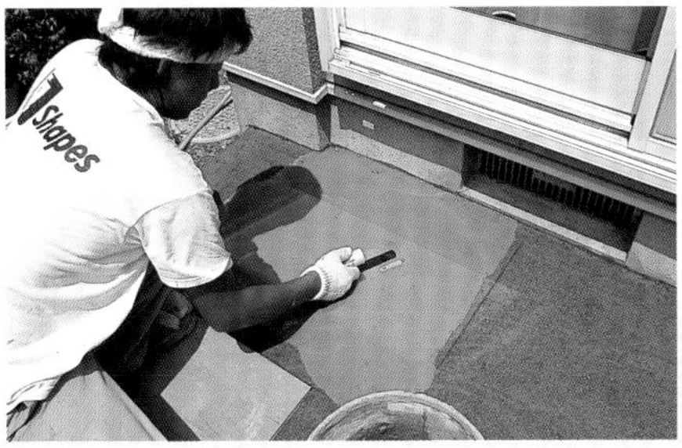

6 薄鋪一層水泥糊漿在砂漿上。

7 依照墨線鋪砌地磚。

8 陽臺鋪滿地磚後，接下來的填縫步驟與前述方法相同。

Garden
花園

製作簡單排列枕木柱

高高低低，演出美妙節奏

埋入地面的深度及固定為製作關鍵

豎立枕木柱，填埋是唯一的工作，初學者也能輕鬆完成。但請別認為只需將枕木簡單地排列就好了。重要的是，我們可以利用高低不同的枕木營造出富有節奏感的視覺效果，讓它們變成一道漂亮的風景。

能清楚看出枕木的高度差異即可。至於埋入地面的深度，需根據每根枕木的高度而定。先將枕木鋸出不同高度後，試擺在地上看看。較高的枕木需埋入高度的1/3在泥土中，高度較短的枕木則可埋入1/2即可。按這樣的規則豎立的話，就能使枕木立得很穩。

垂直埋入枕木非常重要。埋入地面後，填入泥土並用腳踏緊。要立得牢固，可倒入一些清水（普通自來水即可）再踩踏地面。但如果加太多水，泥土會變軟，所以只需準備半桶水即可。大約幾天時間，等泥土變乾，就可以將枕木牢牢地固定在地面上了。若只靠泥土固定會容易鬆動，加水之後就可明顯提升效果，因此千萬不要忽略加水的步驟。

作業流程

鋸枕木
▼
確定埋入的深度
▼
在地面挖洞
▼
利用水線來調整枕木的面
▼
埋入枕木

工具

圓鋸機

鐵鏟
水平儀

●水線、水桶、橡膠鎚

材料

枕木　150×200×2400mm ……………………… 3根

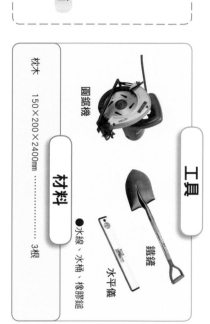

製作簡單排列枕木柱

1 鋸枕木

依照喜好的高度鋸好枕木後，試排於地面上。埋入地面的高度約為枕木的1/2至1/3。照片中排列的枕木，靠近我們的這一端即為需埋入土中的部分。如果沒有圓鋸機，就請木材行代為裁切吧！

2 拉好基準水線

要使枕木排列整齊，需先拉好基準水線。只要枕木的面貼著緊繃的水線的話，就能確保枕木排在同一條直線上。

3 以鐵鏟挖洞

依據不同的枕木尺寸，挖出所需深度的土坑。坑底應為結實平整的面，確保枕木能夠垂直豎立。為確保垂直，需以水平儀置於在枕木面上測量。

4 確認垂直

從側面檢視步驟3中枕木的狀態。這樣就能看出枕木的面是否都緊靠水線。用水平儀分別測量各面，提高準確度。

5 以一定間隔埋入枕木

枕木柱之間的間距可用目測確定。範例中採用了150mm為統一的間距。

6 撒水使泥土更加穩固

進行埋土作業時，可往泥土中倒入半桶水。等泥土變乾之後，就可使枕木穩固的豎立在地面上。

7 完成排列枕木柱

作為柵欄之外，也可用來放置花盆。不同高度的柱子，呈現出十足的韻律感。

製作簡單的枕木立式水龍頭

清涼感十足的自然取水處

隱蔽PVC水管的秘訣

使用枕木，製作一個極具自然風味的立式水龍頭吧！

為了遮蓋PVC水管，可在枕木上挖出溝槽，用於隱藏水管。

從枕木中間穿過的PVC水管可用砂漿固定。若在溝槽內釘入鐵釘，可有效提高砂漿的粘著力。接上水龍頭之後，枕木立式水龍頭便大功告成。

接下來就可以開始連結枕木立式水龍頭與進水管道了。為了防止漏水，需注意PVC管之間的接合，也需確認枕木是否確實固定及垂直，這些細節在製作時都需仔細進行。進水管附近就會有排水管，因此，安置好立式水龍頭之後，還可以試著製作一個小型水槽。別有一番風味哦！

材料

枕木　150×200×2400mm……………1條
造型水龍頭 ……………………………1個
PVC水管 ……………………………適量
L型彎管、水龍頭連結部件、PVC水管專用接著劑、轉接頭、砂漿

作業流程

鋸枕木
▼
鑿出穿過PVC管的凹槽
▼
在枕木上開孔裝置水龍頭和進水管
▼
連結PVC水管後，用砂漿遮蔽
▼
安裝水龍頭

工具

電動起子機

圓鋸機（或鏈鋸）

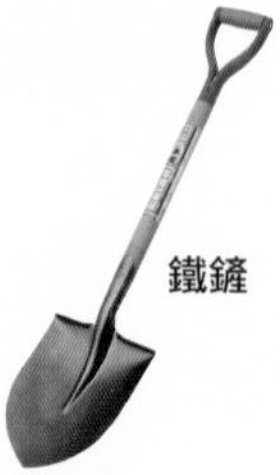
鐵鏟

●鋤頭、砂漿桶、抹刀、PVC管鋸（或PVC水管剪刀）

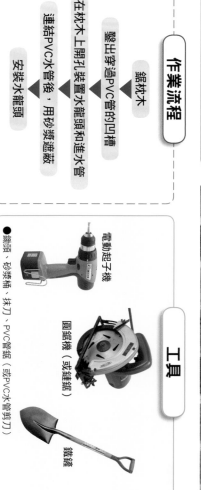

STEP 1 固定PVC管於枕木上

1 在枕木上拉出墨線

測量好用於製作立式水龍頭的枕木尺寸，可依喜好調整高度。範例中的高度為1200㎜。

2 以鏈鋸切斷枕木

鋸斷枕木。將鏈鋸前端的防滑片（靠近鋸片根部，凹凸不平的部分）放置在枕木上，作為鋸枕木的支點，會更加穩固安全。

3 鑿出穿過PVC管的凹槽

挖好放入PVC管的溝槽。開始時，先以鏈鋸鋸片的前端鋸枕木，鋸到一定程度之後，便即會呈現出需要開槽的切口。

4 以鑿子刻出溝槽

當鏈鋸在枕木上鋸出兩條開槽道後，就可以開始以鐵鎚和鑿子來細鑿溝槽。

5 完成溝槽

放入PVC的溝槽加工完畢。範例中的凹槽為寬50㎜×長約900㎜。

6 在枕木上開出放置進水管的凹洞

在枕木的下方開孔，相接PVC管和進水管。開孔時鑽頭一定要筆直鑽入。

7 為水龍頭鑽孔

在安裝水龍頭的枕木上部開孔。由於範例中是在表面（無溝槽的面）開孔，開孔時請不要錯開開孔處與背後的溝槽。

8 枕木的加工完成

完成開孔，洞孔的直徑為30㎜。

POINT

埋入PVC管的溝槽深度以7至8cm為宜

埋入PVC管的溝槽可先使用鏈鋸鋸出大致雛形。對初學者而言或許有點難，不過若先鋸出溝槽加工線的切痕，之後的加工就會變得輕鬆許多。完成的溝槽深度為7至8cm為宜。

9 在圓孔側壁上塗抹木工用接著劑

為了在枕木上部安裝水龍頭，先在小孔內黏貼好安裝水龍頭用接頭。

10 安裝L型彎管

枕木下部是進水管與放入溝槽內之PVC長管的接頭處，在這裡安裝L型彎管（L形PVC管）。

11 嵌入PVC水管

銜接連結水龍頭和進水管的PVC管與長的PVC管。以砂漿在溝槽內埋填。為了使其緊密牢固，可在灌入砂漿前釘入幾根鐵釘固定PVC管。

12 灌入砂漿

將PVC管放入枕木溝槽內後，以砂漿填埋，不但可以遮蓋水管，還能防止水管冰凍。

13 砂漿凝固

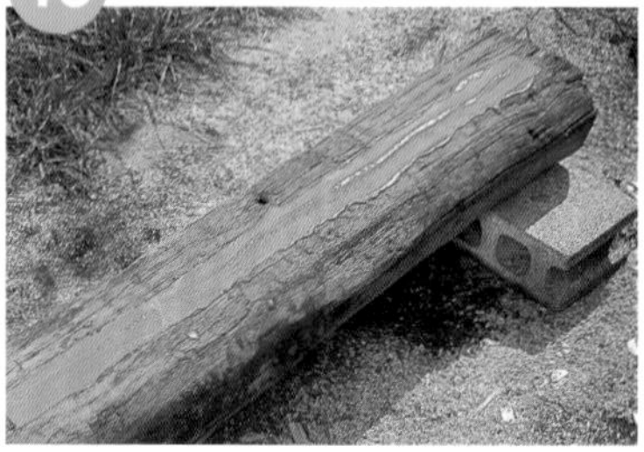

砂漿凝固約需1天時間。凝固後，PVC管就被牢牢固定了。

14 在水龍頭接頭纏繞鐵扶龍膠帶

安裝水龍頭之前，需要在接頭的螺旋部分纏繞專用的鐵扶龍膠帶，可防止接頭部分漏水。鐵扶龍膠帶大約繞8圈就OK。

15 完成立式水龍頭部分

製作枕木立式水龍頭完成。接下來就能進入鋪設管道的步驟。

STEP 2 挖洞做出進水管和排水管

1 取代原有的洗滌盆

幾乎每間平房裡都有的室外水龍頭。就以枕木立式水龍頭替換吧！

2 挖開地面使進水管露出

拆掉水槽後，沿著露出的進水管和排水管下挖30cm。手指所指的地方為管徑20mm的進水管（※）。

3 配合管道，切斷水管

立式水龍頭的PVC管管徑為13mm，在L型彎管的轉彎下方約20cm處，切斷水管後移除，安裝轉接頭（可變換兩端水管管徑的專用部件）。

4 使用水管用PVC管鋸切斷

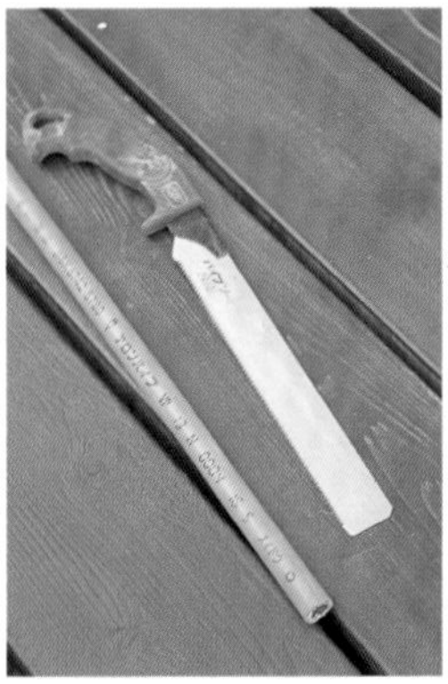

使用管鋸裁切PVC水管。使用PVC水管專用剪刀也行。

5 嵌入水管轉接頭

照片中的即為轉接頭。藉助轉接頭就可連結不同管徑的水管。

6 延長出水管的管道

為了不妨礙排水管，需要事先計劃好進水管的走向。彎曲的部分使用L型彎管進行佈管。

※範例中是由專業人士來進行管道的裝配。在DIY能夠完成的部分僅限於「水龍頭周邊」，安裝水管的部分，請找專業水電工協助。

STEP 3 為立式水龍頭安裝進水管

1 以硬質膠合劑接合L型彎管

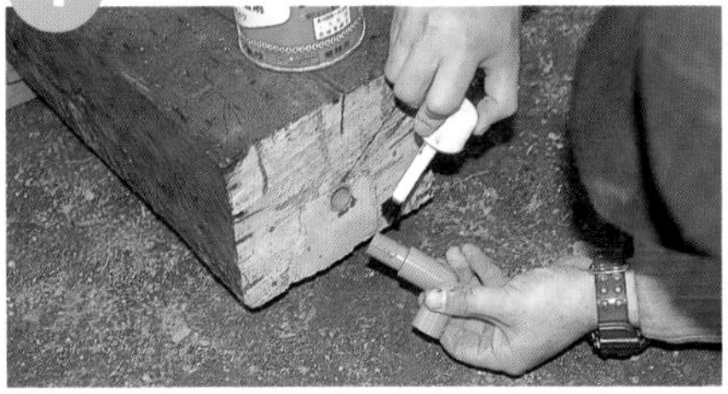

接合PVC水管時，可先使用塑膠管、PVC管專用的硬質膠合劑全面塗刷在接觸面，進行黏接。由於接著劑很快就會變乾，操作速度務必要快。

2 完成接合L型彎管

為了連接佈好的進水管與立式水龍頭，所以需安裝口徑為13mm的L型彎管。

3 接合PVC水管

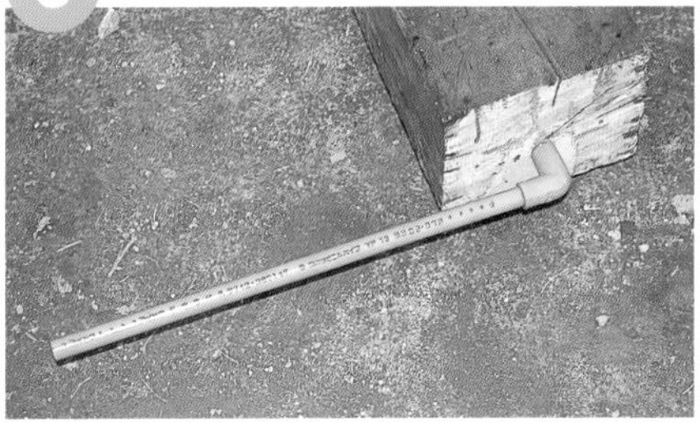

只安裝L型彎管無法連接進水管，所以需要使用管徑13mm的PVC水管來延長。

4 接合進水管與立式水龍頭

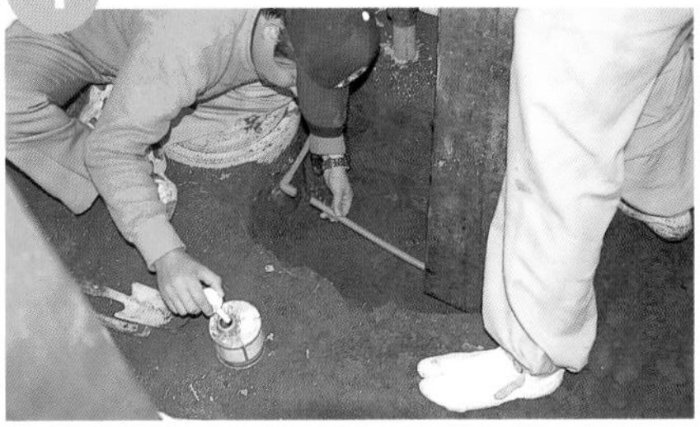

連接延伸用水管與安裝在枕木立式水龍頭一端的PVC彎管。由於PVC水管能夠稍稍彎曲，因此，即使對接不是十分精準也無妨。

5 垂直固定立式水龍頭

利用水泥方塊支撐枕木立式水龍頭，確認管道已正確分佈後，再將水龍頭垂直固定。

6 以砂漿填埋枕木基礎

灌入大量的砂漿，緊緊包裹枕木立式水龍頭的根部使其固定。操作時絕對不要搖動枕木。

7 接回進水管，完成施工

接回進水管，在砂漿上覆蓋碎石，並填入泥土掩埋基礎土坑後，便完成枕木立式水龍頭。這樣就能使用，不過若在水管周圍製作水槽，更能提升完成度。

使用水泥與砂漿是庭院等戶外裝修DIY作品的基本。
懂得如何組合磚塊和石材，作品就可擁有無限可能性！
接下來，我們就開始介紹DIY裡最基本的砂漿混合方法以及鋪裝方法。

❶水泥、砂漿工程之基礎

水泥

砂漿是DIY粉刷作業的中心，而水泥則為砂漿的基本素材，並具有接著劑的作用。水泥是由粉碎狀的石灰石、黏土、氧化鐵、矽土、礬土等材料配製而成的粉末狀固體。水泥混水後放置一段時間就會與水化合凝固。若只有水泥時，即使乾燥也達不到足夠的強度。因為水泥需要載體，所以往往需要與砂（稱為骨材）混製成砂漿，或者以細砂及水泥用碎石混合，變成混凝土之後即可使用。只將水泥用水稀釋攪拌而成的混合物被稱為「水泥糊漿」，常用於修補縫隙或表面。

砂漿

戶外裝修DIY的中心材料。砂漿由水泥與砂之混合物加水充分攪拌而成。不加水的混合物則被稱為砂灰。

水泥和砂的比例通常為1比3。混合水泥與砂後加水攪拌而成的砂漿，用途極為廣泛。本身可作為構造物材料使用；或者作為砌磚、石及預製部件的基礎與接縫；柱子或戶外裝修作品之基礎，地板鋪裝、混凝土地面等。砂灰可撒於磚鋪或碎石鋪路面之縫隙間，用作填縫材料。

混凝土

混凝土堪稱堅固構造之代名詞，是砂漿和細砂以及碎石的混合物。混凝土成分之配比通常為水泥比砂比碎石為1比3比6。

作為建築材料，混凝土通常與鋼筋組合一起，只會使用在較大型的施工中。

❶基本材料為砂與水泥。水泥儘量選擇袋上有明確標示矽酸鹽水泥（又名波特蘭水泥，Portland Cement）的產品。

❷由於使用水泥、砂漿、水泥時硬化的速度很快，若附著在工具上往往很難去除。因此，工具使用完後應該立即用水清洗乾淨，這項細節很重要。

砂漿、混凝土等的成份比例

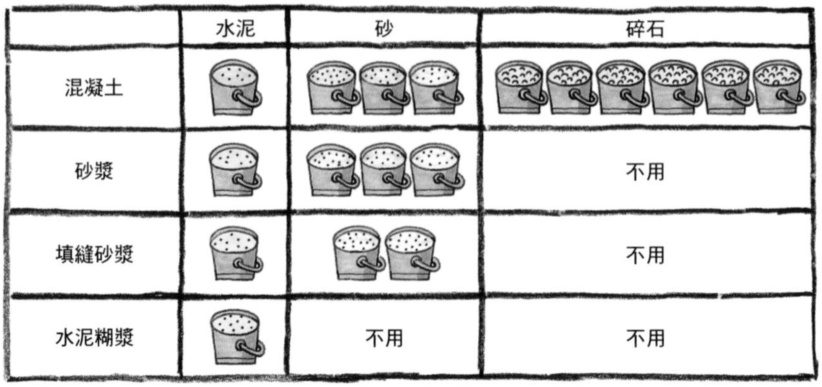

砂漿的製作方法

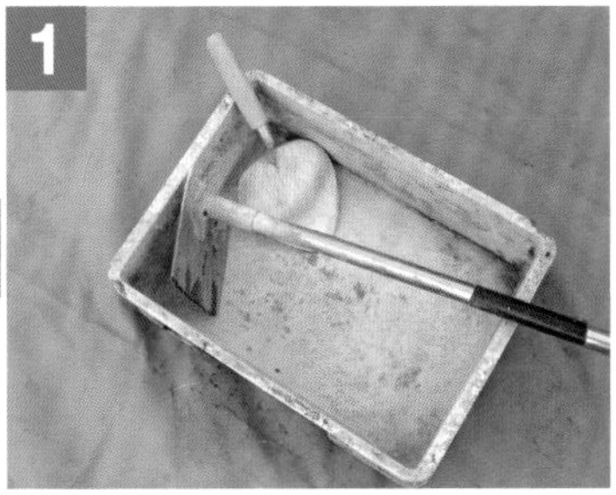

1 將水泥與砂攪拌均勻，準備砂漿桶、灰匙、砂漿鋤等工具。

2 在砂漿桶中以1:3的比例混合砂與水泥，充分攪拌。

3 請耐心將砂和水泥充分混合，這一點非常重要。

4 加入整體體積30%左右清水充分混合。不要一次全部攪拌，而是慢慢加水攪拌。

5 換以鋤頭攪拌。注意不要讓砂漿結塊。

6 用量較多或者需要添加骨材的情形，可選擇較大的砂漿桶進行攪拌。

基本的抹刀（鏝刀）選擇方法

堆砌抹刀

菱形鏝刀的前端為三角形，可在進行砌磚或預製水泥塊的時候，挖起砂漿鋪成帶狀後，塗抹砂漿在磚塊或水泥塊上。灰匙（桃形鏝刀）的前端為心型，可用來挖起或搬運砂漿，也適用於塗抹較大面積。勾縫刀專門用來塗抹灰縫，只需依照灰縫選擇對應寬度的勾縫刀即可。

塗刷抹刀

塗刷牆壁當然是選擇塗刷抹刀與托灰板的組合。DIY作業中通常使用中號的鐵抹刀。抹刀除了有大小之分，抹片材質的軟硬程度也不相同。

鋪裝抹刀

進行鋪裝作業時，無論是在製作基礎，還是鋪磚過程中的平整地面、挖洞、切割等步驟，都會用到抹刀。

若是平整地面時，建議使用木抹刀。請選擇較大的尺寸，較容易使用。也可使用比照溝槽寬度製作的木抹刀，會更加方便。

菱形鏝刀可靠在砂漿桶桶壁上整形砂漿。

菱形鏝刀

灰匙（桃形鏝刀）

心型的外形是其特徵。適合用來挖舀和搬運砂漿。

勾縫刀

專門用來沿著灰縫刮平灰縫內砂漿的刮刀。標準寬度通常為9mm。

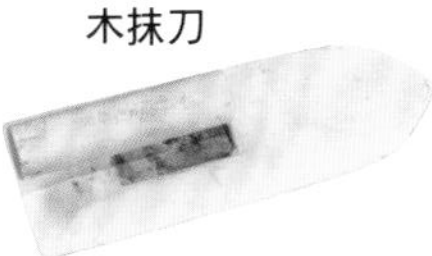

木抹刀

木製的平整抹刀。平整地面或基礎之底面時會常用到。

鐵抹刀

泥工DIY中，塗刷牆壁時一定會用到的中號鐵抹刀。

將托灰板前端的砂漿以鐵抹刀向前推出一部分，快速反轉手腕將砂漿放到面朝上的抹片上。這項技巧難度較大，需有經驗者方可做到。

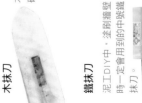

❷一定要掌握的四項鋪裝技術

製作混凝土陽臺

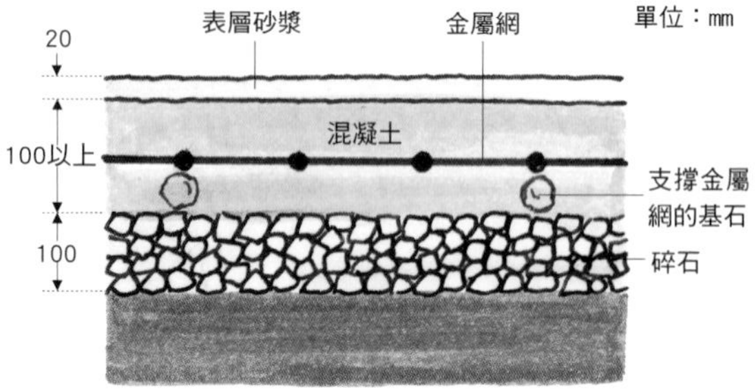

運用最廣泛的鋪裝方法。原則上，只要學會了此混凝土陽臺的鋪裝方法，其他的鋪裝工程就可運用此基礎，再鋪砌上特定素材即可。

特別值得注意的技巧在於金屬網的使用。一旦加埋金屬網，陽臺的鋪裝就能達到鋼筋混凝土一樣的效果，就算汽車等重物壓在上方也不會出現裂痕等損毀。但若只是花園內的人行步道或門前通道，使用普通的砂漿製作即可，不需要特別使用金屬網。

1 完成基底之後，加上金屬網。

2 以包裹金屬網的感覺，快速鋪開水泥。

3 以抹刀抹平水泥表面。也可以使用較長的抹泥板。

4 水泥陽臺製作完成。可依個人喜好加上表層砂漿或鋪上地面裝飾材料等。

以砂漿鋪地磚

打好水泥之後，還要學會在邊框、石階、混凝土地面上貼地磚的方法。雖然圖片中按順序區分了打底砂漿、黏合砂漿，實際上這些砂漿都是以普通矽酸鹽水泥為基礎，依比例1比3混合水泥與砂。以打底砂漿將原有的水泥地面處理得平整漂亮，並在鋪好砂漿後，再以梳狀抹刀在砂漿上作出紋路，此步驟為整個作業的重點。以紋路作為接觸面，地磚可貼得更加穩固。

鋪貼完地磚後，在灰縫間填入砂漿，再以濕海綿擦去附著於地磚表面的砂漿。便大功告成。

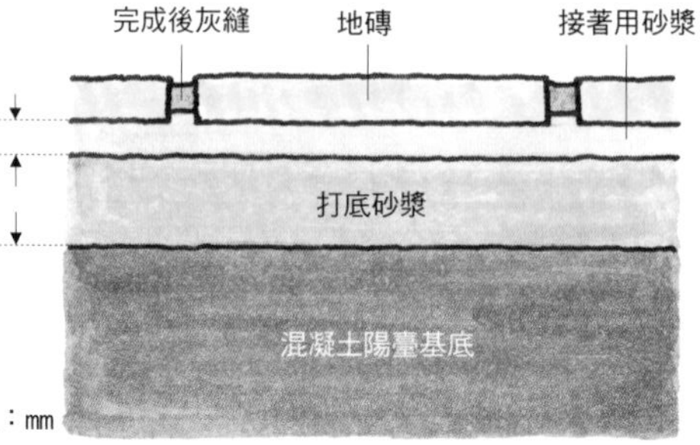

單位：mm

1 鋪上一層打底砂漿在混凝土陽臺表面。

2 在打底砂漿變乾之前鋪上接著用砂漿，再以梳狀抹刀作出紋路。

3 鋪貼地磚過程中，需隨時確認地面是否為水平。

4 填入補縫材料。在滲出的填縫材料變乾之前將其擦拭乾淨。

5 原本暗沉的水泥陽臺變身為明亮爽朗的地磚陽臺。

鋪裝卵石

鋪裝作業之中，最簡單實用的莫過於鋪裝美化卵石。卵石地面利於排水，並可防止雜草叢生。另外，想要改造成另一個樣貌時，也比較容易撤除。

製作的重點在於鋪好作為基底的碎石後將其壓至緊實。若忽略此步驟，卵石會很容易被雨水沖走，或是被漸漸埋進土中。將地面挖出約8cm的深度並壓實後，鋪上碎石並壓實，最後再鋪上卵石，按這樣的順序所鋪裝的卵石地面才會穩固耐用。若能參考照片，在卵石地面的周圍製作邊框，可有更顯著的效果。

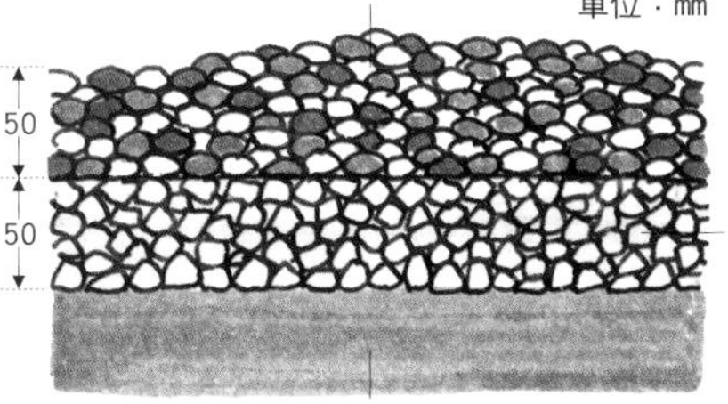

1 鋪裝前先想好深度後，再開始挖洞並壓實底部。之後再撒入碎石，鋪平後再壓實。

2 在碎石上鋪上足夠的卵石，整體平整後即完成。

3 若事先在卵石周圍設製邊框，卵石地面就不會從邊緣掉落。

鋪裝不規則狀石板

所有石片都形狀各異的地面即為不規則狀石板地面。建材超市中通常以薄石板的形式販賣，我們可用拼圖的方式鋪裝後，再以砂漿固定。

由於是作為人行步道使用，所以用砂漿打底即可。

工程的施行上相對簡單，估算出石板厚度＋砂漿厚度30mm＋碎石厚度30mm後進行挖掘，壓實地基底部後鋪上碎石，再壓實一次。在碎石上鋪砂漿，再將石板鋪於砂漿上。鋪石板時，石板底面可抹上適量砂漿，便於固定。

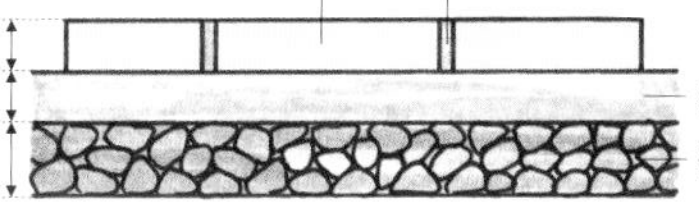

1 在地面挖坑打基礎，壓實底部泥土，鋪上碎石後整平，並再次壓實。

2 鋪砂漿在碎石層上。砂漿不需攪拌到非常均勻，鬆軟的程度即可。

3 就像拼圖那樣拼接石板。拼接時需防止出現十字形的石板縫。

4 使用水平儀。在作業過程中需頻繁以水平儀檢查表面是否為水平。

5 鋪裝完成後，填入砂漿在石板縫中即可。

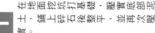

❸磚工入門

砌磚

準備砂漿

砌磚時灰縫中填充之黏結磚塊與磚塊的砂漿，是按照1比3的比例將水泥與砂加水混合攪拌而成。準備好5分之1水泥、砂的混合物體積的水，一邊攪拌一邊一點點加入水。觀察砂漿的狀態，加水攪拌至適宜的軟硬度。攪拌好的砂漿約過1小時左右就會硬化，因此不能太早開始準備。

若不是大量使用，還可選擇市售簡單砂漿。此款砂漿以先按比例將水泥與砂混合，使用時只需加水攪拌即可，最適合DIY作業。

鋪砌磚塊

在砌花壇或磚凳，以及臺、烤肉爐時，只需在已壓實的基礎底面上，鋪上5cm厚的砂漿即可。作品做好以後，基礎會被遮蓋，因此基礎底面需低於地面為製作重點。

第1層磚塊需在基礎砂漿硬化前開始鋪砌。如果事先已將磚頭浸水，磚頭與砂漿的黏合性就會更好。橫向砌磚時，磚塊之間需留有1cm的間隙，稱為豎縫。填充完第1層的豎縫後，開始鋪砌第2層。

參照圖片5，鋪砌第2層磚時，需先在第1層磚塊上鋪上2條帶狀砂漿後，在砂漿上鋪砌第2層磚。第2層磚塊也需留有豎縫。與第1層的作法相同，砂漿填滿豎縫後，再開始鋪砌第3層。第3層之後的磚塊只需按第2層的鋪砌方法逐層鋪砌即可。

事先將磚塊浸水，可提高與砂漿的黏合性。

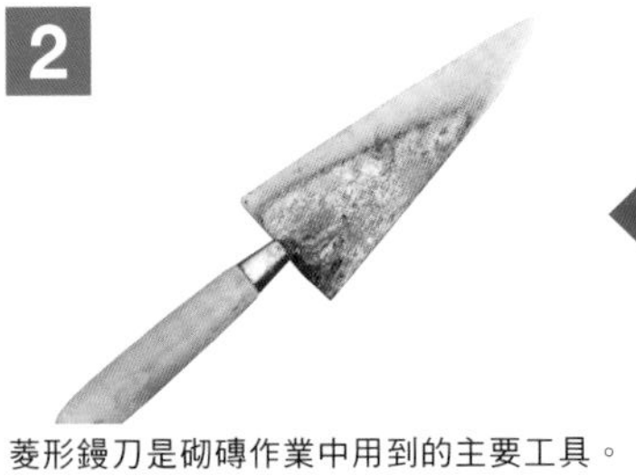

菱形鏝刀是砌磚作業中用到的主要工具。常用的是長度為20cm的抹刀。

灰匙專門用於掬起並搬運砂漿。

將砂漿推到砂漿桶角落，用菱形鏝刀整理成條狀後再掬起。

如上圖，在磚塊表面將砂漿排為兩列。

砌磚時，需常備水平儀在身邊，檢查磚塊是否為水平。

勾縫刀是專門用於修整灰縫的細長抹刀。

以浸水的濕海綿擦掉滲出的砂漿。

有時整理灰縫也可使用泥工專用毛刷。

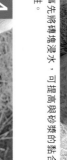

鋪裝磚塊

以邊框固定磚鋪地面

　使用磚塊鋪地，若只是單純在地面上鋪上磚塊而已，日子一久，磚塊會移動沉陷，繼而毀壞到地面的整體。

　因此可在磚鋪地面的周圍做出一道邊框，防止整體損壞。如圖，範例中的邊框是藉助砂漿黏合固定橫躺的磚塊而成，可有效防止邊框內的平鋪磚塊移動。

　磚鋪地面通常採用的方法，為緊密接合排列磚塊即可。乍看之下地面上似乎沒有灰縫，而實際上作為磚塊之間連接的灰縫是確實存在的。

　這基本的磚鋪方法是先在平鋪磚塊下鋪上細砂作為基礎，鋪好磚塊後，又在灰縫中填入石英砂來固定磚塊的方法。石英砂的摩擦力可有效防止磚塊之間滑動。請勿忽略填充石英砂這個重要的環節。

試著先鋪磚塊，測量尺寸。該尺寸需加上邊框的寬度後再添加2cm作為緩衝。

根據測定尺寸挖掘地基。需考慮地基的深度，使完成後的磚面與周圍地面同高。

鋪上砂漿作為邊框的基礎。以厚5cm，寬10cm為基準。

在基礎砂漿上鋪砌立起的邊框磚塊。

邊框鋪砌完成。在邊框上留有豎縫也可以。

在邊框內部倒入作為打底用的細砂並壓平。

敲打磚塊至打底細砂來鋪砌磚塊。

以切磚填充剩餘空間進作為調節。

在灰縫中填充石英砂。

填回周邊泥土，完成作業。

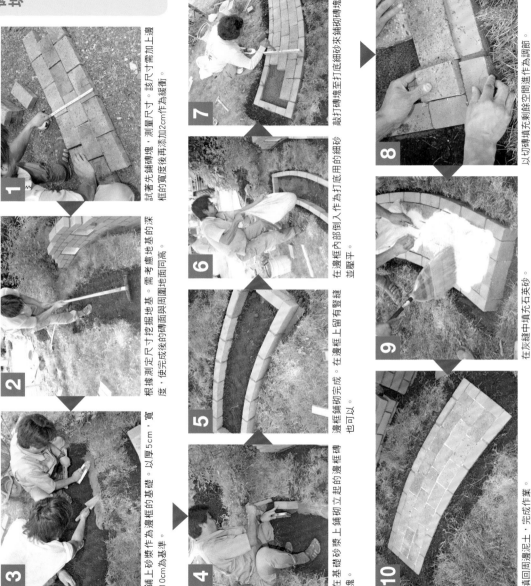

切磚

對磚塊進行裁切加工

無論是堆砌磚牆還是製作磚鋪地面，施工過程中總是會產生塞不進整塊磚塊的情形，因此需對磚塊進行加工。依照具體的情況，有時需按角度裁切，有時則需斜向裁切。

需以具有被稱為金剛石刀輪的磚塊、石材專用裁切鋸片的手提平面砂輪機才能對磚塊進行加工。平面砂輪機的鋸片直徑通常有100mm、125mm、180mm等尺寸。不過，考慮到安全性，DIY時請選用直徑100mm的鋸片。

如圖所示，裁切磚塊時，先在磚塊上拉好墨線，用平面砂輪機鋸開切口後，將平口鑿靠在切口上，用尖尾鎚敲擊鑿子來裁切磚塊。進行裁切作業時，需戴上防護眼鏡或防塵眼鏡。

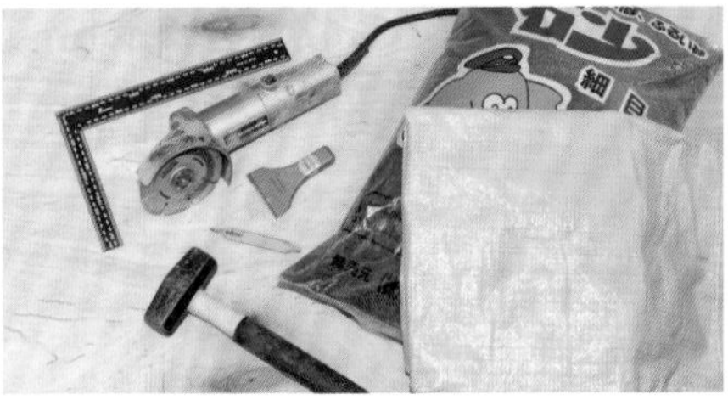

裁切磚塊的工具。右起為PP塑膠袋、細砂、平口鑿、鉛筆、尖尾鎚、手提平面砂輪機（金剛石刀輪）、角尺。

1 藉助角尺或方形角尺，以鉛筆確實畫上墨線。

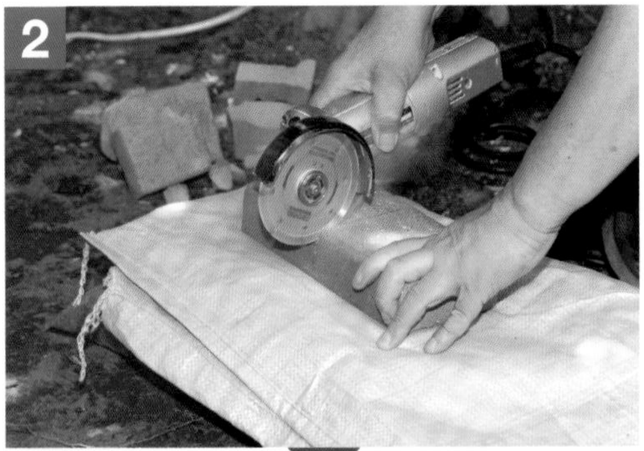

2 壓緊磚塊，以手提平面砂輪機沿墨線從外側朝胸前的方向進行裁切。

3 在四面鋸開切口時需注意讓鋸口連成一圈直線。

4 不只要在單面磚塊上鋸出切口，而是要在四面鋸出切口。

5 將磚塊放在砂袋上，以泥工錐敲擊靠在切口上的平口鑿，裁斷磚塊。

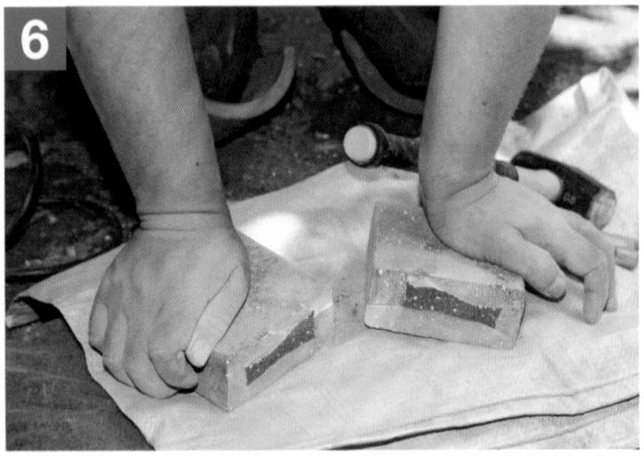

6 由於磚塊四面均有切口，因此磚塊會順利被裁斷而非裂開。

Part 2

圍牆·大門 房舍周邊

為了讓自家的住宅看起來漂亮，在圍牆、大門及房屋周邊下點功夫是非常重要的。重刷老舊的磚砌圍牆與大門，將掉落的混凝土修補整齊等，只要進行小型的修繕，就能讓房舍變成讓大家稱羨的漂亮住宅。

◎重新塗刷磚砌圍牆

◎磚砌圍牆與外牆的維修保養

◎鋁合金大門的維修保養

◎混凝土地面的維修保養

◎鐵皮屋頂的維修保養

◎雨水管的維修保養

重新塗刷磚砌圍牆

利用彈性塗料讓外牆煥然一新

使用富有多種樣貌的彈性塗料使圍牆舊貌換新顏

若長時間沒有進行水泥圍牆和砂漿外牆保養修護的話，不僅會使表面佈滿泥土和灰塵等汙跡，水氣也會從裂紋和表面的小孔滲透進去，滋生黴菌和苔蘚，讓牆面遭到嚴重的破壞。

因此牆面的定期保養及塗刷是很重要的。使用外牆專用的水性塗料進行塗刷，可形成一層厚而堅固的塗膜。該塗料為可有效防止裂紋、抗龜裂的水性丙烯酸塗料，塗上後能夠有效防止水氣的滲入。這裡使用的是具有獨特凹凸觸感的「水性外牆凹凸塗料」。

將髒汙、黴斑等在施工前完全去除，如有裂紋請用樹脂砂漿進行填補維修。這一點是很重要的。

作業流程

清除髒汙
▼
填補接縫
▼
塗刷底漆
▼
在外牆上塗刷凹凸塗料

材料

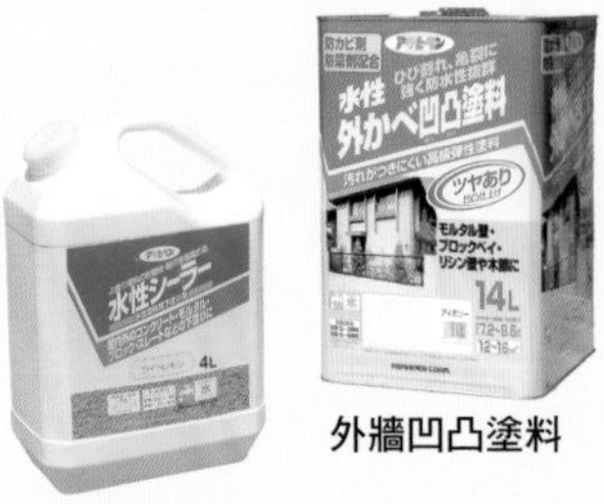

底漆

外牆凹凸塗料

工具

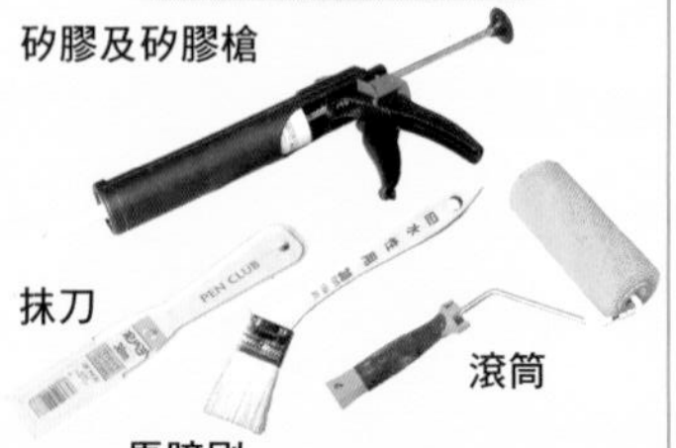

矽膠及矽膠槍

抹刀

滾筒

馬蹄刷

●鐵刷、遮蔽膠帶、塑膠漆盤、滾筒毛刷（底料用）

重新塗刷磚砌圍牆

1 去除表面髒汙

以鋼刷去除牆面的污漬。接縫處也要刷乾淨，不能有污漬殘留。

2 填補接縫

以矽膠填補接縫。若有使用矽膠槍填補會讓操作更加簡單。

3 以刮刀塗勻樹脂砂漿

為了讓牆面塗上塗料後能夠平整，需以刮刀塗勻矽膠。

4 塗刷底漆

以滾筒沾上底料後進行塗刷。可大量重複塗刷。

5 攪拌塗料

由於凹凸塗料的粘度較高，使用前請按照圖示，搖動罐身來進行攪拌。

將塗料倒入塑膠漆盤的時候。請灌口朝上，以免塗料弄髒罐身。

6 邊角處用油漆刷進行刷塗

遮蔽不需塗刷的地方，再以馬蹄刷塗刷邊角部位。

7 細小部位可用毛筆塗刷

柵欄四周的細小部位可用毛筆進行塗刷。

8 以滾筒進行塗刷

使用凹凸塗料專用的滾筒能更能刷出具有凹凸感的表面效果。

POINT

以縱向及橫向交錯刷塗，直到刷出漂亮的凹凸效果為止。

若塗刷效果不佳也不必在意，只要在出現漂亮的凹凸表面之前反覆的進行塗刷即可。在交錯轉動滾筒進行反覆塗刷的過程中，即可漸漸領會操作竅門。

POINT

矽膠乾燥後體積會凹陷，因此需對乾掉部位再次進行填塗。

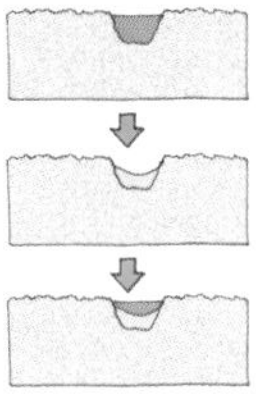

接縫處填塗的矽膠會因水分蒸發變得乾燥，而使表面凹陷。因此，凹陷部位需要再次進行填塗。請務必注意。

煩惱問題一一解決！

磚砌圍牆與外牆的維修保養

使用專用噴漆擦洗牆上塗鴉

隨意在牆上塗鴉的現象已然成為社會問題，反覆的擦掉、塗鴉，就像一場持久戰一樣。不過，只要不放棄繼續擦下去，或許對方就會認輸吧！

若塗鴉是以噴漆劃上的話，就可噴上專門去除塗鴉的噴漆，以布或尼龍材質的刷子擦拭，再以清水沖洗乾淨即可。

均勻的在塗鴉牆上噴上噴漆，噴射時讓噴嘴與牆面保持10至15公分的距離。並放置1至2分鐘。

以抹布擦拭。只需擦掉牆面凸起部位的塗料即可。

再次噴上噴漆，以牙刷或尼龍刷清除凹陷部位的塗料。

擦洗至塗鴉輪廓模糊及顏色變淺為止。

將管子接水沖洗。若還殘留顏色，再以刷子刷洗乾淨即可。

使用工具

尼龍刷

清除塗鴉專用噴漆

●抹布、手套

便利小道具

清除塗鴉專用噴漆

附著在水泥和砂漿、金屬壁板表面的塗鴉，專用噴漆可輕鬆清除。

以填縫劑修補裂縫

不修補裂縫會造成許多後續問題。因此，無論多小，只要發現裂縫就應將其修補。

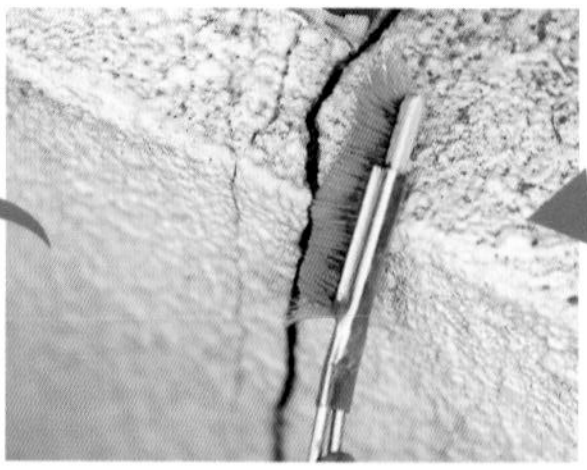

以刷子將裂縫中的垃圾與脫落的砂漿碎末清掃乾淨。

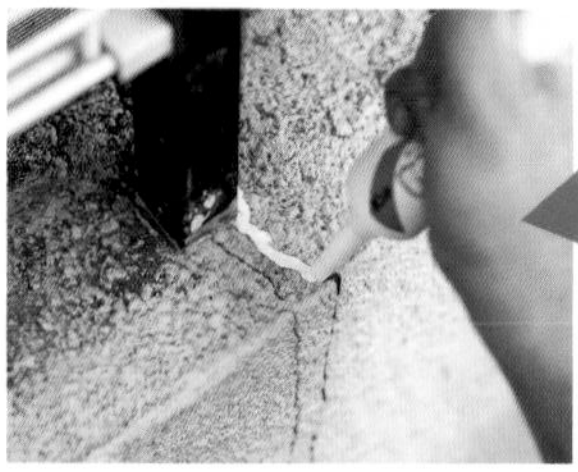

以從上往下的方向注入填充材料，讓填縫劑儘量滲入到裂縫的深處。

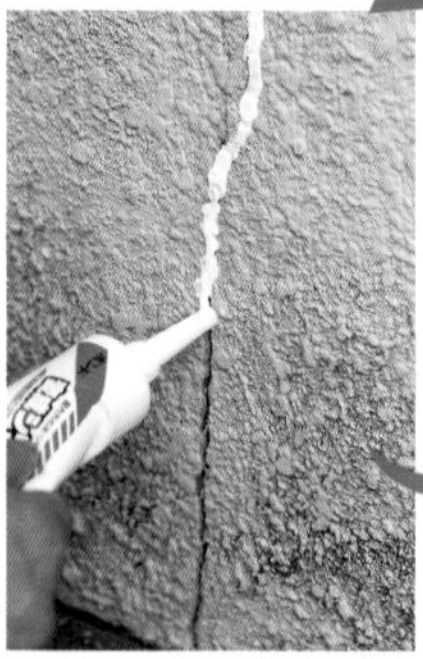

在整條裂縫上充分注入填縫劑，中間不能留有間隙。

以刮刀將填縫劑刮入裂縫裡，並同時平整表面。

使用材料和工具

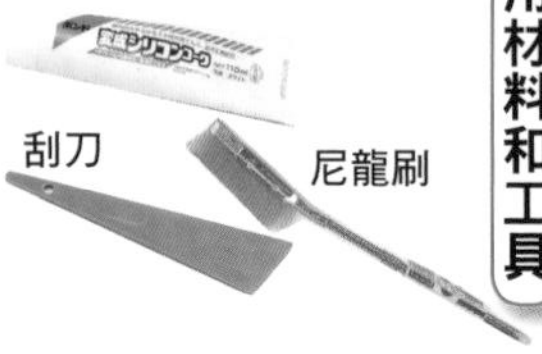

室內外抗裂水性填縫劑

刮刀

尼龍刷

便利小道具

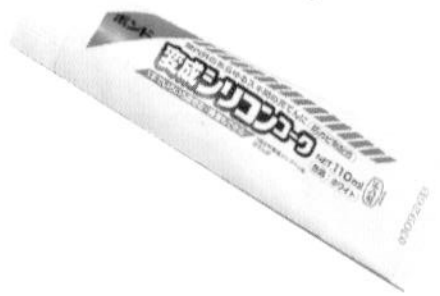

室內外抗裂水性填縫劑

此款填縫劑，修補效果與以水性塗料塗刷的牆面比較搭調。

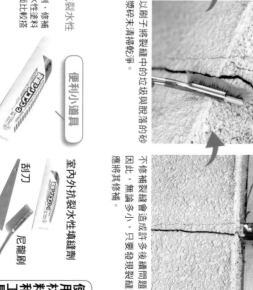

以水泥填補劑修補牆上凹洞

不填補磚砌圍牆上的凹洞不僅不美觀，還會導致牆體的損壞及倒塌，成為潛在危險。一旦發現牆上有凹洞時，應趁凹洞沒有擴大時，趕快以水泥填補。若凹洞較大，可先塞入小石頭，再以速乾的水泥填補劑填充抹平即可。

深至牆體中央的大凹洞。若不及時填補，可能會使牆體破損及倒塌。

在凹洞內填入小石子。如照片所示，如果凹洞的深度已到達牆體的中央時，需在洞中塞滿小石頭至封住洞口為止。

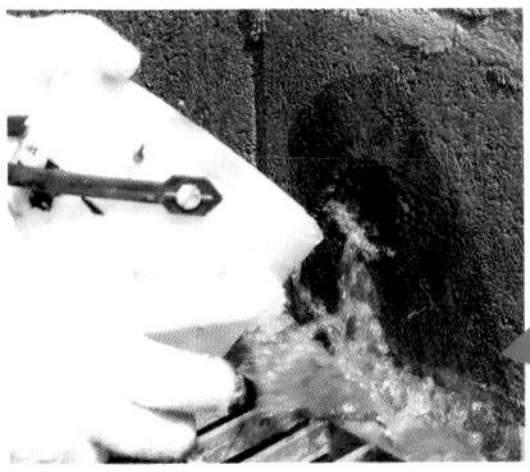
為了使水泥填補劑更容易附著在牆面，可事先澆水在凹洞及其四周。不能以手直接接觸水泥填補劑。

將充分混勻的水泥填補劑塞進空洞裡。操作時使用刮刀在洞口裡塞進足夠的水泥填補劑。

作業過程中，可用抹刀抹掉多餘的水泥填補劑，並同時平整牆面。
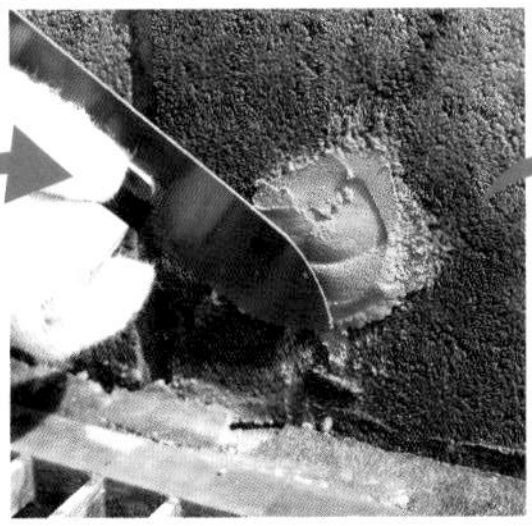

在水泥填補劑完全乾燥之前請不要觸摸強面。乾燥之後就大功告成了。

使用材料和工具

水泥填補劑

刮刀

抹刀

以噴漆塗料全面塗刷牆面

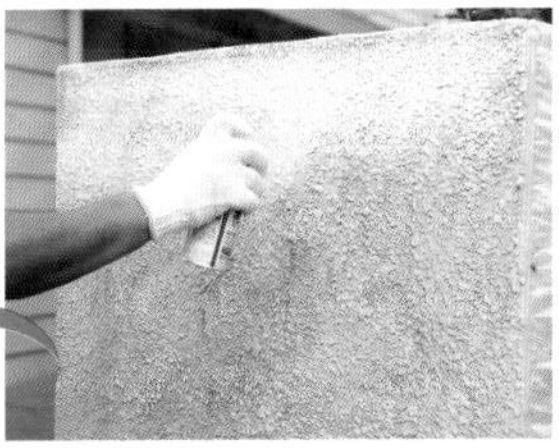
塗刷前需進行遮蔽作業，避免噴到牆面以外的地方。需搖勻塗料再開始噴塗。

先左右噴，再上下噴即可。角落處也需噴塗。

需要2個小時左右讓塗料完全乾燥，所以請選在晴天作業。若圍牆是在道路的旁邊，還需貼上一個「此牆剛粉刷」的貼心警示。

使用材料

水性噴漆

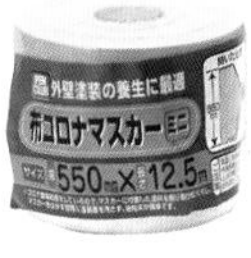
遮蔽膠帶

POINT

遮蔽作業是影響塗刷效果的關鍵步驟

進行塗刷作業之前，需將不想沾上塗料的東西或地方進行遮蔽，此步驟即為遮蔽作業。若不徹底執行遮蔽，會降低作業效率。若在室外塗刷，不僅是道路，道路邊的花木也需遮蔽。

將需要遮蔽的物品使用遮蔽膠帶、報紙及塑膠布等覆蓋，再以木條或膠帶固定即可。

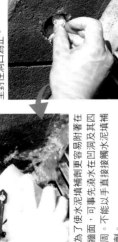

煩惱問題一一解決！

鋁合金大門的維修保養

以塗料重新塗刷舊鋁合金大門

即使是塗刷得很漂亮的大門，經過4至5年也會出現褪色、生鏽等現象。一旦出現此類問題，就開始定期的塗刷與保養吧。

由於鋁材的塗料附著性比較差，所以在塗刷料之前需先噴上一層金屬用的底漆。如果噴了這種底料，既不需要剝離舊塗膜，新塗料也更容易附著，無論是油性塗料、水性塗料、還是真漆等各種塗料都可以用，非常方便。

如果可以的話，拆下大門進行刷漆是最理想的。若不行的話，則需對周圍的地面、花木等進行遮蔽。

使用材料和工具

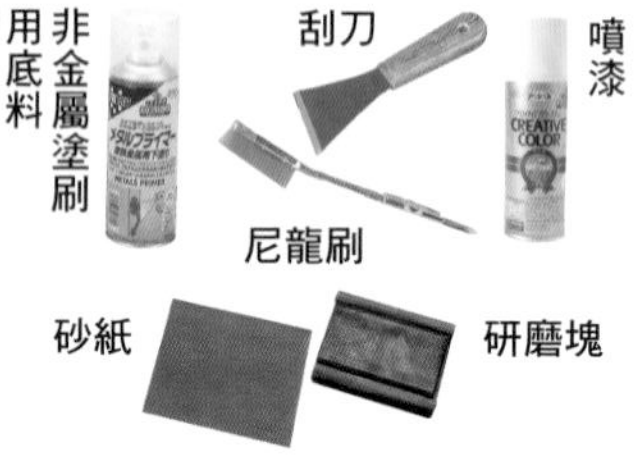

首先拆下大門清洗。若無法拆卸的話，就直接清洗，並在塗刷底料前進行遮蔽作業。

清洗時可用尼龍刷或牙刷，以中性洗滌劑去除油污等污漬。

清洗過程中會產生微粒，請以抹布擦拭乾淨。洗淨後使其充分乾燥。

以硬紙板或塑膠布對周圍進行大範圍的遮蔽。塗刷前需取下門把等五金配件。

以600號砂紙研磨表面。平面部位可用研磨塊研磨，會更加方便。

削掉因腐蝕產生的剝離塗膜和凝固的污漬，使表面平整光滑。

塗刷底料。雖然可用刷子塗刷，但由於的形狀比較複雜，所以建議以噴漆的方式比較好。

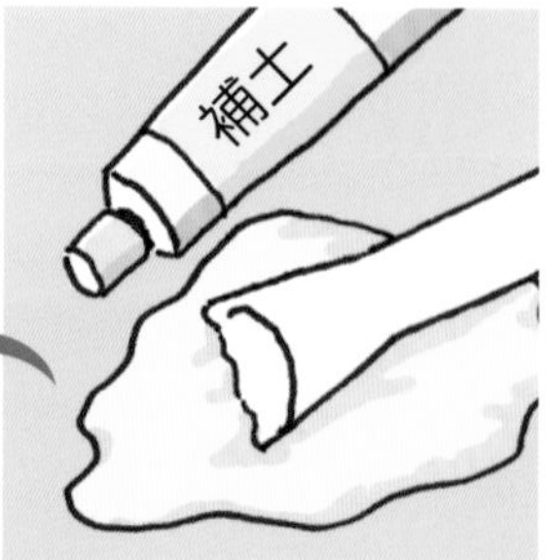

若表面有凹陷或刮傷，可以油灰進行修補。為了便於抹塗，凹陷的四周也需塗上補土，待硬化後再以砂紙研磨平整。

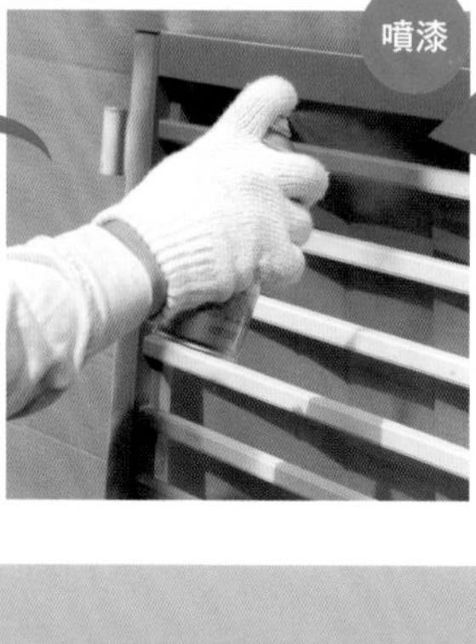

刷塗的方式容易使塗料滴落，所以還是使用噴塗的方式較好。可先噴塗較複雜的部位，最後再噴平面部位即可。

塗刷完畢後放置乾燥。若要使塗刷更漂亮，可使用400號、600號、1000號，顆粒越來越細的砂紙進行研磨。重複研磨→塗刷的作業即可。

煩惱問題一一解決！

混凝土地面的維修保養

使用修補砂漿修補地面裂縫

時間一長，混凝土地面的細小裂縫會變得明顯。哪怕是彎腰才能發現的極小裂縫也不能放過，需在裂縫還小時盡快填補。有專門修補混凝土地面裂縫的修補砂漿，只需將其滴入裂縫裡即可，非常方便。

使用材料和工具

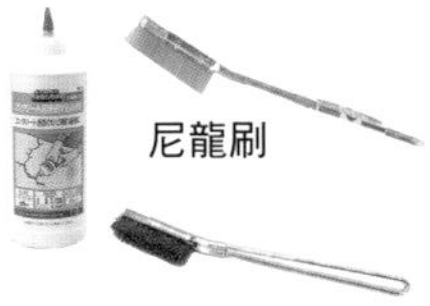

以鐵刷用力刷拭裂縫處，使表面光滑，修補材料才能容易滲入裂縫內。

若裂縫內塞有垃圾等異物，就無法填補修補材料。所以需以尼龍刷清掃裂縫。

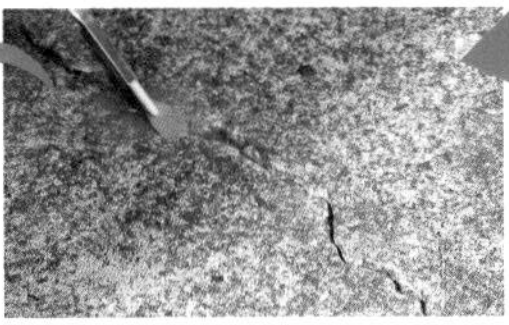

使用前請充分搖勻修補砂漿。

將修補砂漿的尖嘴對準裂縫，慢慢滴入，使砂漿滲入至裂縫深處。

整個裂縫都注入完畢以後，再以刮刀將周圍的砂漿刮至裂縫內並平整表面。

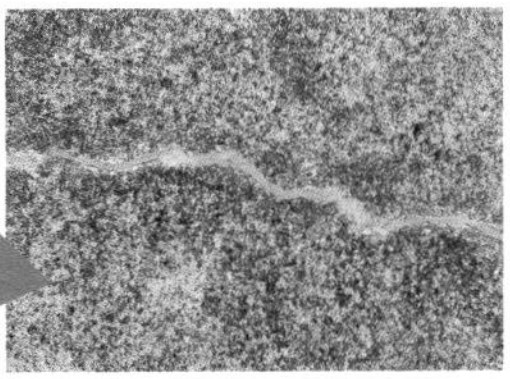
需要一天時間使其完全乾燥。照片為裂縫填補好後的情形。

以塑鋼土填補水溝周圍的破損與裂縫

使用材料和工具

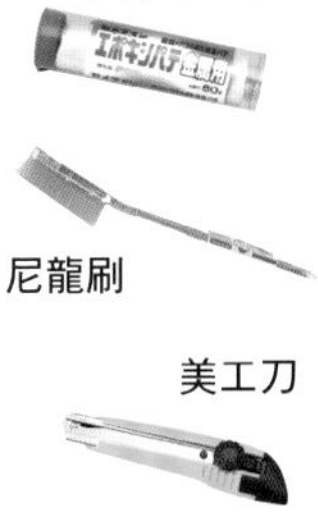

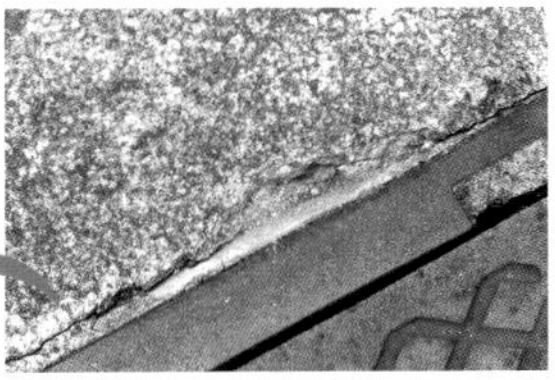
排水溝邊緣的破損不補好的話，會導致積水、進而引起水溝蓋的損壞。

以尼龍刷清掃破損部位，讓修補材料能深入到裂縫的深處。

帶上塑膠手套，以美工刀將金屬用塑鋼土切成1公分左右厚的片狀。

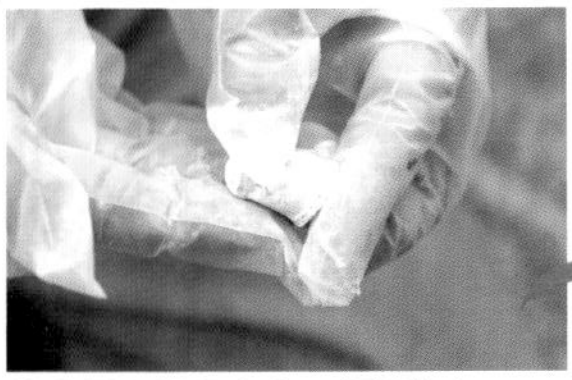
將金屬用塑鋼土充分揉捏均勻。

在破損位置填上金屬用塑鋼土，並以手指壓實。注意不能留有間隙。

表面平整之後，放置一天就完全乾了。修補工作也就大功告成。

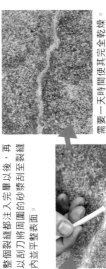

鐵皮屋頂的維修保養

以防水膠帶修補破裂的鐵皮屋頂

鐵皮屋頂上的裂縫、鐵皮間的接縫以及外牆間的縫隙等都會容易讓雨水滲入，引起漏水問題。

首先使用修補屋頂的防水膠帶將破損處貼起。若不修補，裂縫會越變越大，所以需在裂縫尚未擴張時修補。一旦發現裂縫請立即修補。

剪下一段稍長於裂縫的防水膠帶，貼於鐵皮表面，需完全遮蓋裂縫。

由於鐵皮的側邊為彎曲的，所以黏貼防水膠布時需將膠布貼至鐵皮背面，讓背面也貼有一層膠布。這一點是很重要的。

使用材料

防水修補膠帶

不僅可使用於補縫，還可作為包紮、捆綁、固定等用途，為用途十分廣泛的且黏貼性強的防水膠帶。另外，抗紫外線的性能非常好，最適合用於屋頂等室外環境。

以屋頂專用塗料重新塗刷生銹的鐵皮屋頂

生銹是鐵皮屋頂的大敵。若放任不管的話，鐵皮會生鏽至穿孔而造成漏雨。另外，屋頂使用幾年後也會出現褪色、變舊的問題。建議幾年就可以重新塗刷一次，不但可以翻新又可以防銹，一舉兩得。由於是使用油性的屋頂塗料來塗刷，需要較長的乾燥時間。請選擇連續的好天氣來進行作業吧！

若鐵皮屋頂生銹得很嚴重的話，就需要換掉整個屋頂。所以一旦發現生銹就請儘早清除。

以鋼刷清除鐵皮表面的生鏽。使用洗碗的鋼絲球或是以砂紙擦拭也可以。

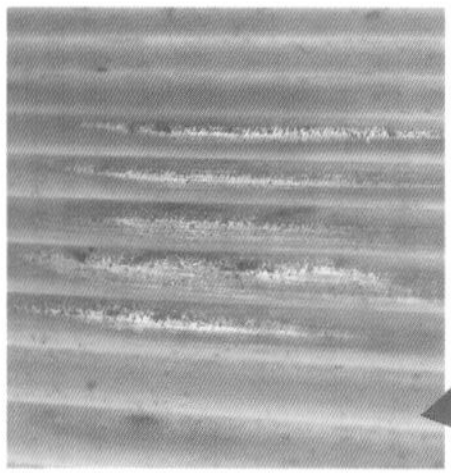

擦拭時需徹底刷除紅色的鏽跡至看見下面的金屬材質為止。作業時需特別留意是否清理乾淨。小小的鏽跡也要不能放過。

在去除鏽跡的地方塗上具防銹劑的「防銹塗料」。塗完後使其自然乾燥。

刷塗前需充分攪拌屋頂專用塗料。

從屋脊等較難進行的地方開始塗刷，一邊刷一邊後退。各個部位都要塗刷均勻。

若使用的是油性塗料，需一天乾燥時間。若在完全乾燥後再刷一遍完成度會更高。

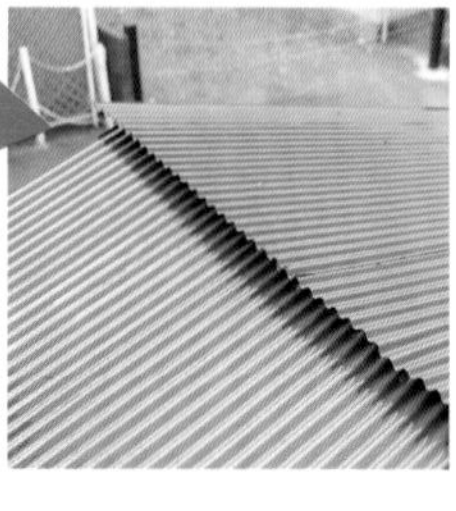

使用材料和工具

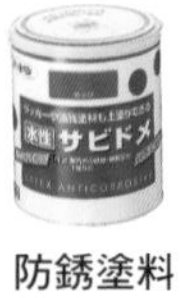

防銹塗料

屋頂專用塗料（油性）

鋼刷

馬蹄刷

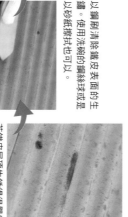

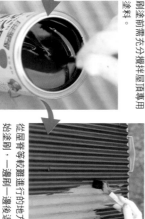

雨水管的維修保養

清掃乾淨雨水管，消除溢水與堵塞

雨水管是將流竄在建築物上的雨水進行集中排放的重要管道。基本上材質皆為聚氯乙烯樹脂，不會有生銹的問題。但若落葉、泥沙等物品大量堆積在管道之中的話，就會產生溢水及堵塞等問題。所必須進行定期清掃。

L管是落葉等垃圾最容易堆積的地方，需將其拆下清掃。

以馬蹄刷清掃雨水管內的垃圾。

取出L管中由泥沙所形成的大塊垃圾。看不到的部位也需進行確認。

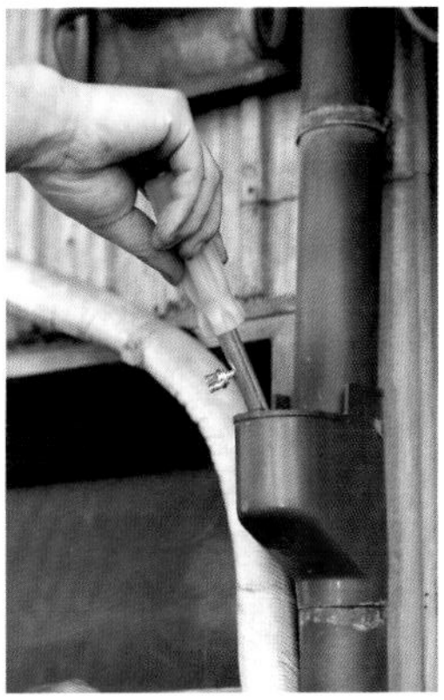

以專門清潔管道的金屬管（也可用外頭包布的鐵絲代替）清理縱向的雨水管內的垃圾。重複清掃至乾淨。

使用工具

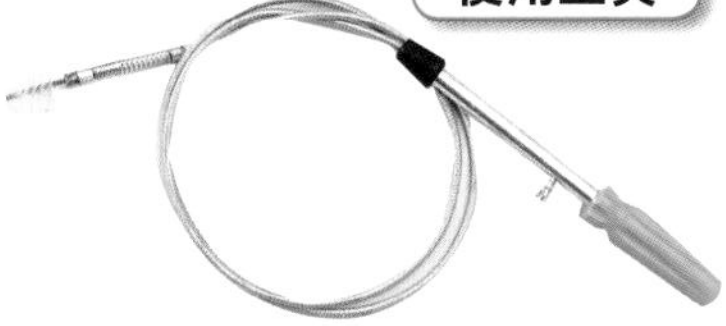

管道清潔用金屬管

用於疏通排水管的金屬管。管子長度較長，前端帶有刷子，是清掃縱向雨水管的絕妙工具。

POINT

溢水的原因
確認雨水管的斜度

雨水要排得順暢，屋簷的導水槽需具有一定斜度。以每一公尺下降一公分左右的斜度最為合適。如圖所示，拉出水平線，就可以看出斜度為多少。有了水平線也讓更換雨水管更為方便。

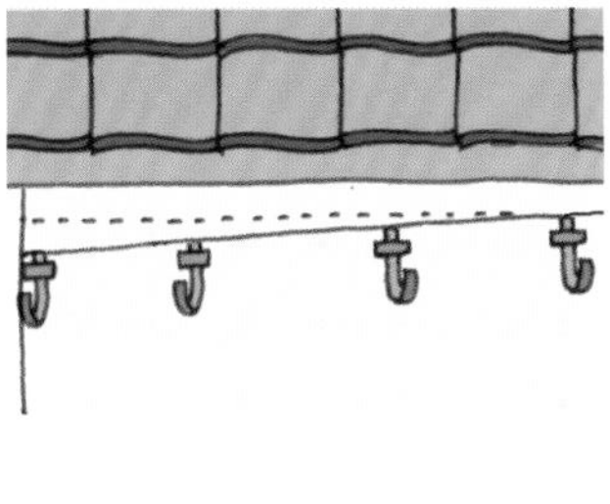

以膠帶修補雨水管裂縫處

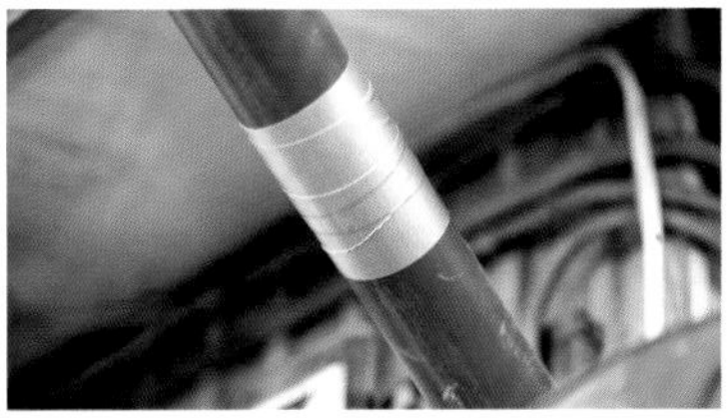

首先，擦拭裂縫處的髒汙及水汽等。再以防水膠帶纏繞裂縫處，纏繞第二圈時需重複蓋住上圈的一半。重複此動作至完全遮蓋裂縫為止。剪斷膠帶，並捏緊膠帶，使其與雨水管緊密貼合。

使用材料

防水膠帶

更換彎曲變形的雨水管

若雨水管彎曲變形，便不能將雨水引流至集水器，也會開始出現溢水、漏水等問題。更換新管道雖然有點麻煩，但還是一項不能省去的功夫喔！

使用工具

●工作手套、油性筆、專業PVC塑膠管鋸

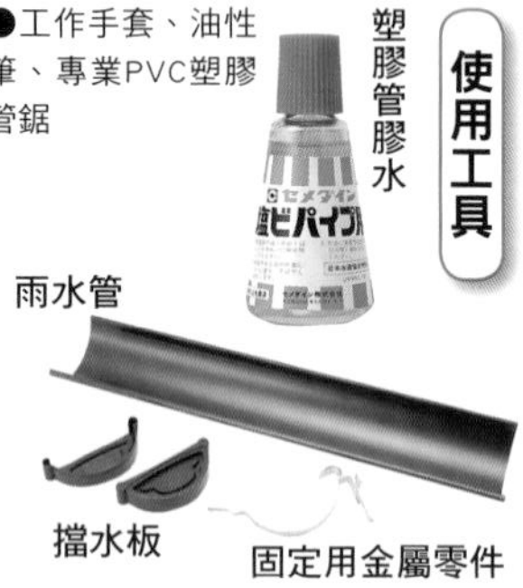

若已變形至照片中的程度，雨水會從管道溢出時，就需更換新管道。

拆下舊的雨水管道及固定用金屬零件。

重疊舊管道在新管道上方，以油性筆在集水器的位置做上記號。

以鋸子鋸掉實線處，虛線處以手折斷即可。

以專業PVC塑膠管鋸鋸出連接集水器的位置。

將開口用力往下彎折，做出折痕即可。

將安裝在位置較高的屋簷端頭處的管道塗上接著劑。

塗上接著劑後，嵌入擋水板，再牢牢固定住。

在屋簷上以間隔45至60公分釘上固定支架。在通向集水器的方向上做出一定的傾斜度。

在集水器的旁邊鋪上新的管道。對好切口位置與集水器的位置，再向下折掉多餘部分即可。

將L管裝在集水器的下方，作為排水用。

將新管道嵌進固定用金屬零件內。

將固定用金屬零件的前端彎進管道裡後固定，就大功告成了。

Part 3

木工DIY基本技能

一說到木作計畫，腦海裡首先想到的就是用木頭來作點簡單的家具。一定要以木頭做出什麼東西！為了實踐心中難以抑制的衝動，就先來瞭解如何進行裁切、開孔、接合、研磨、塗刷等各種作業及工具的使用方法吧！

◎鋸子的使用方法
◎電動圓鋸機的使用方法
◎線鋸機的使用方法
◎砂紙及電動砂紙機的使用方法
◎鐵鎚的使用方法
◎電動起子機的使用方法
◎接著劑的使用方法
◎塗刷的基礎知識
◎油漆的使用方法
◎木工DIY規劃　基礎中的基礎

木工DIY的基本工具

鋸子的使用方法

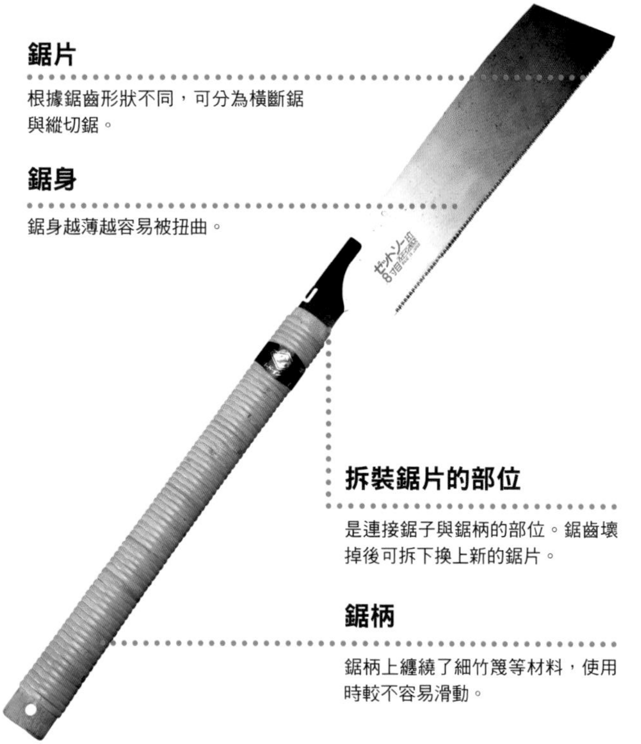

鋸片

根據鋸齒形狀不同，可分為橫斷鋸與縱切鋸。

鋸身

鋸身越薄越容易被扭曲。

拆裝鋸片的部位

是連接鋸子與鋸柄的部位。鋸齒壞掉後可拆下換上新的鋸片。

鋸柄

鋸柄上纏繞了細竹篾等材料，使用時較不容易滑動。

第一把鋸子就選擇可更換鋸片的類型吧

鋸子是用來裁切木材的工具。最近，普遍使用的是可更換鋸片的新型鋸子。也就是說既使鋸片鈍了也可更換新的鋸片，就像更換美工刀的刀片一樣。

鋸子可以分為橫斷鋸和縱開鋸兩大類。橫斷鋸的鋸齒較密，將木材橫向（垂直於木紋的方向）鋸斷時使用。縱開鋸則與之相反，將木材縱向剖開時使用。木工一般較常以橫向鋸木材，所以有橫斷鋸就足夠了。鋸柄與鋸身在一條直線上，250㎜長的鋸身較好用。

基本的使用方法

標準姿勢

鋸木材時不能讓鋸子碰到自己的身體，所以必須以正確的側半身姿勢進行鋸木材。如照片所示前傾上半身，讓身體的重量壓在材料上，可將材料壓得更牢更穩。

以整個手掌按住木材，鋸子與木材的方向需垂直。

單手握鋸時

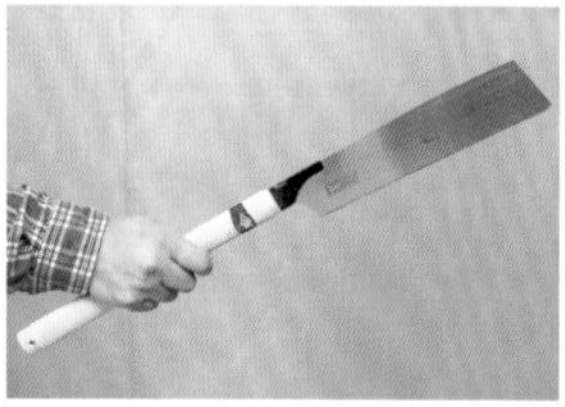

單手鋸木材的時候，右手輕輕握住鋸柄的中央部位。拉鋸時可適度調整手握的位置，以好鋸、協調為主。

雙手握鋸時

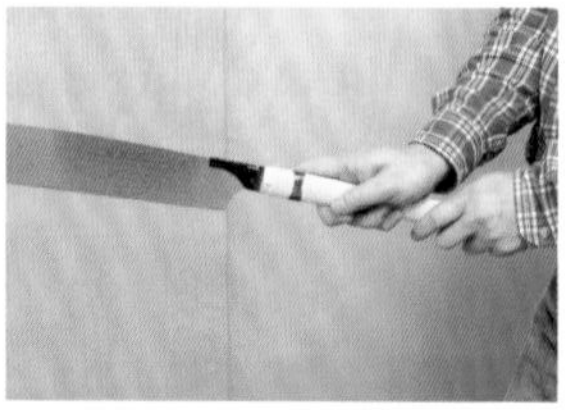

將兩隻手一前一後的握住鋸柄。日本製鋸子是在拉回的時候鋸斷木材，所以需將右手放在後面（若是左撇子，就將左手放在後面）較好使力。

直線裁切

1 將手指置於墨線處

拉出墨線。將手指放在開始鋸的地方。將材料放在臺面（也稱木馬）上會更容易鋸。

2 以手指頂住鋸片

重疊鋸齒與墨線。由於步驟1已將手指放在開始鋸的地方，所以可容易重疊。

3 開鋸

輕輕拉動鋸子。此動作被稱之為開鋸。有沒有處理好開鋸是很重要的。

4 拉鋸

一邊壓住木材，一邊握著鋸子向下鋸。過程中不能傾斜鋸身。待鋸身嵌入木材裡穩定後，可將鋸板慢慢抬高。

5 快要鋸斷時動作需放慢

放慢拉鋸速度，再次輕拉鋸子。若不放慢速度，會產生材料斷裂等問題，變得難鋸。

POINT

若要鋸得筆直，視線應在鋸子的正上方

開鋸時確任鋸子是否傾斜

開鋸時，若鋸齒與墨線沒有完全重疊的話，在鋸的過程中就會很容易鋸歪。為了避免出現鋸歪的情形，需養成將視線停留在鋸子正上方的習慣。

使用鋸齒整體

拉鋸的幅度可大一些，讓所有的鋸齒都派上用場。這一點非常重要。這樣不僅可以減少鋸身的搖晃，還能鋸的更直、更漂亮。

NG

勿將材料的兩端都置於臺面上

鋸木材時，不能像照片所示那樣將兩端都放在臺面上。否則鋸到中途的時候木材會卡住鋸子，使作業停止。因此被鋸掉的那端需為懸空，不能被固定住。

鋸較厚的木材

1 先鋸一部分

較厚的材料需在四面彈上墨線。首先，像鋸普通的板子一樣開鋸。

2 旋轉木材鋸另一面

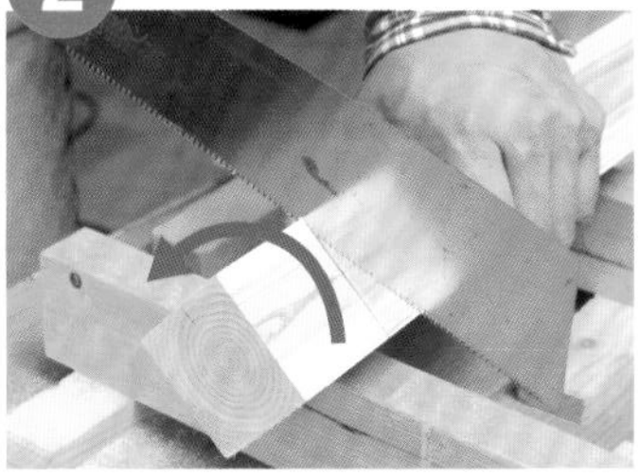

第一面鋸到一定程度後旋轉木材，再以同樣的方法鋸另外一面。反轉四個面一點一點鋸，至鋸斷木材為止。

使用固定夾

固定材料的時候，使用固定夾會非常方便。建議木工DIY新手及力氣較小的女性使用。只要有了這樣一個工具，作業效率也會明顯提高喔！

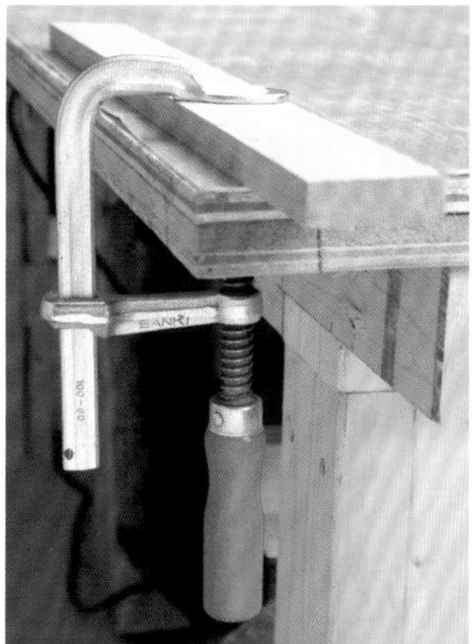

上圖為固定木材用的F型夾，能夠方便固定材料。

超強動力・瞬間鋸斷

電動圓鋸機的使用方法

兼備高精準與高速度的電動圓鋸機 最適合直線裁切

　電動圓鋸機可透過旋轉鋸片來裁切材料，為直線裁切的專用電動工具。讓快速精準的直線裁切變得容易進行。由於作業時，刀片會高速運轉，所以即便是較厚的木材也能切出光滑斷面。但操作時也需格外小心，即使是熟練的木工也會產生誤將電源線切斷的情況，所以將電源線置於肩膀上操作是很重要的。

　圓鋸有很多種類。若有較高的預算，可購買精準度高且為鋁製基座的較好。

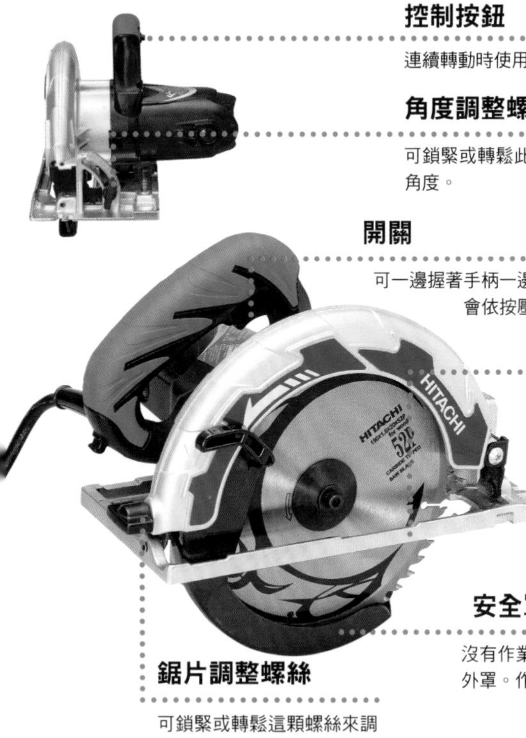

控制按鈕
連續轉動時使用。

角度調整螺絲
可鎖緊或轉鬆此螺絲來調整鋸片的角度。

開關
可一邊握著手柄一邊操作。動力的強弱會依按壓開關的輕重改變。

基座
與木材相貼的金屬板。需將基座緊貼著木材作業。

安全罩
沒有作業時，可遮蓋刀片的外罩。作業時會自動打開。

鋸片調整螺絲
可鎖緊或轉鬆這顆螺絲來調整基座，即為調整刀片的伸出大小。

基本的使用方法

握鋸子的方法

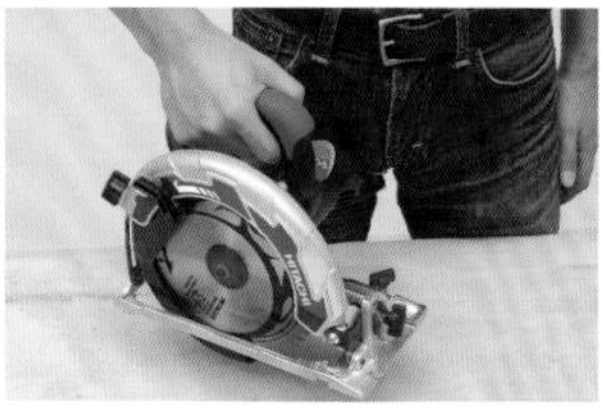

基本上電動圓鋸機都是以單手操作。以食指來控制開關。

基座需緊密地靠在木材上，請勿將基座遠離木材作業。

標準姿勢

作業時，需正面面對裁切的方向。彎腰並夾緊腋下。若沒有夾緊腋下操作，會使圓鋸機 左右搖晃，出現偏差。請務必注意。

調整鋸片的伸出狀況

1 以鎖緊或轉鬆螺絲來進行調整

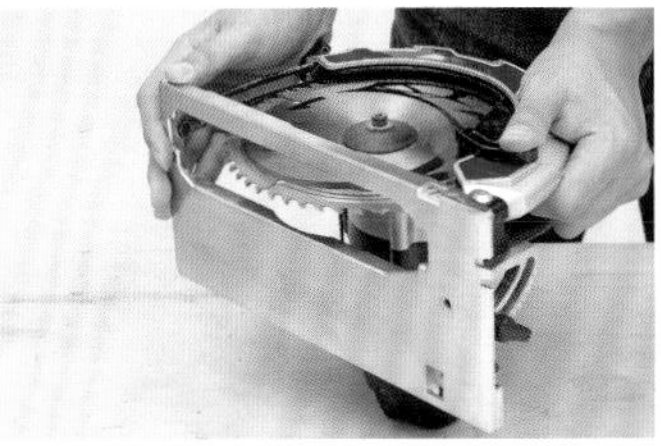

鎖緊或轉鬆螺絲來調整基座後，並調整鋸片的伸出大小。作業前請記得拔掉電源。

2 確認伸出狀況

如圖所示將需要鋸斷的木材緊靠在鋸片上來確認鋸片的伸出狀況是否剛好，鋸片略伸出木材一點點即可。此方法簡單又實用。

3 調整角度

確認好刀片的伸出狀況之後，還需以角尺等工具確認是否為垂直。若沒有呈現垂直的話，需鎖緊或轉鬆角度調整螺絲來進行調整。

直線裁切

裁切時務必使用角尺等工具

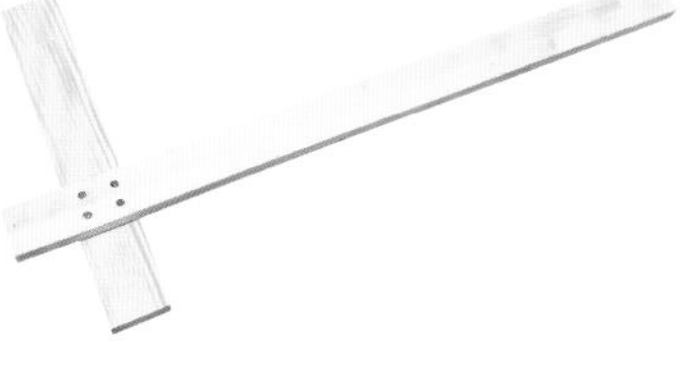

由於電動圓鋸機動力較大，所以必須要靠著角尺等工具作業，如照片所示，將兩塊小板子簡單地釘在一起，就做出了既精確又實用的直角尺。

1 準備裁切

將基座底部緊貼著木材，並將直角尺輕輕的靠在圓鋸機即可。這時還不能讓鋸片碰觸到木材。

2 吻合切口與墨線

由於電動圓鋸機的構造無法讓作業者在作業時看到鋸片的位置。因此，只能以吻合切口處與墨線的方式來確認切線是否筆直。

3 開始裁切

需將基座緊貼在木材上進行裁切。切完之後，在鋸片還未停止轉動前都不能提起圓鋸機。

角度裁切

1 調整角度

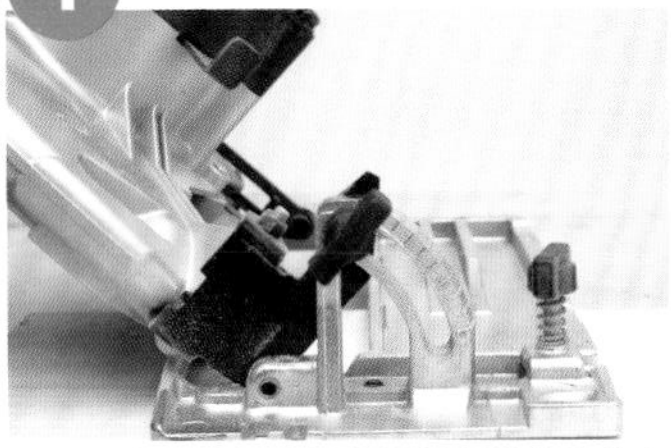

以鎖緊或轉鬆角度調整螺絲來調整鋸片角度。一般的圓鋸機最多可切出45度的角度。若是45度裁切，可沿著45度專用的基座切口進行即可。

2 開始裁切

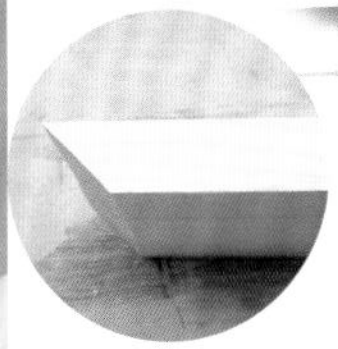

調整好角度後就開始裁切吧！此時圓鋸機已傾斜至一定的程度，所以需確實的握住。可在熟練前多練習幾次。

小 祕技

裁切面積較大的板材

鋪上厚木板，
做出穩固的操作臺

此為裁切面積較大的板材時非常管用的一個小妙招。在台上鋪上一塊被切壞了也無所謂的廢棄厚木板，作為穩固的底板。將需要裁切的木材置於臨時底板上操作。這樣的效果會比直接放在木馬上，讓材料懸空的情況更加平穩，操作時也更放心。

輕鬆搞定直線裁切・曲線裁切
線鋸機的使用方法

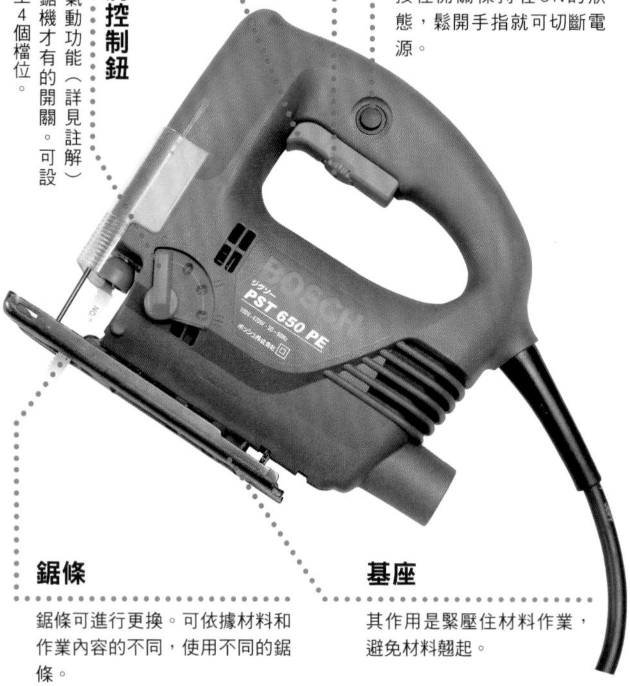

開關
切換ON/OFF的開關。可透過按壓的力道來調整速度。

調速盤
可調整轉速的快慢。可依照材料的材質來調整適當的裁切速度。

開關固定按鈕
按住開關保持在ON的狀態，鬆開手指就可切斷電源。

排屑控制鈕
具有氣動功能（詳見註解）的線鋸機才有的開關。可設定3至4個檔位。

鋸條
鋸條可進行更換。可依據材料和作業內容的不同，使用不同的鋸條。

基座
其作用是緊壓住材料作業，避免材料翹起。

操作方便、危險性較小的電動工具

線鋸機不僅可以進行直線裁切，也可進行曲線裁切，是非常方便的電動工具。只需依照材料更換鋸條，就可裁切木材、金屬等各種不同硬度的材料。裁切材料之外，線鋸機還具有其他用途。例如，若先鑽好一個可放入線鋸機刀口的開孔，就可利用線鋸機來進行開框、開孔等作業，用途非常廣泛。

就裁切速度來說，線鋸機雖不如電動圓鋸機，但作為電動工具，它具有操作方便、安全性較高的優點，適合初學者使用。若是初次購買線鋸機，可購買帶有調速盤的變速型線鋸機。操作時需注意將基座緊貼在木材上，並用輕輕靠著導尺即可。

基本的使用方法

標準姿勢

使用線鋸機時，需從上方緊壓住材料進行裁切。因此，正確的姿勢為將身體前傾，把全身重量壓在材料上。以俯視鋸條的方式進行裁切。

握鋸的方法

原則上是單手握鋸。但在熟練之前，可將材料以固定夾固定，以雙手握鋸操作。

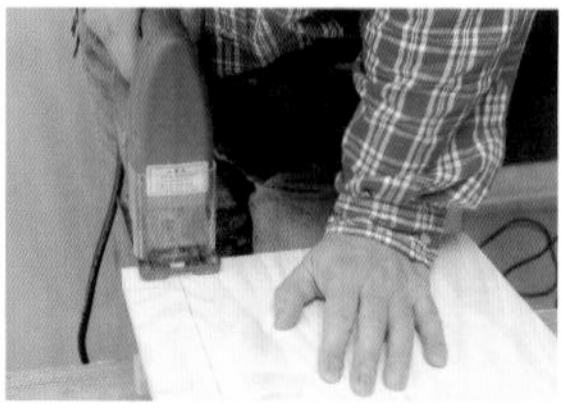

以一手握鋸一手壓住材料進行操作時，切記勿將壓材料的手置於鋸子行進路徑的前方。作業過程中，請注意安全。

※氣動功能：可依照橢圓軌跡向上抬起的附加功能。

安裝鋸條

1 推入即可

只需推入鋸條，就可完成安裝。現在的線鋸機多為這種簡易式安裝。若非此類線鋸機，使用時請參考說明書操作。

POINT

更換鋸條時請務必拔掉電源

不僅是線鋸機，所有的電動工具在更換鋸條時都必須拔掉電源。這是絕對必須遵守的操作原則。

直線裁切

1 將線鋸機基座緊靠著材料

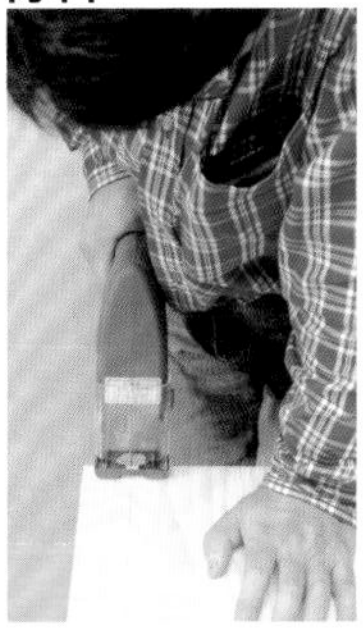

固定材料。透過調速盤或排屑控制鈕來調整適當的裁切速度，再將基座緊靠在材料上並擺好作業姿勢。此時還不能讓鋸條碰觸到材料。

2 沿著墨線裁切

打開開關。調整到適當速度時沿著墨線裁切即可。

POINT

使用角度尺等工具

若不是專業人士使用線鋸機進行裁切的話，筆直得裁切具有一定的難度。因此一般都需緊靠著尺規等工具進行作業。

角度尺

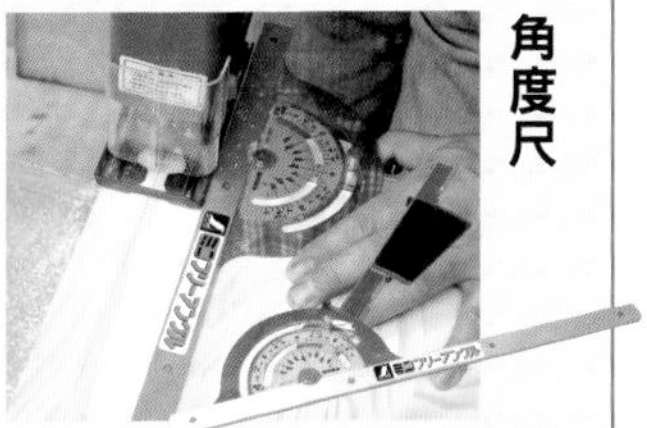

可隨意調節角度的角度尺，不僅可以進行直線裁切作業，45度等角度裁切時也能使用。

平行尺規

幾乎所有的線鋸機都附有平行尺規。使用時將其安裝在基座前端即可。

筆直長木料＋固定夾

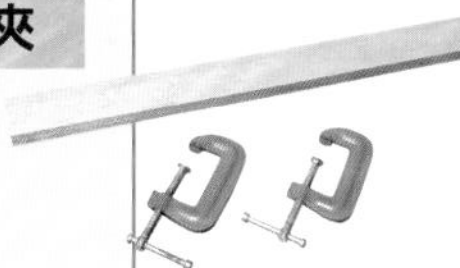

以長且直的木料來代替尺規。這種情況下就可使用固定夾固定而非用手固定。

曲線裁切

1 不要著急，耐心裁切

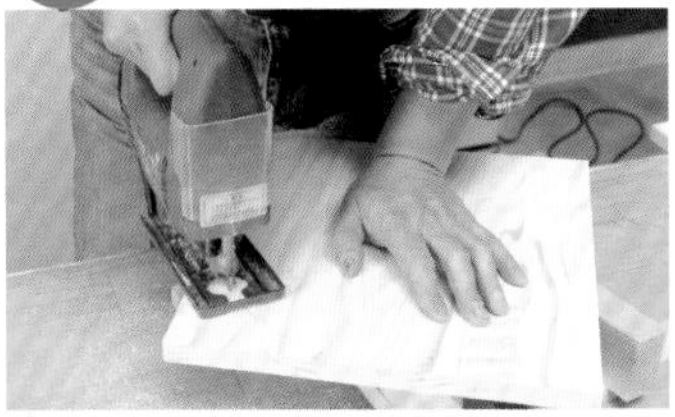

裁切前的準備工作與直線裁切時相同。耐心裁切，若作業不順時，可轉動材料或是移動站立的位置。

2 裁切斷面的效果？

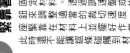

曲線裁切時，會讓鋸條的負擔較大。若強行裁切的話，可能會折斷鋸條，產生不規整的斷面。

裁切失敗就再來一遍，偏離墨線也要再來一遍

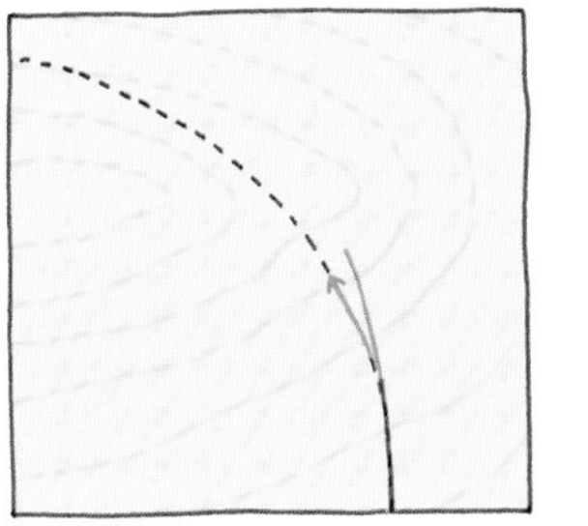

曲線裁切時需耐心進行，不要期望能夠一氣呵成。一旦偏離了墨線，就關掉開關，不要強行裁切。再倒回偏差位置的前端重新裁切即可。

方便好用的研磨工具

砂紙&電動砂紙機的使用方法

背面

砂紙的背面都印有砂紙的粒度。下圖是以紙做的砂紙，右圖則是以布做的砂紙。以布做的砂紙較耐用，價格也較高。

240號砂紙

跟80號、120號的砂紙相比，研磨材質非常細，可用於最後的表面打磨。若是噴漆前的表面處理的話，使用180號左右的就足夠了。

120號砂紙

比80號的砂紙細，可用於粗研磨後的中度研磨。

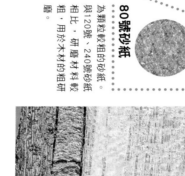

80號砂紙

為顆粒較粗的砂紙。與120號、240號砂紙相比，研磨材料較粗，用於木材的粗研磨。

選擇合適的砂紙

以接著劑將研磨材料的顆粒黏貼在紙或布上所做成的砂紙，是用於研磨作業中最初級且最方便的工具。從粗顆粒的研磨材料到細顆粒的研磨材料，有許多種不同粒度番號的砂紙。可根據研磨木料與使用方法選擇粒度適當的砂紙。木工作業中一般皆使用粒度番號40號至400號的砂紙。另外，可進行電動研磨作業的電動砂紙機。只需將砂紙裝在電動砂紙機的軟墊上，前後移動即可，讓研磨變得簡單又輕鬆。電動砂紙機還可用於噴漆前的表面修飾。

基本的使用方法

自製研磨塊

研磨平面時，一般是將砂紙包住木塊進行作業。此工具被稱為研磨塊。不能以剪刀裁切砂紙，會使刀口變鈍。

市售研磨塊

將砂紙沿邊緣嵌入固定即可。作業時不需以手壓砂紙，操作方便。

專家推薦的DIY工具

可輕鬆進行大面積研磨的手提式研磨板

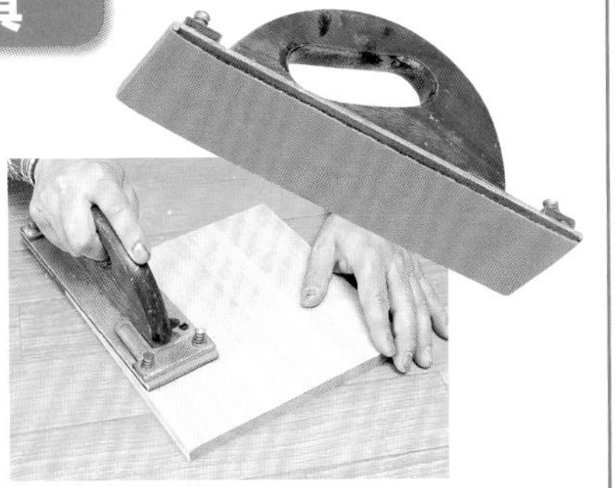

研磨面積較大時，可使用市售的手提式研磨板來提高效率。機器上帶有手柄，使用起來比研磨塊更輕鬆且更有效率。在底部裝上砂紙後再使用，可根據需求更換不同粒度的砂紙，非常方便。製作大型傢俱時，若手邊有這樣的工具會使製作過程方便很多。

研磨表面

順著木紋移動

貼靠研磨塊於材料表面上，順著木紋研磨。均勻施力就能研磨出好效果。

研磨溝槽

1 製作溝槽用研磨塊

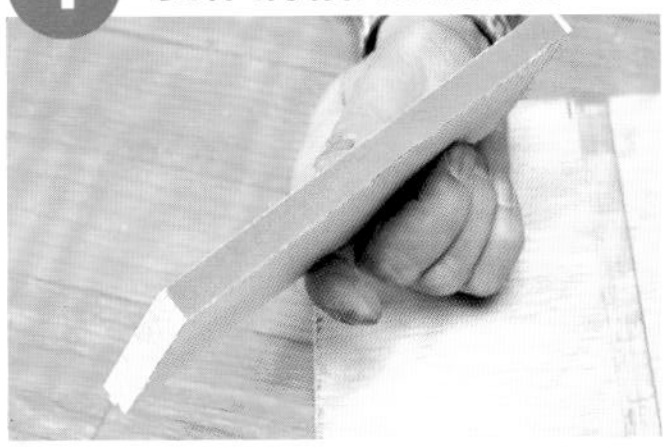

為了使研磨作業效率更高，可自製研磨溝槽專用的研磨塊。找一塊較窄於溝槽的木塊，再以雙面膠將砂紙貼在木塊底邊即可。

2 沿著溝槽研磨

將研磨塊放入溝槽內進行研磨，均勻施力。也可摺疊砂紙進行研磨，但做出專用研磨塊效率更高。

研磨曲面

使用指腹

研磨圓弧部位時，對摺砂紙或摺四摺，順著弧線進行研磨。可使用指腹研磨得更光滑。

可均勻進行大面積研磨的電動砂紙機

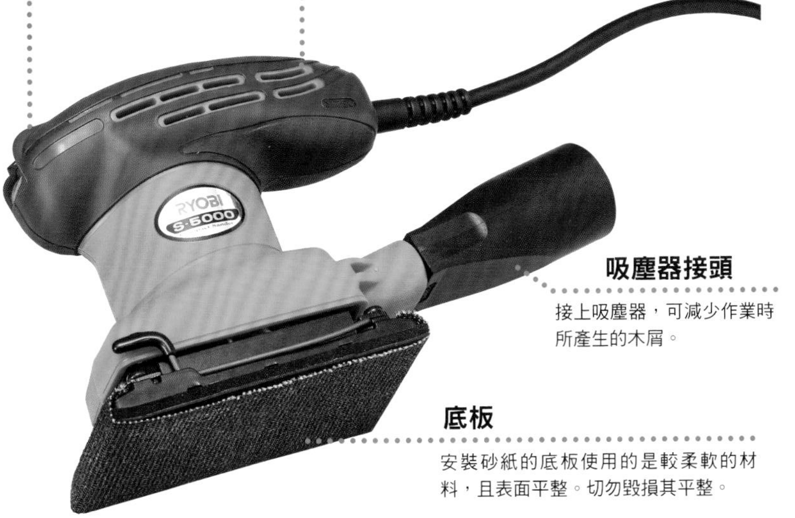

握把處
可以單手或雙手握住，進行操作。

ON/OFF開關
進行ON/OFF切換。

吸塵器接頭
接上吸塵器，可減少作業時所產生的木屑。

底板
安裝砂紙的底板使用的是較柔軟的材料，且表面平整。切勿毀損其平整。

砂紙機為噴漆前，打磨表面時不可或缺的電動工具。使用前可在底板處裝上砂紙。以手壓機器進行研磨。

以同一方向研磨

可依照同一方向移動機器進行研磨。若研磨效果很好時，可繼續依照目前的方向研磨；若表面出現毛邊、不光滑的現象，就改以相反方向研磨。

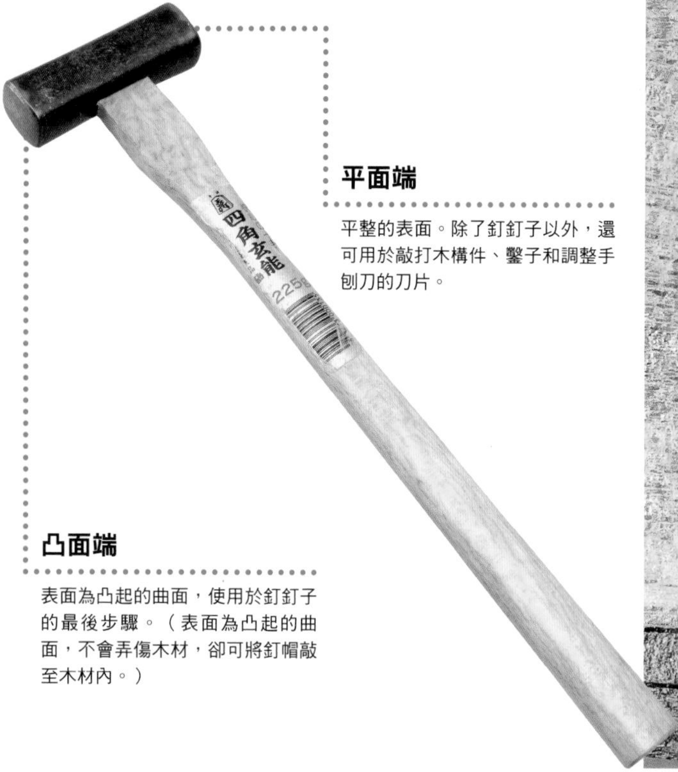

平面端

平整的表面。除了釘釘子以外，還可用於敲打木構件、鑿子和調整手刨刀的刀片。

凸面端

表面為凸起的曲面，使用於釘釘子的最後步驟。（表面為凸起的曲面，不會弄傷木材，卻可將釘帽敲至木材內。）

基本的敲打工具

鐵鎚的使用方法

鐵鎚為最基礎的木工工具

鐵鎚又稱錘子，一般由木柄和鐵鎚頭兩部分組成，利用往下的力道將釘子敲進木材，是一種不論製作或使用都十分簡單方便的工具。雖然現在普遍使用電動起子機與木螺絲來接合材料，較少人使用鐵鎚，但鐵鎚的使用方法還是非常重要。若鐵鎚能使用得好，就能準確地掌握力道與重心的位置，使用其他的木工工具也更容易上手。因此，鐵鎚可說是基礎中的基礎工具。

基本的使用方法

握住手柄的後端

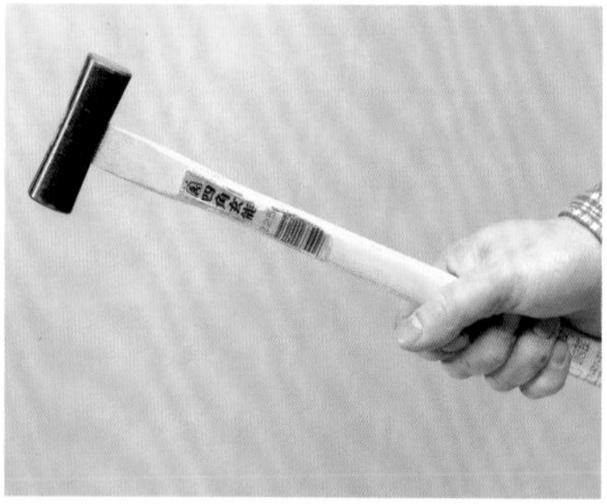

依照釘子長短的不同，握鐵鎚的位置也不一樣。但一般都是握在手柄中央偏後的位置。以食指、中指和小拇指握住手柄，讓手腕能夠活動自如，這樣就可以順利釘入。

身體前傾釘釘子為操作的要點

如照片所示，雙腳一前一後站立，身體稍微向前傾。前移身體重心，敲打時可產生更大的衝擊力。此外，蹲下來作業也需將身體稍微前傾，讓重心往前移。

釘釘子

1 以錐子開孔

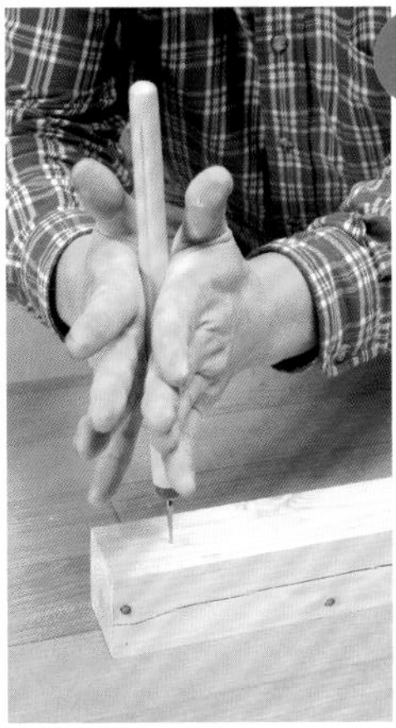

為了防止木材裂開，釘釘子前請以錐子先行引孔。

2 以手扶住釘子，輕輕敲打

將釘子筆直地插入小孔內，以一隻手輕輕的扶住，不歪斜釘子即可，再以鐵鎚輕輕的敲打。

3 以一定節奏敲打

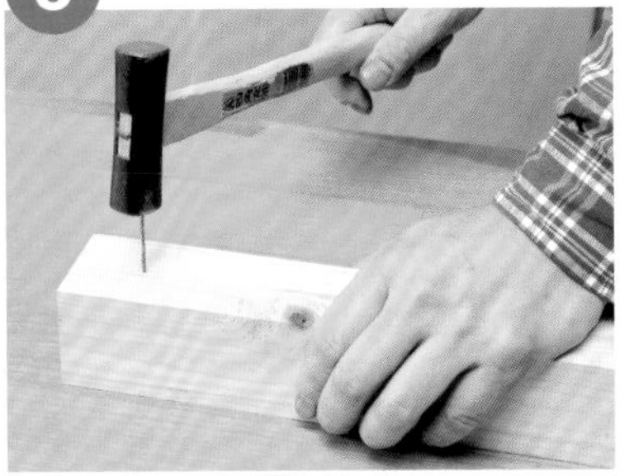

釘穩釘子後，移開手指。以原本扶著釘子的手壓住材料繼續釘。敲打的力道需比步驟2大，但不能性急，釘子會被釘歪。

4 動作幅度加大，以一定的節奏敲打

敲入三分之一的釘子並釘穩後，就可依照片所示，加大擺動幅度及力道。

5 用力敲打，結尾

剩釘帽在外面時，用盡全力敲打最後一下。就完成釘釘子了。

6 以指腹確認釘好的效果

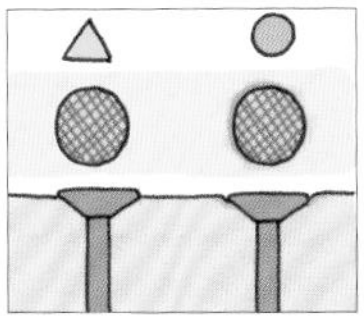

若按照正確方法釘出的效果應與下圖相同。釘帽與材料表面齊平或是陷入材料內。以指腹觸摸，平順即可。若摸起來有凸起的感覺，則需再敲打一下。

POINT

若想垂直釘入釘子，腕力的正確使用很重要。

用較大力道釘釘子時

釘長釘子時，為了產生較大的衝擊力，如圖所示將手握在手柄的末端位置，從頭部左右的高度向下敲打。

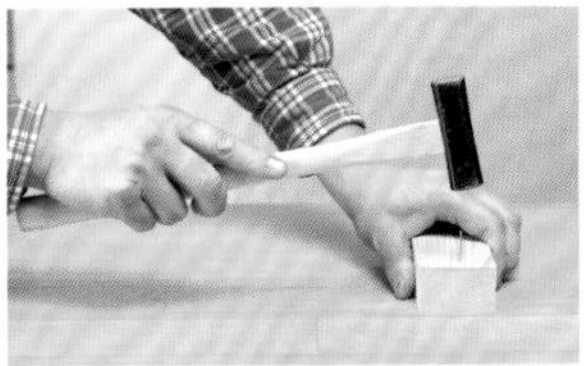

用較小力道釘小釘子時

作業時，使用適合所釘釘子長度的力道進行敲打。若是小釘子，手柄需握在稍微前面的位置且動作幅度需小一點，鐵鎚距離釘子的高度需與釘子的長度相同。以小力道輕輕敲打即可。

使用手腕來揮動鐵鎚，讓腕力發揮作用。這樣可使支點穩固，才能將力道快速傳到釘子。

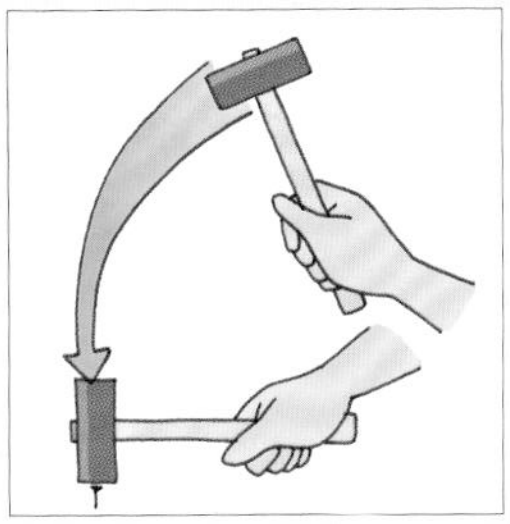

如上圖所示放下手腕，將鐵鎚的重力轉換成敲擊力，產生較大的衝擊。

鎖螺絲與鑽孔的工具

電動起子機的使用方法

木工作業中不可或缺，具有鎖螺絲和鑽孔兩種功能的電動工具

電動起子機為同時具備鎖螺絲和鑽孔兩種功能的電動工具。並有各種形狀、口徑的鑽頭和起子頭作為更換，可根據具體的作業情況選擇合適鑽頭使用。自古以來，都是以釘子來組裝木材，但現在的主流方法已變為鎖上螺絲固定。讓初學的木工新手也能夠輕鬆愉快地進行組裝，完全都是電動起子機的功勞。另外，若需要鑽出許多相同大小的孔或是一些較大的孔時，可使用機型小但動力足夠的電動起子機，只需按壓開關，就能搞定這些工作。相信你一定也很想擁有一台電動起子機吧！

鑽頭
鎖緊螺絲的起子頭，或是鑽孔用的鑽頭。

夾頭
安裝起子頭或鑽頭的部位稱之為夾頭。旋轉在夾頭外面的轉盤即可固定鑽頭。

離合器
為了避免打木螺絲打過頭，電動起子機還具有離合功能。鑽孔時，可配合鑽孔的標記使用。

開關
握住手把時，以食指按住開關，啟動電動起子機。按開關的力道可改變電動起子機運轉的轉數。

調速開關
可藉助此開關切換低速與高速。想要低速運轉獲得較大扭矩時就切換到低速模式。

電池
有36V、24V、18V、14.4V、12V、9.6V、7.2V等多種類型。伏特數越高，動力越強，不過機器也會相對的更大更重。

正逆轉開關
可改變電動起子機轉動方向的開關

基本的使用方法

往下作業的情況
作業時通常都要求起子頭垂直於螺絲表面。這時，可將手與材料平行，彎起手肘，壓住螺絲鑽頭鎖入起子。

安裝作業的情況
在牆面上安裝夾板等作業時，將手與材料平行。雙腳一前一後的分開站立，會讓操作更加方便順手。

以食指按壓開關
單手握電動起子機。通常是將食指放在開關位置，其他手指握住把手。購買電動起子機時，可選擇握起來較舒適的機型，使用時也會比較方便。

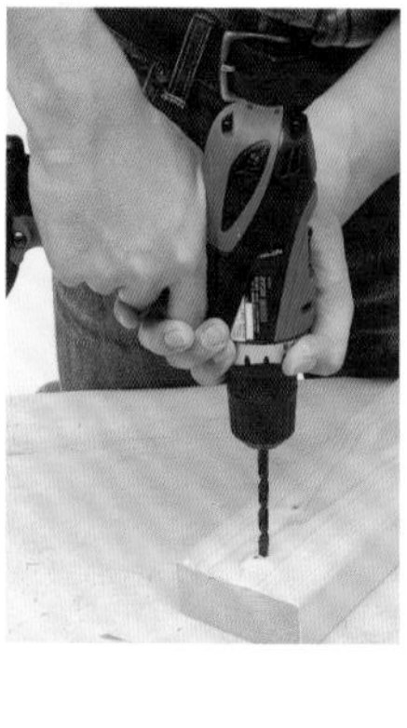

確認垂直後再啟動開關
使用方法非常簡單的電動起子機，只需配合電動起子機的轉動，用力按住即可。勿傾斜鑽頭，確認垂直後再開啟開關。以握住機身的手按壓開關。

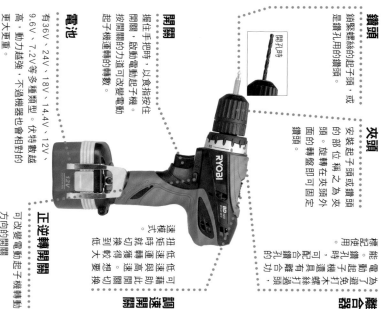

鑽頭的安裝方法

1 鎖住正逆轉開關

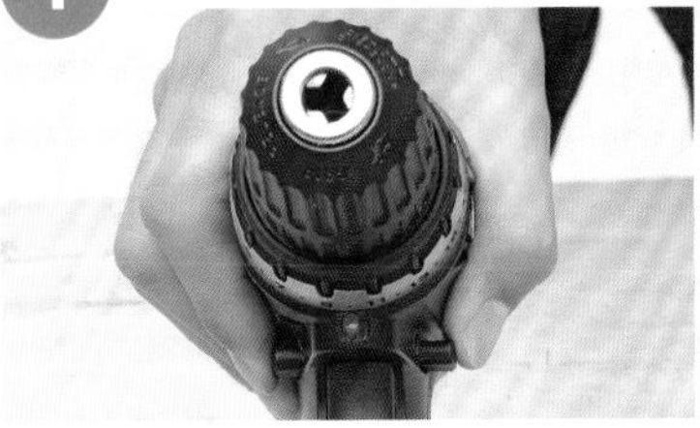

為了避免危險，在安裝或更換鑽頭時，需將正逆轉開關轉至標示鎖定處。

2 轉鬆夾頭

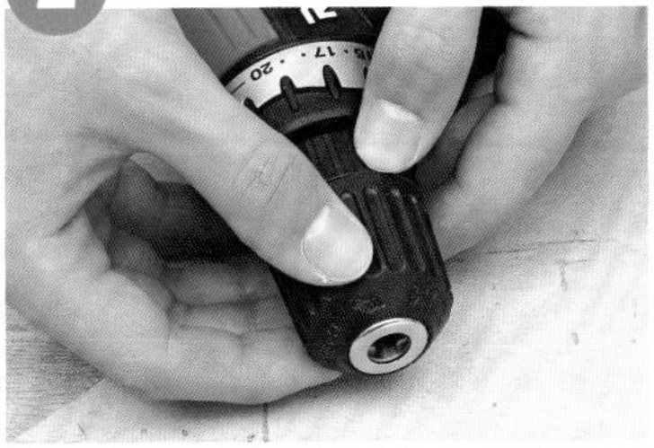

想要轉鬆夾頭時，轉鬆罩在夾頭的轉盤即可。夾頭轉鬆後插入鑽頭。

3 插入鑽頭

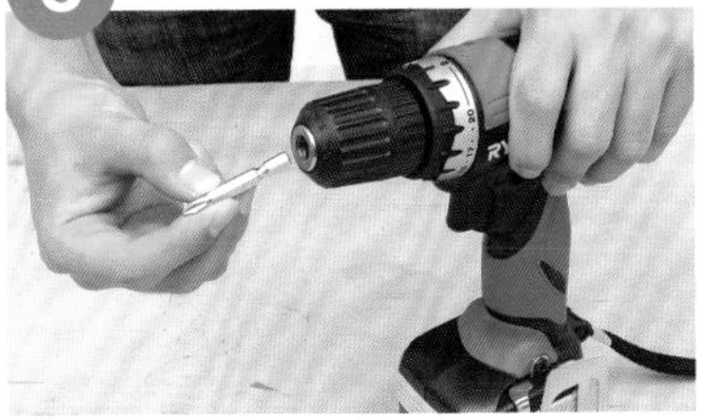

取下原有鑽頭後，裝入所需鑽頭。若是裝起子頭，插深一點或淺一點都沒有關係。

4 鎖緊夾頭

轉動夾頭外罩，鎖緊夾頭。若未鎖緊，在作業過程中可能會產生鑽頭脫落的情形，非常危險。

5 運轉測試

檢查鑽頭是否已確實安裝。解除鎖定並打開電源開關，確認鑽頭運轉時是否會歪斜。（此為更換鑽頭後必須進行的確認動作）

電源式的電動起子機與電鑽需拔掉電源

與步驟1的用法相同。但電源式的電動起子機在更換鑽頭時，需先拔掉電源後再操作。

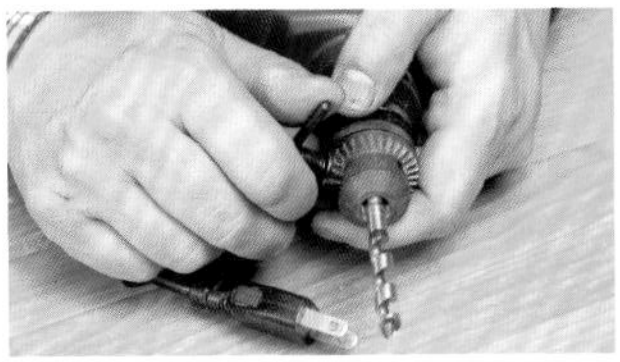

POINT

**正確安裝鑽頭及起子頭
若在使用過程中鑽頭中軸會抖動，
即可能會發生危險，需特別注意！**

鑽頭或起子頭的中軸必須完全吻合插孔中心。運轉測試時需確實確認鑽頭有無歪斜。

NG

此為不正確的狀況。在鑽頭歪斜的狀況下進行作業，可能會發生鑽頭折斷等情形，非常危險。

各種各樣的鑽頭

鑽孔用鑽頭

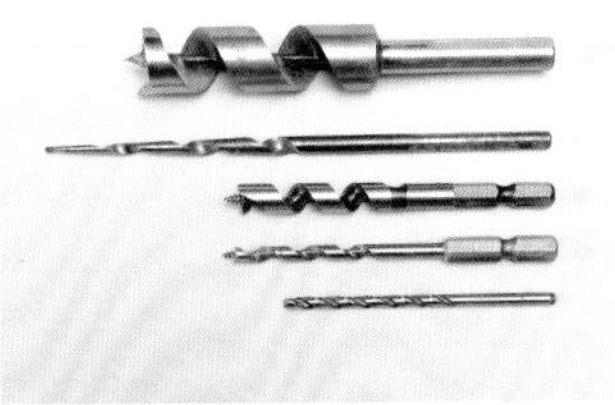

將電動起子機裝上左圖所示的鑽頭就可進行鑽孔作業了。可根據所鑽之孔的大小和深度選擇合適的鑽頭。

鎖螺絲用起子頭

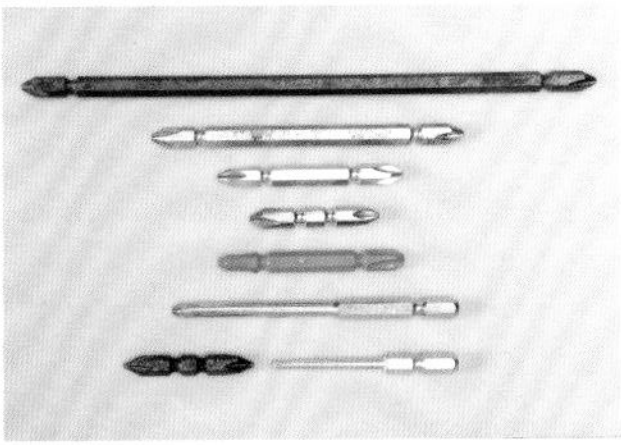

起子頭有很多種類，從下往上數的第二排是固定窗簾軌道的好工具，為中軸較細的2號起子頭。

螺絲有許多種類，尺寸也不盡相同，但十字螺絲的溝槽只有三種尺寸，所以十字起子頭也有1號、2號、3號三種型號。最常用的為2號起子頭，但可預備多種不同長短的起子頭，會使製作更加順利。

鎖螺絲前的準備工作

1 鑽孔

安裝鑽孔用的鑽頭。鑽孔用鑽頭的粗細選擇小於螺絲直徑1mm比較合適。

由於鑽孔用鑽頭的軸較細，常以為已正確安裝，卻還是會發生如圖所示的歪斜。因此，安裝鑽頭時一定要將其牢牢卡緊在中心處。

2 以方便操作的方式進行組裝

例如在製作箱子時，可如圖所示來組裝材料，為了避免材料傾斜，需找另一塊木板作為支架。此方法不僅適用於箱子製作，只要用於組合的材料有傾斜、歪倒的可能，都需進行支撐或固定。

POINT

按照正確方法鎖入的螺絲螺絲頭會低於材料表面

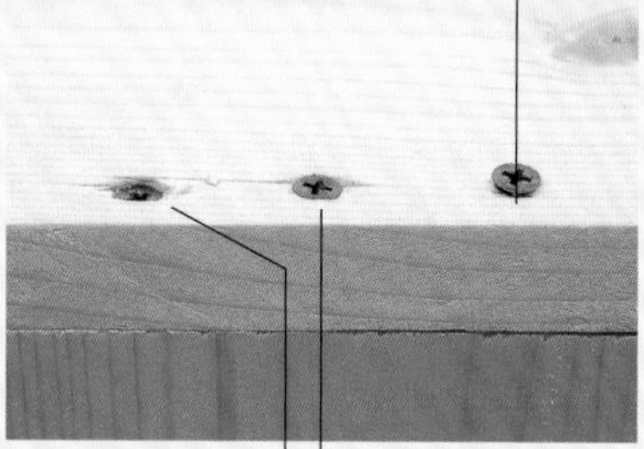

鎖得不夠深

還差一點點就可以完全嵌入螺絲，需再次啟動開關將其鎖入。

鎖得太深了

扭矩太大導致鎖的太深。在此情況下螺絲有可能會穿出材料，反而會降低材料與材料間的接合度。

鎖得剛剛好

鎖到這個位置剛剛好。

鎖螺絲

1 將螺絲插入螺絲孔內

轉鬆夾頭，更換成起子頭。以帶磁性的螺絲起子頭將螺絲吸起後（起子頭與螺絲的溝槽需完全吻合），插入螺絲孔。

2 以慢速鎖入

將螺絲鑽頭垂直於材料表面，輕輕的啟動開關。就算是鎖螺絲的高手，在剛開始鎖螺絲時，轉速也需放慢，才能順利鎖入螺絲。

3 用力壓住組裝材料

當螺絲鑽入材料後，在起子頭的衝擊力下，材料容易抖動。因此，需以手掌用力壓住固定。

4 加快速度

鎖螺絲至一半左右後，可用力按壓開關來提高轉速。

5 一氣呵成鎖入

到完成階段時，將開關按壓到底，以最大的轉速將其鎖入。此時不需壓住材料，可將手拿開，以身體前傾的姿勢進行操作。

6 確認是否已確實鑽入

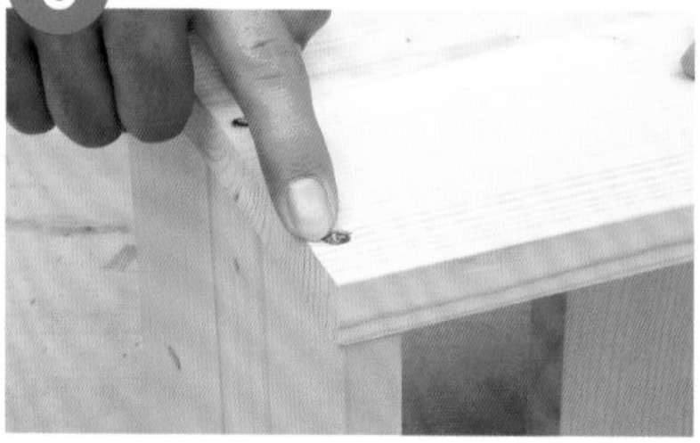

作業結束後，鬆開食指，並以指腹觸摸螺絲，確認是否已確實鎖入螺絲。只要不是凸出的螺絲頭即可。

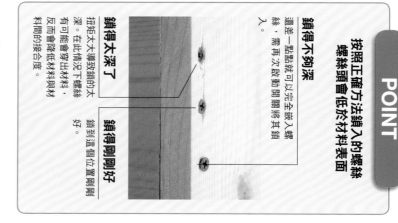

鑽孔的方法

1 從木材的正面鑽孔

以電動起子機鑽孔，只要鑽頭一鑽穿背面就停止。翻面木材，標記出已被鑽穿的小孔處，再以電動起子機補鑽即可。

2 鑽出無毛邊的漂亮穿孔

從木材的正反兩面鑽孔，就能鑽出如圖所示的漂亮穿孔。此外若在木材下放墊上一塊廢棄木板後再一口氣鑽穿，就不會產生毛邊。

若在單面就直接鑽貫穿孔，絕對會產生毛邊。

NG

如上圖所示，若未鋪上廢棄板子直接從單面穿孔的情況下，穿孔的背面會產生毛邊或撕裂木料使表面變得不平整。請特別注意。

POINT

轉至逆向運轉抽取鑽頭

只需鑽孔至一半時

1 中途停止鑽頭的運轉

不想鑽穿木料時，鑽至中途停止即可。請使用無螺牙尖的木工用鑽頭。

2 逆向運轉以便抽取鑽頭

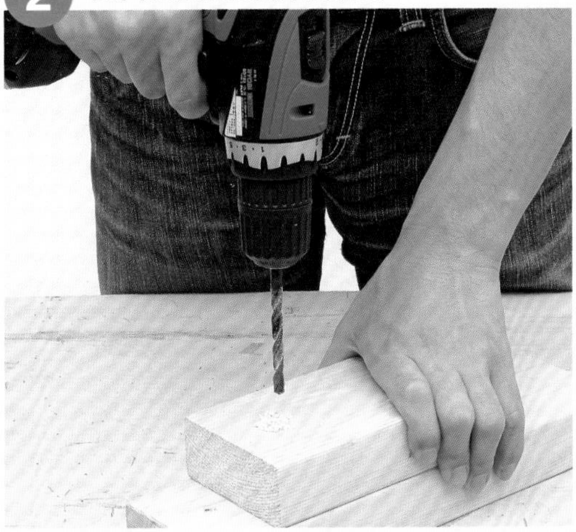

木工用鑽頭會被卡在木材中，不容易取出。所以只要切換正逆轉開關至逆轉位置即能逆向運轉，順利取出鑽頭。需順著鑽孔筆直地抽出，不能歪斜。

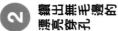

只需簡單塗抹即可組合

接著劑的使用方法

木工膠、白膠

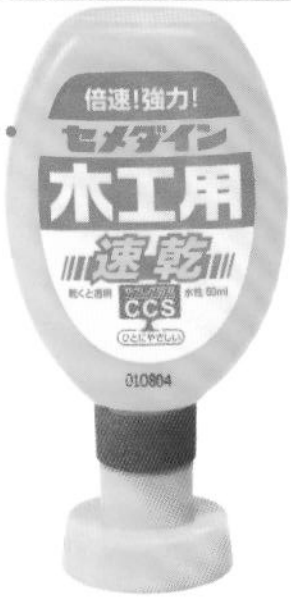

木工作業中最常用的水性接著劑。黏接木材時使用。有適用於小物件的速乾性及適用於大型物件的普通型兩種。

金屬用AB膠

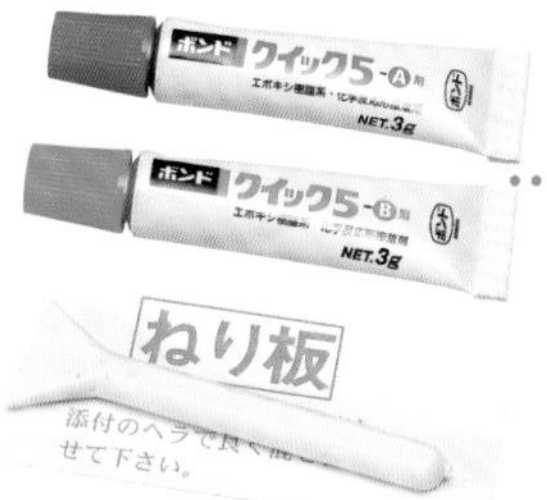

透過混合主劑（A）與硬化劑（B）後產生的化學反應來進行黏接。適用於金屬、玻璃等不具滲透性的硬質表面材料。

橡膠、皮革用強力膠

可黏接橡膠、皮革、布料等軟性材料到硬質塑膠（不能黏接乙烯樹脂）。將兩面黏接面都塗上接著劑，待乾燥後再黏接。

根據材質選擇適合的接著劑

現在，接著劑的性能相當強大，幾乎所有的材料都能藉由接著劑結合。依用途或材質等有著多種分類，若未分清楚具體的使用用途而使用不適當的接著劑，就無法得到理想的效果。因此，黏著作業應從選擇正確適當的接著劑開始。

另外，不同的接著劑種類，特性也大不相同。例如，有些接著劑只需塗抹一面即可；而有些接著劑則要求相黏的兩面都需塗抹接著劑。甚至有些接著劑也會要求塗抹後的放置時間需為多少。若不依照要求進行作業，黏接的效果就會差很多。因此，使用前需瀏覽產品的使用說明書。本書將介紹三種代表性的接著劑的使用方法。

木材間的黏接

1 塗抹接著劑

塗抹在木材上的接著劑很快會就被吸收，尤其以橫斷面部位吸收速度會更快。因此，需重複塗抹兩次。先塗第一次，如圖所示從膠管內擠出接著劑，在側面的正中央位置塗上粗粗的一條。

2 塗勻接著劑

以牙刷將接著劑刷開，塗滿表面。木工用的接著劑需在乾燥前進行黏接，所以需快速進行黏貼。此外，長時間放置接著劑的話，會變成透明無色。

3 第二次塗抹

再次塗抹接著劑。與步驟2相同，塗上足夠的接著劑，並迅速進行黏接。若不釘入釘子固定的話，需壓上重物並放置5個小時以上。

4 釘入釘子

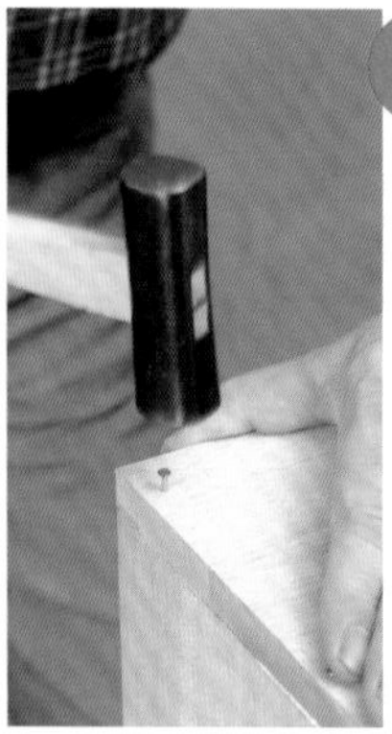

木工作業中，接著劑有助於加強釘子固定。若一起使用接著劑與釘子，則可使用較短的釘子。需在接著劑乾燥前釘入釘子。

於木材黏貼裝飾面板

1 黏貼材料

製作餐桌等家具時，可能會貼上一層塑膠面板做裝飾。可使用橡膠與皮革用的強力膠。與木材的黏貼方法相同，可使用舊牙刷來進行黏貼。

2 塗抹接著劑於面板

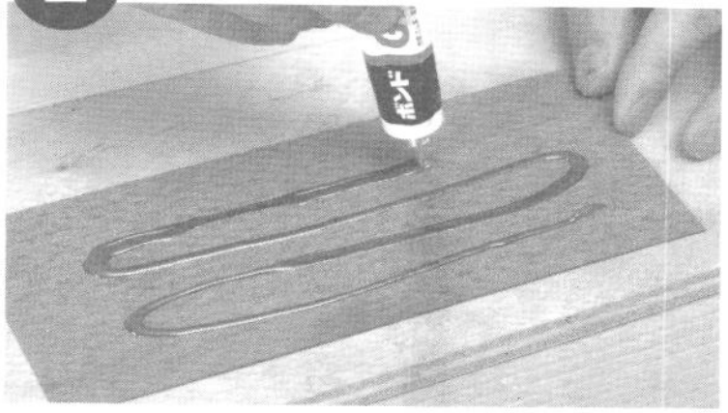

如圖所示，塗上足量的強力膠在裝飾面板的背面後，沿著四周再塗一圈。

3 薄薄地塗開

以牙刷抹開接著劑，使整個表面均勻抹上薄薄一層強力膠。此外需準備一塊大於木板的裝飾面板，待黏貼固定後修剪掉多餘的部分，可以漂亮得黏貼邊角。

4 塗抹強力膠於木材

使用橡膠及皮革用的強力膠時，相黏的兩面都需塗上接著劑。塗抹方法與步驟2、3相同。若有強力膠溢出，擦掉即可。

5 乾燥

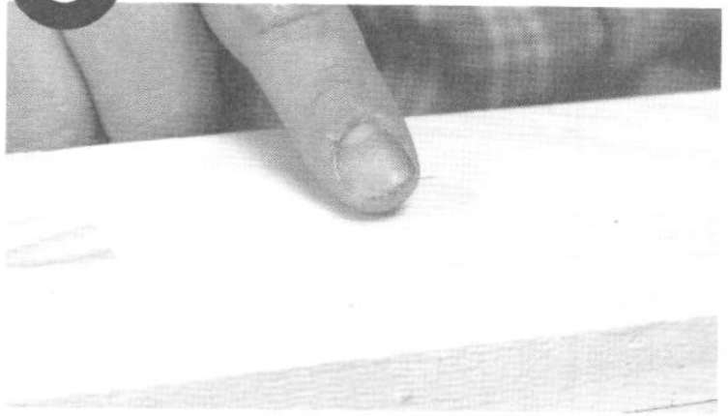

塗抹好黏接面後，需使其放置乾燥。不同的季節、氣候，乾燥時間也不同，基本上放置5至10分鐘即可。以手指輕輕地觸摸塗有接著劑的表面，若無留下指紋即為完全乾燥。

6 黏貼

將裝飾面板貼於木材上。如圖所示，墊上一小塊墊板並以鐵敲輕輕錘打，使板子緊密黏合。可挪動墊板來進行敲打，使其完全貼合即可。

於木材黏貼金屬零件

1 黏貼材料

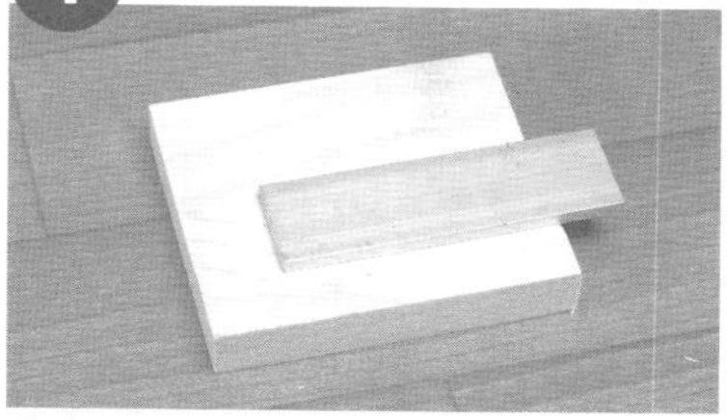

黏貼金屬板時需使用AB膠。從硬化時間的長短來看，有五分鐘、三十分鐘、六十分鐘以及六小時等多種種類。若黏貼面積較大，建議選用硬化時間較長的接著劑。

2 主劑與硬化劑的使用劑量相同

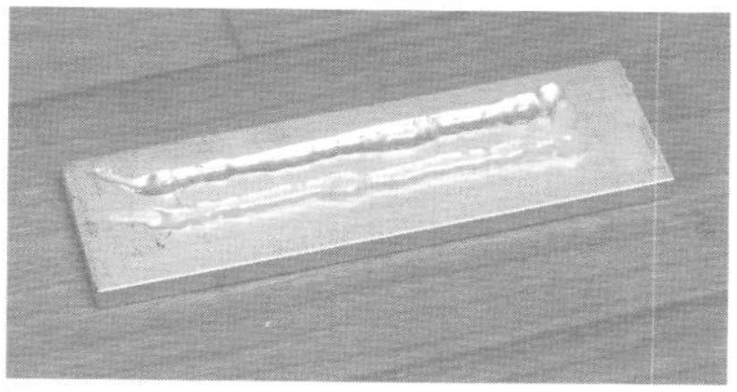

擠出相同劑量的主劑與硬化劑。為了便於判別劑量多寡，如圖所示將主劑與硬化劑擠出相同粗細與長短即可。

3 快速混合

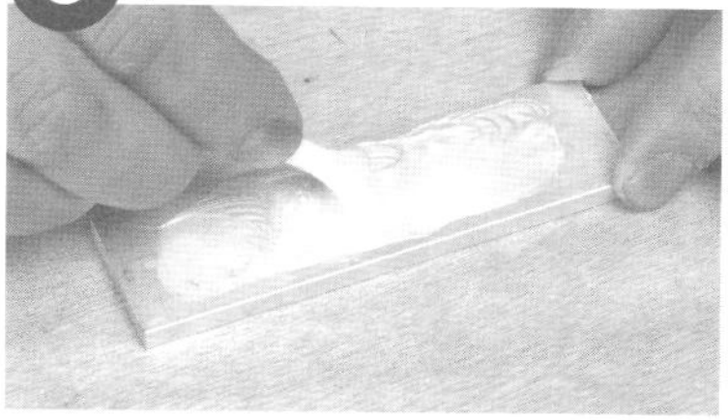

以刮刀混合主劑與硬化劑後，會產生化學反應使其開始硬化，因此需快速混合。混合成奶油色即可。此外，若不進行混合的話，無論放多久都不會硬化。

4 黏貼

混合好後需立即黏貼。以雙手從兩側拿起金屬板並將其輕放於木板上。由於擦拭溢出的接著劑非常費力（參照左側虛線框裡的圖片），所以作業時需格外小心，儘量不要讓接著劑溢出。

5 固定後放置乾燥

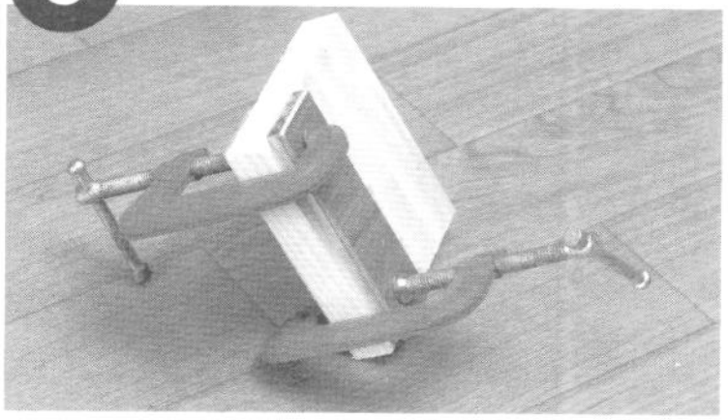

以固定夾固定。依據接著劑的硬化時間來確定壓合的方法。為了避免施壓不均，至少需以兩個固定夾固定在兩側。

溢出接著劑的處理

需在乾燥前處理。若表面殘留接著劑則會無法上漆，所以需特別注意。若有溢出，可先以濕布擦拭，再以乾布擦乾。

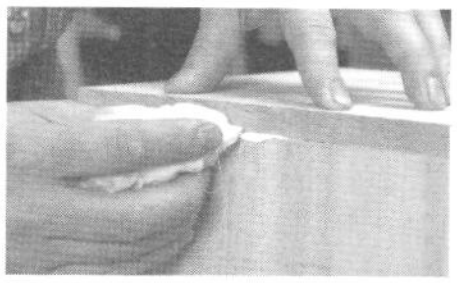

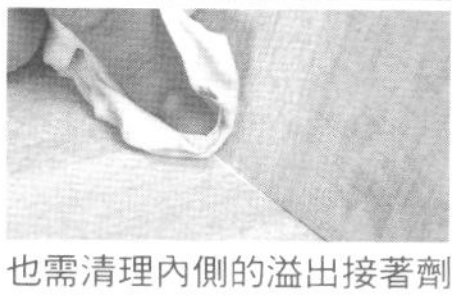

也需清理內側的溢出接著劑。

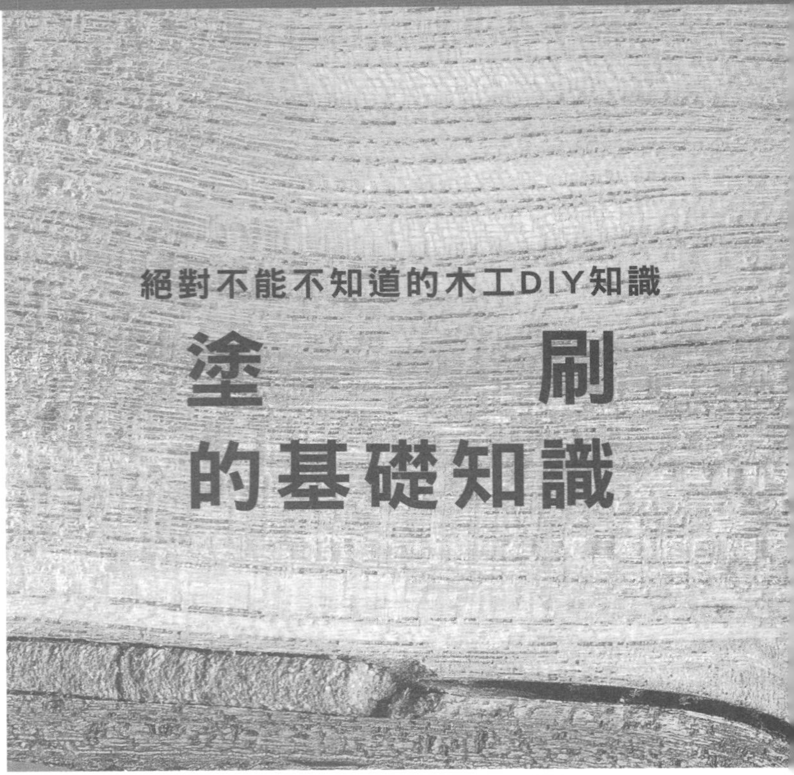

絕對不能不知道的木工DIY知識

塗刷的基礎知識

油漆刷

與清漆相比，油漆的味道較重（黏度大），因此需使用黏勁更大的刷子。刷柄上皆有標示該刷子為油性用還是水性用。

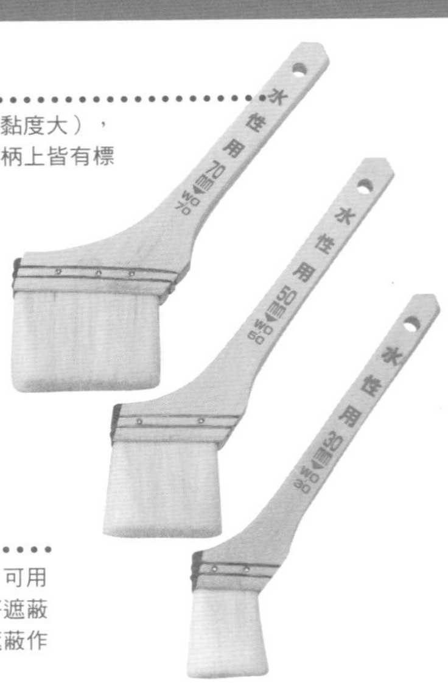

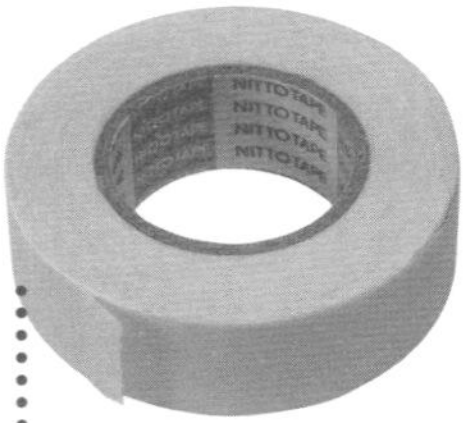

遮蔽膠帶

進行多色塗刷或部分塗刷時，可用遮蔽膠帶來進行遮蔽。需做好遮蔽作業才能做出完美的塗刷，遮蔽作業的重要性可見一斑。

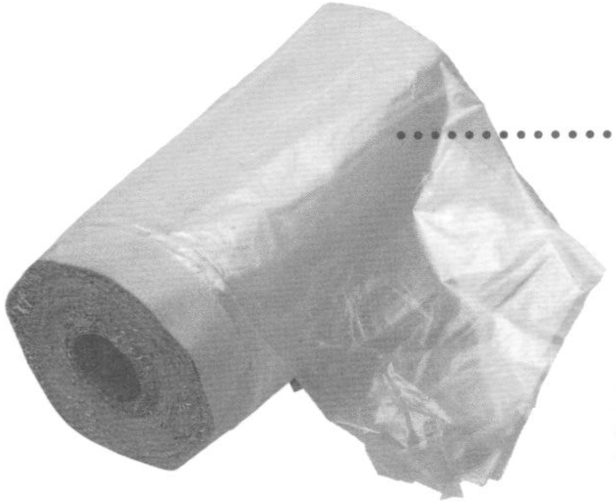

遮蔽薄膜

塗刷作業時，可將不想被油漆弄髒的物品進行遮蔽。邊緣帶有黏膠，十分方便。

滾筒

可在短時間內滾刷較大面積。能刷出略顯粗糙且具有獨特感的表面效果。

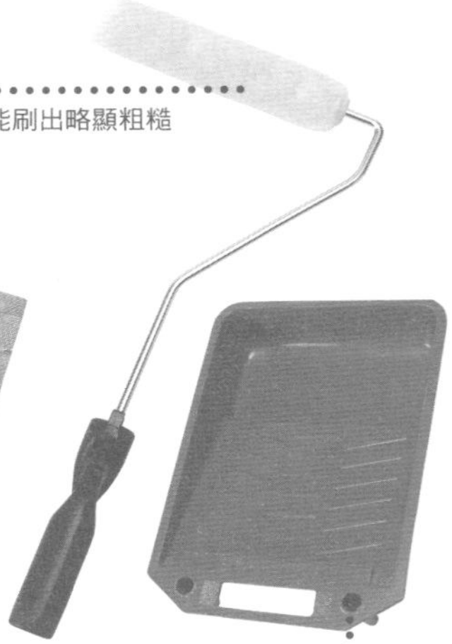

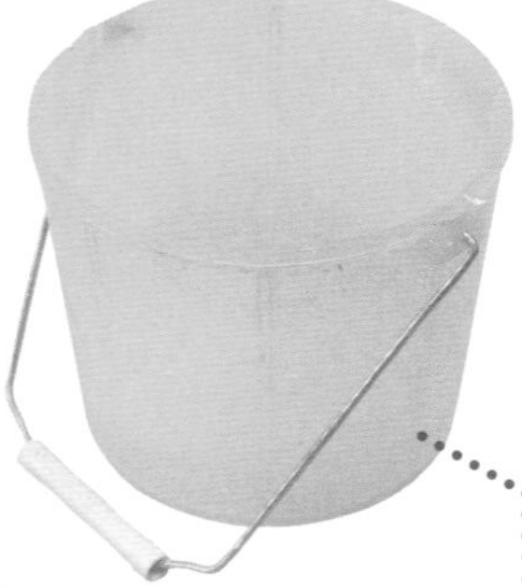

水性塗料用分離劑

水性塗料用分離劑中的特殊成分能夠分離塗料與水分。塗刷完成後可使用此分離劑進行分離，只需將分離出的水丟掉，對環境也不會產生污染。

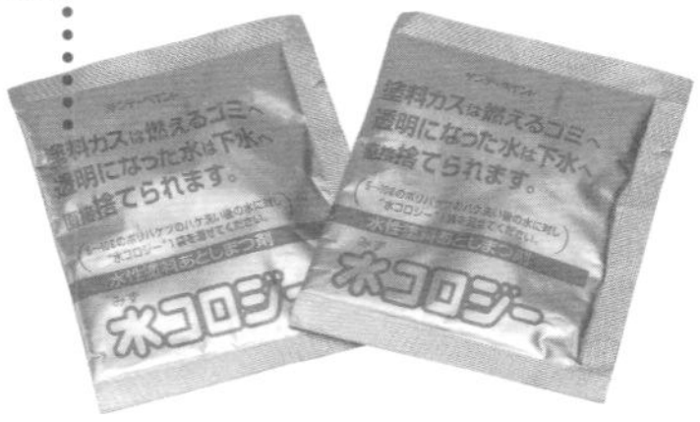

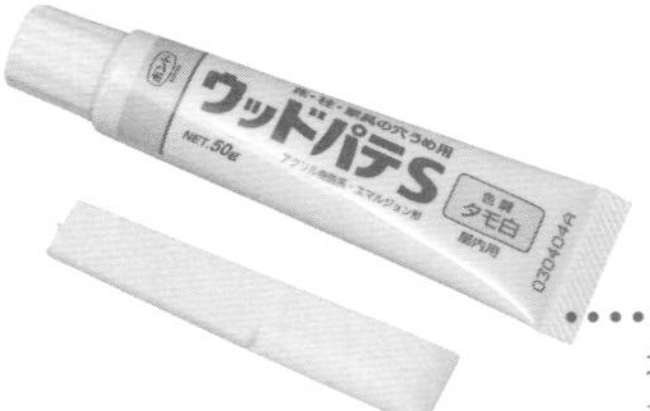

油漆桶

攪拌油漆或塗刷油漆時使用。需選擇容積大於油漆使用量的桶子。建議選擇穩固且不易傾倒的油漆桶。

木工用填縫劑

填補木材表面的凹坑、凹痕及接合面縫隙的材料。使用此材料，可使塗刷表面光滑，為塗刷作業中的一大訣竅。

塑膠漆盤

攪拌油漆或塗刷油漆時使用。尤其是使用滾筒時，使用平底塑膠漆盤會十分方便。

工作手套

若不想讓手被油漆弄髒時使用。做細活時，指尖的靈敏度很重要，因此可剪破指尖部位使用。

木材用修補塑鋼土

木材用補土乾燥後會收縮，因此需要使用木材用修補塑鋼土填補較大的凹坑。切下大小適度的填縫劑後，以手指揉捏塞進凹坑內。

塑膠手套

由於油漆可能會滲透工作手套，將手弄髒。因此，不喜歡弄髒手的人可使用塑膠手套。但是塑膠手套較不透氣，長戴會不太舒服。

新油漆刷的使用方法

1 以手拔除已脫落的刷毛

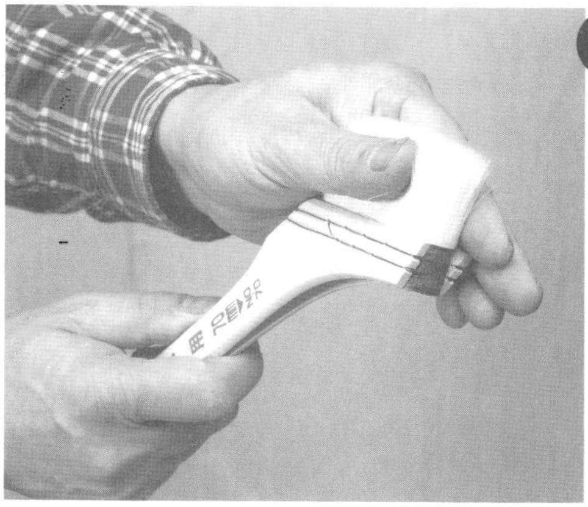

若直接使用新的油漆刷，使用過程中就會有脫落的刷毛殘留於表面，影響塗刷效果。因此，可先以手（參考圖示）揉捏刷子，除去已脫落的刷毛。

2 轉動油漆刷，打開刷毛

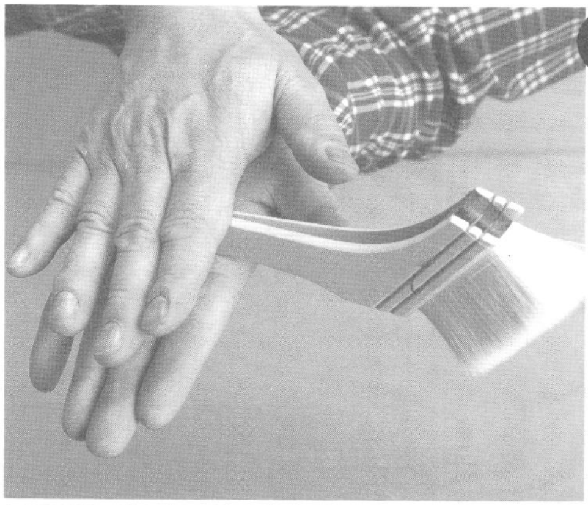

如圖所示，將刷柄夾於手掌之間並搓動，使其快速轉動幾圈。離心力會打開刷毛，以便除去已脫落的刷毛。

3 乾刷於粗糙表面

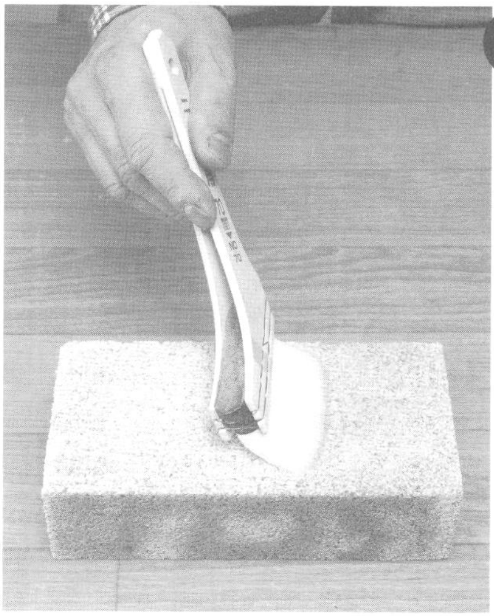

最後，乾刷於磚砌圍牆面等粗糙表面上，徹底地除去刷子中脫落的刷毛。也可沾油漆在廢棄材料上塗刷。

塗刷前的表面處理

1 以砂紙研磨

以240號左右的砂紙順著木紋對需要塗刷的表面進行研磨。

2 擦掉粉屑

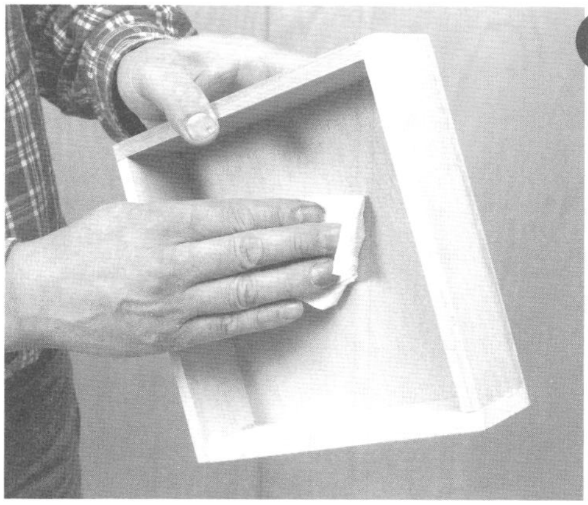

用紗布等擦拭砂紙研磨後所產生的粉屑。若粉屑參雜在塗膜中，會影響表面塗刷的效果，需徹底擦拭乾淨。

小秘技

使用接著劑填縫

使用接著劑代替填縫劑

不使用填縫劑，而以接著劑來補縫。在接著劑尚未乾掉時以砂紙研磨，將表面黏上木屑粉，就看不出修補痕跡了。

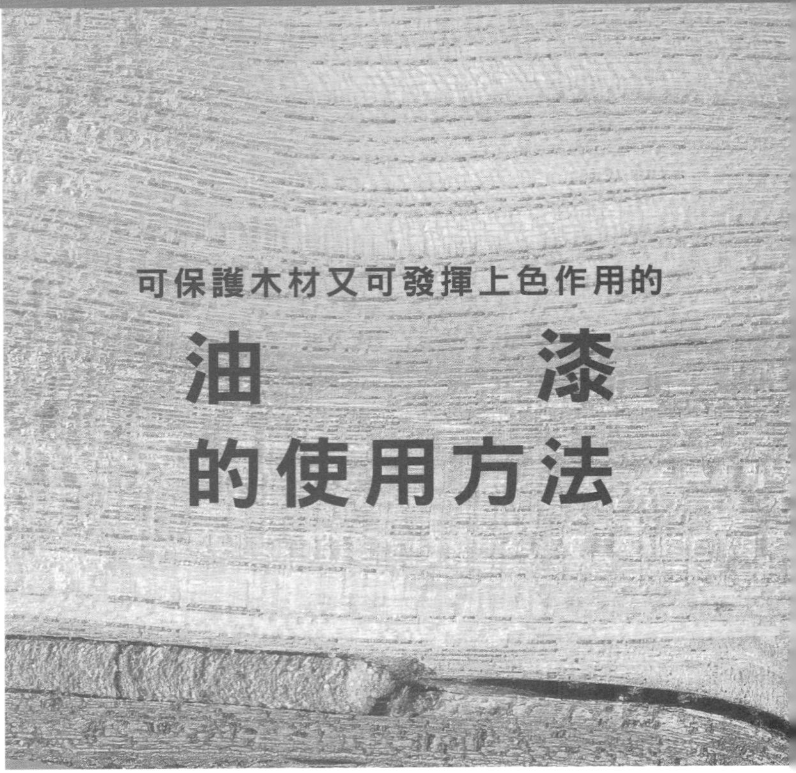

可保護木材又可發揮上色作用的

油漆的使用方法

有了塗膜的保護，即可有效防止木材腐朽與乾裂

油漆的功用除了著色木材之外，還可在表面形成一層保護的塗膜，有效預防木材的腐朽與乾裂。相較於清漆，油漆的塗膜功用更強，因此置於室外的作品需以油漆來進行著色。

油漆分為水性漆和油性漆兩大類，其中的差異為溶劑。水性漆的溶劑為水，而油性漆的溶劑則為香蕉水。許多塗刷新手會擔心水性漆是否不耐水。其實，只要油漆一旦乾燥形成塗膜後，水性漆的保護力與耐久性絕不比油性漆遜色。因此，建議塗刷新手們使用容易清理的水性漆。

水性噴漆

將塗料以霧狀噴塗在需塗刷物體表面，即可輕鬆噴出漂亮效果。以塗刷面積來說，水性噴漆的塗刷面積較大。

水性漆

以水稀釋且不會著火，對塗刷新手來說非常安全好用。

油性漆

調整濃度或洗淨時會需要使用到稀釋液。該類油漆具有可燃燒性，作業時需注意防火。

香蕉水

可用於調整油性漆濃度、清洗塑膠漆盤與油漆刷及清理沾於衣服的油漆。具揮發性，因此夏季時的用量需多一些。

POINT

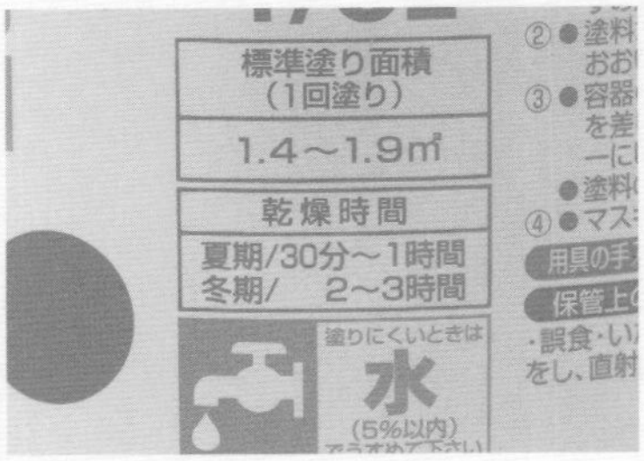

在購買時需計算用量

確認油漆的標準塗刷面積後再購買。有的油漆開封後品質會慢慢劣化，建議購買剛好的用量。印於包裝上的「標準塗刷面積」可提供作為參考。但由於需避免塗漆在尚未塗刷完成時就已用完的情況產生。可酌量購買。

塗刷之前

1 以螺絲起子開封

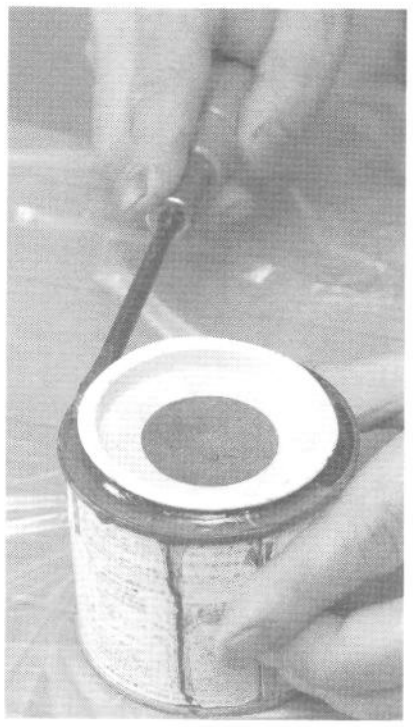

可用一字起子撬開油漆罐的頂蓋。如圖所示的角度塞入螺絲起子可順利撬開蓋子且不會弄壞。

2 出現濃度不均的狀況

開蓋後若發現油漆的濃度不均，是因為較重成分沉澱至底部所致。無論是新開封的油漆還是剩餘的油漆都會出現這樣的情況。

3 充分攪拌

以刮刀或衛生筷攪拌。由於罐子底部有沉澱物堆積，攪拌時可能會有較強的阻力。因此需充分攪拌至阻力消失且濃稠度均衡為止。（攪拌30次左右即可）

4 在油漆桶裡倒入適量油漆

根據塗刷面積，在油漆桶裡倒入適量油漆。倒入少量油漆用完後再倒入較方便作業。倒入時，容器的周邊會流下一些油漆，以油漆刷刷掉即可。

5 加入水或溶劑

由於新油漆黏度較高，較難塗刷。因此需加入5%左右的溶劑進行稀釋（若是水性漆的話，加水即可）。若稀釋太多也不需擔心，塗刷兩遍即可。效果也會更好。

6 以油漆刷充分攪拌

以油漆刷進行攪拌至完全均勻。若為新刷子，需事先進行除毛。

塗刷前的填縫處理與遮蔽作業也非常重要

油漆開封前，需先完成幾項重要的前置作業。首先需進行塗刷前的表面處理。填縫作業為填補木材表面的凹坑、裂痕與接縫縫隙，使塗刷表面變得平整光滑。遮蔽作業是對不需塗刷的地方進行遮蔽，避免沾上油漆。進行遮蔽後，不僅可提高塗刷效率，還可使塗刷的效果更加漂亮。此外若想塗刷作業順利進行，作業場所的周圍也需進行遮蔽。

填縫

1 在填補處填入填縫劑

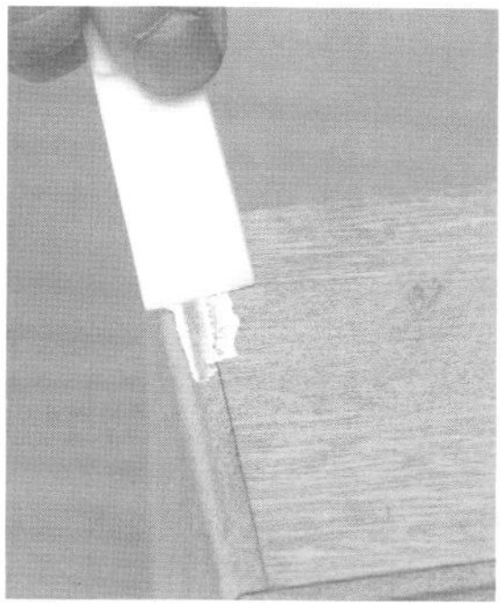

若為木材用填縫劑的話，可直接擠出填縫劑並以刮片塞入即可。

2 以砂紙研磨

乾燥後，可用砂紙（240號左右）研磨表面至光滑。再以抹布擦拭乾淨。

遮蔽

1 貼上遮蔽膠帶

確實貼上遮蔽膠帶。若有縫隙，油漆會從縫隙滲入，無法達到遮蔽的效果。

2 修剪多餘的部分

修剪多餘的部分。完成塗刷後，在半乾燥的狀態下撕掉遮蔽膠帶，避免在撕掉遮蔽膠帶時一併撕掉塗膜。

以油漆刷進行塗刷

1 刮除多餘的油漆

將三分之二的刷毛浸滿油漆。為了避免沾太多油漆，可在油漆桶的邊緣刮除多餘油漆。塗刷時需順著木紋進行塗刷。

2 需注意流下的油漆痕

塗刷邊角部位時，容易流下油漆。一旦發現需立即刷開，使其平整。

3 以毛筆塗刷細微部位

較難塗刷的細小部位可用毛筆來代替油漆刷。在木工作品的塗刷作業中，會頻繁使用毛筆。

POINT

調整噴嘴
改變噴嘴方向後再塗刷

可以改變噴漆的噴嘴方向。作業時將噴嘴方向調整至橫向，以縱向移動容器的方式來操作，效率較高。

使用噴漆進行塗刷

噴漆不適合用於塗刷大型物件，較適合小型物件。作業中只需注意幾點重點，就能噴出好的效果。

以噴漆進行塗刷時的作業範圍較大，所以需對周圍的物品進行遮蔽。此為需注意的第一點。此外，塗料在空氣中會很快乾燥並形成微粒，因此噴塗時的距離也很重要。

1 噴塗前充分搖勻

為了使容器內的塗料均勻，使用前需倒置噴塗並充分搖晃。大約搖晃30下左右即可。若無搖勻時，噴塗的表面會不光滑。

2 試噴

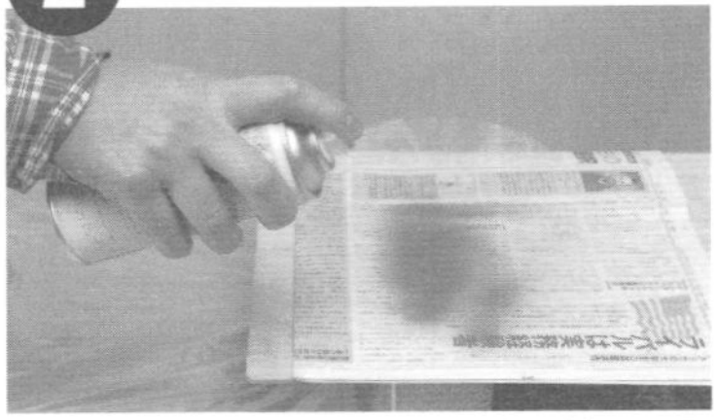

噴漆的噴管內可能會有塗料結塊的情形，因此作業前一定要先在廢報紙等地方進行試噴。

3 從較難噴塗的部位開始噴塗

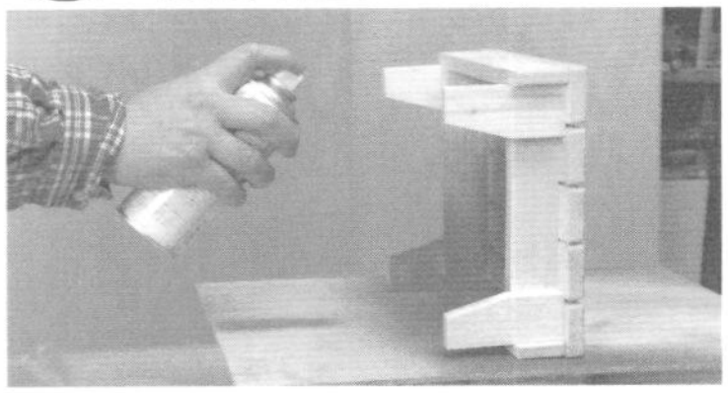

最適當的噴塗距離為20至30公分。若靠得太近，則會流下塗漆與不均勻等狀況。原則上都是從較難噴塗的部位開始噴塗。

4 薄薄地反覆塗刷

只噴塗一次無法完成理想的塗膜，需要薄薄地反覆噴塗。若一次噴太多的話則會流下油漆。

5 改變物品的方向

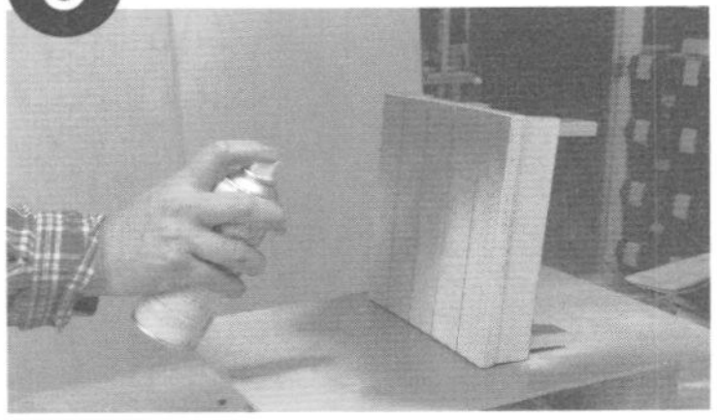

將需噴塗刷物品置於臺上，便於改變方向。這樣就可在不需改變方向的情況下完成塗刷作業且需要遮蔽的範圍也較小，相當方便省事。若有旋轉作業台的話，一定要將其充分發揮。

6 改變放置方向

最後，改變物品的放置方向，噴塗剩餘部位。

7 作業完畢

作業完畢後，需將容器倒立，滴乾淨噴管中的塗料。若省去此步驟，管中的塗料會結塊堵塞。

使用滾筒滾塗

想要快速塗刷較大面積時，滾筒是一個很好的選擇。來回滾塗海綿，可塗刷出具顆粒感的獨特效果。若不喜歡這樣的表面效果，可選擇帶有制動功能的滾筒。此外，右圖所示的抹式刷，也同樣適合用於塗刷較大的面積。抹式刷是使用其邊緣刷開油漆，使用方法與滾筒相同。

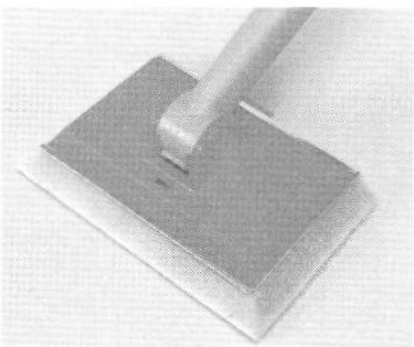

1 在塑膠漆盤內沾油漆

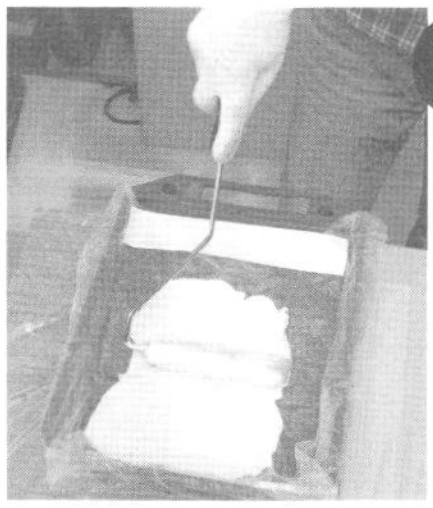

要滾塗出厚實而均勻的塗膜的話，不能稀釋油漆。在塑膠漆盤內滾動滾筒，使海綿吸滿油漆。可在塑膠漆盤上套一層塑膠袋，使用後無需清洗，直接扔掉塑膠袋即可。

2 滾塗油漆於塗刷面

將油漆滾塗在塗刷面上。迅速地對整個塗刷面進行大致塗刷。並需順著木紋進行滾塗。

3 以垂直方向滾塗

與木紋垂直的方向，滾刷油漆並塗刷均勻。簡單容易的操作，可讓你感受到滾筒的威力。

4 均勻滾塗整個表面

順著木紋滾刷油漆，滾塗均勻整個表面。作業過程中需留意是否有細微部位沒被塗勻。待全部平整塗勻後即完成。作業完畢後，滾筒的處理與普通油漆刷相同。可先以報紙等清除多餘的油漆，再以水清洗（水性漆的情況），並以洗滌劑清洗乾淨並晾乾。

作業完畢

作業完畢之後，蓋好油漆罐的蓋子，如圖所示墊上木塊後，敲打鐵鎚使蓋子緊密蓋好，若所剩漆量較少時，可倒於較小的罐子內進行保管。

小秘技

帶古董感的塗刷效果

以1比1進行稀釋！既能上色又能突顯天然木紋

油漆的容器上一般都寫有「稀釋油漆時，稀釋劑的使用量應在5％以下」。其實不用太在意這樣的要求。那只是廠商為達到符合標準的塗膜效果而設定的濃度要求。若以1比1稀釋後進行塗刷，塗膜更具清透性，更能顯出天然木紋的魅力。右側照片即為一款漆色淡雅且具藝術魅力的作品。

由於是將淡綠色油漆與稀釋劑以1比1的比例稀釋後進行塗刷，所以顏色較清透，且能看見木材的天然木紋。具有經過一段時間後油漆褪色所呈現出的老舊感覺。乾燥後再刷上一層清漆達到表面的保護作用。

木工DIY規劃　基礎中的基礎

要做什麼？做成什麼樣子？

形狀、尺寸 1

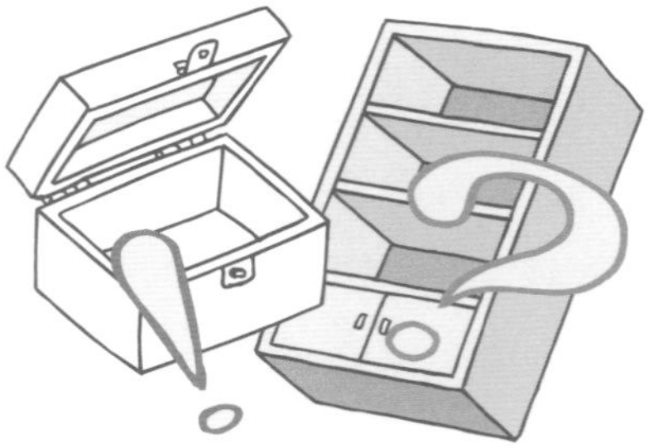

首先需思考自己想要做出什麼東西。若在此步驟中能夠想清楚製作計畫的話，後面的作業中就可減少很多困擾。

設計的同時需將難度、美觀以及結構強度等諸多方面一起考慮。

設計 2

確定好大致結構後，就可以開始畫設計圖，確定細節部分。比方說，需使用釘子接合木材嗎？需要背板嗎？需裝門扇嗎？諸如此類的細節問題都需認真計畫並畫好展開圖。此外，還要計算木材的所需尺寸與數量。

木材種類很多。選擇最合適的種類。

選擇木材 3

簡單地說，木材有分為原木（將樹木砍倒後未經加工的木材）、夾板（貼合薄板的多層板）與集成材等幾種。而原木又分為針葉木與闊葉木，各自的特性與用途均不相同。上述木材的強度、用途以及價格也各不相同，因此需選擇自己所需的木材。

雖然簡單，但需掌握要領

取材 4

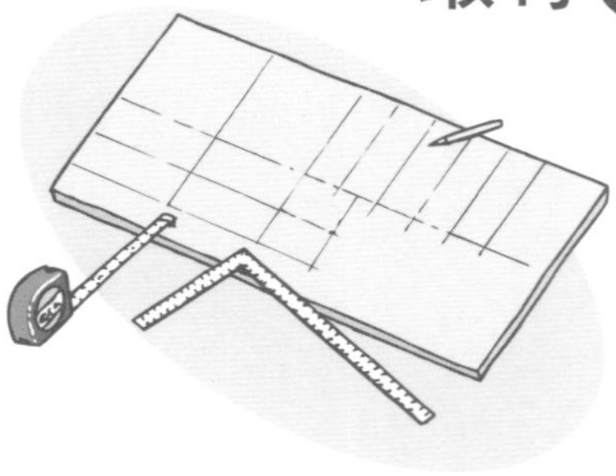

最後，考慮如何在木材上畫出記號（木材切割）。以展開圖為基準，思考如何裁切才不會浪費材料，一邊思考一邊確定好計畫。使用不同尺寸的板材，裁切方法也不同，但以不浪費材料為原則。

透過設計，做出自己想要的效果

使用木材來做點東西。製作時很開心，成品也令家人滿意，且可長久使用。要做出一件令人感到幸福的作品，需充分考慮放置場所、用途及使用者等諸多因素。

想要進行木工DIY的原因有好多種。

由於缺乏收納的地方，而製作的收納櫃。有許多製作木工的情況是迫於實用性要求而開始的。也有時候是因為對某塊原木一見鍾情，於是想要買來做張桌子。像這樣出自對木材的喜愛而開始製作木工的情況也不少。有時則是想要將家裡裝潢得更漂亮而做的木工作品。

無論是哪種情況，都需先充分考慮物品形狀大小，需要滿足哪些要求。是要看起來漂亮？方便使用？還是要怎麼用都不易損壞的呢？或者是成本低廉的呢？

以自己的需求做為基準，在按照上述的方法來確定具體的要求與細節。

基礎講座 1

確定好想要做什麼及要做成什麼樣子

依使用狀況來決定基本結構

所做物品的不同，比方說箱子、置物架、椅子、書桌，其設計要點也不盡相同。其中最重要的一點就是需結合物品的具體用途來設計。

比方說，製作置物架或箱子的時候，因為放入的東西不同，放置的場所不同，所以尺寸、層數以及箱子的隔板設計等都要隨之改變。此外，由於放入物品重量不同，所以要求的強度也不同。

製作椅子與書桌時，是要能夠舒適的使用呢？還是在尺寸及角度方面有特別的要求呢？具體的要求不同，設計也會完全不同。總之，可依據具體要求，設計出帶有獨特風格的作品。首先，需確定大致的形狀和尺寸。

箱子

綜合放置物品的大小來決定製作尺寸，便於使用又不浪費空間。製作箱子為木工作業的基礎，如果能將箱子做得很漂亮，其他家具也能漂亮的製作完成。

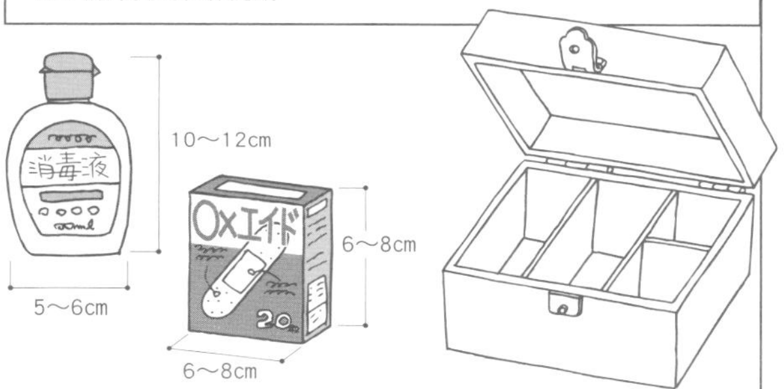

急救箱 由於放入急救箱內物品有很多是像消毒劑、OK繃及各種藥膏等小物。因此設計急救箱的結構時，需將內部空間分隔成許多獨立的小格子。

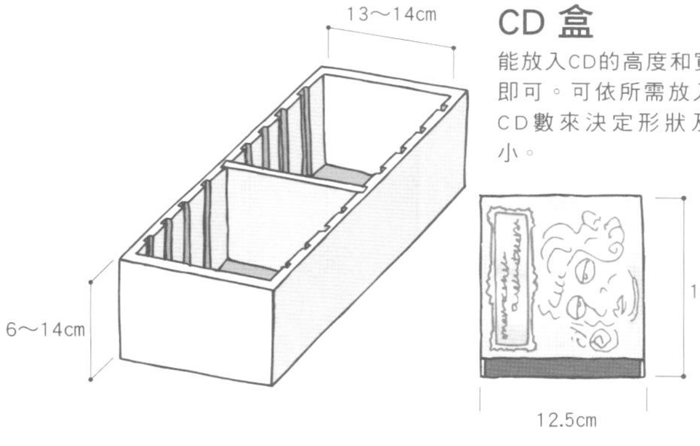

CD盒
能放入CD的高度和寬度即可。可依所需放入的CD數來決定形狀及大小。

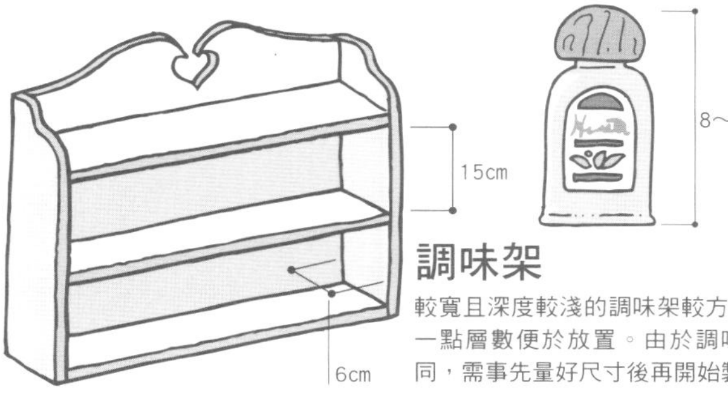

調味架
較寬且深度較淺的調味架較方便使用。可製作多一點層數便於放置。由於調味瓶的高度各不相同，需事先量好尺寸後再開始製作。

置物架

綜合放置物品的具體尺寸來設計。若不確定尺寸，可做成可移動式隔間，可依需求靈活運用的置物架。

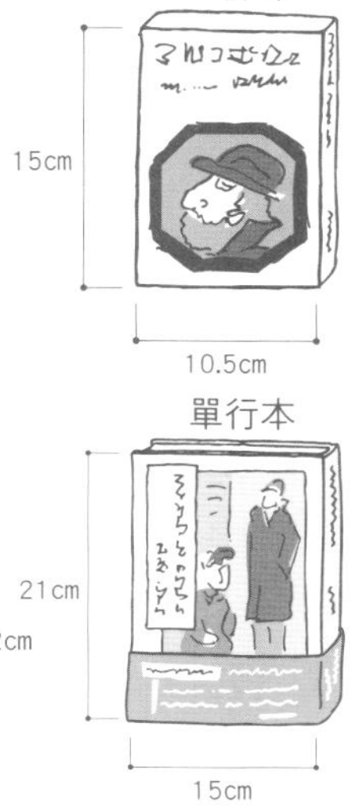

書架
層板的深度與高度與書的尺寸一致的話，就可整齊漂亮的收納。若要放置字典等較重的書籍時則需加強層板強度。

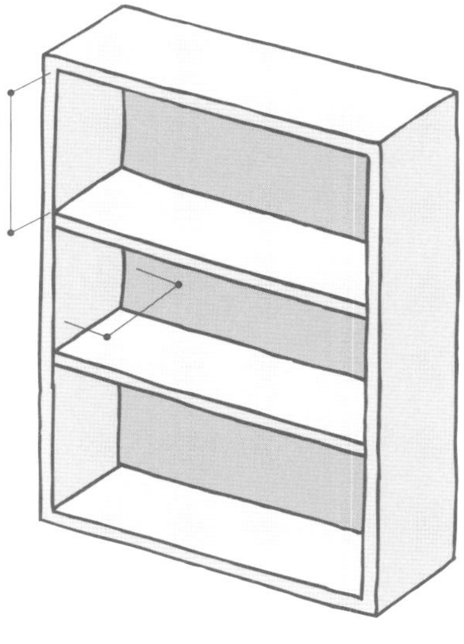

確定好想要做什麼及要做成什麼樣子

基礎講座 1

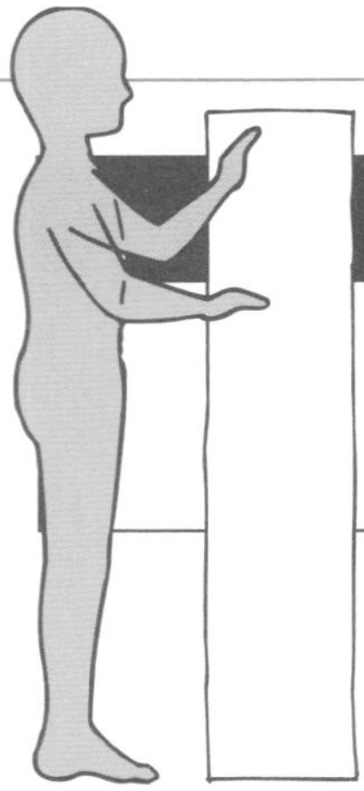

椅子

設計椅子時，需考慮人體工學。像沙發一樣重心較低，能夠讓身體躺下來的椅子越是能夠讓人體放鬆。相反，重心較高、靠背直立的椅子會使人體處於緊張的狀態，適合吃飯、學習時坐。因此在進行設計時，需考慮要做出什麼時候用、什麼場合用的椅子。

餐椅

形狀普通的椅子。可作為餐桌與書桌的配套椅子，適合需要挺腰時坐。椅面若是使用彈性材料，坐起來就更舒服了。

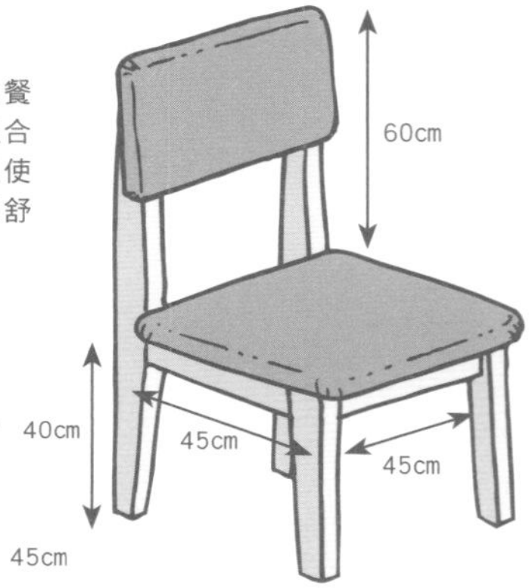

椅面

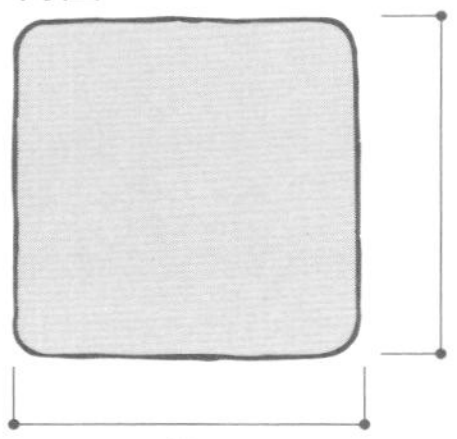

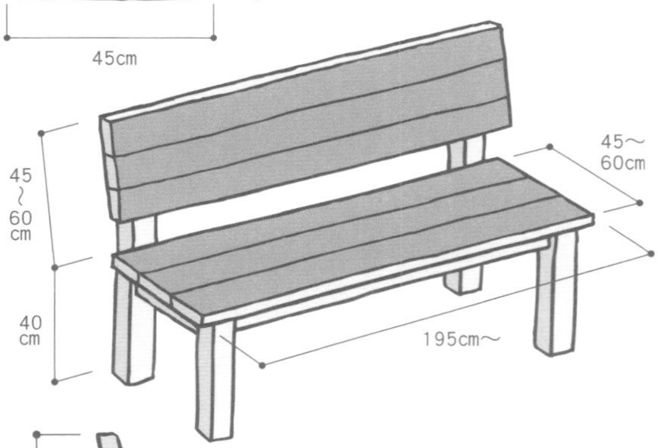

長條椅

可以並排坐兩三個人的長條椅。椅背需具有一定的傾斜度，坐在上面時，才會讓身體放鬆。

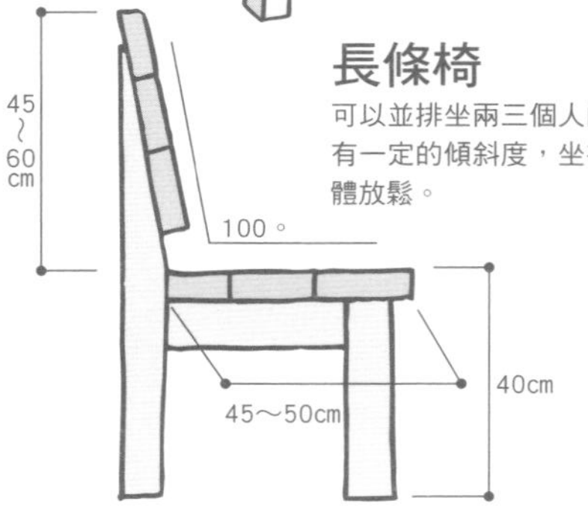

收納家具

製作收納家具時，需考慮如何放置物品才能合理的分配空間且方便使用。比方說，若要製作可以收納電鍋或烤箱的收納櫃，就需將上部設計開口；若要製作收納酒及玻璃杯的收納櫃，則需要求東西要放在什麼地方才能夠一目瞭然。可參考市面販售的家具來引導設計。

廚房用櫥櫃

收納烤箱、電鍋等形狀不一的廚房用家電的櫃子。設計時需充分考慮放入的電器尺寸（包括開關蓋子所需的空間）以及方便使用的放置位置。

櫥櫃的高度與深度等也需以方便使用為原則，並按照使用者的尺寸來進行設計、製作。

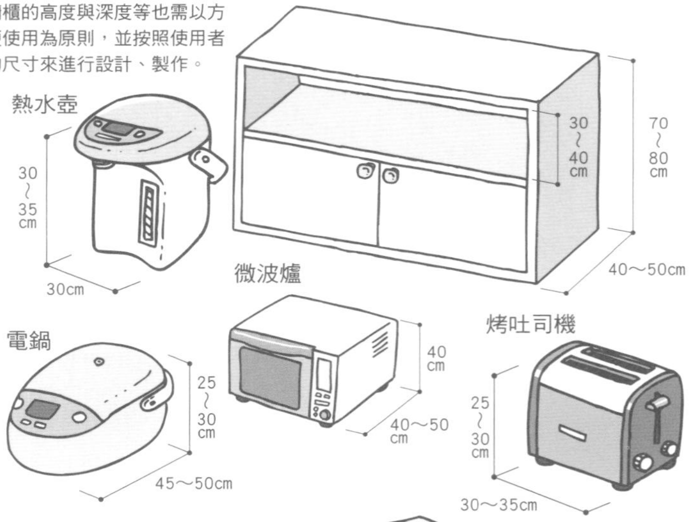

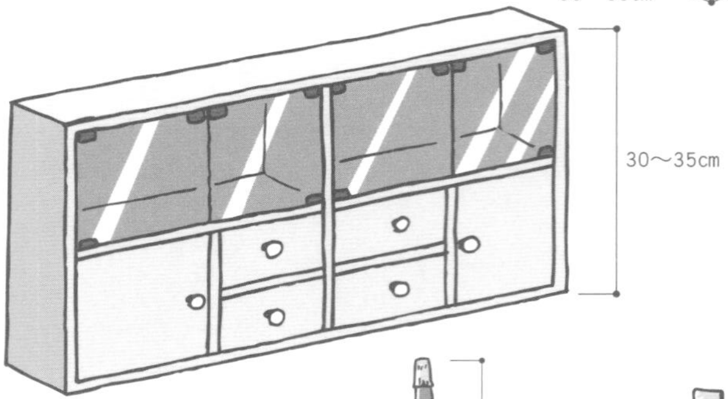

酒櫃

雖然酒瓶的高度各不相同，但需特別注意的是紅酒杯等玻璃類物品。杯子依照不同種類，高度也會不同，因此將其放至中間層進行收納時，需確認高度是否合適。

酒類

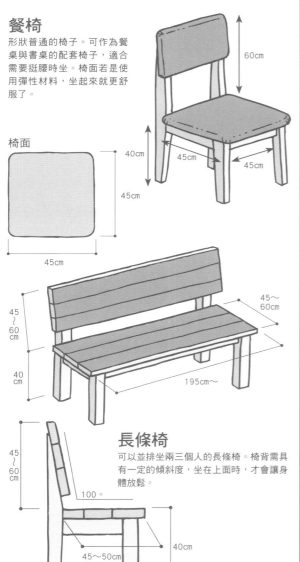

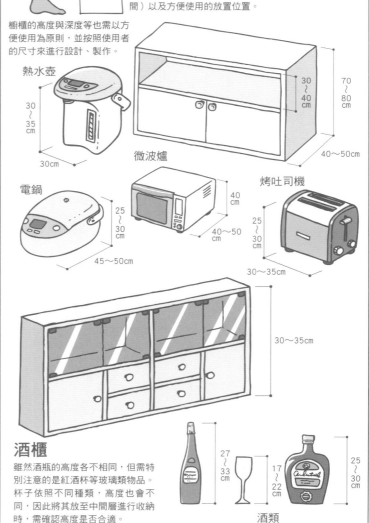

餐桌

與椅子一樣，製作餐桌時也需融入人體工學的智慧，人體的動作和尺寸基本上是相同的。但若不是超大體型或是嬌小體型的話，可依據以下的尺寸進行設計。

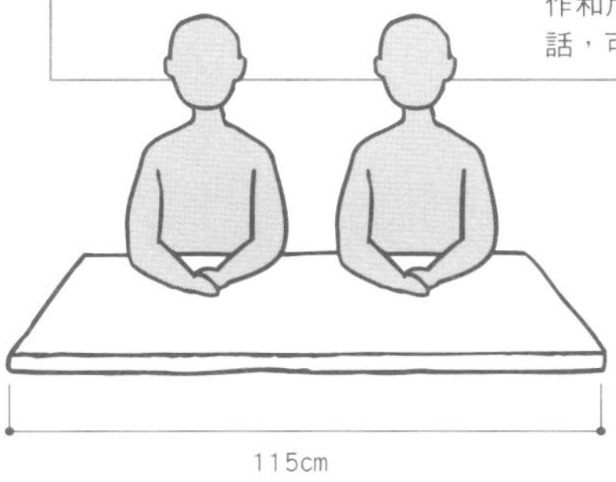

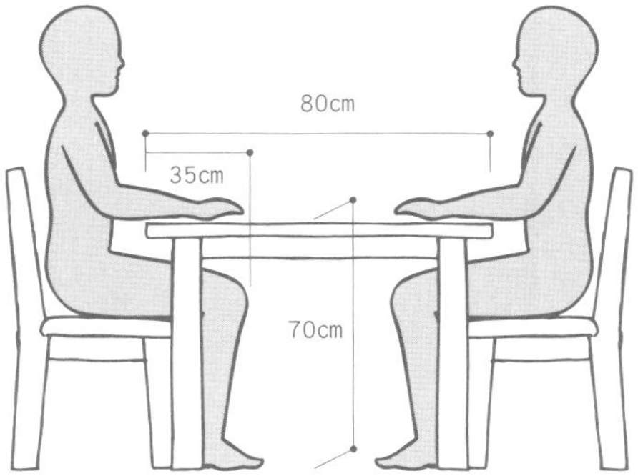

西式餐桌

用餐時一般是相對而坐，為避免兩人的膝蓋相碰，因此寬度需設定在80公分以上。

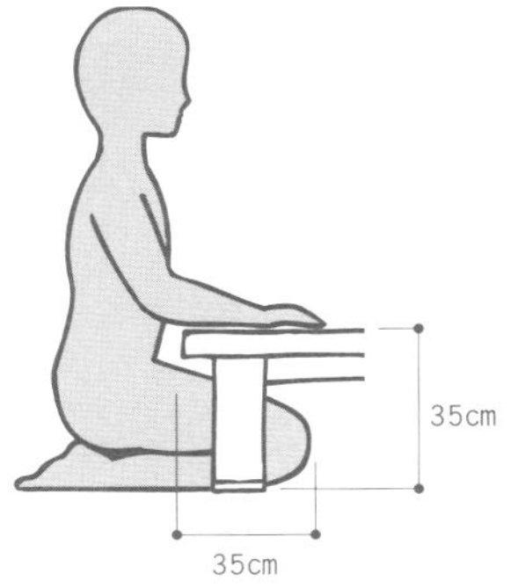

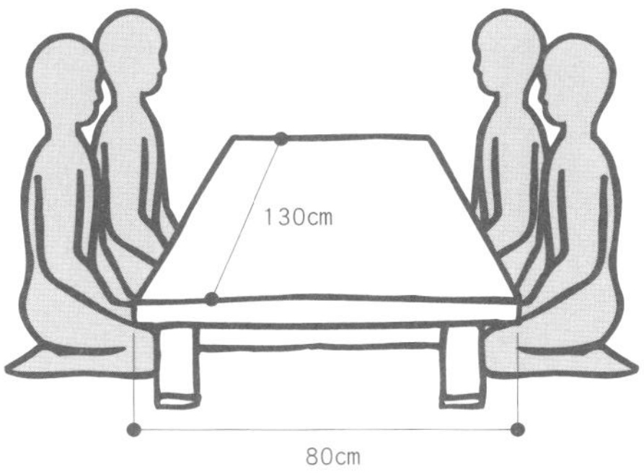

日式飯桌（茶几）

由於是跪坐坐姿，因此距離桌面的高度很重要。一般來說，桌面與地板中間隔35公分左右即可。

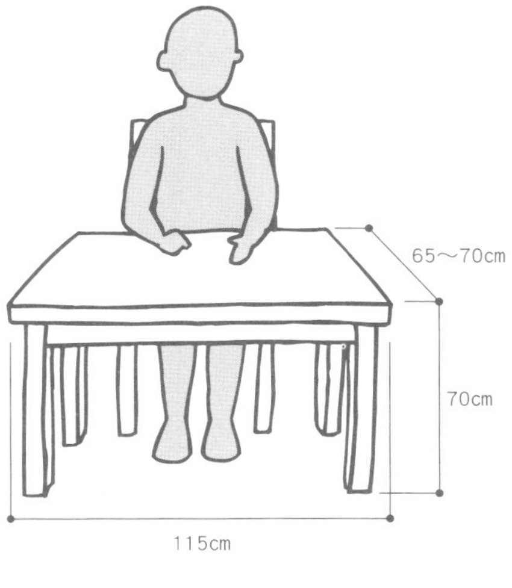

書桌

看書或學習的時候，會覺得書桌越大越好。長115公分、寬65至70公分左右的尺寸較方便使用。

需挺直腰背的椅子。適合用於飯廳與書房。

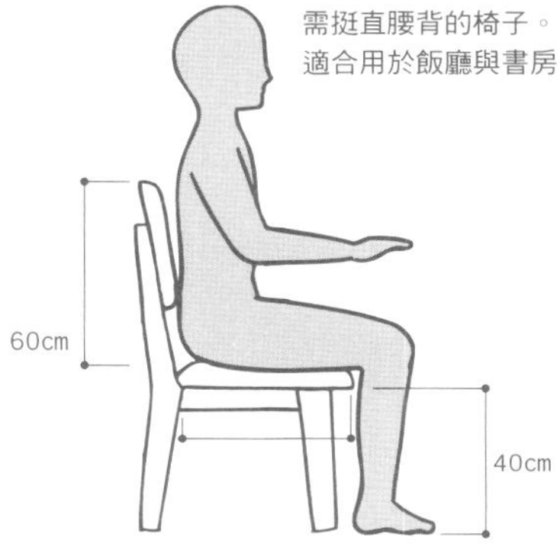

沙發等想要讓身體放鬆時坐的椅子。重心較低，靠背也有一定的傾斜度，坐在上面非常舒服。

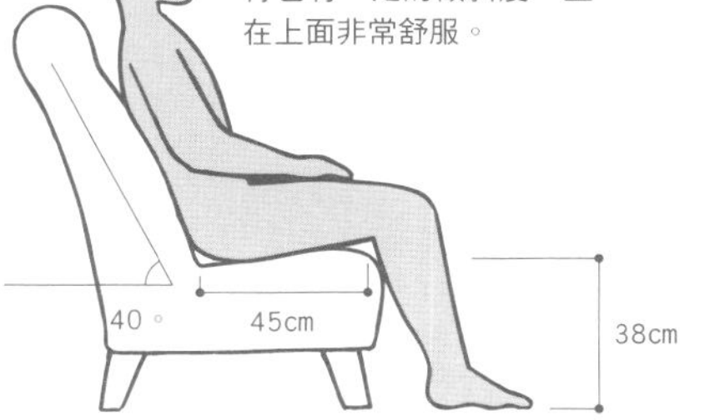

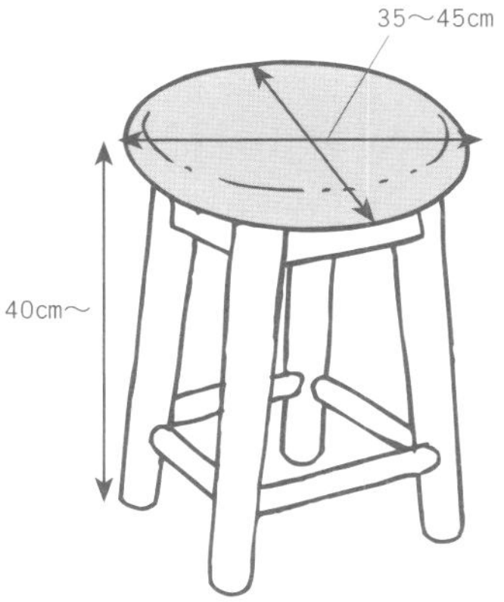

凳子

沒有靠背的圓凳，方便移動。雖然需滿足一定的承重強度，但不需使用太過厚重的木材製作。重量輕的凳子可搬動更加方便。

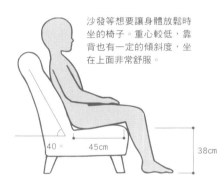

基礎講座 2

富於變化的設計

層板的固定方法

放置的物品不同，層板的要求強度也不同。若是放置較輕物品的裝飾性置物層板，以釘子固定即可。但若是放置百科全書或餐具等較重物品的置物層板，則需使用金屬零件或以嵌合的方式固定。

木釘榫

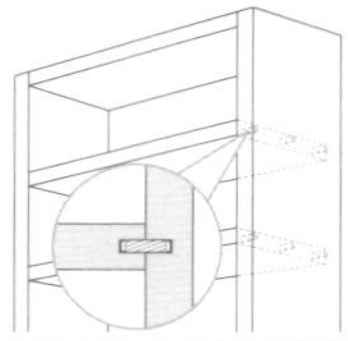

難易度……★★
強　度……★★
美　觀……★★★★

在側板和層板上開孔並塗上接著劑後插入木釘榫進行固定的方式。若榫孔開得精準的話，固定後就看不到外露的木釘榫，整體看起來十分簡潔、美觀。

釘子

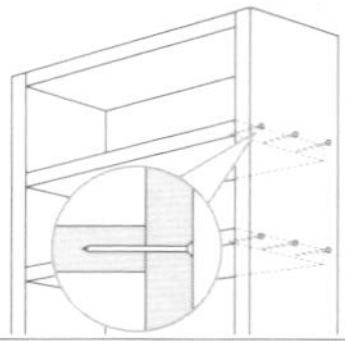

難易度……★★
強　度……★
美　觀……★★

從側面釘入釘子或釘入木螺絲進行固定的方法。操作簡單，但承重強度較低，不適合放置較重物品的置物層板。層板本身需具有一定厚度的情況下才能使用。

方木條

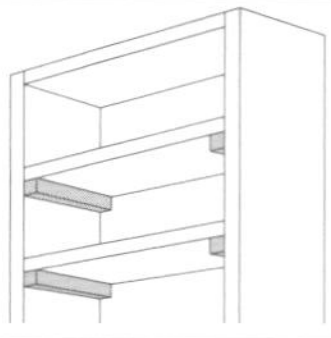

難易度……★★
強　度……★★★★
美　觀……★★

在側板釘上方木條作為支撐，再將置物層板置於上方進行固定的方法。若在置物層板上再釘上一片木條，可提高承重強度。該方法適用於露出固定木條也無所謂的置物層板固定。

T字補強金屬零件

難易度……★
強　度……★★★★
美　觀……★★★

固定置物層板後，從正面釘上T字補強金具加強固定，並同時具有裝飾效果，使家具看起來更加高貴。但是，金屬零件用量越多成本越高。

L形補強金屬零件

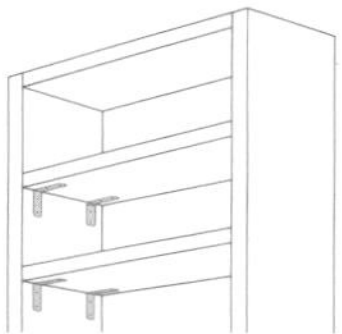

難易度……★
強　度……★★★
美　觀……★★

以釘子或木螺絲固定隔板後，於隔板下方以L形補強金屬零件加強固定。使用少許金具，可讓使家具看起來更加清爽、簡潔。

銅珠

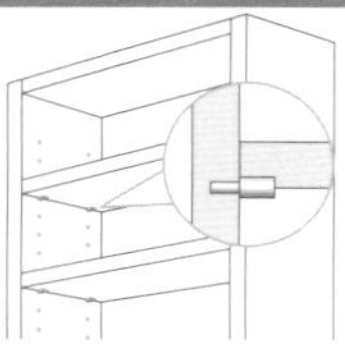

難易度……★★★
強　度……★
美　觀……★★★★

在側板的內側以等距開出榫孔，使置物層板可隨意上下挪動。此外需在置物層板的下方開出嵌入暗榫的溝槽。並且榫孔需等距地開在一條直線上。

橫槽接合

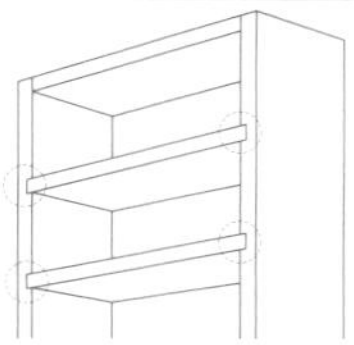

難易度……★★★★★
強　度……★★★★★
美　觀……★★★★★

在側板內開出嵌入置物層板的橫槽，此製作技巧要求較高。嵌合的結合強度高，能將置物層板確實固定。

嵌板式

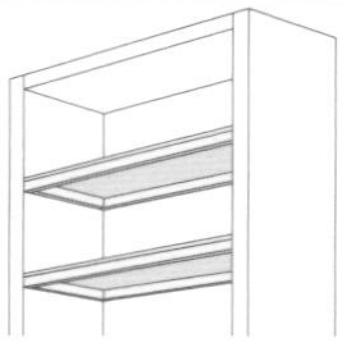

難易度……★★★★
強　度……★★★
美　觀……★★★★

以木條做出方框，釘方框於側板內作為支架後，再將置物層板置於上方進行固定的方法。該方法比前面所介紹的方木條固定具有更高的承重強度，可使用於放置較重物品的層板。

支撐架

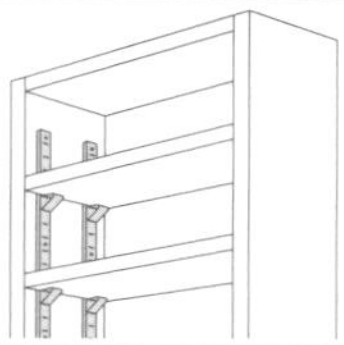

難易度……★
強　度……★★
美　觀……★★★★

將支撐架安裝在側板的內側，並以支撐架上的金屬扣件固定置物層板。支撐架的安裝相當簡單，即使木工新手也能輕鬆完成。

圖表如何看

★將難易度、強度、美觀等指標分出五個等級。
★的數量越多就越接近下方的說明。

難易度……困難
強度……強
美觀……美麗、漂亮
成本……成本高，價格貴
流暢度……流暢
打開容易度……容易打開

箱子側板的組裝方法

箱子側板的安裝方法也有很多種，不同厚度的側板宜選用與其相對應的安裝方法。強度最高且外觀漂亮的方法為嵌入式安裝。

方木條

使用較薄的板材時可使用該方法。於角落處固定好木條，再從兩側往方木條上釘入釘子，僅靠釘入釘子即可固定。

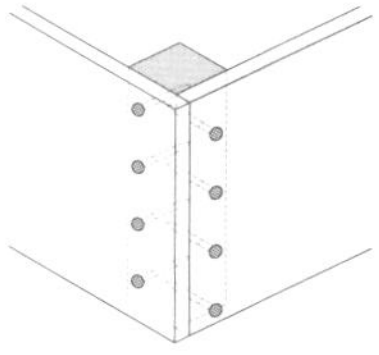

難易度……★★
強　度……★★
成　本……★★

木螺絲、釘子

以釘子結合側板的固定方法。操作相當方便簡單，但若不小心的話也很容易釘歪。若不希望釘帽外露，可釘得稍微深一些，並塗上油灰或套上小圓帽遮蓋。

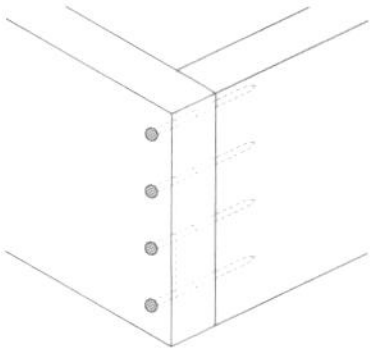

難易度……★
強　度……★
成　本……★

木釘榫

在各側板的結合面上開好圓孔，再插入塗有接著劑的木釘進行固定。各側板的木釘孔位置皆須開得精準一致。

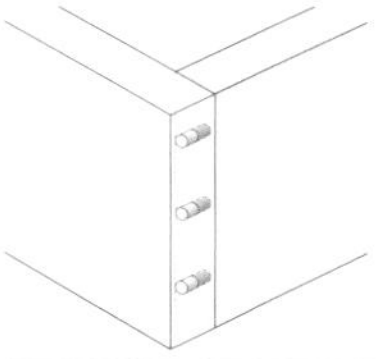

難易度……★★★★
強　度……★★★
成　本……★★★

補強五金扣件

若側板具有一定的厚度，可用五金扣件從外側固定。以此方式做出的箱子相當穩固，但由於有使用到五金扣件，所以較重。需特別注意。

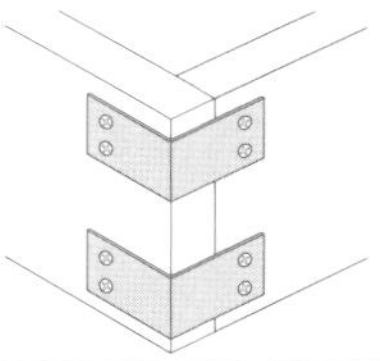

難易度……★★
強　度……★★★★
成　本……★★★★

指接榫

在兩側板上裁切出凹凸，再以接著劑與釘子固定。設計及裁切凹凸時，緊密嵌合木板即可。以此方法固定，強度相當高。

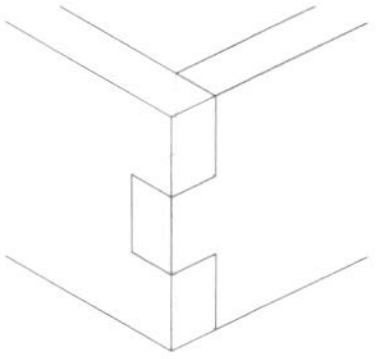

難易度……★★★★
強　度……★★★★
成　本……★★

餅乾榫（檸檬片）

以餅乾榫機在側板的結合面上開槽後，嵌入塗有接著劑的餅乾榫進行固定。餅乾榫會吸收接著劑中的水分後膨脹變大，因此可穩固固定。

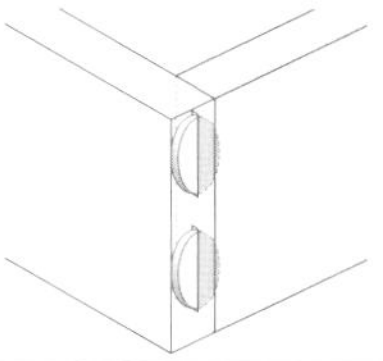

難易度……★★★★
強　度……★★★★
成　本……★★★

鳩尾榫

原為專業木匠的專業技能，現在只需使用木工雕刻機或修邊機（配合專用的治具）即可簡單完成。以此種方法結合固定，可使作品看起來更加高貴。

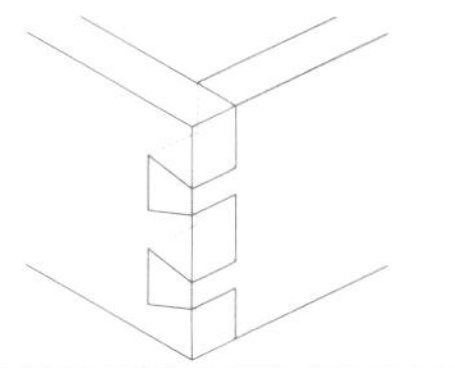

難易度……★★★★★
強　度……★★★★★
美　觀……★★★

背板的安裝方法

置物架的後面可不需背板，但裝上背板會讓結構更加結實。此外，背板的安裝方法與箱子底板的安裝方法相同，大致有以下兩種：

釘釘子

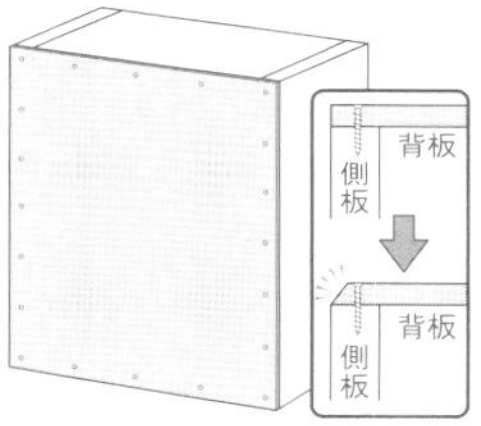

難易度……★
強　度……★★★
美　觀……★★

直接從箱子或框架的外側釘入釘子或釘入木螺絲進行安裝與固定的方法。若是靠牆的家具以此款的安裝方式是沒有問題的。如圖所示，以刨刀進行倒角會更漂亮。

嵌入式

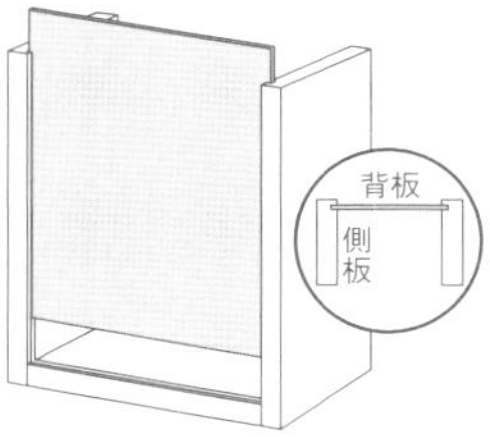

難易度……★★★
強　度……★★★★
美　觀……★★★★★

於側板的內側開槽，將背板嵌入凹槽內固定的方法。開槽時需要用到開槽機或圓鋸等工具。此安裝方法，不僅外觀漂亮，也可以提高強度。

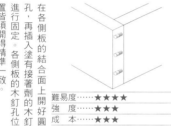

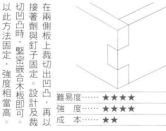

基礎講座 3

木材的選擇方法

木紋漂亮且不易變形的

集成材

若覺得三夾板不夠漂亮，並想使用不易變形的板材時，建議可選擇集成材。使用方便且強度也較高。

堅固且具有一定厚度
適合製作衣櫃等家具的頂板

仔細一看，即使拼接得很漂亮的集成材上也有鋸齒狀的結合痕跡。

像這樣將板材牢固拼接在一起的集成材，乾燥後也不易變形走樣。塗刷時可用清漆或透明漆，突顯出天然木紋的美麗。

在住宅用品的雜貨店裡不太容易購得的寬45公分以上的實木整板。若需製作尺寸超過45公分的餐桌等家具時，可使用集成材作為面板，穩固又漂亮。

建材行內可購得的常見集成材

桐木板

質地較輕、較軟，易於加工，可上色漆。

用途 適合製作櫃檯及書桌等家具。

價格 價格適中。

柏木板

以製作高檔家具的原料一絲柏拼接而成的板材。除了用於製作家具外，也可用於室內其他地方的裝飾。

用途 耐久性，耐水性強且不易變形，適合製作家具。

價格 較高。

松木板

木紋漂亮，大多用於製作鄉村風家具。易於加工且使用方便。

用途 適用於家具及室內裝飾等。

價格 價格適中。

便宜又穩固的

三夾板

貼合數層薄木板的板材。穩固、強度高且價錢便宜。但表面有些粗糙為其缺點。

穩固且強度高為其優點
適合用於製作承重要求高的家具

三夾板為加工方便且價格便宜的板材。在建築工地上被廣泛使用的標準板材和膠合板等皆為三夾板。由於三夾板具有使用方便的特點，因此也可用於製作箱子、書架等木工作品。

三夾板由多層薄板縱橫交錯地壓合而成，強度非常高，最適合用於製作放置重物的家具。

雖說三夾板具有表面粗糙的不足之處，但並非所有的三夾板都是如此。若選用表面處理得光滑的三夾板，也能做出漂亮的木工作品。

若是製作較大的作品，可購買標準板材（3×6）比較經濟實惠。

建材行內可購得的常見三夾板

裝飾板

特殊的三夾板。除了壓合數層薄板之外，表面還貼上一層裝飾材料。具有樹脂、木紋、軟木等多種裝飾圖案及風格。

用途 多功用背板與裝飾面板。

價格 價位較高。

精工板

表面白亮為其優點。具有柳桉板所缺少的光滑表面。

用途 可作為木工作品的裝飾面板。

價格 三夾板中價位較高的產品。

柳桉板

硬度軟、好加工且強度高，可用於各種用途。缺點為表面粗糙。

用途 用途廣泛。多以水性漆進行塗刷。

價格 較便宜。

●建材行內可購得的主要板材規格

尺寸（cm）	主要板材
30×91	三夾板、膠合板、MDF板、原木板
45×91	三夾板、集成材、膠合板、MDF板、原木板
60×91	三夾板、集成材、膠合板、MDF板
91×91	三夾板、集成材、膠合板、MDF板
60×182	三夾板、集成材、合板、MDF板
91×182	構造用三夾板（標準版）

水泥板與構造用三夾板的差異

構造用三夾板是室內牆壁等使用的板材。而水泥板則是灌入水泥時作為框架的板材。後者價格便宜，但不適合做木工。做木工時需選用構造用三夾板。兩者的尺寸也略有不同，構造用三夾板為91×182cm；水泥板則為90×180cm。購買木材時需注意。

具有天然木紋和舒適觸感的木材之王

原木板

原木板為砍倒樹木後直接加工而成，接近純天然，所以叫為原木板。與三夾板、集成材不同，原木板為整板，並非為多塊板材拼接而成，因此可享受到天然木材的漂亮木紋和舒適觸感。

高級原木板價格不菲 需根據具體的用途選擇合適板材

砍倒深山裡的樹木，待乾燥後再加工作為板材。這樣製作而成的板材即為原木板。

樹木種類（針葉木、闊葉木）不同，板材的特點也不同。但無論是哪種原木板，也比三夾板來的更漂亮，觸感更舒適。

但即使是同一樹種的板材，加工時的裁切方法不同，也可能會出現容易變形的情況；若不噴漆則需要定期進行保養。總之，選擇原木板時，也需考慮木材本身的特性。

此外，2×4的原木板是標準板材，容易計算用料且易加工。

徑切與弦切

將較大樹木加工成板材時，有徑切和弦切兩種裁切方法。直木紋板材的木紋較漂亮，不規則木紋的價格則較便宜。

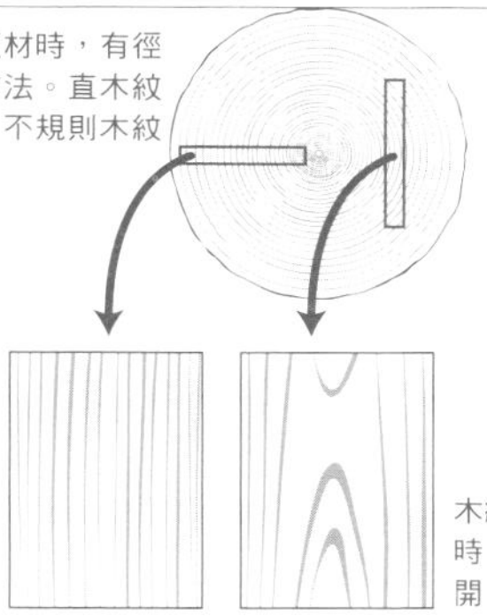

取自樹木的中心部位，木紋呈直線因此叫做徑切。具有不易變形、裂開的優點，且木紋漂亮，但價格也相對較高。

木紋呈山形或水波狀時，會容易變形與裂開，價格較便宜。

固定規格、方便適用的 2×木料（2倍美規材）

原本為美國的標準板材。因此，尺寸單位為英寸。其端面為2×4英寸，適合用於製作較大的木工作品，且價格合理，因此為頗受歡迎的木工DIY板材。以雲杉、冷杉、紅松木為主要樹木種類，質地較軟易於加工，非常受歡迎。

●2倍木材的規格

1×4	19×89mm
2×2	38×38mm
2×4	38×89mm
2×6	38×140mm
2×8	38×184mm
2×10	38×23mm
4×4	89×89mm

建材行內可購得的常見原木板

桐木板

桐木衣櫃深受日本人的喜愛，製作衣櫃時多使用桐木是因為具有質地輕、防潮且防蟲的優點。質地較軟、易於加工。

杉木板

日本人自古以來都很喜歡的一種建材。易於加工且價格便宜，木工作業中也方便好用。強度較高，但較容易裂開。

日本厚樸

為耐久性高、不易變形且質地細膩的優質木材。可作為油漆塗刷的基材和裝飾木材。質地較輕軟、易於加工。

雲杉板

色澤白皙、木紋漂亮的進口板材。不具有耐水性所以不能用於室外。但價格便宜，質地較軟易於加工。

香柏木板

質感與人的肌膚相近，極富耐水性與耐久性的板材，可用於製作澡盆等家具。除了耐水性強之外，還具有獨特的色澤與香氣。

松木板

松木的種類很多，如紅松、白松等。種類不同，其柔韌度也不一樣，選購時需多加注意。木材中脂肪含量高，因此耐水性與耐久性都很好。

柳桉板

任何一家建材行裡皆有販售的暢銷建材。價格便宜、使用方便，但質地較為粗糙。易於加工，但耐久性也較差。

日本鐵杉

易於加工，但不耐水。受潮後容易朽爛，因此不適合用於室外建材。價格便宜且使用方便，因此較常使用於木工作業中。

羅漢柏

耐水性極高，可用於廚房家具和浴室置物櫃等潮濕地方的高級木材。質地較輕軟，易於加工。木材中含有柏木硫醇類等物質，具有獨特的清香。

光葉櫸

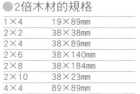

價格頗高。給人清爽、潔淨感覺的闊葉木材。打磨過後會有光澤，自古就用於建築與家具。是具耐久性且耐水性高的優質木材。

基礎講座 4

取材的要領

取材（裁切木材）的三大原則

依據設計畫出展開圖後，依據展開圖考慮如何從板材上裁切出各個部件。此思考與計畫的過程即為裁切木材。

這項工作看起來簡單，似乎只要將各個部件從板材上裁切下來即可。其實裡面大有學問。

木材具有縱向強度大、橫向強度弱的特點，因此不分縱橫方向隨便裁切木材的話，會使木材強度大為下降。

此外，裁切木材時，無論使用何種鋸子，木材寬度都會因為鋸片的厚度與寬度而縮減。依照鋸子不同，鋸片的厚度也不相同，但大多都在0.5至3㎜之間。若出現與鋸片厚度相當的偏差，那麼切下的木材尺寸就不符合要求了。

為了避免出現上述失誤，裁切木材時請務必遵守如下的三大原則。

1. 縱向裁切木材
2. 考慮鋸片的厚度
3. 先行考慮尺寸較大的部件

① 以縱向裁切木材為原則

因樹木為縱向生長的，因此木材縱向的強度較高，較能受力。反之，橫向的強度則會相對較弱，不能承重及耐壓。因此，在考慮如何取材時，應遵從順著木紋以縱向裁切木材為原則。

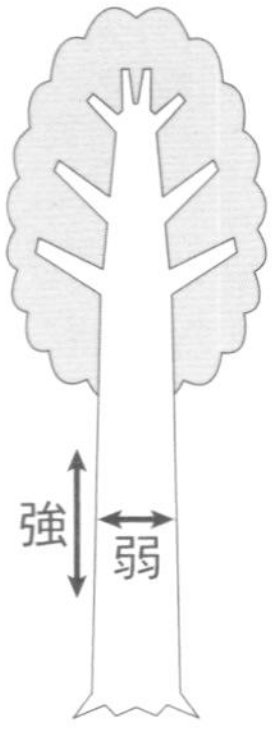

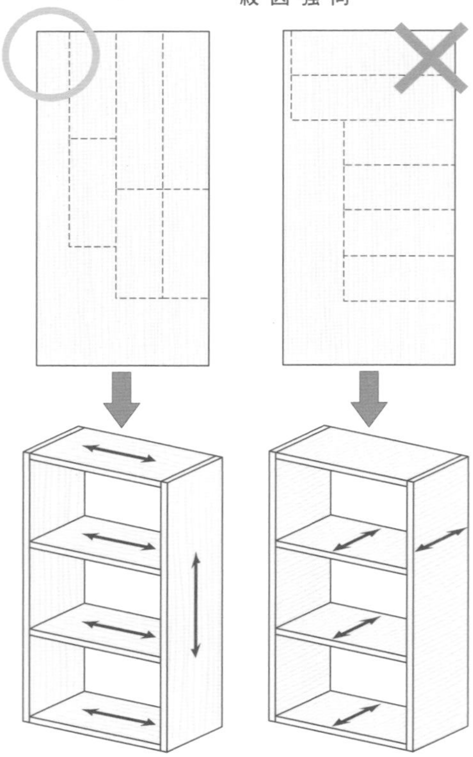

若為縱向取材，置物層板的木紋則與隔板的受力方向一致。即使彎曲強度也非常強。

若為橫向取材，置物層板的木紋會呈前後走向。受力彎曲時強度非常弱。

② 製作裁切墨線時需考慮鋸子刀片的厚度

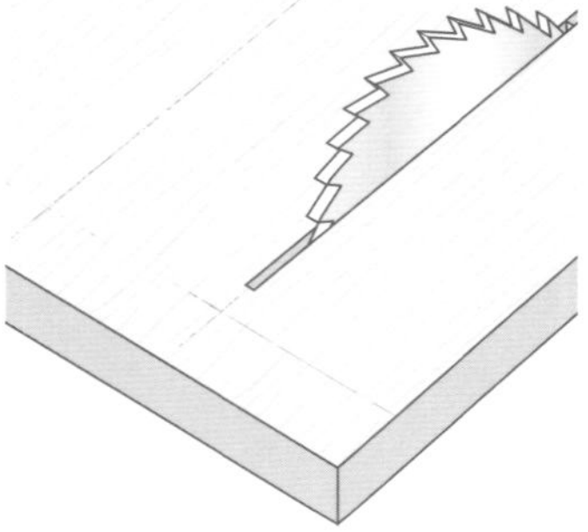

裁切板材的鋸片具有一定的厚度，電動圓鋸機為2至3㎜。因此，製作裁切墨線時需考慮到鋸片厚度+α，使尺寸略微充裕些。這一點非常重要。不然會有部件的尺寸會小於設定尺寸；若無注意到這點，繼續進行的話，最後可能會出現因尺寸不合而無法組裝的結果。

③ 先行考慮尺寸較大的部件

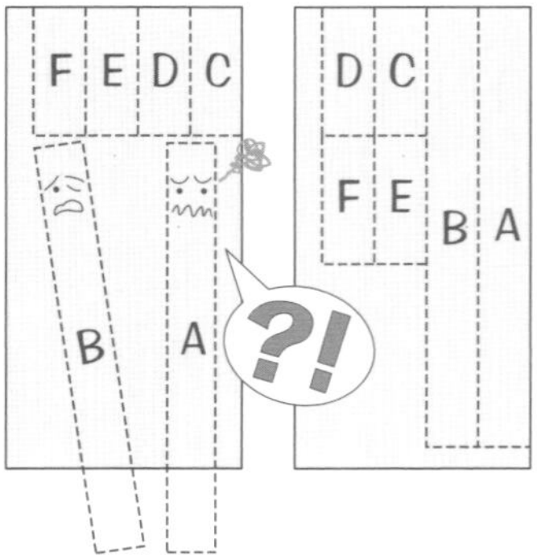

裁切多個部件時，需先從尺寸較大的開始。此為裁切木材的基本原則。其實，此一原則並不限於木工作業，其他作業也是從大物件開始堆碼或是從大尺寸開始切取。如果先考慮小的部件，最後可能會出現無法裁切較大尺寸部件的情況。

Part 4
客廳

如何打造出既方便又舒適的客廳呢？本單元將傳授大家一些具體的方法，不僅有可輕鬆完成的餐桌與陳列置物架，而且只需塗刷一下，即可使舊物煥然一新的塗刷技術及牆壁、地板的翻新與保養等，方便實用的方法應有盡有。

◎製作太極矮桌
◎以2×4 basics製作置物架
◎製作玩具收納箱
◎重新塗刷家具
◎將家具塗刷成古典風
◎重新塗刷掛鐘
◎黏貼壁紙
◎塗刷壁材塗料
◎鋪砌企口式木地板
◎鋪砌方塊地毯
◎客廳牆壁的維修保養
◎木地板的維修保養
◎地毯的維修保養
◎在窗框上安裝防盜鎖
◎在窗戶上黏貼玻璃防盜膜
◎室內門與玄關門的維修保養
◎窗框的維修保養
◎紗網的維修保養

製作太極矮桌

依照曲線裁切的桌組

可選擇單個或一組使用

只需將板材裁切成曲線形，再組裝上買來的圓腳即可完成簡單且精緻的矮桌。一張板材可同時做出兩張矮桌，也是此作品令人感到驚奇之處。拼起兩張桌子即為一張圓桌，兩、三個人圍坐在一起用餐，分享美味與快樂。若分別漆上不同的顏色，就能拼出一張具有兩個色調的圓桌。

不使用時可收起拆卸式桌腳，方便且不占空間。

製作流程

於板材上描出桌面的輪廓

▼

確定桌腳位置、裁切板材成曲線狀

▼

組裝、噴漆與打蠟

展開圖

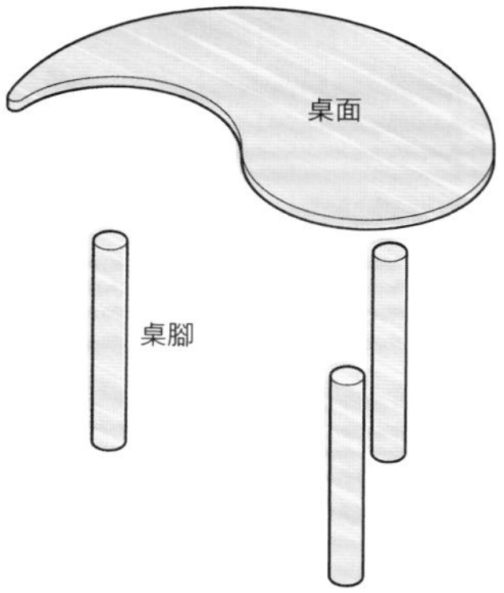

工具

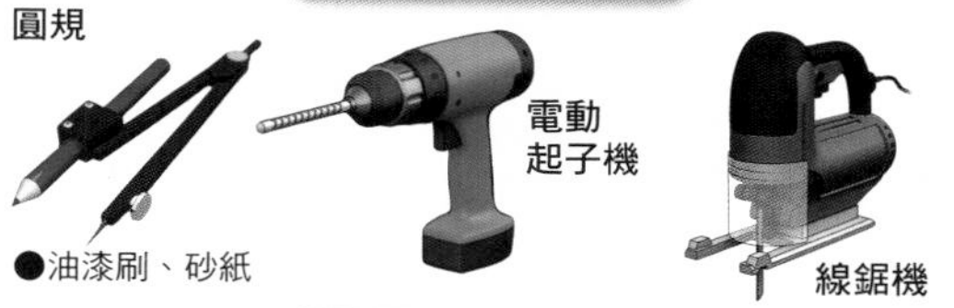

●油漆刷、砂紙

材料

松木集成材（600×900mm）……………………………………1張
桌腳及配件（桌腳圓柱1條、圓形墊片、連接用螺帽、木螺絲）………………………………………3套（一張桌子的用量）

STEP 1 繪製桌面輪廓

1 畫圓

以圓規測出板材中心並做上記號。以該中心點為圓心畫一個直徑600mm的圓。

2 裁切木材

集成材由多張木材拼接而成，若裁切方向不對，容易破裂。按圖示角度進行繪製設計，便於裁切板材成兩張桌子的桌面。

3 以圓規畫出較小的圓

以圓規畫出兩個直徑300mm的圓，便可勾畫出兩張餐桌的輪廓。

4 在桌面角落畫上小圓

為使桌面角落呈圓弧狀，可在桌面角落畫上小圓作為記號。使用圓形尺規會非常方便作業。

輪廓繪製參考圖

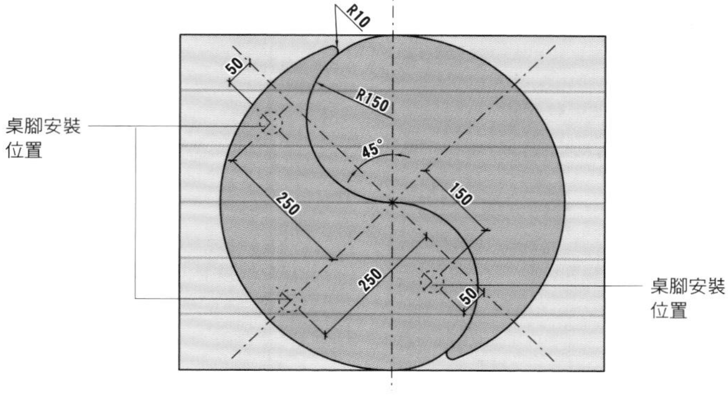

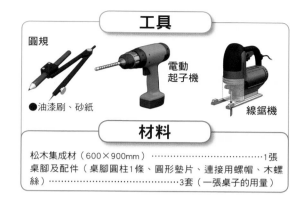

STEP 2

確定桌腳位置並裁切板材成曲線形

1 以圓規畫出桌腳安裝位置

以圓規畫出一個直徑50mm的圓。請參照上頁的插圖，勿弄錯位置。

2 觀察桌腳的分布位置是否均衡

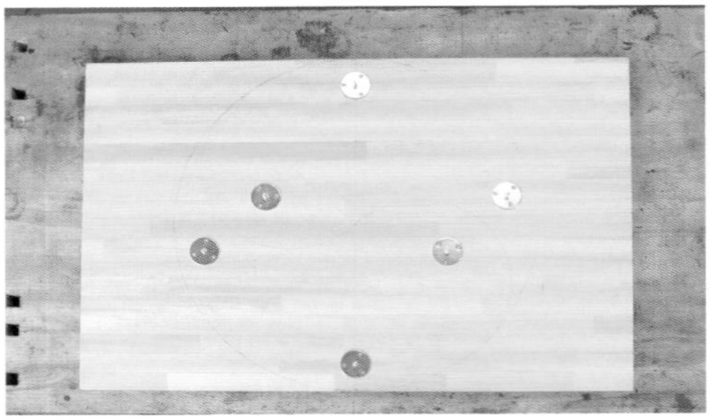

確認桌腳位置。一張桌子安裝三支桌腳，兩張即為六支。請確認桌腳位置及尺寸。

3 裁切板材成圓形，並裁切出桌面輪廓。

裁切板材成圓形後，沿著墨線裁切桌面輪廓。以線鋸機進行曲線裁切時，需調整按壓開關的力道，不慌不忙地慢慢進行。

4 桌面裁切完畢

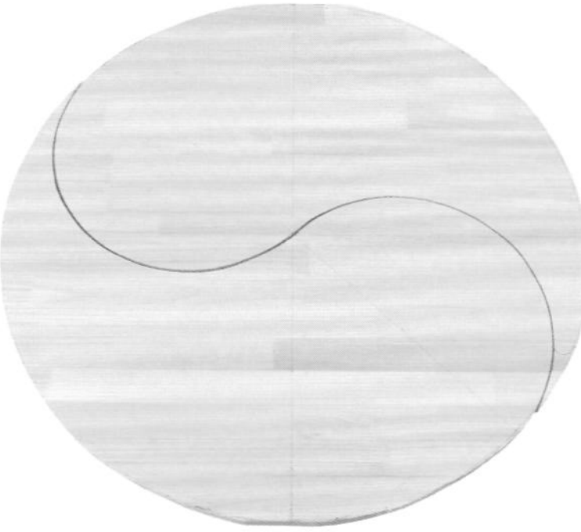

太極狀的桌面裁切完成。將其拼合後即為正圓。

5 裁切桌面的角成圓弧狀

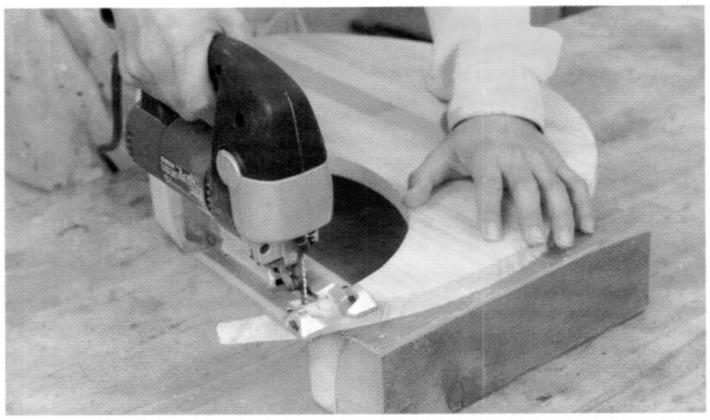

用線鋸機裁切桌角成圓弧狀。若只是稍稍偏離墨線，可以砂紙進行研磨調整。因此，請務必在墨線的外側進行裁切。

6 研磨裁切面，使其光滑

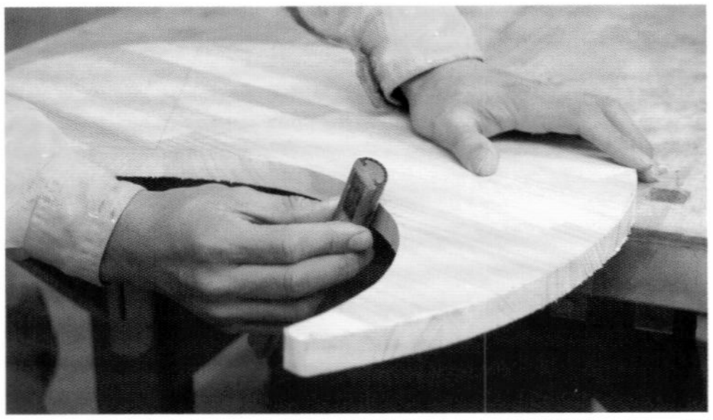

以挫刀研磨裁切面。曲線的部位可使用專用的研磨工具，將曲線圓弧修飾得非常漂亮，操作也很方便。也可以使用砂紙。

有了研磨工具更方便

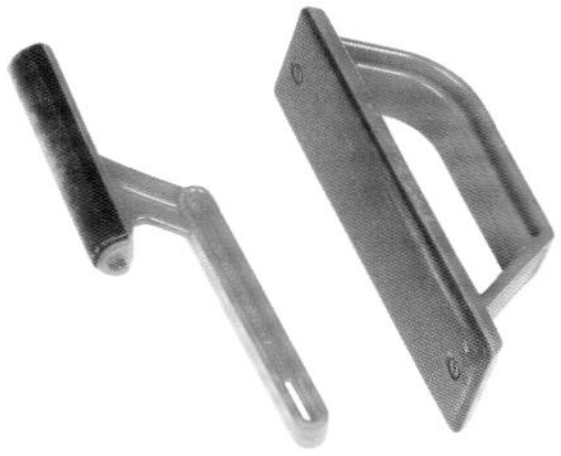

抹刀型或帶手柄的研磨工具叫做研磨棒或研磨墊（Dresser）。這類研磨工具品種很多，且價格十分平易近人。

7 安裝桌腳的金屬零件在面板的背面

使用電動起子機將木螺絲安裝固定桌腳用的金屬零件在面板的背面。

STEP 3 組裝・塗刷

1 研磨桌腳底部至光滑

為了避免桌腳刮傷地板，以砂紙研磨底部的稜角至光滑。此處使用有手柄的研磨工具較方便。

2 安裝桌腳在面板上

將連接用螺帽插入金屬固定件。一邊旋動桌腳一邊插入。

3 順著木紋塗刷清漆

以砂紙研磨表面後，塗刷清漆。倒清漆於拖盤內，再以油漆刷塗刷。

4 打蠟

打蠟另一張桌子表面。以抹布打蠟，將表面都塗上一層蠟。

如何清洗塗刷作業用工具？

塗刷用刷子只要以油漆稀釋劑清洗即可。整理刷毛後晾乾，以便下次再用。

5 太極矮桌作品完成

太極矮桌完成。只要將兩張拼在一起，就可供兩至三個人使用。只需將桌面面板裁切出不同的樣式，就可完成一張富有個性的餐桌。若時間寬裕，也可製作桌腳，如此一來就能做出更富創意且別具一格的作品了。

以2×4 basics製作置物架

使用連接零件輕鬆製作DIY置物架

首先從這裡開始！
超簡單木工

2×4木料是建材行內絕對有販售的木材。「2×4 basics shelf links」是一種非常不錯的2×4板材專用連接零件，能夠輕輕鬆鬆組裝板材來製作家具，即便是木工DIY的新手也只需短短一小時左右就能完成一個實用性高的置物架。高度及橫向的寬度可在一定程度上自由設計，只要裁切好板材，就能瞬間組裝完成。十分推薦DIY新手使用。

作業流程

將板材套入連接零件

▼

以螺絲固定連接零件與板材

▼

以螺絲固定頂板

木料

2×4木料（SPF）	1830mm	4
2×4木料（SPF）	910mm	10
2×4木料（SPF）	830mm	6
2×4 basics shelf links		8

使用此連接零件，剩下的就只需與2×4木料組裝在一起並以螺絲固定即可。有了它，可輕鬆製作出理想尺寸的置物架了。

工具

捲尺

電動起子機

鋸子

●角尺

1 將板材套入連接零件

將兩根2×4木料套入四個連接零件裡做成柱子。

2 鎖緊連接零件的螺絲固定

調整好上下兩端的連接零件與木材的兩端後，鎖緊螺絲固定。

3 以螺絲固定側面

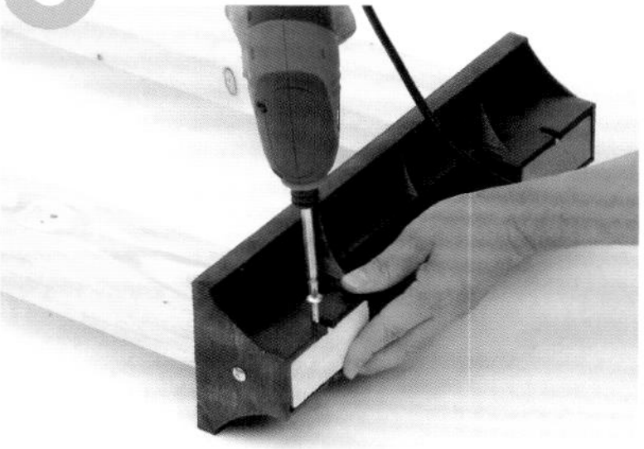

側面也以螺絲固定。一個連接零件共需鎖上六個螺絲固定。

4 確定架子高度

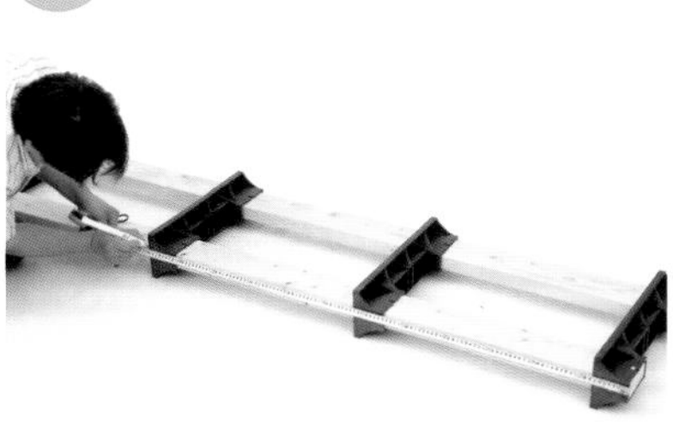

為了組裝出令自己滿意且大小適中的置物架，需先確定好中間層板的位置後以螺絲固定。

5 組裝完畢兩個柱子

重複步驟1至4，
就完成架子兩側的組裝了。

6 固定第一層層板

架子倒放於地面，將最底層的層板以內側鎖入螺絲固定。

7 以相同方法固定住中間的層板

按照同樣的方法用螺絲固定中間的層板。

8 以螺絲固定正中間的層板

正中間的層板也以螺絲固定，層板間需留些許間隙。

9 立起書架

組裝成「口」字型後，架子就能立穩了。此時立起架子繼續進行組裝。

10 組裝剩餘層板，完成作品

以螺絲固定最上層及中間的層板。

製作玩具收納箱

超簡單的木工小家具

利用骨架進行組裝，可提高強度

此款玩具箱可說是木工中最簡單也最基礎的箱子。只需5.5㎜的精工板與10㎜的角材即可完成。若有鉸鏈等金屬零件的話，很快就能進行DIY。一張900×900㎜的三夾板、三根1m長的木條就足夠了。

組裝時，先以木工接著劑黏貼板材於骨架上，再以釘子固定。

以鋸子在兩側板上各開一個孔，方便搬運。

展開圖

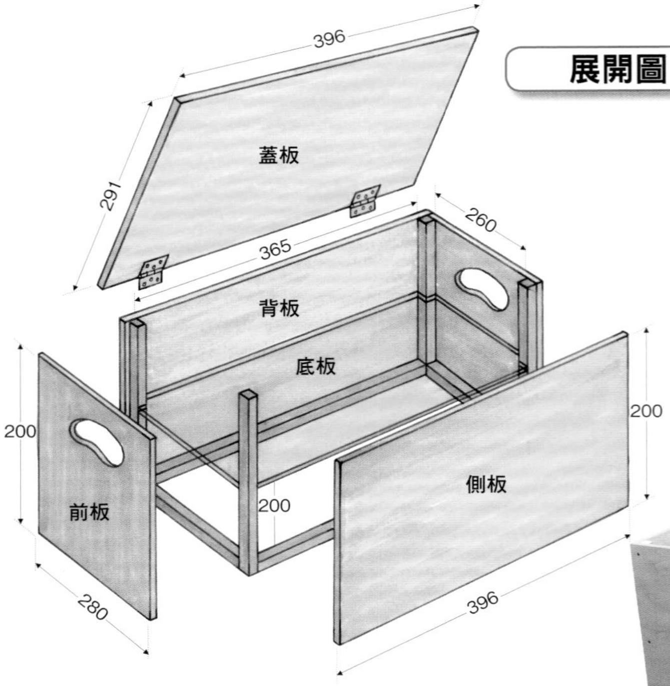

作業流程

- 裁切材料
- 以角材搭建骨架
- 開提手孔
- 黏貼板材於骨架上
- 安裝蓋板

木料裁切數據

木料種類	長度	數量
精工板（5.5㎜）	396×200㎜	2張（前板、背板）
	280×200㎜	2張（側板）
	396×291㎜	1張（蓋板）
	385×280㎜	1張（底板）
10㎜角材	200㎜	4根
	260㎜	2根
	365㎜	2根

工具

●螺絲起子、鐵鎚、尺規、尖嘴鉗、砂紙、夾具

材料

一張5.5㎜厚精工板（900×900）、三根10㎜角材（1000㎜）、木工接著劑、木螺絲、鉸鏈、支柱、角落用固定金屬零件

1 裁切木料

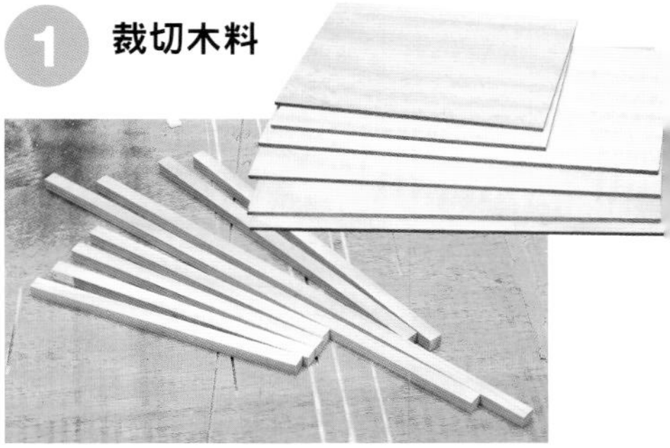

依據木料裁切數據，以圓鋸與鋸子裁切6塊5.5㎜厚的板材與作為骨架用的10㎜角材。

2 以釘子固定角材

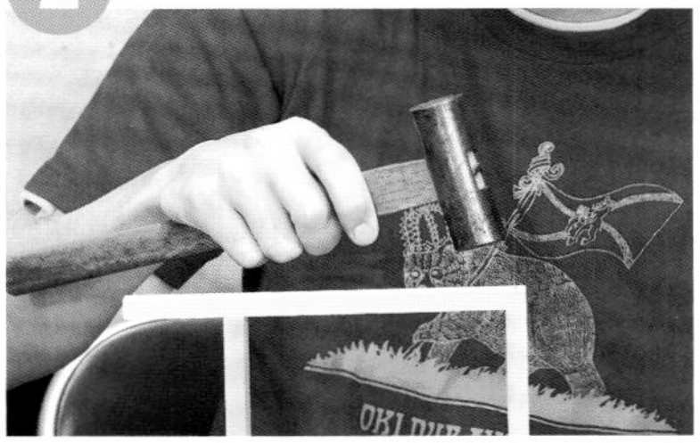

由於骨架呈倒「L」形，為使其穩定，需加一條相同長度的木條作為支撐。

3 骨架搭建完成

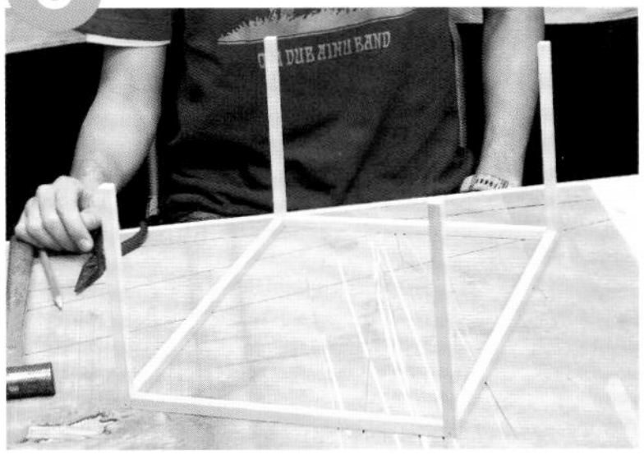

組裝完畢的骨架如照片所示。若只有骨架會不穩，但只要與板材一起組裝後則牢固許多。

4 開孔在側板上

為了搬動時方便，將側板放在作業臺上以線鋸機開孔。

5 黏接板材於骨架上

用木工接著劑將各板材粘接在骨架上。作業時，從側板開始黏貼。

6 組裝四面

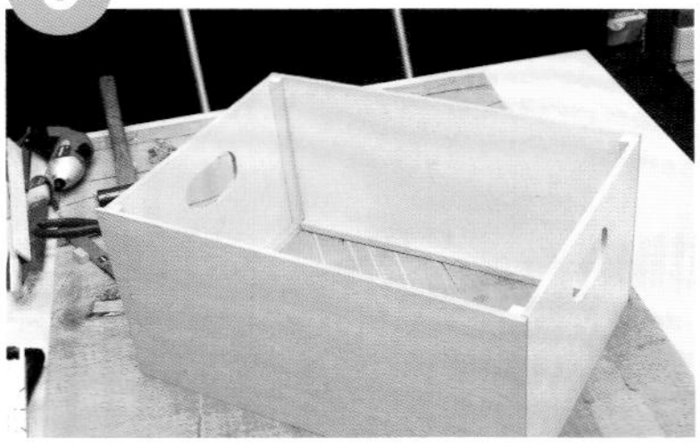

組裝箱子的四個側面。作業時需設法讓木材的疊層無法從正面看到。

7 裁切底板四角

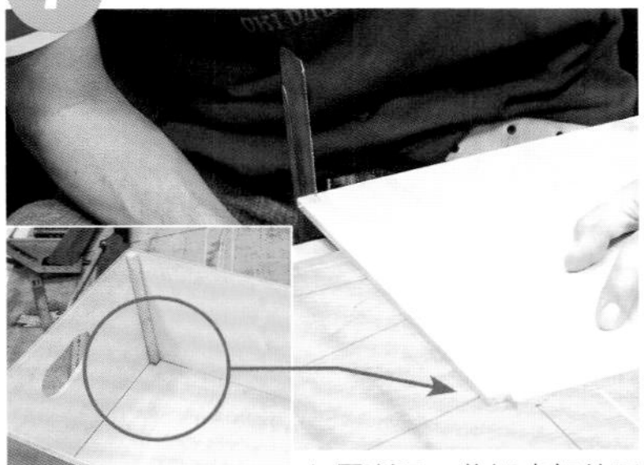

如圖所示，裁切底板的四個角落後，再嵌入骨架。

8 以釘子固定板材與骨架

以13㎜的釘子固定板材與骨架。在箱子裡塞入頂板固定骨架，讓作業時骨架與板材不會分離。

9 安裝鉸鏈

安裝鉸鏈在蓋板上。

10 安裝補強金屬零件於底部四角

在箱底的四角處安裝金屬固定件，發揮加強固定與裝飾的作用。

11 安裝支撐零件

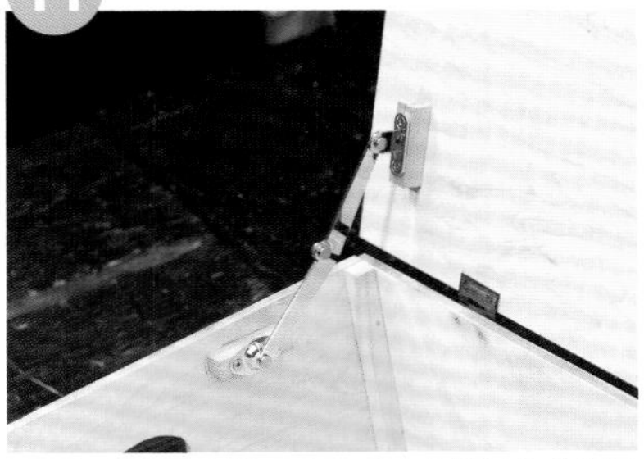

在蓋板上安裝支撐零件。固定支撐零件的螺絲較長，所以需在安裝處墊上木塊加大厚度。

12 完成

以砂紙研磨箱子表面。

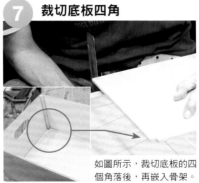

重新塗刷家具

塗刷餐桌與椅子

Before

輕鬆換新家具 常使用不透明塗刷

重新塗刷餐桌、椅子等室內家具就會使其變得像新的一樣。塗刷桌椅並不難，不妨挑著時間來挑戰看看吧！

若想將表面塗刷得平滑均勻，噴劑塗料最合適不過了。以油漆刷進行塗刷，多多少少都會有顏色不均或留下刷子痕跡的情形產生，但那也具有另一種獨特的味道。可依照個人的喜好選擇合適的塗刷方式，本篇章節將介紹噴劑塗刷方式。

作業流程

拆下椅面
▼
以砂紙研磨
▼
塗刷
▼
裝回椅面即完成

材料

噴漆塗料

工具

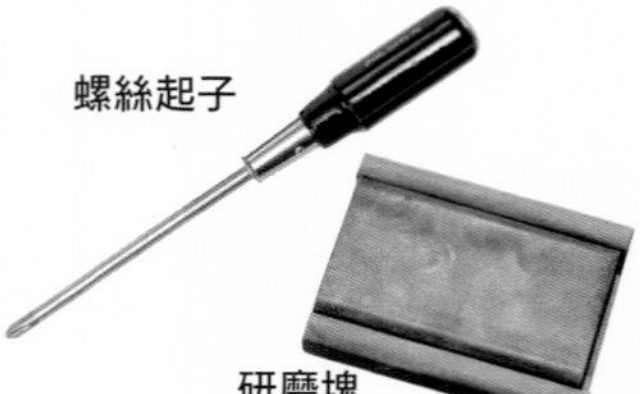

螺絲起子

研磨塊

●抹布、砂紙、工作手套、護目鏡、口罩

1 拆下椅面

塗刷前需先拆下椅子的椅面。

2 以研磨塊仔細研磨

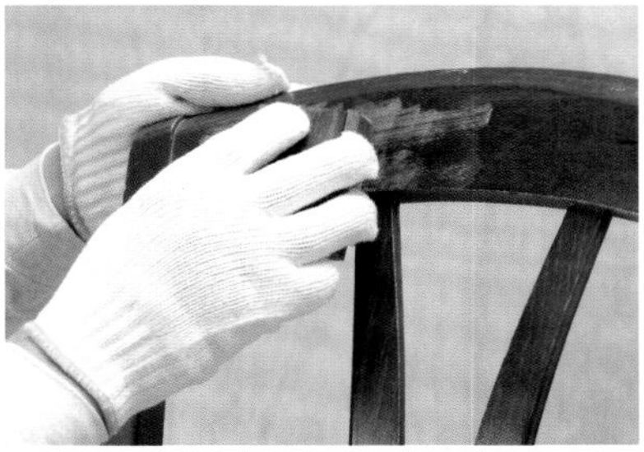

使用240號的砂紙。可砂塊研磨平面部位。

▼

需順著木紋研磨。作業過程中會產生大量油漆粉屑。

3 研磨至油漆光澤消失為止

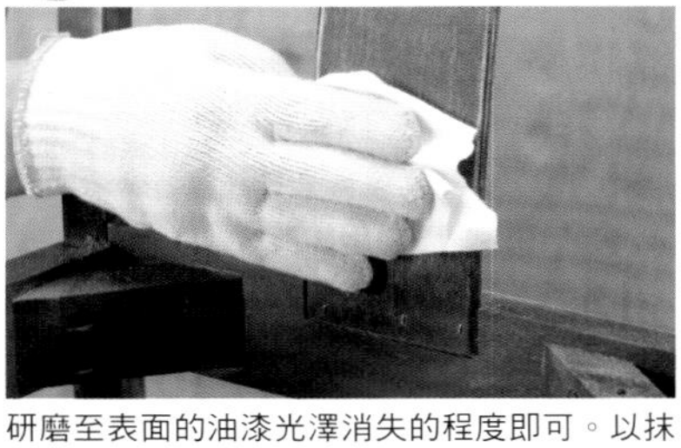

研磨至表面的油漆光澤消失的程度即可。以抹布清理擦拭油漆粉屑。

4 在不顯眼的地方進行試噴

在背面等不顯眼的地方試噴看看。噴劑塗料有時會溶解原有的舊塗膜，因此試噴是絕對需要的。

5 均勻塗刷

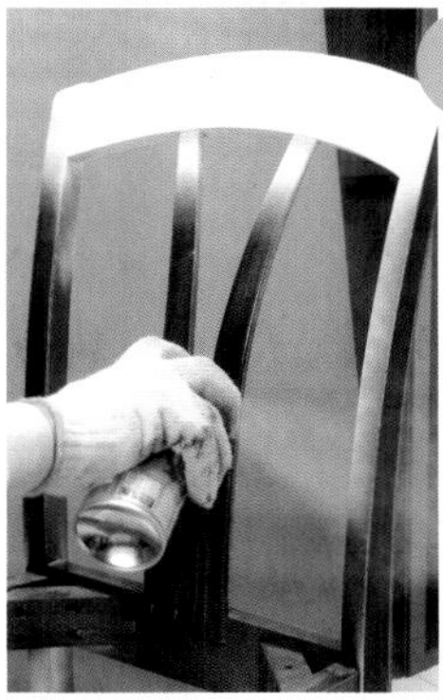

塗刷完細小部位後，再噴塗面積較大的平面部分。一般的噴劑塗料需不停移動噴嘴，才能噴得均勻。由於乾燥速度很快，一旦流下漆痕就會立即硬化。

6 餐桌也從背面開始噴塗

與椅子相同，先從背面開始噴塗。另外，在室內作業時，請記得打開窗戶及電風扇。

7 橫向倒放餐桌面板

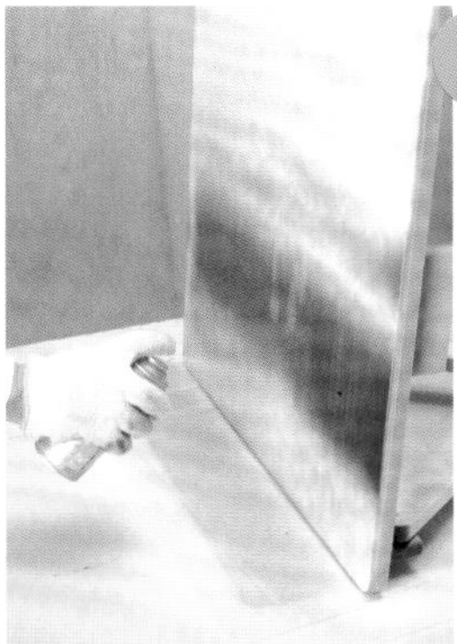

橫向倒放餐桌，因為一般的塗刷作業都是使噴劑處於縱向狀態。若使噴嘴朝下，塗料粒子會浮在表面，顯得粗糙。

POINT

均勻塗刷面板的訣竅

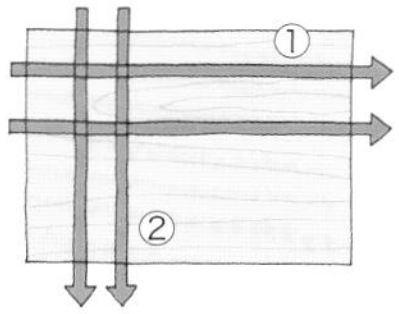

由左至右，慢慢移動噴劑，最後停止在右側（左撇子的話從右往左噴）。反覆幾次後再改為上下移動。

8 以砂紙研磨

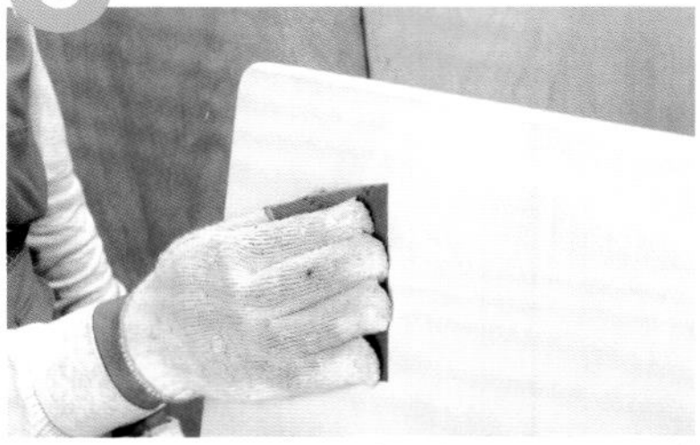

乾燥後以砂紙研磨。若希望塗刷效果好，可使用400號左右的砂紙；若希望表面有些粗糙感，使用240號左右的砂紙即可。

9 再次塗刷後完成

再次塗刷，會讓表面更顯光澤、更漂亮。

將家具塗刷成古典風

翻新家具的塗刷技巧

Before

簡單的塗刷技巧
使家具擁有古典韻味

使用特殊的塗刷技巧，就可將家具塗刷出長年使用後的古舊效果。先塗刷兩層不同顏色的塗料，再以砂紙研磨掉表層塗料，這樣即可做出塗膜剝離後的古舊效果。只需簡單的步驟，就可做出照片中的獨特效果，請務必試試看！

製作中較困難的地方為如何掌握砂紙研磨時的力道。若力道太大，就會露出木材表面，反而不自然。不需使勁研磨，當開始擔心是否還需繼續研磨時就可以停止作業，這樣就能呈現出恰如其分老舊感。將力道掌握的恰到好處即為該項作業的製作重點。

作業流程

塗刷底層塗料
▼
塗刷表層塗料
▼
以砂紙（粗砂紙）研磨
▼
以砂紙（細砂紙）研磨至光滑

材　料

準備深淺兩種顏色的水性塗料

工具

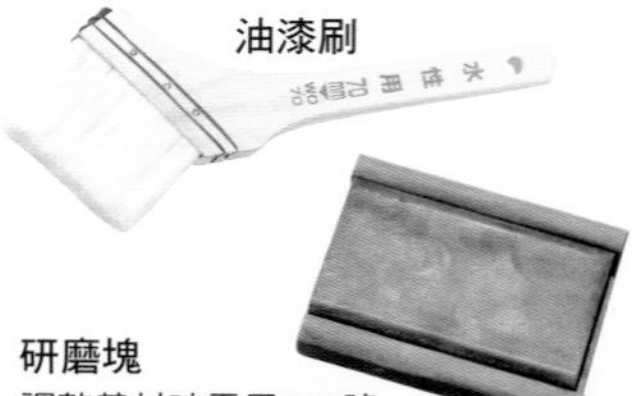

油漆刷

研磨塊
調整基材時需用240號砂紙，研磨表層塗料時則用80號砂紙。

●工作手套、抹布、水桶

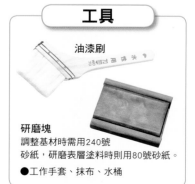

1 調整基材

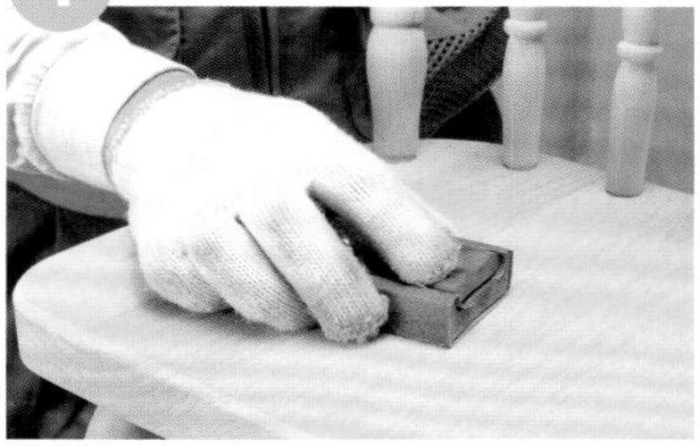

以240號砂紙研磨整個表面並擦拭粉屑。

2 稀釋塗料

水性塗料以水稀釋，油性塗料則以香蕉水稀釋。若使用噴霧漆即可方便微調。塗料濃稠度以刷子能順利攪動為佳。

3 從背面開始塗刷

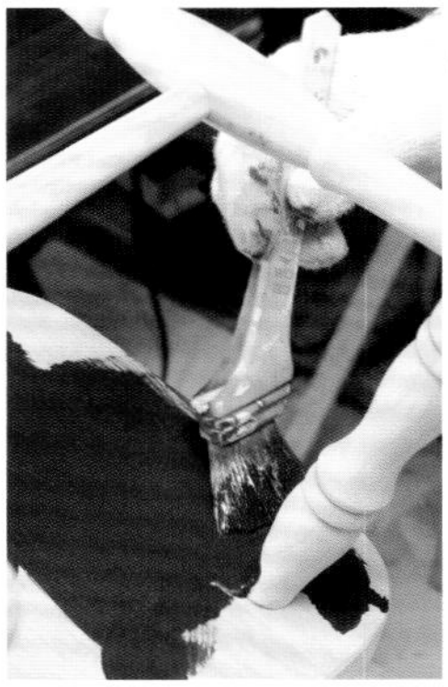

從較不方便作業的地方開始塗刷。塗料容易堆積在木材相結合的部位，請務必以刷子刷開。

4 順著木紋塗刷

順著木紋均勻的塗刷。塗刷底層塗料時則不需特別在意。

5 以砂紙研磨

底層塗料乾燥後，以240號的砂紙進行研磨。如果是水性塗料，表面容易起毛，所以需用力研磨。

6 塗刷表層塗料

作業時，將表層塗料調配得比底層塗料稍微濃一點。塗刷完畢後，再以80號砂紙研磨表層塗膜。

▼

邊角處也需刷上塗料。再進行研磨時，邊角處需用力一點研磨。

7 以砂紙再次研磨

乾燥後，再次以240號砂紙研磨。

8 反覆塗刷後再使其乾燥

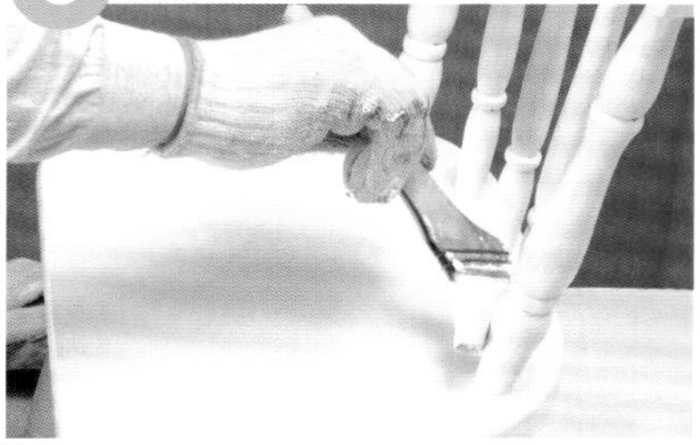

可用反覆塗刷做出理想效果，以看不見毛刷刷過的痕跡為宜。塗刷後使其自然乾燥即可。

9 以80號砂紙做出老舊感

使用80號砂紙。力道太大時會使木材表面露出，影響效果。所以需在作業前輕輕試擦，確定力道。

▼

研磨邊角處至照片所示的程度，即可做出逼真且自然的老舊感。

10 以240號砂紙進行最後研磨

最後以240號的細砂紙研磨表面，一張具老舊感的椅子就完成了！

重新塗刷掛鐘

塑膠製品也可以DIY翻新

改變邊框色調
就可改變房間風格

若想重新塗刷時鐘的邊框等身邊隨手可得的塑膠製品，噴漆塗料是最簡單方便的道具。只需重新塗刷即可使身邊的舊物件煥然一新。快來翻新那些使用多年的老舊物品與已感到厭煩的物品吧！

塑膠製品的表面光滑，若直接塗刷，塗膜很快就會剝離。因此，塗刷前需以砂紙用力研磨並塗上基材處理劑（primer）。經過此一步驟才能使塗膜長久保持。

作業流程

研磨原有的塗刷面

▼

塗刷基材處理劑

▼

塗刷塗料

材料

工具

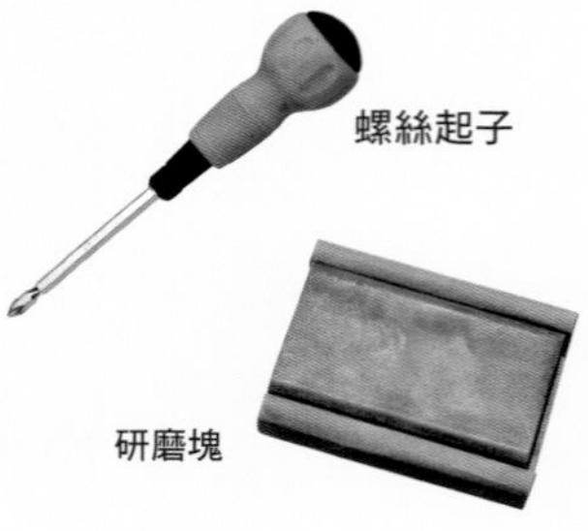

重新塗刷掛鐘

1 拆下螺絲

有些時鐘的邊框是以螺絲固定，有些則是嵌合固定，需確認後再進行拆卸。

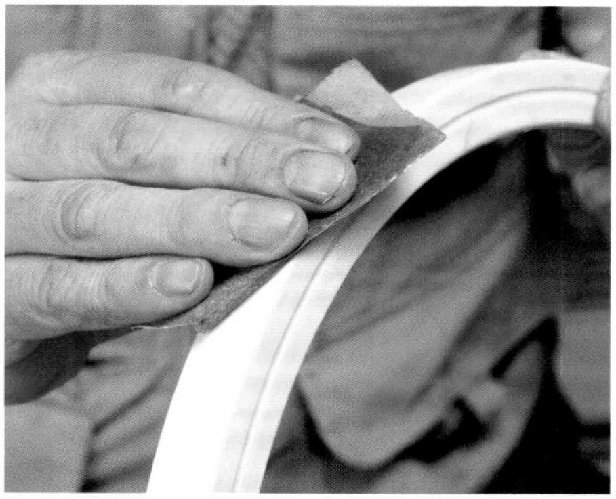

2 研磨原有的塗刷面

以320號以上砂紙研磨來剝離原有的塗膜。在去除污漬、磨平凹凸的同時，還能使基材處理劑附著得更好。

3 擦掉粉屑

研磨完畢後，以抹布將產生的粉屑擦拭乾淨。如有殘留，塗刷面上會有顆粒感。

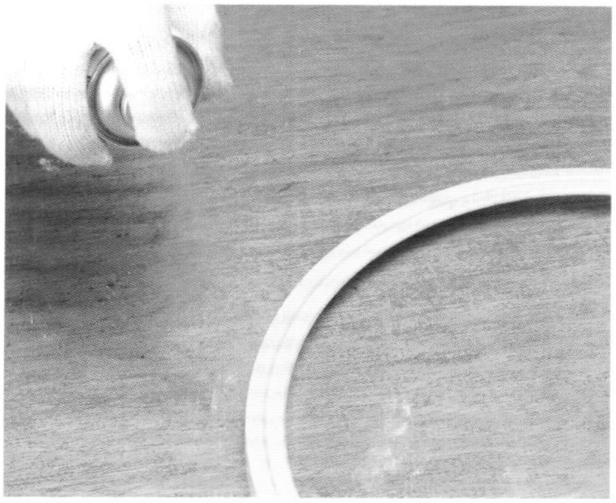

4 均勻地塗刷基材處理劑

基材處理劑是透明的，所以不太好識別塗刷後的狀況。在距離物件20公分左右的位置進行塗刷，均勻且薄薄地噴上一層即可。

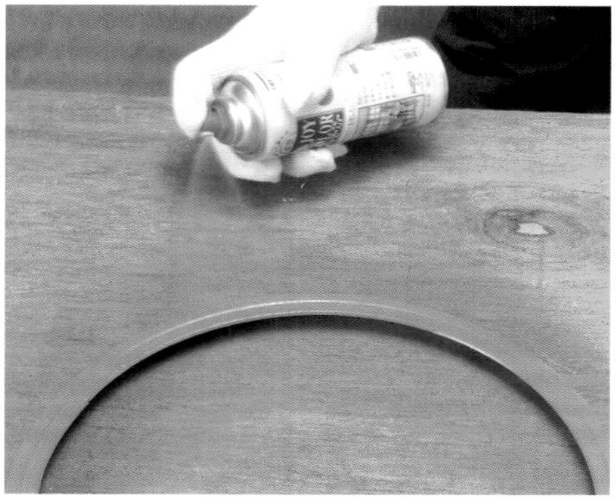

5 反覆噴刷表面塗料

若一下子噴得太多，會很容易形成漆痕。所以，不需擔心是否噴得太薄，只要反覆多噴幾次即可。建議塗三至四次。

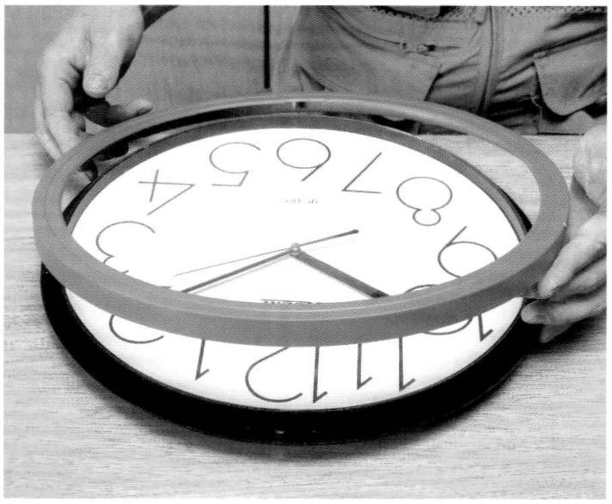

6 組裝塗刷後的邊框

放置半天使其完全乾燥後，即可裝回掛鐘本體。

7 清洗玻璃表面

因為平時不會拆開掛鐘，所以也可藉此機會清洗玻璃表面。這樣可使掛鐘看來更新更漂亮。

黏貼壁紙

一個人也能輕鬆搞定的背膠式壁紙

強烈推薦 無花紋背膠式壁紙

壁紙會因顏色、花紋、材質以及黏貼方法等而有著眾多種類。可根據房間的風格與黏貼方法來選擇。

在眾多的壁紙中也有適合新手的種類。十分推薦黏貼簡單，不需比對花紋位置且已有背膠的背膠式壁紙。

具有背膠的壁紙，只需撕掉背面的塑膠膜即可立即貼在牆上。此款背膠不是速乾型，當發現貼壞時還能夠重貼。現在就馬上來挑戰吧！

作業流程

黏貼壁紙基膜
▼
裁剪壁紙
▼
黏貼壁紙
▼
壓合接縫

材料

壁紙用膠水

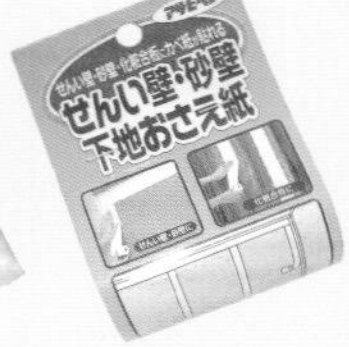

壁紙基膜

壁紙

●填縫劑

工具

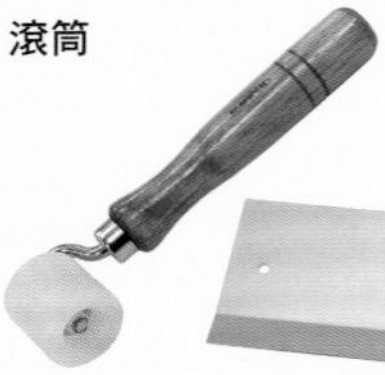
滾筒

抹刀

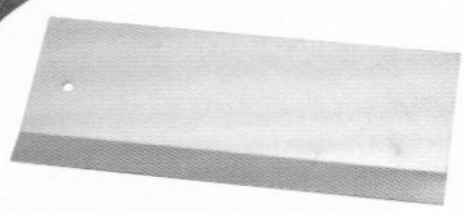
裁剪壁紙用尺規

油漆刷

●膠水刷、捲尺、美工刀、竹製抹刀

作業之前…

牆面處理似乎有些麻煩，但其實只需在壁紙四周黏貼上壁紙基膜即可。待膠水乾燥後，再黏貼壁紙。另外，牆面上一切會妨礙到作業的障礙物都應先行去除或拆卸。

1 以油漆刷在牆上塗刷膠水

黏貼壁紙基膜在壁紙的周邊及壁紙接縫處。需先在黏貼壁紙基膜處塗刷膠水。

2 黏貼壁紙基膜

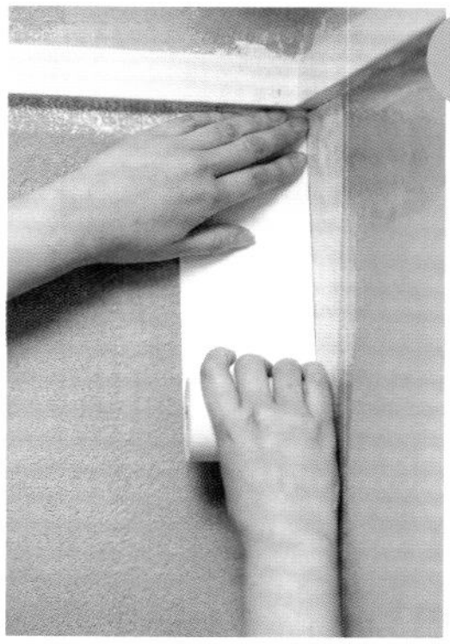

撕開壁紙基膜黏貼在刷有膠水的牆面上，並以手壓壁紙，使其緊密貼合在牆面上。

3 在壁紙黏貼處的四周貼上壁紙基膜

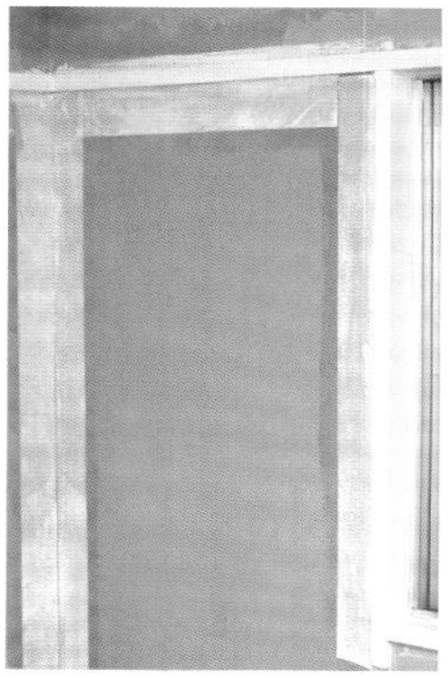

在壁紙四周與牆面接觸的部位貼上壁紙基膜後，再進行壁紙黏貼，就可貼得漂亮且不易剝離。

4 以捲尺測量牆壁的尺寸

牆面適合以縱向的方向黏貼，而橫樑則適合以橫向黏貼，盡可能地減少接縫。因此，需仔細測量各個部位的尺寸。

5 以美工刀裁剪壁紙

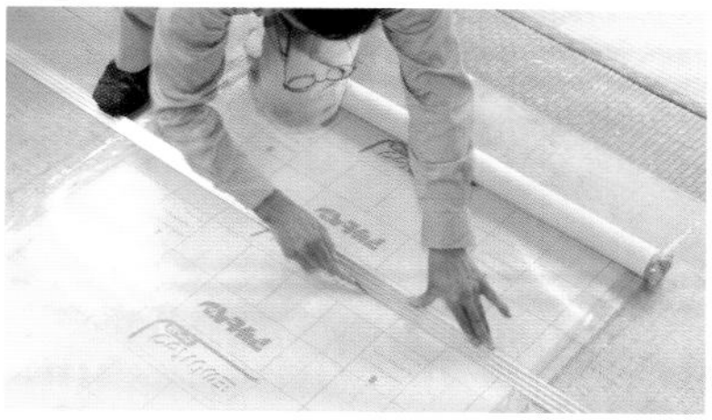

裁剪尺寸應比實際測量的尺寸多5至10公分。這樣就不用擔心壁紙不足而出現縫隙的問題了。

6 撕掉三分之一背面保護膜

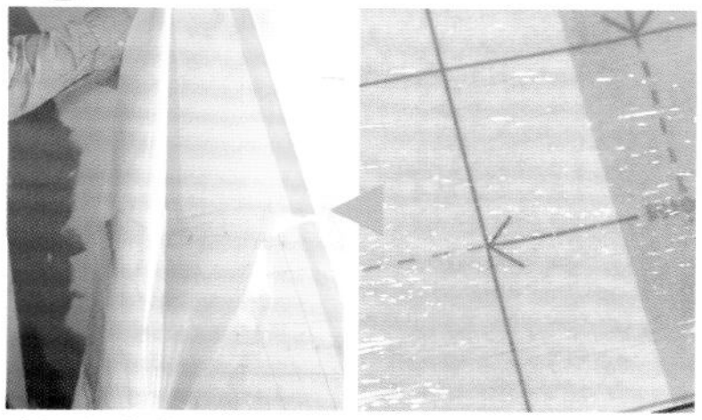

確認保護膜的箭頭方向為朝上後，撕掉三分之一左右的保護膜。兩側的保護膠帶可先不撕。

7 如圖所示，以兩指指尖捏住壁紙

拿起壁紙時，需以指尖牢牢地捏住兩側的保護膠帶。注意不要滑落。

8 黏貼時壁紙需向上貼出

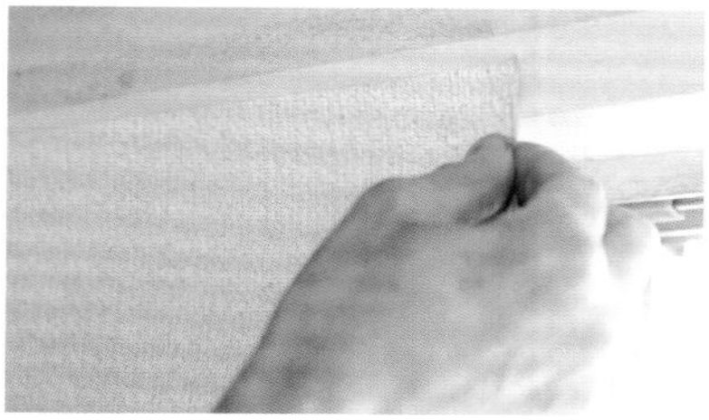

開始黏貼時，壁紙需向上多黏貼2至3公分。黏貼完成後需確認壁紙的上方是否為水平。

9 以手掌壓合牆面，暫時固定壁紙

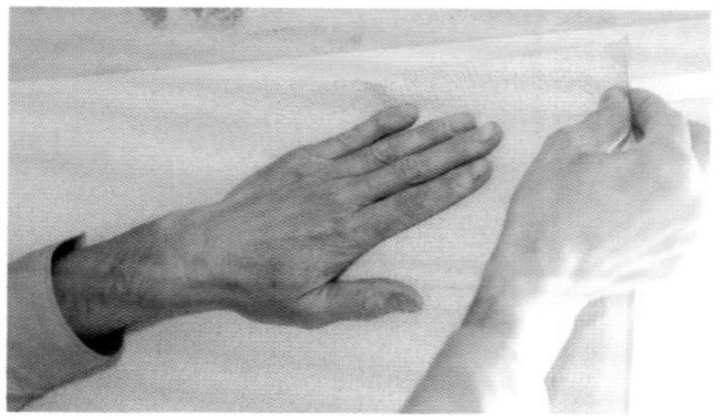

確認壁紙上方為水平後，以手掌壓貼有壁紙基膜的部位，暫時固定壁紙。

10 以毛刷刷平壁紙表面

以毛刷刷平壁紙表面使其牢牢固定。毛刷的移動方法可參考P.116的右下角方框內的說明。

11 撕掉剩餘的背面保護膜並黏貼整張壁紙於牆上

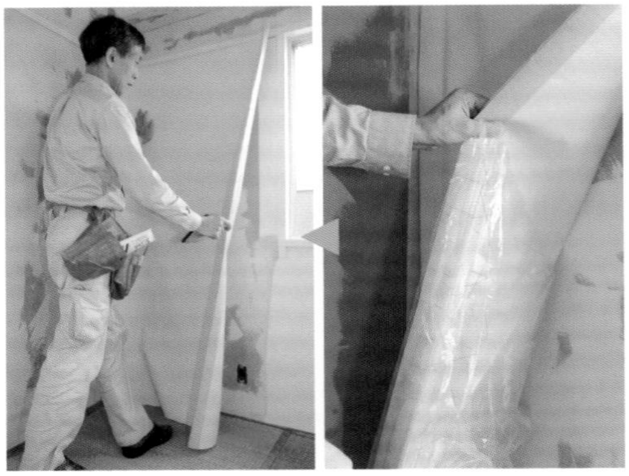

撕掉剩餘的背面保護膜，再以手掌壓合下方約三分之二部分的壁紙在牆面上。

12 以毛刷縱向撫平

為了排掉壁紙與牆面間的空氣並刷平壁紙上的皺紋，以毛刷進行刷平的作業是絕對需要的。

13 以毛刷橫向刷平

在步驟12中已縱向刷平過的位置進行橫向刷平，讓裡面的空氣可從左右兩側排除。

POINT

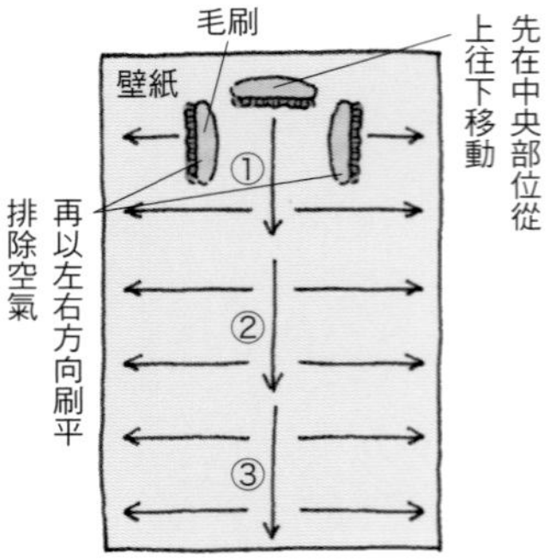

先在中央部位從上往下移動
再以左右方向刷平排除空氣
①
②
③

毛刷的移動方法

一般來說，毛刷的移動方法都是以中心向兩側平移。若壁紙是縱向黏貼的，即可在中央處從上往下移動；再從中心位置向左右兩側移動。分三個階段進行刷平，可讓壁紙黏貼效果更好。

14 以竹製抹刀按壓邊緣做出棱角

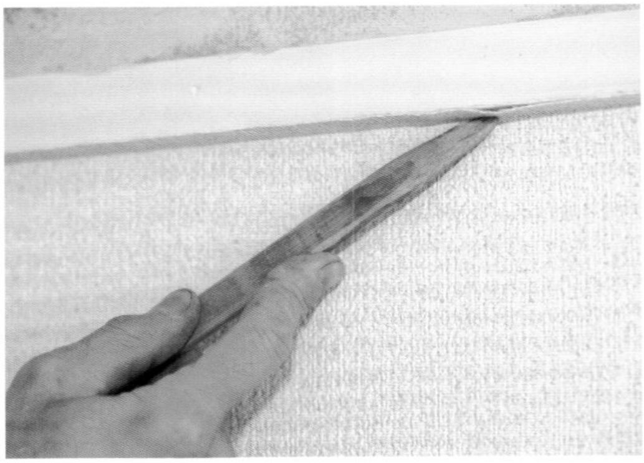

邊緣部位以竹製抹刀做出棱角，讓壁紙能夠緊緊貼合牆壁與牆角。

15 以竹製抹刀摺疊角落多餘壁紙

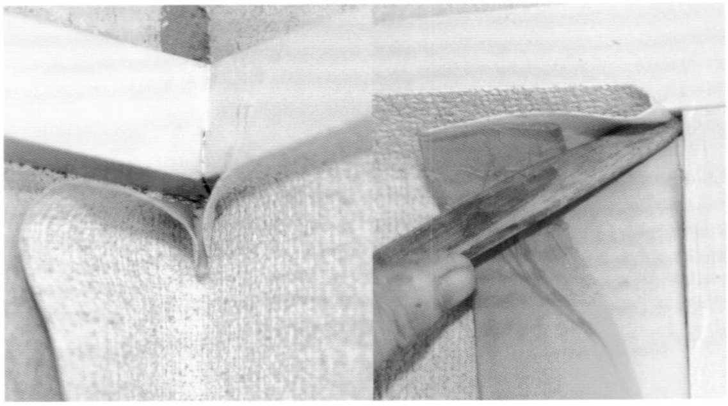

如圖所示以竹製抹刀摺疊角落多餘壁紙。可使壁紙更加緊密貼合牆壁。

16 裁剪多餘壁紙（上部）

將裁壁紙用尺規壓在邊緣後，在尺規上側以美工刀裁掉多餘壁紙。若在尺規下側裁剪則會留下同於尺規厚度的縫隙，需特別注意。

17 裁剪多餘壁紙（下部）

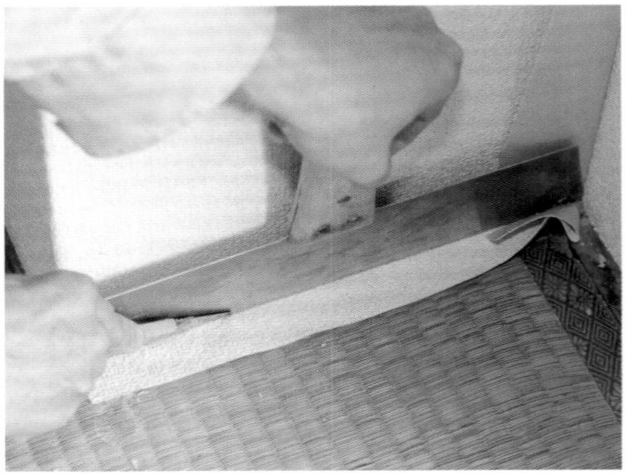

將尺規壓在角落處，再以美工刀裁掉多餘壁紙。若在尺規上側進行裁切會容易留下縫隙。

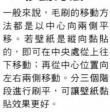

18 在邊線部位黏貼兩層壁紙，並以美工刀切開兩層壁紙

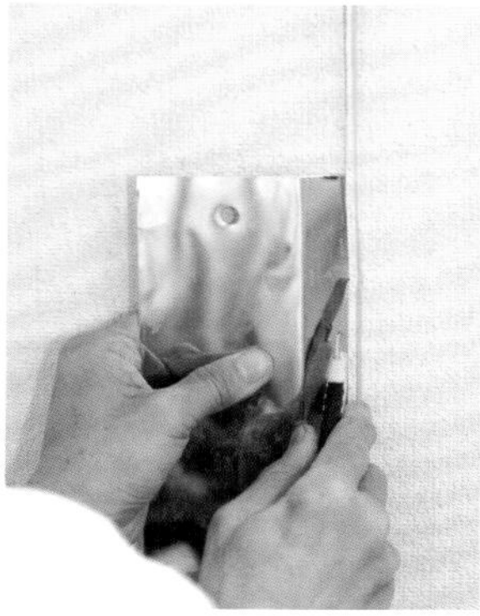

黏貼第二張壁紙時需重疊在第一張（若為花紋壁紙的話，需比對花紋進行黏貼）。若重疊部位的寬度與上下完全一致的話，即表示已貼正壁紙。若貼歪的話，請重新黏貼。放置尺規在重疊處的中心，再以刀片切開兩層壁紙，裁切時需注意不要破壞到基材。作業時，需立起美工刀，並將刀片垂直於牆面。

19 剝離下層壁紙

剝離重疊壁紙的下層。並確認左右兩側壁紙在貼合後是否有縫隙。

20 在接縫處塗抹填縫劑

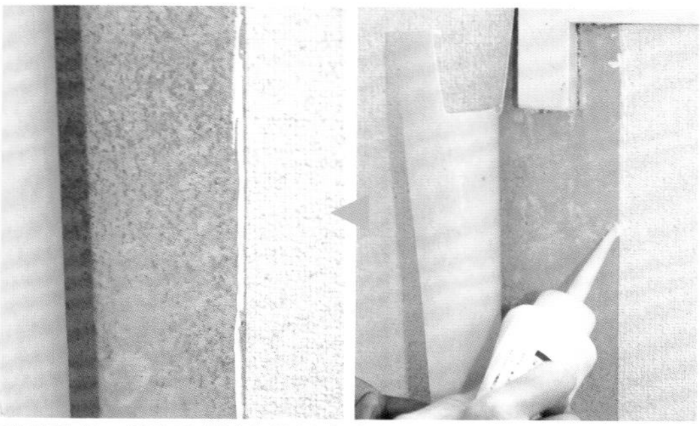

稍稍剝離一側的壁紙並在接縫處塗上填縫劑後，貼回壁紙。這樣一來就可以避免接縫處剝離的問題。

21 抹平接縫處

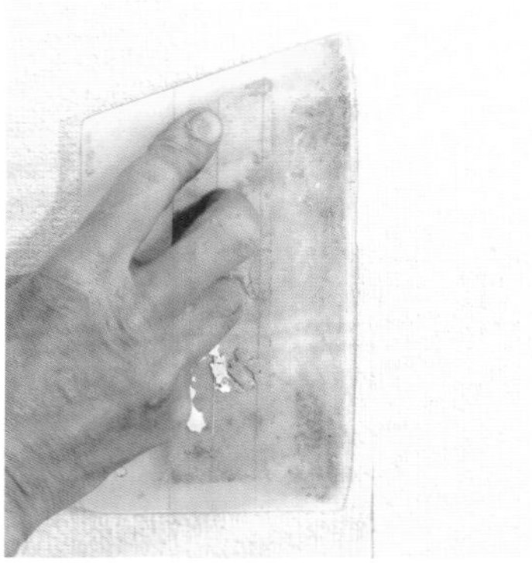

以抹刀將接縫處的左右兩側刷向中間，使其平整。若有一點縫隙，即可透過此方法消除。

22 擦拭填縫劑

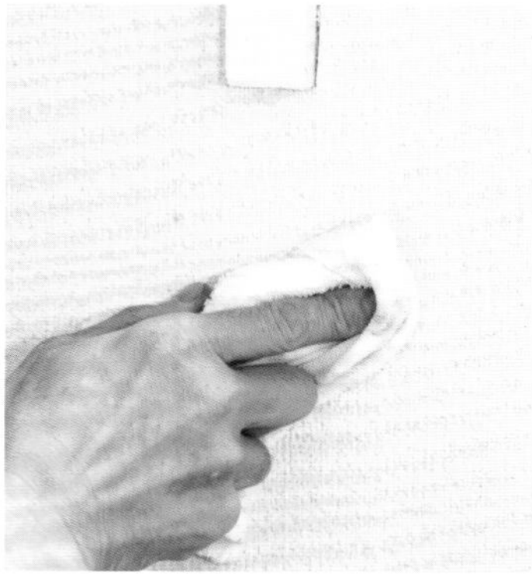

若不清除接縫處滲出的填縫劑會使壁紙變色，所以需以擰乾的濕布擦拭。

23 以滾筒壓合平整接縫處

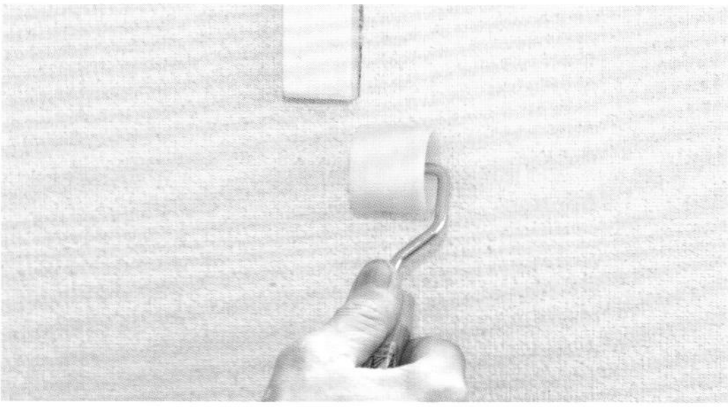

以滾筒壓合平整接縫處整體，使壁紙緊密貼合在牆壁上。以擰乾的濕布再次擦拭滲出的填縫劑後即完成壁紙黏貼的作業。

POINT

需將美工刀的刀尖垂直牆面

裁切重疊的兩層壁紙時，若刀尖不能垂直的話就毫無意義。作業時刀尖不能離開壁紙，並需靠著尺規，並在裁切的同時確認刀尖是否垂直。

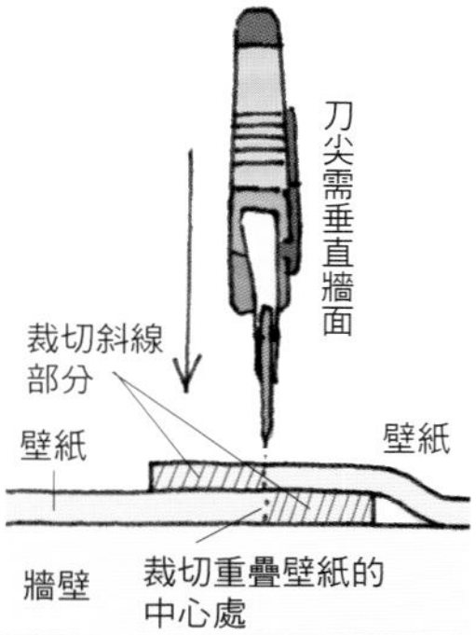

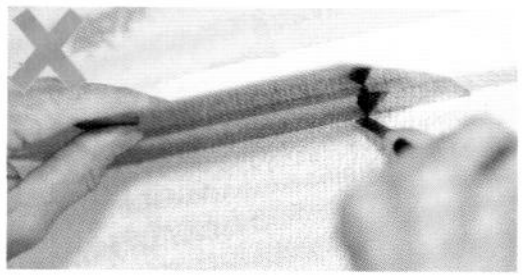

需注意刀片放置處

裁掉多餘壁紙時，會因裁切的位置不同，刀片位置處（尺規上方或下方）也不同。若弄錯的話，就會出現與尺規厚度相同的縫隙（如下方照片所示）。在作業時需特別留意哦！

塗刷壁材塗料

以種類豐富、風格多樣的壁材塗料塗刷出具特色的牆面

值得推薦的舒適生活改造素材

其實打造舒適的客廳，並不需要大量的準備工作。這裡向大家推薦可直接塗刷在壁紙上的裝飾材料。

本次使用的是純天然的珪藻土塗料。珪藻土可根據房間的濕度來吸收或釋放濕氣，讓室內空氣保持清新，同時具有很好的除臭效果。以珪藻土裝飾室內牆面，可使室內溫馨、柔美且具有南歐風情。

使用抹刀進行塗刷牆壁，雖然看起來很難，但只要硬著頭皮開始並堅持下去，就可以慢慢體會到改造牆面的樂趣與成就感。

作業流程

攪拌壁塗

▼

放置少量壁塗在托灰板上

▼

以抹刀塗刷

工具

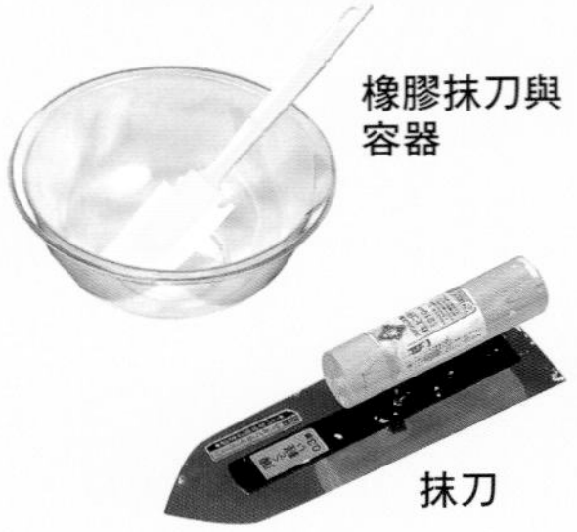

材　料

壁材塗料（珪藻土）

改造後效果圖

① 塗刷均勻後，以毛刷緩緩地橫向刷過。毛刷經過處，會留下柔和的線條痕跡。

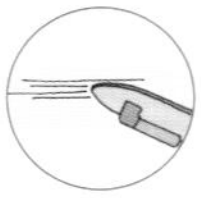

② 抹平表面後，以抹刀的尖部輕輕劃過，做出劃痕。反覆進行此動作。

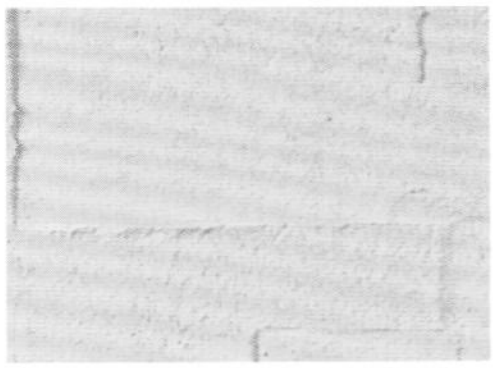

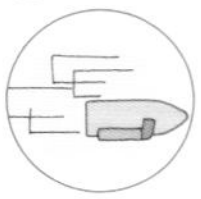

③ 輕輕的將抹刀的後半部分往牆上壓，壓出直角圖案。

④ 使用帶軸的專用滾筒滾出線條，再以抹刀輕壓表面。

1 攪拌塗料

倒入壁塗至有水的容器內並充分攪拌混合。可戴上手套以手攪拌。

充分攪拌均勻後再放置10分鐘以上，可讓作業效果更好。若太硬可加點水。

2 放置少量塗料在托灰板上

以抹刀放置少量材料在托灰板上，可在作業時隨時取用。這種珪藻土壁材也可直接塗在廚房用海綿上。

小祕技

以三夾板作為托灰板

不需買托灰板，以夾合板代替即可。裁切一塊大小合適的板材，於拇指部位開孔就OK。

3 以抹刀塗刷牆壁

如圖所示，以抹刀刮下托灰板上的塗料在牆上。作業時，可以食指與中指輕輕握住。

以抹刀刷開塗料，使其附著在牆面上。若想要有塗刷不均的效果，作業會更簡單容易。若要呈現P.118下方所示的效果，則需先抹平後再進行。

壁塗種類與特徵

砂漿

抹刷得均勻且平整的砂漿牆壁是日式住宅中常見的風景。一般為白色，但最近可供選擇的顏色與質感都變多了！

珪藻土

完工後的質感與砂漿相似。可採用適當的塗刷方法打造出各種造型。

含砂壁材

壁材中混有砂子的壁材。有茶色、綠色等多種色調。其質感十分適合和室，有些材料中還含有金砂。

種類	原料	特徵
砂漿	石灰	砂漿鹼性較強，沾到皮膚時會留下如燒傷般的疤痕，施工難度較大。
珪藻土	植物性浮游生物	作為會呼吸的塗料，相當受歡迎。有些廠家甚至推出了不需處理基材的種類。
火山灰	火山灰	以多孔質的火山灰為原料做成的塗料。可除濕與除臭。
含砂塗料	砂	混合砂後塗刷，可作為和室的牆壁裝飾。
纖維塗料	纖維	最便宜的塗料。揉合各種纖維所做成的材料。

由於甲醛等有害物質的原因，對人體較好的塗刷牆壁比起以膠水黏貼的壁紙更受歡迎。尤其是最近，廠商分別推出不需處理基材的壁材，讓壁材塗刷新手也能輕鬆上手。

鋪砌企口式木地板

不需使用釘子的簡單施工

完全不傷基材，搬家時還可拆除搬運

相較於以釘子固定的木地板，企口式木地板有著施工簡單的誘人特點。施工方式有只需將地板簡單地排列好即可的簡易型及以雙面膠或接著劑固定兩種。這裡介紹施工簡單的前者。此產品完全不會弄傷原有地板，租來的房子也可以鋪製，而且搬家時還可拆除搬至新居。一般來說，基材地板較堅硬時，可直接鋪製嵌入式地板在上方。地板本身厚度為1公分，因此施工前地面及門之間至少需留有2公分以上的高度差。若沒有預留足夠落差，鋪完地板後會出現無法開關門的問題，施工前需務必確認。

作業流程

基材處理
▼
鋪好剛開始的兩列
▼
一塊一塊鋪設
▼
縫隙處理

材料

企口式地板

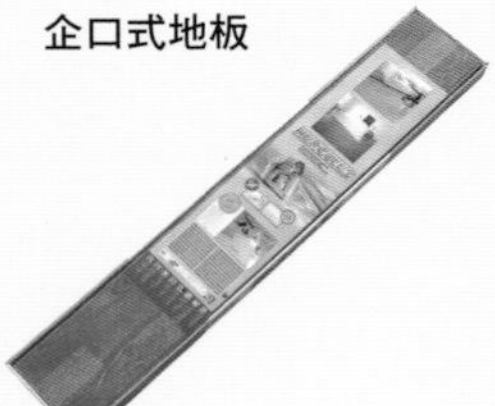

●踢腳板（必要時使用）

工具

捲尺

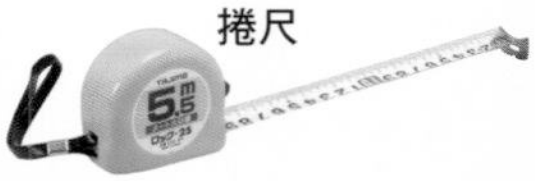

專用的
施工工具
可讓黏接更方便，沒有也沒關係。

刨刀

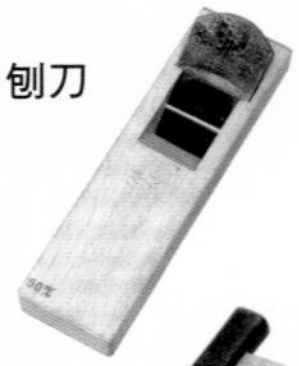

鐵鎚

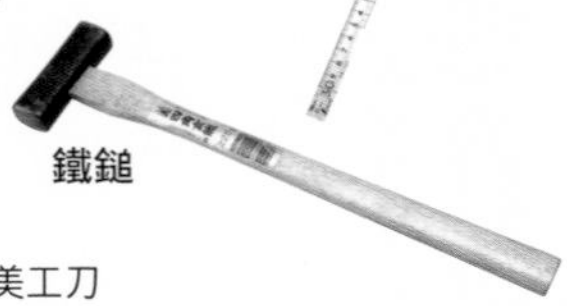

角尺

鋸子

●砂紙、美工刀

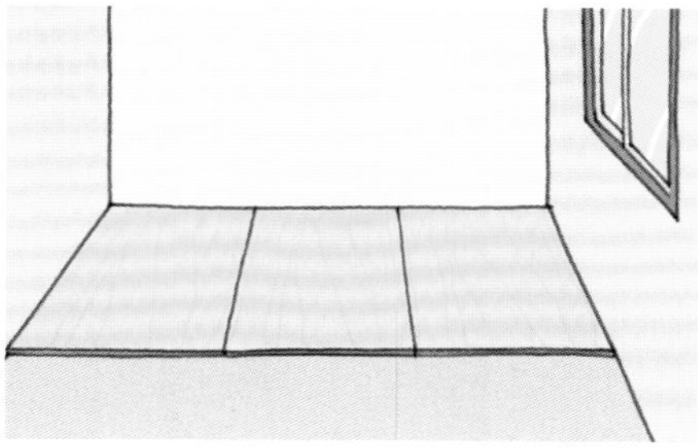

作業之前…

當基材為光滑的水泥地面、瓷磚、木地板等情況下，直接鋪製嵌入式木地板即可。若不是這樣，則需先使地面呈現水平，拆掉原有的踢腳板。若鋪有榻榻米，則需先拆掉榻榻米，再如左圖所示，鋪上三夾板等材料用來墊高地面。在鋪有地毯的房間鋪製時，則需先拆除地毯，進行相同的基材處理。

1 設計排法

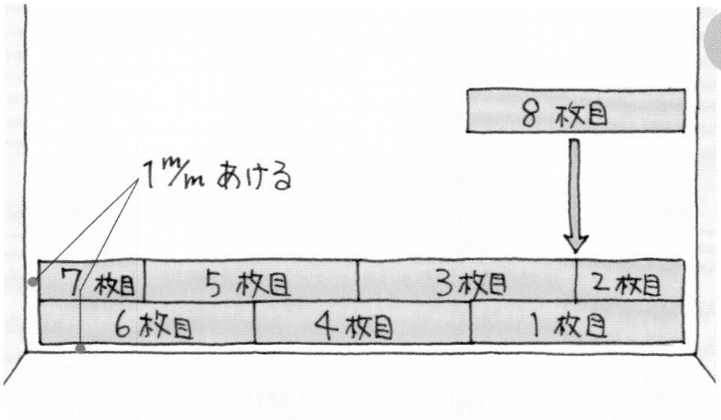

設計排法。原則上接縫需相互交錯。切下來的邊角通常都會使用在另一側（如插圖中的第二塊與第七塊）。

2 切掉第一塊木地板的榫頭

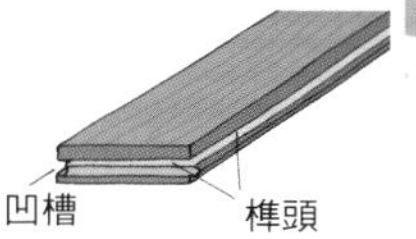

由於需將第一塊地板凸出榫頭的那一側朝向牆壁，因此需切掉榫頭。切掉榫頭後以刨刀將切邊輕輕地刨平。參照步驟1的設計排法，鋪製第2、4、6、8塊地板的時候，也需切掉凸出榫頭。

3 將第二塊地板鋸半

以鋸子將第二塊地板鋸半，再以砂紙研磨切面。使用鋸子時，視線需在刀片的正上方，確保切得筆直。

4 嵌合第一塊與第二塊地板

嵌合第一塊地板的凹槽與第二塊地板的榫頭。如照片所示，可稍微傾斜後放入，緊密嵌合。

5 嵌合第三塊

先嵌合第三塊地板與第二塊的短邊。如照片所示，同時抬起第二塊與第三塊後一併嵌入第一塊地板的凹槽。

6 以鐵鎚輕輕敲擊使其完全嵌入

墊著專用施工工具的墊塊，再以鐵鎚輕輕敲擊，使其完全嵌入不留縫隙。若無專用工具，可墊著木塊以免弄傷地板。

7 鋪好兩列後，移至牆邊

鋪好兩列後，移至牆邊，並與牆壁保持1mm左右的縫隙。再從第八塊開始鋪製，一塊一塊地鋪製。（參照步驟1）

鋪砌方塊地毯

只需鋪在地板上即可

施工簡單，DIY新手也能輕鬆完成

所謂方塊地毯是指40至50公分的正方形地毯，只需直接鋪在地板上即可，非常簡單。比普通地毯貴一些，但若有弄髒或燒焦留下痕跡時，只需換下受損區塊即可，當然也較經濟實惠。另外，由於方塊地毯尺寸較小，施工時無需清空所有的家具，不需任何技術即可進行。如果是10個榻榻米大小的客廳，半天就可鋪設完成。可鋪滿整個房間，也可鋪幾塊在房間中央，或混合數種顏色鋪製，可充分享受改裝房間的樂趣。

作業流程

調整基材

▼

確定開始鋪製處的中心位置

▼

依順鋪製

▼

處理牆壁間的縫隙

材料

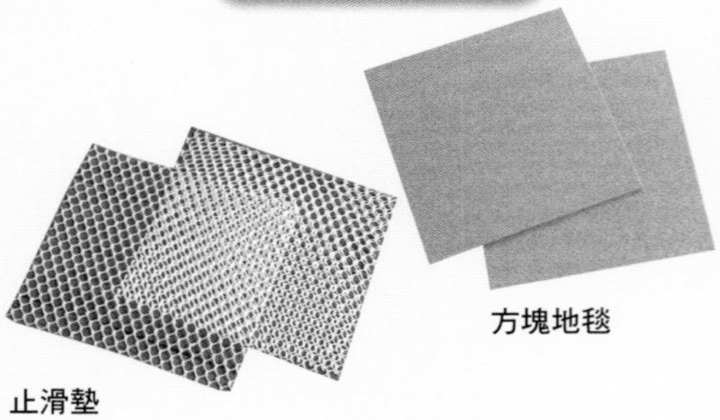

工具

●硬紙板（作為裁切地毯時的墊板）、捲尺、筆、尺規

作業之前…

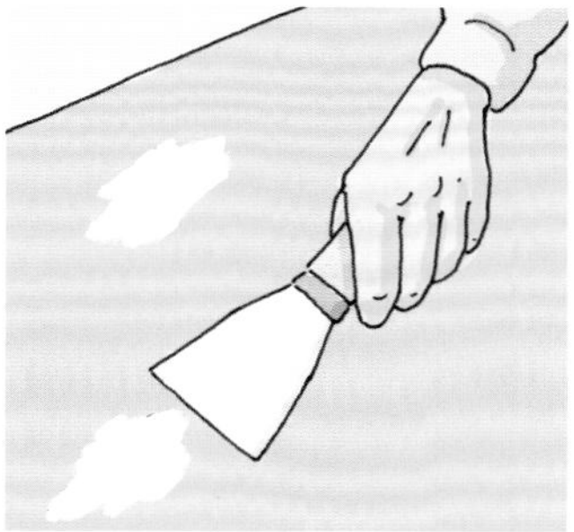

只要地面沒有鋪有鋪榻榻米與地毯，就可以直接鋪上方塊地毯。若地面凹凸不平，則需先整平地面並清掃乾淨。若原先已有榻榻米，則需先拆除並墊高地面。若鋪有地毯也需先拆掉地毯，在進行相同的基材處理。

1 找出房間的中心點，確定鋪製順序

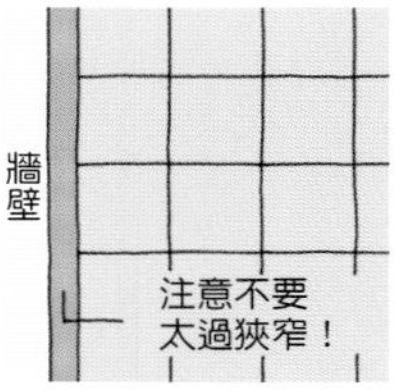

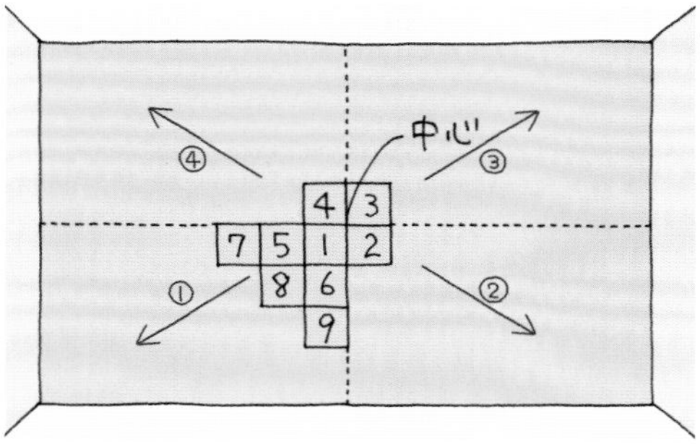

可參照上方插圖的排列順序，從房間的中心點開始鋪製。地毯與牆壁間的縫隙若太過狹窄會不好看，可挪動中心點拉寬縫隙改善。

2 畫出房間的中心線

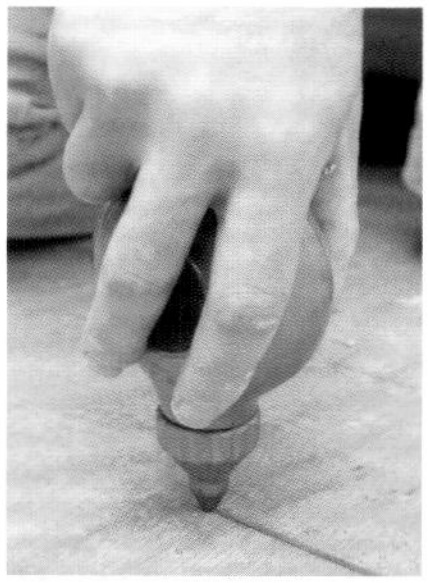

測出房間的中心點，並以墨斗在地板上彈出中心線。作業時需使墨斗的尖端垂直地面（如下圖所示）。若沒有墨斗等劃線工具，可用尺規代替。

3 在中心處放置止滑墊

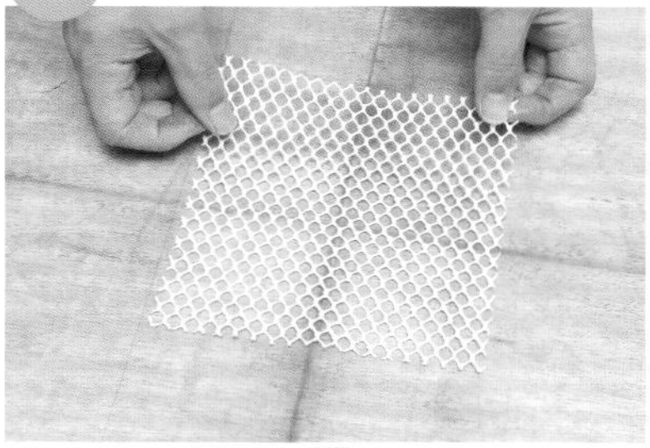

▼

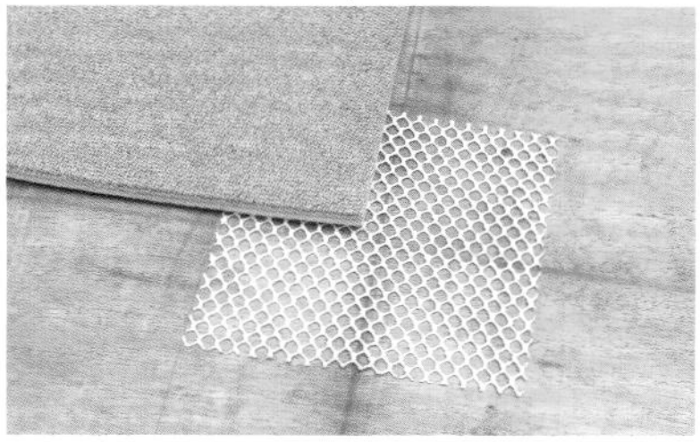

在中心處放置止滑墊，並依序鋪製最開始的四塊。若地毯的背面為塑膠材質且厚度較薄時會容易滑動，此情況之下需直接用雙面膠將四角牢牢地黏在地板上。

4 依序鋪製

四塊地毯的接點處需鋪上止滑墊。依序鋪製，注意不要出現偏移與縫隙。

5

地毯是有紋理的，其背面有箭頭標明方向。可依同一方向鋪裝，也可交錯鋪裝。

6 裁切地毯來填補與牆壁間的縫隙

▼

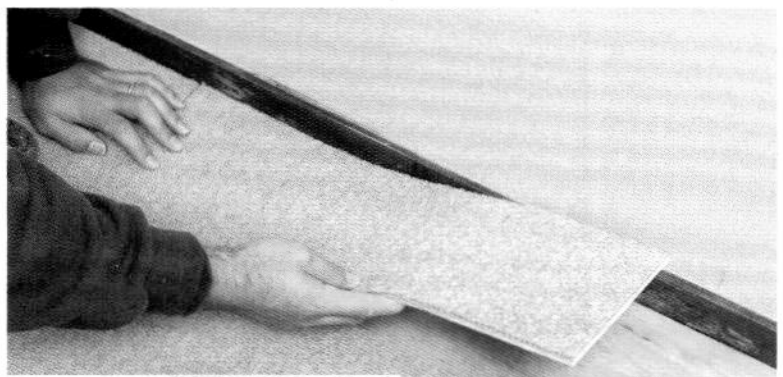

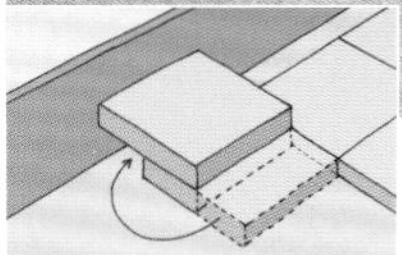

當與牆壁間的縫隙不足一塊地毯的寬度時，如圖所示重疊一塊地毯在上方並靠牆作為尺規後，裁切下方地毯。將裁切下來的那塊用於填縫即可。裁切時需小心，不要劃傷地板。

客廳牆壁的維修保養

使用專用著色劑消除汙跡與塗鴉

以清洗劑也無法清除的汙跡與變色，可塗上與牆壁相同顏色的彩色顏料、水彩顏料或壓克力顏料等遮蓋。若是使用壁紙專用著色劑，既不需塗刷底料，乾燥後也不會變色，非常簡單方便。雖說專用著色劑是以白色與淺色為主，但還是要慎重選擇顏色。

先以乾布儘可能地擦拭需著色處的灰塵與髒汙。搖勻著色劑，再以筆刷薄薄地、均勻地塗上。

若塗了一層還無法遮蓋汙跡，可待乾燥後再進行塗刷。這樣一來即便是蠟筆的塗鴉與深色的汙跡，也能完全遮蓋。

使用材料

壁紙用著色劑

以補修材料填補圖釘洞與刮痕

圖釘洞、掛鈎孔、寵物抓出的刮痕及家具的擦傷等都可使用專用的補修材料輕鬆遮蓋。若是使用加熱（以吹風機加熱即可）後會膨脹的補修材料，還能讓牆面的凹凸重現原有的自然風采。若是在白色壁紙上的洞孔，只需塗抹修正液即可。

使用材料

壁紙用補修材料與著色劑

以美工刀修剪洞孔周圍起毛邊的部位，再以與壁紙同色的補修材料填補孔洞與刮痕。

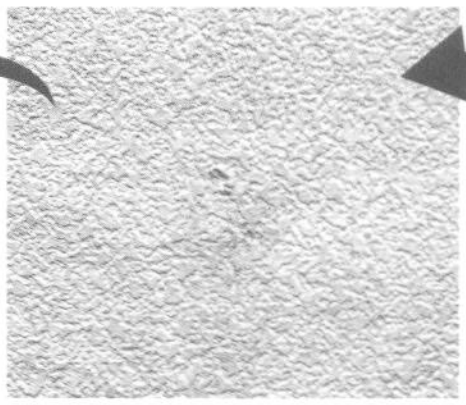

以海綿擦拭溢出的材料即完成。若想做出凹凸效果，可進行以下步驟。

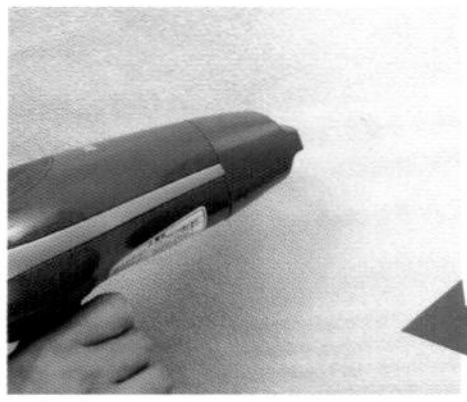

將吹風機的熱風對著補修材料吹使其膨脹，重現壁紙特有的凹凸感。

以接著劑修復壁紙剝離

牆壁基材的惡化、遇水或露水等濕氣的影響常常會使牆角處壁紙剝離。經過一段時間後就會慢慢硬化，不容易黏回。因此，一旦出現剝離，就需立即以接著劑修復。有些基材使用木工膠，但還是壁紙專用接著劑最為合適。

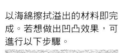

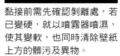

黏接前需先確認剝離處，若已變硬，就以噴霧器噴濕，使其變軟，也同時清除壁紙上方的髒污及異物。

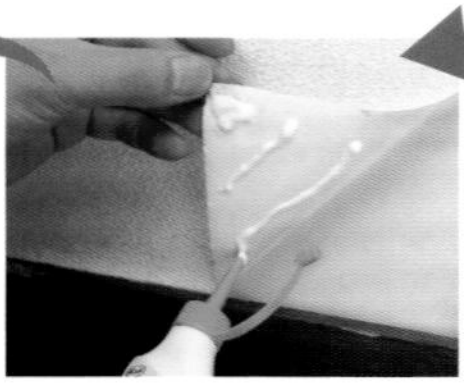

在壁紙的背面塗上接著劑。若已有大範圍的壁紙捲起，牆面上也需塗抹接著劑。以濕海綿擦拭溢出的接著劑。

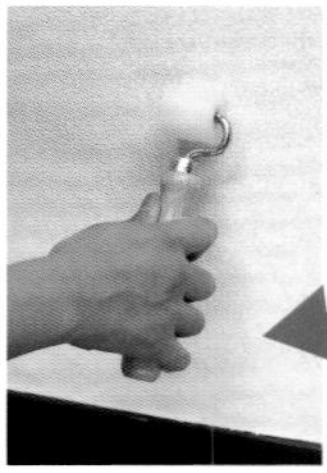

為了黏接得更牢固，可黏好後再以滾筒滾壓。若邊角處翹起的話會很容易再度剝離，可在乾燥前再以針固定。

使用物品

壁紙用接著劑

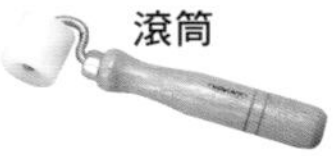

滾筒

塗刷油漆在壁紙上

若壁紙沒有明顯的破裂與磨損，可直接塗刷在壁紙上。如果發生這種情況，可使用壁紙專用的水性塗料。若想刷出好效果，塗刷前的基材處理與遮蔽作業為關鍵。先清除壁紙上的髒汙與灰塵，再遮蔽柱子與踏腳板處，避免沾上油漆。塗刷作業時，以刷子刷邊角處，大面積則以滾筒滾塗。

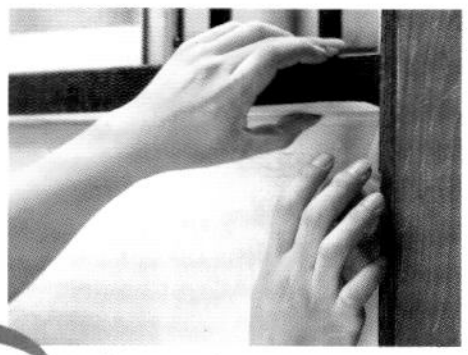

黏貼遮蔽膠帶在柱子、門框等處，避免沾上油漆。面積較大的部位可以遮蔽薄膜或報紙等遮蔽。

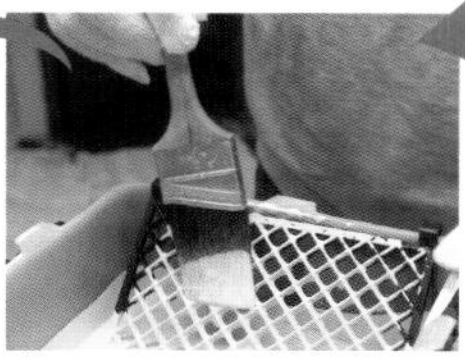

需使刷毛的三分之一到二分之一沾有油漆。若整個刷毛上都沾上油漆，會很容易形成漆痕。若沾太多油漆，可在油漆桶的邊緣上刮掉。

以刷子塗刷窗框等不好操作的細微部位。面積較大的部位則以滾筒滾塗。

若將油漆中的結塊刷到牆上，可在半乾時以刀片刮除，或是待其硬化後以水稀釋。

待第一層油漆乾燥後，再以同樣方法塗刷第二層。若想刷得均勻，作業需不定時的遠離牆面觀察，確認是否塗勻。

在油漆半乾時撕掉遮蔽膠帶。完全乾燥後再撕的話容易連漆膜一起撕掉。若有漏塗的地方，再進行補刷即可。

使用物品

水性塗料

滾筒組

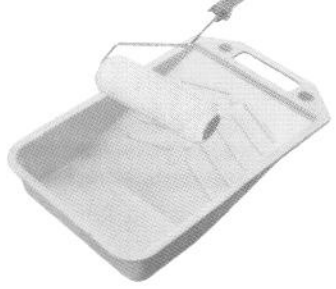

遮蔽膠帶

油漆刷

●油漆底料

達人推薦 DIY素材

重現凹凸感的造型補修材料

當具凹凸感的壁紙出現擦傷與破洞的時候，非常方便的一種造型補修材料。先以補修材料填補破損處，在尚未乾燥前以帶有凹凸花紋的修補工具壓製，即可重現凹凸感。若在塗刷前先做好此修補，即可呈現出更完美的凹凸感。

重現相同的牆面凹凸感或圖案時，造型補修材料為最理想的方便小物件。

POINT

作業時，需由下往上有節奏地滾塗！

沾上足量的油漆，先輕輕地滾一滾，塗料變少後再用力滾塗。

雖說沾太多油漆會容易形成漆痕，但漆量太少又很難滾塗。若不想出現漆痕，祕訣在於從下往上塗刷。可用盡全身的力氣，有節奏地進行滾塗，即可塗刷出好效果。

於牆面塗刷珪藻土，改變原有風格

珪藻土是以死亡白化珊瑚的堆積物等天然素材為原料做成的壁材。可吸收房間內異味並保持室內濕度，是一種非常受歡迎的健康塗抹材料。加水調勻揉合後具一定黏度，以抹刀往牆上塗抹時不易掉落，作業較為方便。若是可直接塗在壁紙上的DIY型珪藻土的話，塗刷新手也能輕鬆完成。就算塗刷不均勻也不用在意，可突顯獨特風格。

若壁紙與牆壁間沒有緊密貼合，珪藻土可能會因重力而自然剝落。為了預防此情況發生，作業前需先以釘槍在牆上打上訂書針牢牢貼合壁紙在牆壁上。

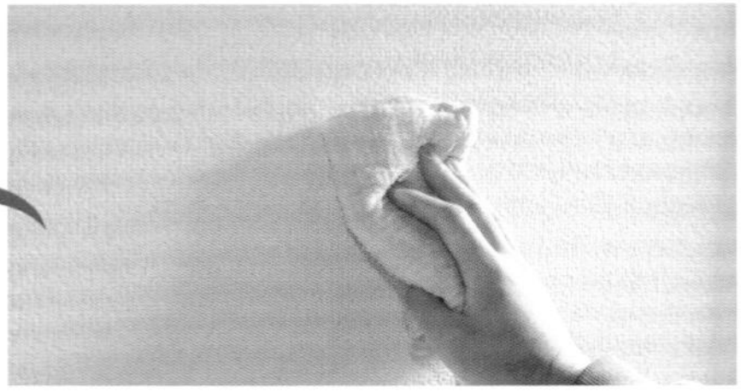

為了讓珪藻土能夠好好附著在壁紙上，作業前需先用抹布擦拭壁紙上的灰塵等髒汙。

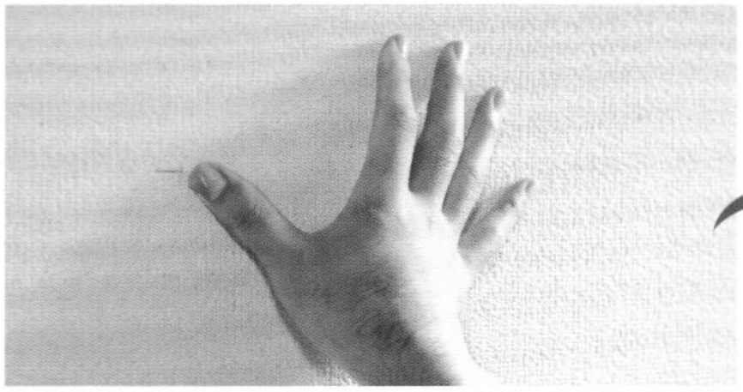

訂書針的間隔以手掌大為宜。另外，需認真加強壁紙邊緣與接縫部位固定。

加水和勻珪藻土。最初的水量應略少於說明書中所要求的標準水量，依據攪拌的過程再慢慢添加。

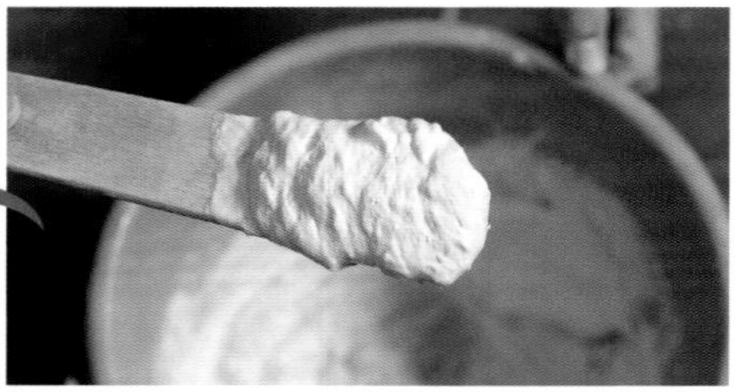

一邊攪拌一邊加水並攪拌至果醬狀為止。另外，為了需提高黏度也需充分攪拌。若量較多的話，可用電動攪拌機攪拌。

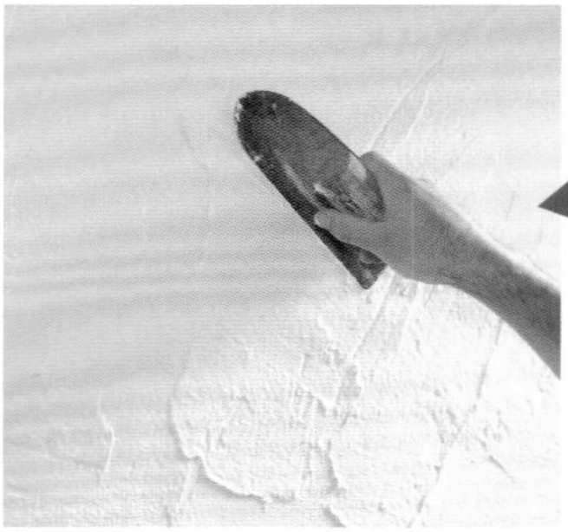

放置已充分調勻的珪藻土過一段時間後再開始往牆上塗刷，具體時間請參照說明書。可在表面上做圖案，或留下抹刀印。

使用物品

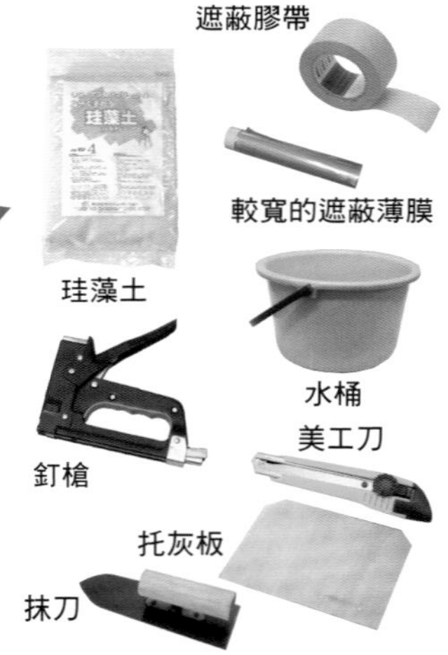

安裝小掛件於牆面

無論何種壁面都能安裝的萬能連接桿（toggler）也需選擇適當的使用方式。

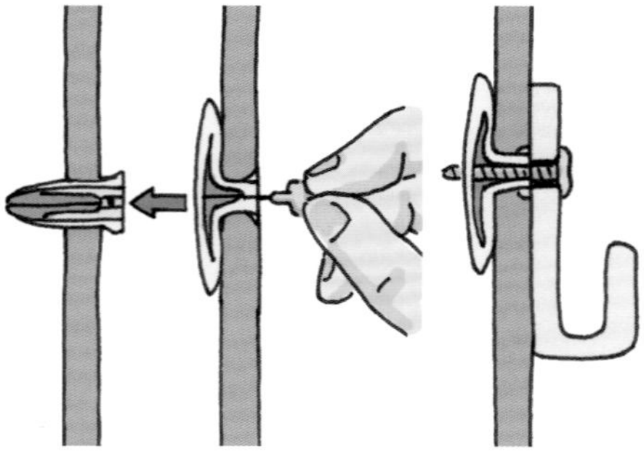

一般的木結構住宅中，都有以柱子與框條所形成的支架。因此，在牆上釘隔板或掛鉤等小物件時，需準確找出這些位置並固定釘釘子或打螺絲在那些位置。稍稍敲打牆壁，即可根據回聲來辨別何處為柱子或支架，何處為中空牆壁。若使用感測器，會更加方便。

使用工具

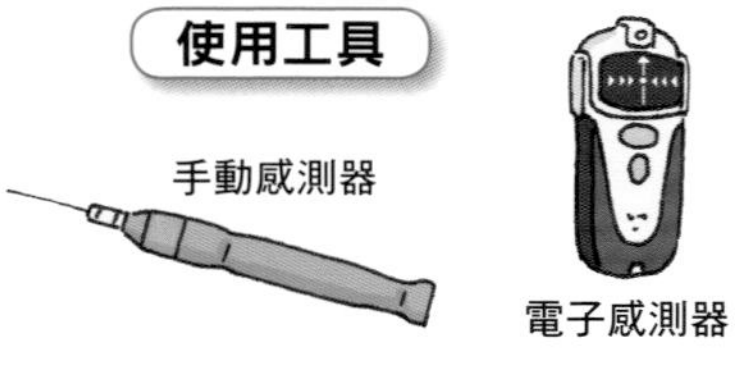

煩惱問題一一解決！

木地板的維修保養

小刮傷可以修補材料進行著色與填補

移動桌椅時會磨掉木地板表面的漆膜，並形成較淺刮傷或較深但面積較小的損傷。以上刮痕都可用木工用補修材料修補，使其不那麼明顯。一般的修補材料組都是由表面著色用的著色劑與填補較深凹坑用的塑料條所組成。可同時調製出與地板顏色相同的著色劑顏色。

為了不使表面漆膜剝離看起來太過明顯，可用補修材料的著色劑對顏色與光澤進行補修。

先選用比周圍地板顏色稍淺的著色劑，順著刮痕塗刷。反覆塗刷顏色就會逐漸變濃。因此，作業時需注意填補顏色的濃淡程度。

畫上細細木紋。在換上較深顏色的著色劑，以筆尖一點一點連接周圍的木紋。

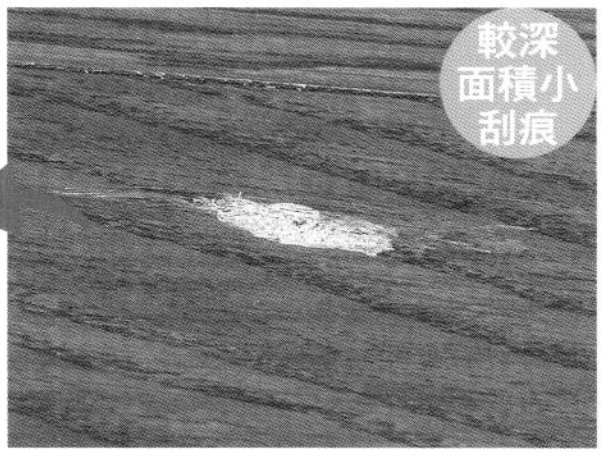

若表面板材已剝落且露出下層材料的較深刮痕或凹坑，就需以修補材料組中的塑料條進行填補。

選用與地板顏色相近的塑料條，再以吹風機遠遠的對著塑料條吹，將其軟化。

以塑料條填補刮傷及凹坑。為了填補至無縫隙，需變換方向從縱向、橫向、斜向等多方向均勻塗刷。

混合塑料條調色時，先以美工刀裁切塑料條，再將塑料條放於湯匙內以打火機加熱熔化。

加熱時以牙籤攪拌，待完全熔化後倒入刮痕與凹坑內。填入凹陷處至突起較好。

待修補材料冷卻凝固後，再以修補材料組中所附的刮刀刮除多餘材料，並平整表面。還可依據求描繪圖案。最後再以抹布擦拭周圍。

使用物品

木材用修補材料組

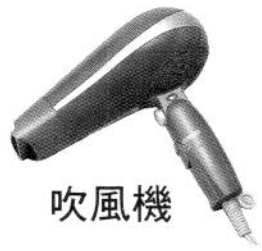

吹風機

抹布

消除地板發出的嘎吱嘎吱聲響

走過地板時發出的嘎吱嘎吱聲響，表示地板可能出現了部分翹起與下陷，或是地板材料、施工方法或基材中的某一環節出了問題。若是地板與下面的基材三夾板之間出現間隙，即可用專用補修材料填補，消除聲響。

消除地板聲響適合非常瞭解地板下方構造的DIY高手。若不確定為何發出聲響，請諮詢專業人士。

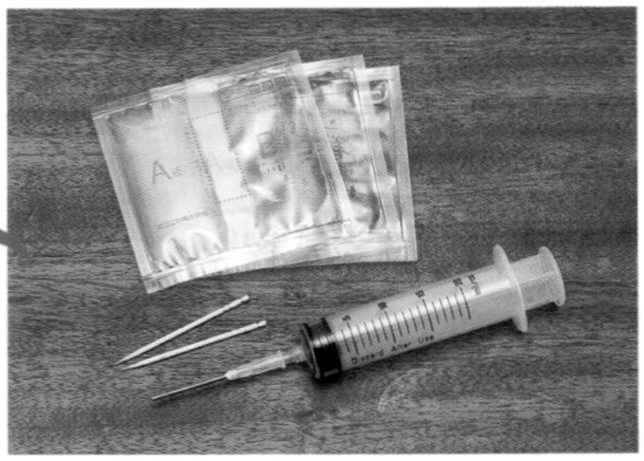

若已瞭解地板下方的構造，或是找到發出聲響的原因，便可在DIY的店鋪內購買一些補修配件試著修復看看。

以木器補土填補大面積的刮傷與凹坑

重物掉下時砸出的凹坑，或是大面積的刮傷與缺損時，就用木器補土來填補平整吧！建議可用硬化後不會縮水的水性木器補土，乾燥後就會可結實硬化且可在表面進行著色處理。較重視保養皮膚的人可戴手套再進行作業哦。

使用物品

木器補土條

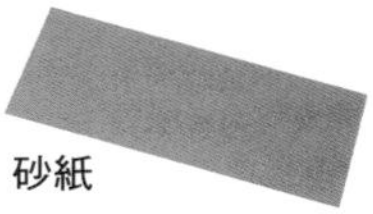

砂紙

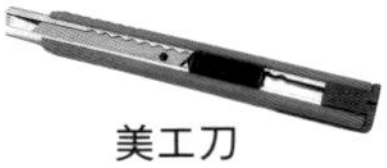

美工刀

戴上塑膠手套，以美工刀切下適量的木器補土。作業前需清掃地板，並以砂紙研磨毛邊。

揉捏切下的木器補土並塞入凹坑內。為了不讓其四周也沾上油灰，作業前需先貼好遮蔽膠帶。

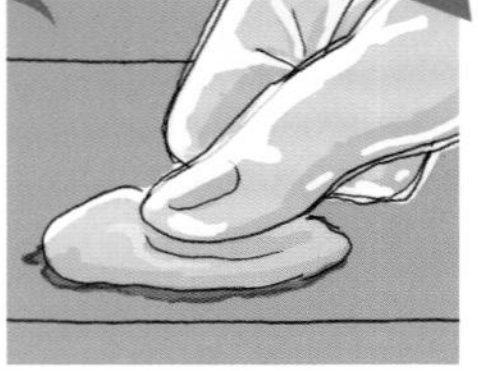

待木器補土乾燥硬化後，如圖所示以刀片削下多餘部分，再以砂紙研磨。

將失去光澤的木地板打蠟

摩擦與髒汙會使木地板的光澤漸漸消失。為了延長地板的使用壽命，應早點在地板上打蠟作為保護膜。若家中是三夾板加面板的複合式地板，建議選擇使用方便的樹脂蠟。只需灑上少量的蠟汁後塗開即可完成打蠟。

使用物品

樹脂蠟

塑膠手套

抹布

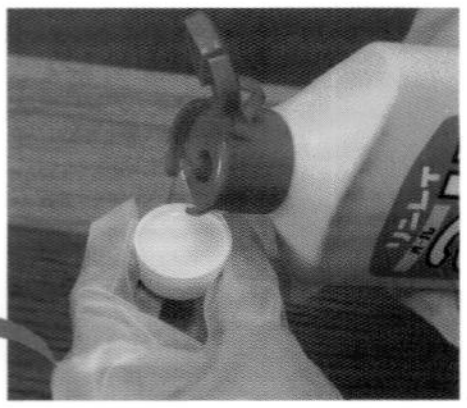

根據說明書計算作業區塊所需蠟量。可用瓶蓋計算，一個瓶蓋約為50ml。

灑下所需蠟汁量。若量太多，不僅會浪費材料，還會使地板變色，需特別注意。

戴上塑膠手套，避免手變得粗糙，再以抹布迅速抹開。可使用不易掉毛的抹布擰乾擦拭。

使用地板專用保養漆防止表面磨損

打蠟的效果只能維持幾個月，但若是使用地板保養漆則可持續一至兩年，操作方法也非常簡單。一定要使用專用的地板保養漆，不過UV塗刷與陶瓷塗刷的地板材料不能以保養漆進行維護。

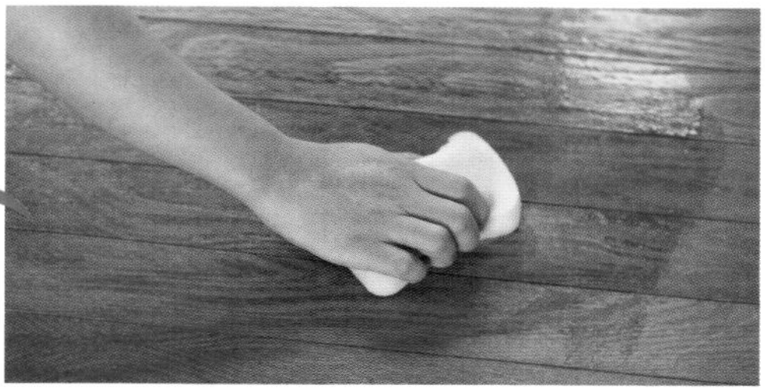

挪開家具，以吸塵器除塵，再以清洗劑清洗。頑固污漬則用香蕉水擦拭。作業時請注意室內通風狀況。

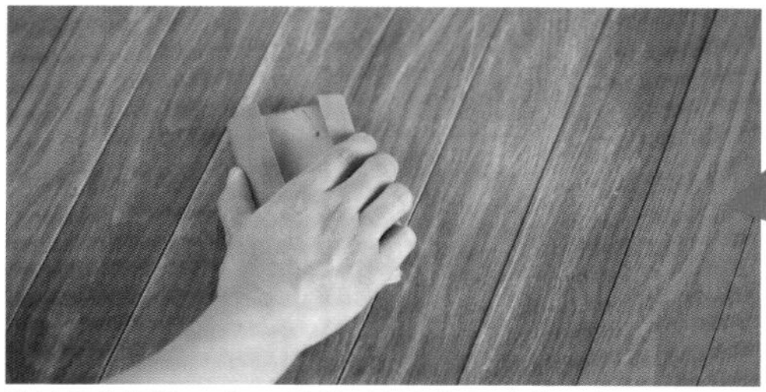

待地板乾燥後，以240號的砂紙輕輕研磨整個表面。若有電動砂紙機，可提高作業效率。

請務必以吸塵器吸除研磨時產生的粉屑，再以乾布徹底擦乾。在踢腳板及門檻等部位需黏貼遮蔽膠帶，避免沾上油漆。

以刷子刷塗。從房間內側順著木紋往外刷。若想刷得漂亮、增強耐久性，可在油漆乾燥後，以400號的砂紙研磨後再刷一次。

POINT

決定塗刷路線 以一定方向塗刷

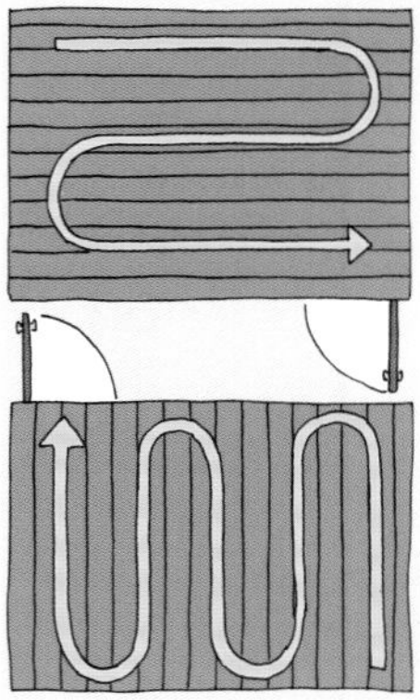

打蠟或塗刷保養漆時，一般都是以一定方向從內側塗往外側。

一般的複合地板會在三夾板上面貼有一層0.3至2mm的裝飾面板。

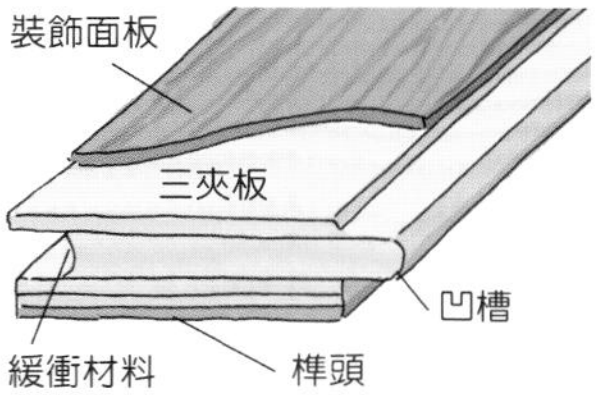

打蠟或塗刷保養漆時，為了不留下腳印，務必從房間最內側開始，並在房間出口結束。另外，地板保養漆中具有味道較淡的水性漆與塗膜較結實的油性漆兩大類，覺得油漆太濃刷不開時，水性漆以水稀釋，油性漆則以香蕉水進行稀釋，稀釋後再繼續使用。水或香蕉水的配比濃度為5至10%左右。

使用物品

香蕉水

地板保養漆

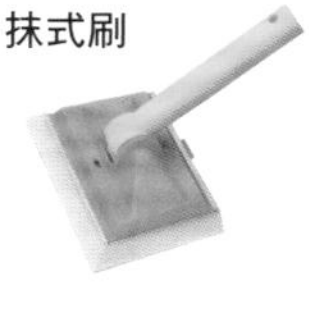

抹式刷

遮蔽膠帶

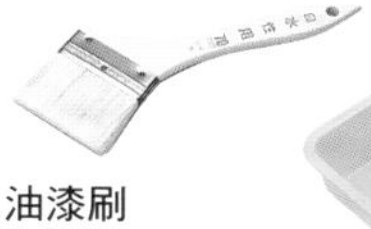

油漆刷

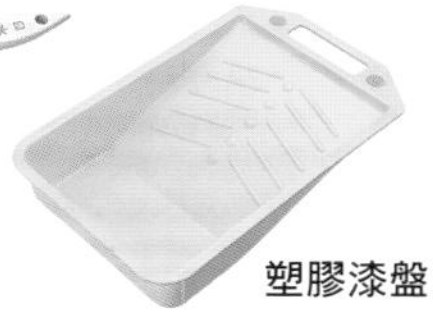

塑膠漆盤

砂紙

塑膠手套

地毯的維修保養

消除煙頭燒焦的痕跡

不小心讓煙頭燒到地毯。若燒焦程度不太嚴重時，可用硬刷子刷除燒焦痕跡，讓痕跡看來不那麼明顯。若表面已燒焦變硬，則可用絨織物填補，也可得到不錯的效果。

若為化學纖維地毯，燒焦處會變硬。因此需先以美工刀削除變硬的部分。

以美工刀從家具下方較不顯眼處割下一塊相同大小的纖維絨毛。

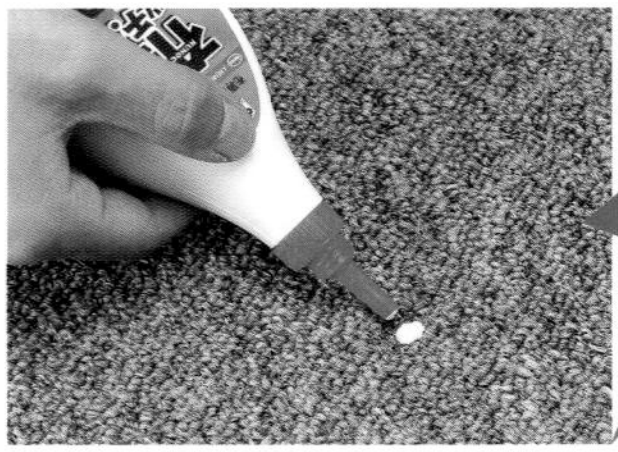

在燒焦的部位塗上布用接著劑，可塗多一點。

將割下的纖維揉成一團後填補在燒焦處。再以手指按壓，融合周圍的纖維，看起來較自然。

想要完全恢復以前的樣子較困難，但只要燒焦的面積不大，基本上修補了也看不出來。

使用物品

布用接著劑

美工刀

去除地毯上汙跡

越早處理汙跡就越容易清除。須先確定附著在地毯上的汙跡為油性還是水性，若為水性以水擦洗即可，但若為油性的則可用汽油擦洗。一旦發現就要馬上清除。

判別汙跡的成分。將紙巾揉成一團後沾上少量的水輕輕按壓汙跡，若紙巾染上汙跡顏色，即可說明是汙跡為水性；碰到汽油後才脫落的則為油性汙跡。

以乾紙巾吸收可溶於水或汽油的汙跡至完全吸淨。若無完全去除汙跡，可依次使用洗滌劑、肥皂或中性洗劑的稀釋液去除汙漬。

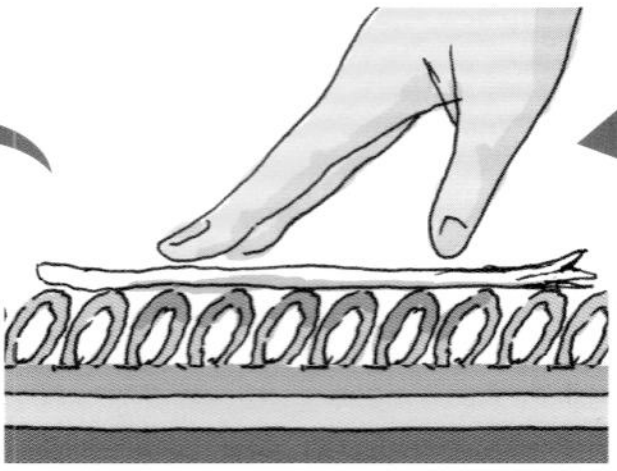

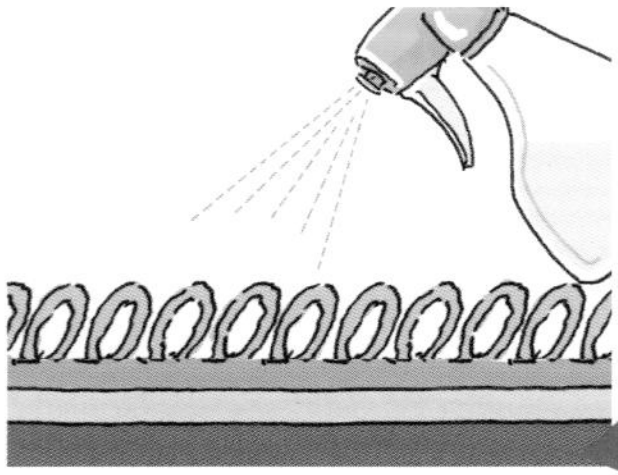

去除汙跡後，需清除浸在其餘地毯的洗滌劑。以噴霧器灑水用濕地毯，再以乾抹布擦拭即可。同時需打開窗戶通風，使地毯自然乾燥。

修補破損處

若地毯破損面積較大，則需適當修剪破損部位，再以一塊相同大小的布料填補。由於地毯的纖維種類不同，修補過的效果多少都會不同。但若填補得剛剛好，看起來會非常漂亮且看不出修補的痕跡。

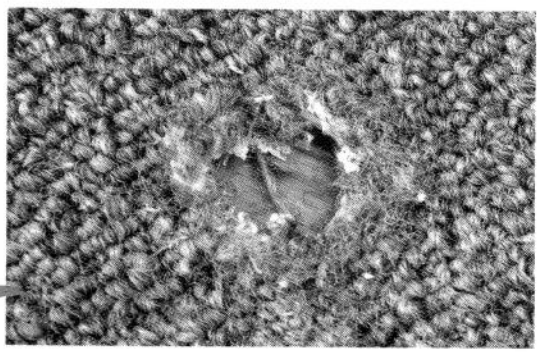

觀察破洞的狀況。照片中為以接著劑固定纖維部分的地毯，纖維下方可看見毛氈。

剪下一塊相同花色且大小相同的地毯布料，並於四邊貼上膠帶。若手邊無相同的布料，可在家具下方等較不顯眼處剪下一塊代替。

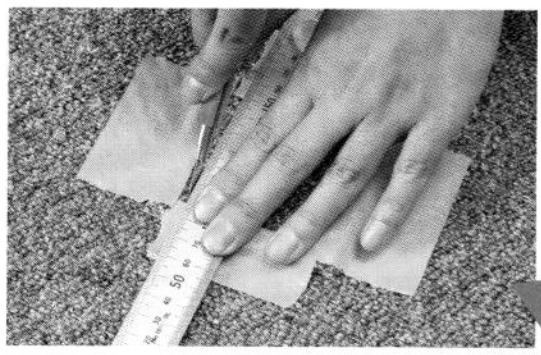

貼地毯布料在破洞上面，並以膠帶固定。如圖所示靠著較寬的尺子，一起裁切上下兩層地毯。

切下兩層地毯後，扔掉上方的破掉的地毯。並撕掉黏在地毯上的膠帶。

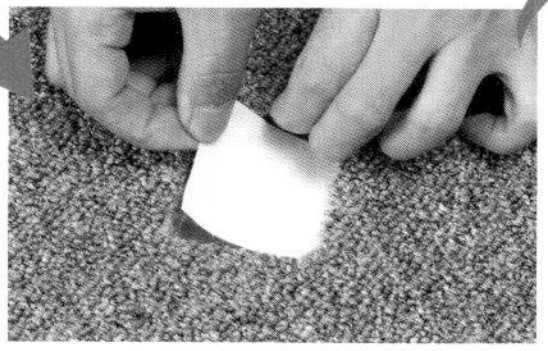

將地毯下方黏上雙面膠。需緊密貼合四周後撕掉上側貼紙。

將切下的填補布料嵌入破洞。再以手用力按壓，使其緊密貼合地面。

最後以牙刷等工具刷過修補邊界處的纖維絨毛，融於周圍地毯即完成。

以蒸汽熨斗消除家具壓痕

長時間放置衣櫃、餐桌等家具時，地毯表面的纖維會被壓下且難以復原。挪動家具後又會在意壓痕的存在，此時即可用熨斗與牙刷重新豎起已壓扁的纖維。若凹陷面積較大，以硬梳子梳理可達到更好的效果。

於凹陷處塗上稀釋過的柔軟劑。為了使纖維蓬鬆，塗抹後放置一段時間。

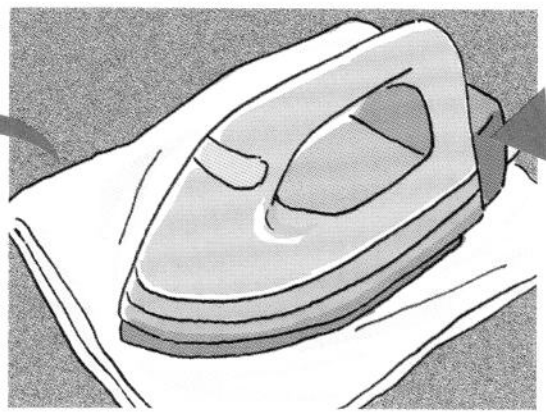

在凹陷部位墊上濕毛巾，再用熨斗熨燙。如果用力將熨斗往下壓，纖維反而會被壓下去，因此作業時要特別注意。

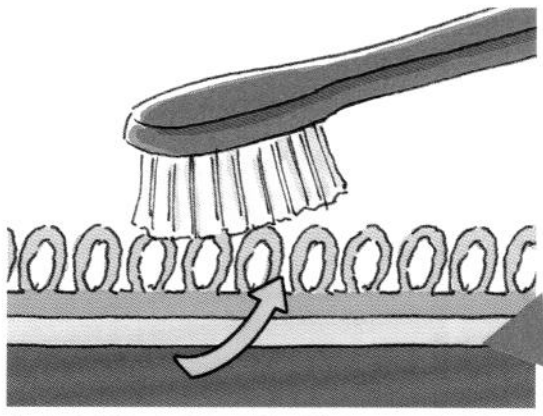

如圖所示用牙刷刷製，以便使纖維從根部豎起來。熨後刷，刷了再熨，這樣重複兩、三次，再自然乾燥即可。

地毯的種類

地毯中有纖維地毯、將毛壓縮後製成的毛地毯等，以及沒有織物的地毯等種類。其材料大多以羊毛、尼龍、丙綸與聚酯纖維等為主。

●混紡纖維

圈狀纖維與斷纖維交織在一起的地毯。兼具良好彈性與柔軟度。

●斷纖維

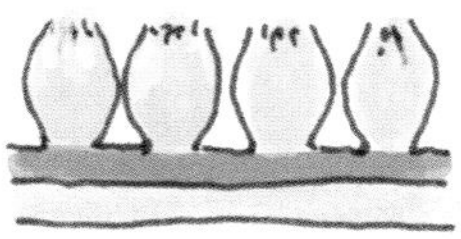

纖維的端部被剪得齊平。常見的有纖維長度為5～10mm的平絨、纖維密度較高的天鵝絨、粗纖維的薩克森、纖維纏繞在一起的麻花絨以及具有皮毛風格的長毛絨。

●圈狀纖維

纖維呈圈狀，其中有高度完全齊平的平纖維與高低不一致從而具有立體感的高低型纖維兩種。

在窗框上安裝防盜鎖

加裝防盜鎖來提高防盜能力

價錢便宜且可簡易安裝的防盜鎖能有效防範小偷入侵

遠離釦鎖處，如右圖所示的窗框處加裝防盜鎖，可有效預防小偷的入侵。延長小偷破壞玻璃的時間，提高被發現與被報警的可能性，如此一來，小偷便不會趁家裡沒人時入侵偷竊了。若搭配P.133所介紹的防盜膜，更能有效的防盜。

市面上可買到各類型的窗戶用防盜鎖，有以強力粘接膠帶黏接固定的，也有以螺絲緊密固定在窗框上的，價格都相當便宜，且容易購得。

工具

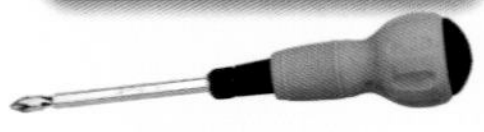

螺絲起子

材料

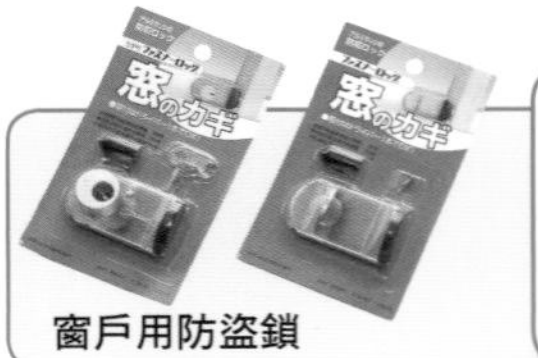

窗戶用防盜鎖

1 黏接軌道

撕掉防盜鎖軌道後方貼紙，黏接至安裝位置。

2 開釘孔

將防盜鎖具中附有的鑽孔螺絲套在螺絲起子上，於窗框上先行開好兩個螺絲釘孔。

3 以螺旋釘固定

開好孔後，以螺旋釘固定，就可固定軌道於窗框。

4 插入防盜鎖本體

插入鎖具便鎖住，只要旋轉旋鈕，抽出本體後即可開鎖。

在窗戶上黏貼玻璃防盜膜

提高玻璃強度，可有效預防無人在家裡時遭竊的危險

貼上玻璃用防盜膜後，玻璃不會輕易被破壞，會需要花費更長的時間破窗而入。對於入室行竊的小偷們來說，也會此避開此類家庭。

玻璃防盜膜可有效提高玻璃強度有效防範盜賊入侵

小偷在家中無人時侵入行竊的常用方法即為打破玻璃，有效的預防措施就是在窗戶玻璃上貼上防盜膜。操作方法非常簡單，只需在釦鎖周圍的玻璃上（室內側）貼上防盜膜即可。這樣一來即可提高玻璃強度，讓破壞玻璃的難度增加。此外，市面上還售有適用於凹凸玻璃的防盜膜。

預防盜賊從窗戶入侵時，可搭配黏貼防盜膜與安裝窗戶用防盜鎖（P.132）、加裝警報器等多種方法，效果會更好。

工具

噴霧器

材料

防盜膜

〈凹凸玻璃用防盜膜〉

1 撕掉貼紙

撕掉防盜膜的貼紙，清洗玻璃表面並以布擦乾。

2 以手壓合

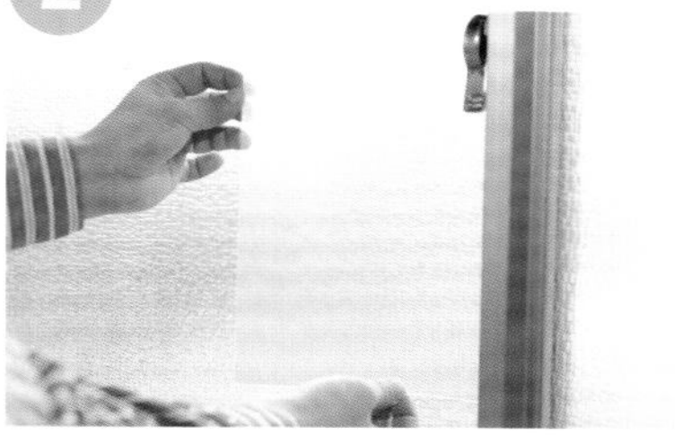

貼上防盜膜，再以手壓緊，使其緊密貼合玻璃表面。

〈平板玻璃用防盜膜〉

1 撕掉貼紙

在玻璃與防盜膜上噴上已稀釋的中性洗劑。

2 以刮刀壓平

貼上後以刮刀壓合，擠掉其中水溶液與氣泡。

室內門與玄關門的維修保養

鎖緊固定螺絲便可消除門把哐當作響的毛病

門把哐當作響的多數情況都是固定門把的螺絲鬆動所致。基本上只需拆下蓋板，鎖緊後方的固定螺絲即可消除。

拆下門把。有些門把與蓋板是一體的，有些則是分開的。拆卸時需確認。

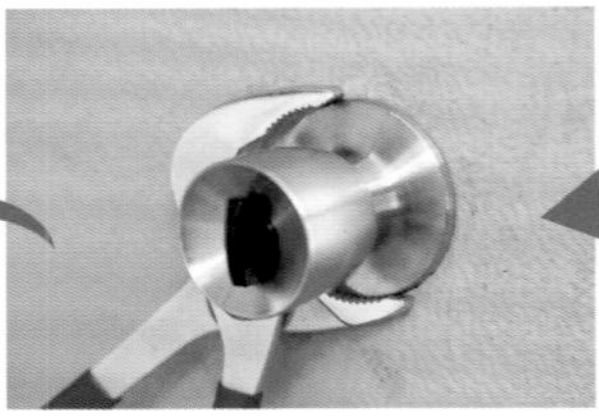

拆卸蓋板時，將門板內側的門把與墊圈向左轉鬆。若無法轉動時，可使用水管鉗。

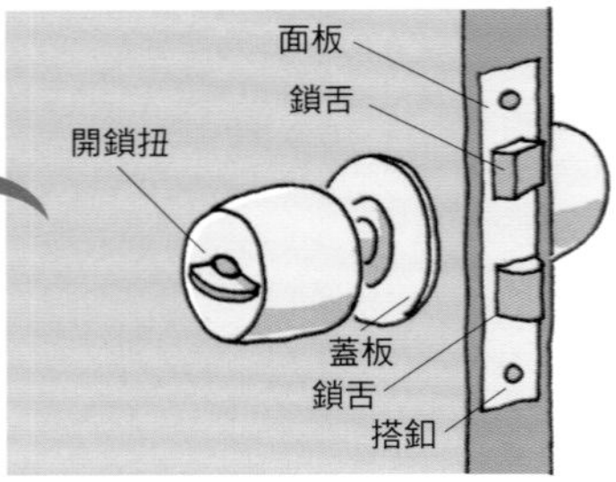

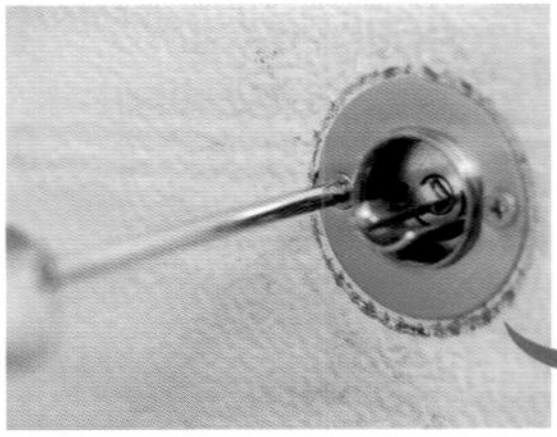

哐當作響的原因大多是因為蓋板後方固定板的螺絲鬆動所致。只要重新鎖緊螺絲即可。

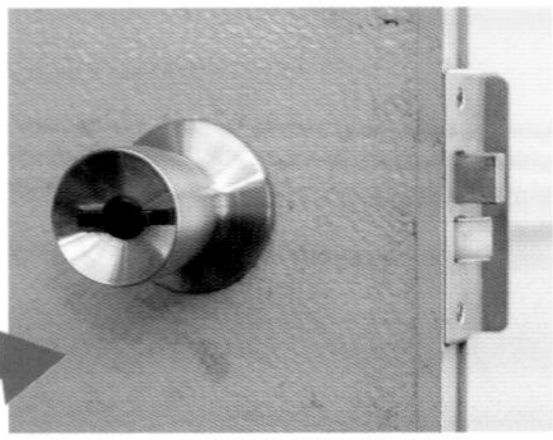

確認開鎖扭處於橫向狀態時鎖扣是否伸出且鎖住。裝回蓋板，向右鎖緊固定。

使用工具

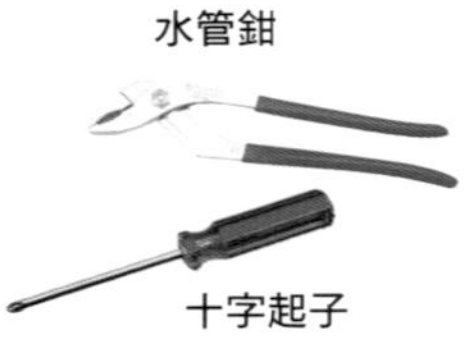

DIY更換壞掉的門把

室內門鎖發出聲響、空轉、鎖不上等嚴重問題時，就需要換一把新鎖了。將門把拆下來，拿到DIY商店去照著買一套相同型號的鎖具，再按照與拆卸時相反的作業順序裝上去即可。

箱鎖

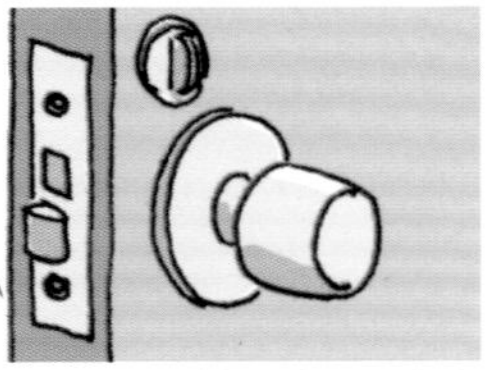

以逆時針轉鬆蓋板，拆下門把與蓋板。

轉下固定板的固定螺絲，拆下門板外側的門把。

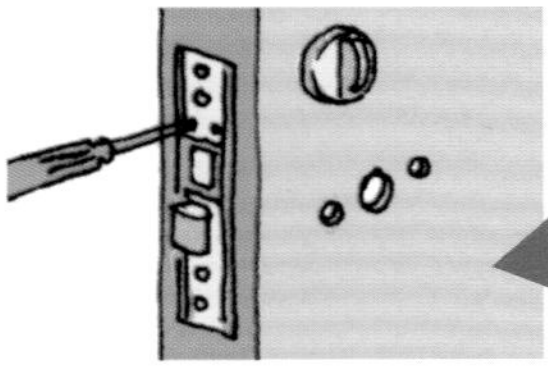

轉鬆面板上的螺絲，取下門鎖本體。

筒鎖

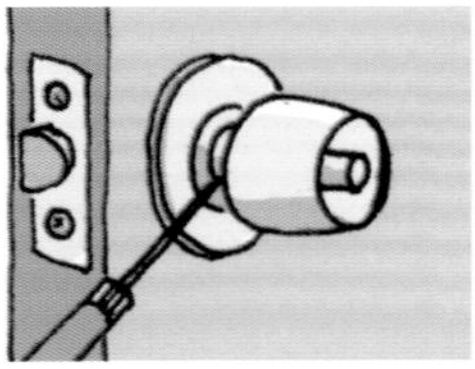

將錐子塞入孔內，按下鎖定按鈕後取下門把。

以一字起子撬開蓋板外蓋並取下。

拆下門鎖本體，轉鬆面板螺絲並拆掉面板。

使用工具

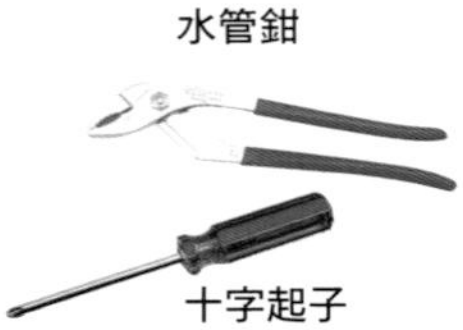

調整門軸，改善關門速度過快的狀況

關門速度快速的門很容易夾到手，相當危險。當出現此狀況時，可調整門把上的速度調整螺絲來調整關門的速度。

使用物品

潤滑油噴劑

一字起子

若室內門開關時會發出吱吱嘎嘎的響聲，可在作為支撐的V字部位噴上潤滑油改善。若有油從本體裡滲漏出來，則需更換新的支撐。只需購買替換用支撐即能容易搞定。

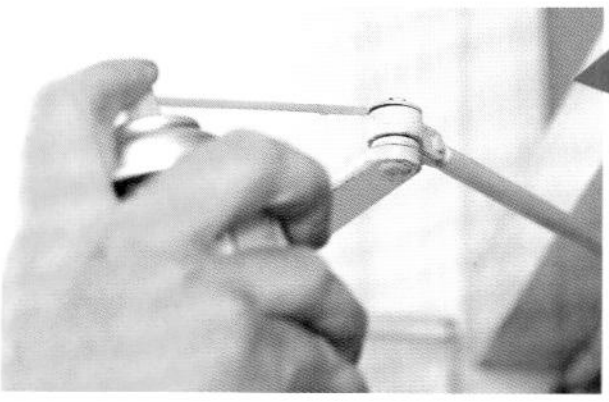

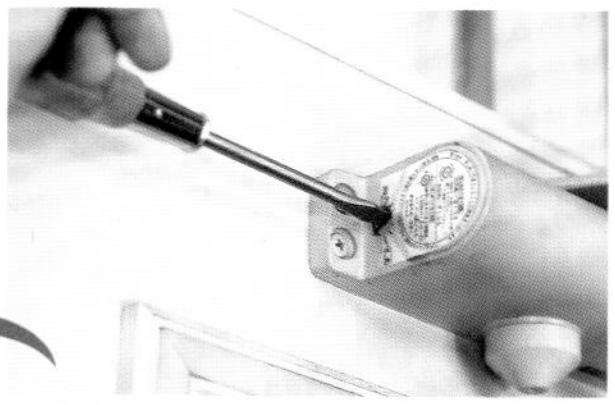
以十字起子轉鬆速度調整螺絲（向左轉），關門速度會變快；若鎖緊（向右鎖）的話則會使關門速度變慢。旋轉四分之一左右即可，注意勿鎖過頭。

調整鉸鏈來改善開關門時嘎吱作響的毛病

鉸鏈為支撐門扇、使其開關的重要金屬零件。開關不順時，可重新固定鉸鏈的螺絲，或是清除鉸鏈上的鏽跡。

使用物品

潤滑油噴劑

一字起子

逐一檢查鉸鏈的每個固定螺絲，查看是否有鬆動。若有鬆動，再將其鎖緊即可。

若再開關時發出咯吱咯吱的響聲，可先清除鉸鏈上的鏽跡與髒汙，並在軸上噴潤滑油。

小祕技

塞入木筷子，讓失效的螺絲重新發揮作用

若基材為木頭，會常常出現螺絲孔變大而使螺絲失去作用的情況。此時，可更換一個相同直徑且長度稍長的螺絲試試看，另外，塞入衛生竹筷於螺絲孔內，也有不錯的效果。

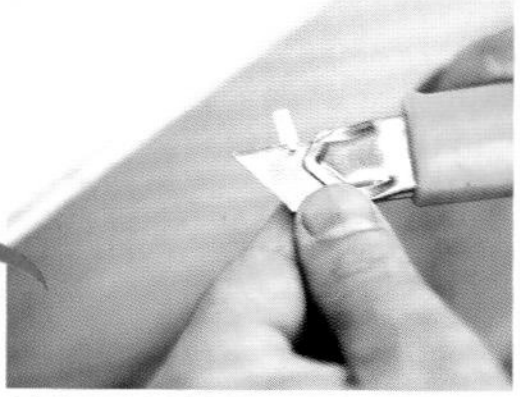
削薄竹筷使其與螺絲孔的直徑一樣，即可插入螺絲孔的深處。

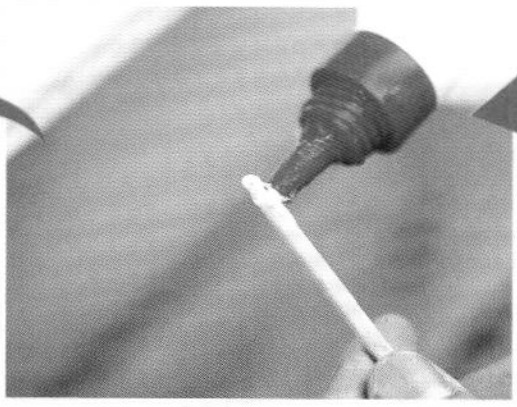
在削好的竹筷子前端塗上木工用接著劑。

將竹筷子插入螺絲孔，並以鐵鎚輕輕敲打，使其能插到螺絲孔的深處。

切斷竹筷，使其斷面剛好與表面齊平。

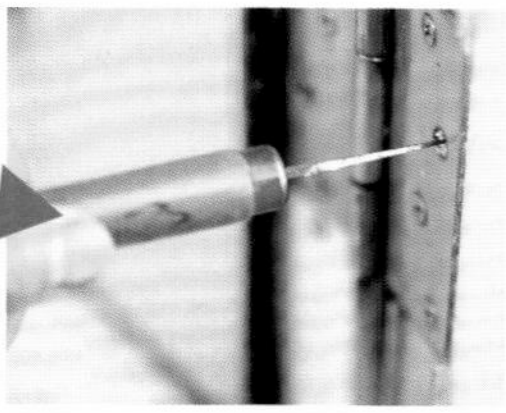
以錐子在竹筷子中央開孔，待接著劑乾燥後，重新鎖入螺絲固定。

窗框的維修保養

調整已固定窗鎖

窗框上的鎖被稱為窗鎖。由於窗鎖是被牢牢固定在窗框上，所以很多人都認為窗鎖的位置是無法微調的。但只要透過轉鬆本體與金屬支架的上下固定螺絲來調整窗鎖的位置，就能使窗鎖能輕易地被鎖上。

轉鬆金屬支架的上下固定螺絲。左右移動支架來調整其位置，讓窗鎖本體能順利被鎖上，並且鎖上後也會只有些微的鬆動。

窗鎖本體也能進行些微調整。若上下固定處均有外蓋，可先以十字起子拆下外蓋。

轉鬆固定螺絲，對窗鎖本體的位置進行調整。調整窗鎖至鎖上後還能稍有鬆動為佳，這樣也可使開關比較方便。

使用工具

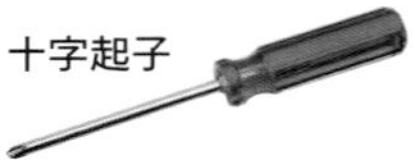

十字起子

更換發出聲響的窗鎖

若窗鎖本體內的軸發出聲響時，即需更換新鎖了。由於沒有通用規格，因此市面上有各種尺寸以及形狀的扣鎖，其中也有形狀特殊的。購買時，可將拆下的舊鎖拿至賣鎖的商店去，或是詢問窗框的生產廠商進行確認。作業時，若同時拆掉舊鎖的兩個固定螺絲，會使窗框內側的釦卡掉落。這樣一來，就無法換鎖及維修。

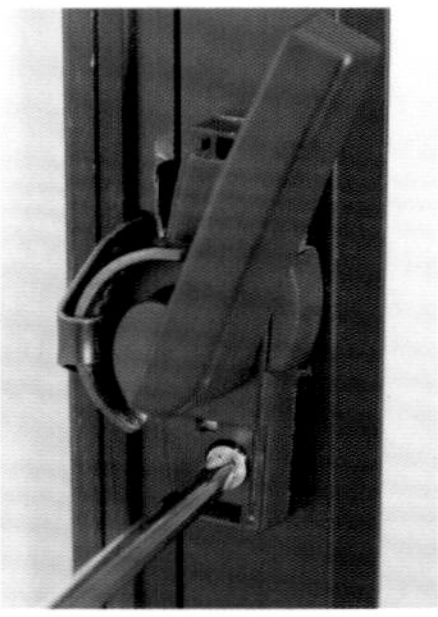

轉鬆取下扣鎖本體下側的螺絲。若取下上下兩個，會使內側的釦卡掉落。作業時請務必注意。

轉鬆上方螺絲，抬起窗鎖的下面部分，以便露出下側的螺絲孔。

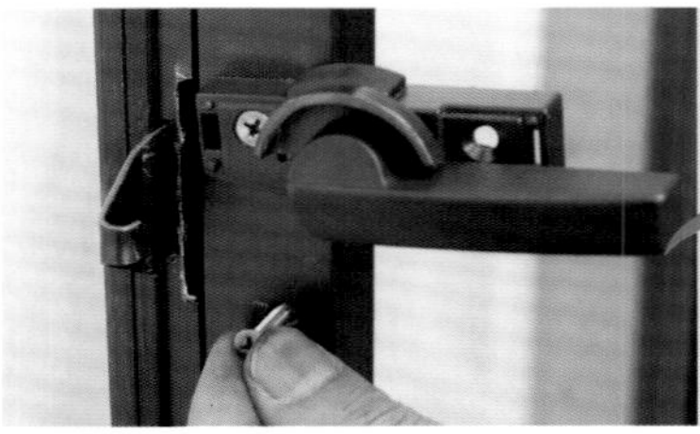

將拆下的螺絲插入下側的螺絲孔，這樣一來即可防止窗框內側的釦卡掉落。

拆掉上面的螺絲，取下舊鎖。安裝新鎖時，以上方螺絲作為臨時固定後，取下插在下面螺絲孔內的螺絲，再裝上新鎖後鎖緊固定螺絲。

作業時一定要注意。為了避免這樣的問題發生，必須將先拆下來的螺絲作為臨時固定，使兩個螺絲中的其中一個處於平時的狀態。

使用工具

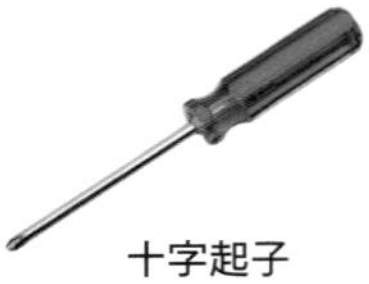

十字起子

更換窗戶滑輪解決難以開關的問題

窗戶推起來變得沉重或是發出聲響時，不是因為滑輪變低就是因為不光滑了。只需旋動滑輪調整螺絲調整高度或是更換新滑輪即可輕鬆解決。另外，裝回窗框時，一定要記得「左邊的窗戶需裝在內側的軌道內」。

雙手抬起窗戶向外推，以便將其取出。被滑輪卡住時，可透過調整滑輪的高度調整螺絲，縮回滑輪。

確認滑輪的安裝部位（固定滑輪的窗框凹槽）的兩側為平行還是有落差。若為平行，準備嵌入式或擴張式的新滑輪即可。若有落差，則需準備左圖所示的擴張式滑輪。

●嵌入式

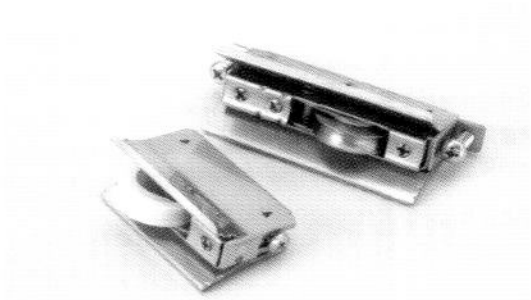

●擴張式

若滑輪安裝部位有落差，請使用擴張式滑輪。

取下舊滑輪。一般都是插入螺絲起子於窗框的凹槽，將滑輪往上頂即可拆下。

無法取下時，可拆開窗框。以十字起子拆下窗框兩側的結合螺絲。

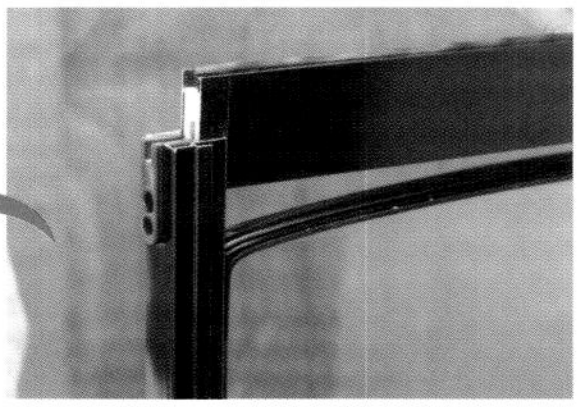

將窗框往上抬便可取下。順便清掃拆下窗框內的灰塵。

將舊滑輪從軌道滑出來。確認新滑輪的上下方向後將其從軌道裝進去。

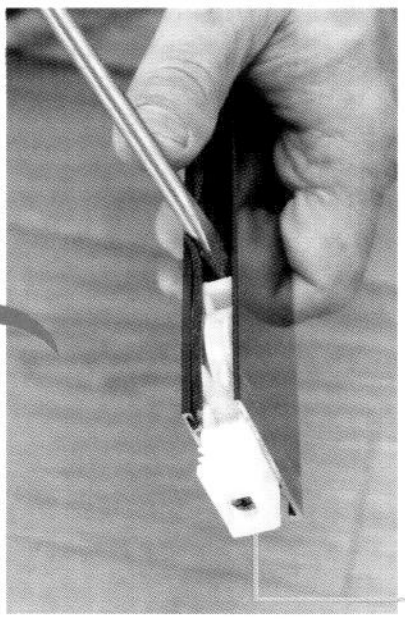

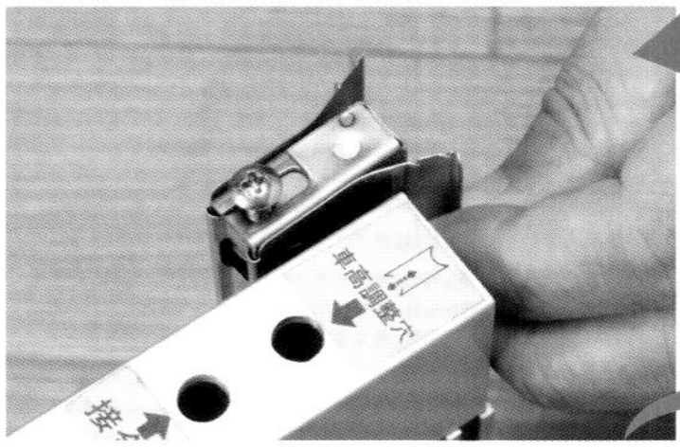

調整滑輪的高度。嵌入式滑輪在裝入時要將調整螺絲朝向外側，以便後來可透過將螺絲起子插入窗框上的滑輪高度調整螺絲孔來調節高度。

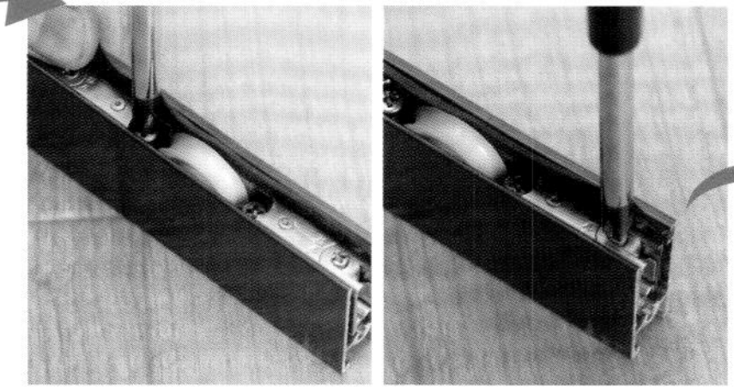

調整擴張式滑輪高度時，先旋動橫向調整螺絲使其端正嵌在溝槽內，再旋動高度調整螺絲使高度與溝槽一致。

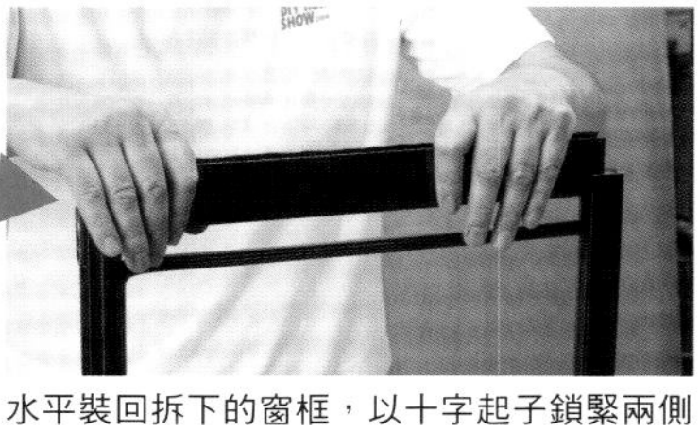

水平裝回拆下的窗框，以十字起子鎖緊兩側的固定螺絲。一定要鎖緊螺絲避免開關時發出聲響。

使用物品

潤滑噴劑

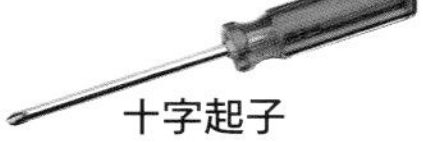

十字起子

黏貼隔熱膜防止窗戶玻璃結露

推拉窗的精密度比較高，在冬天時，室內外溫差較大會容易出現結露。結露對窗戶會造成損傷，也容易導致橡膠墊圈發黴至變黑。因此，需在窗戶玻璃內側貼上隔熱膜來防止結露，還可同時阻擋紫外線與太陽熱量進入室內，能有效提高節能效果。

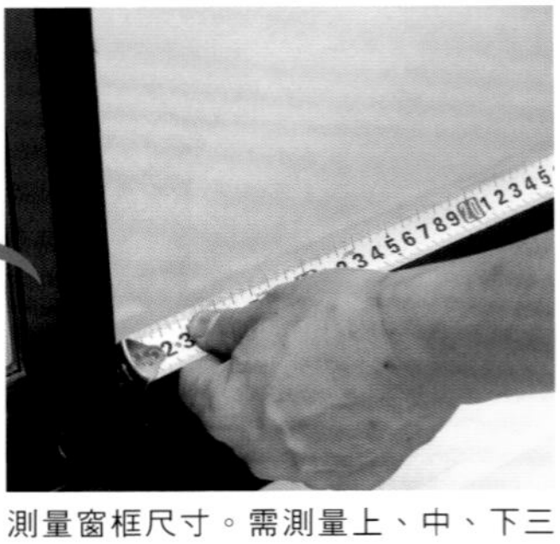
測量窗框尺寸。需測量上、中、下三處，才能得到較準確的尺寸。

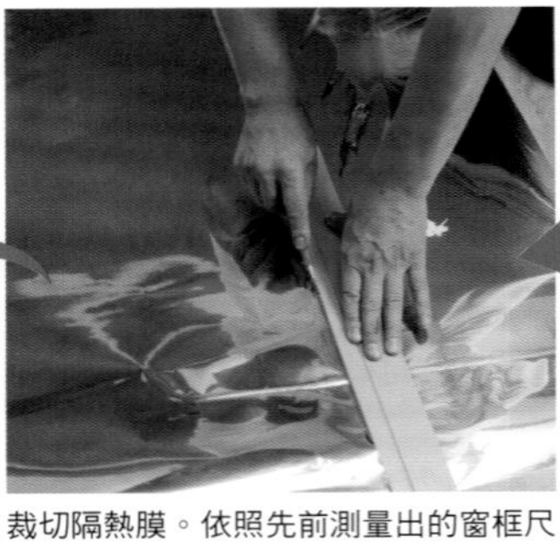
裁切隔熱膜。依照先前測量出的窗框尺寸裁切隔熱膜，即不需拆下窗戶，非常方便。

黏貼隔熱膜前，需擦洗窗戶玻璃上的髒汙。在200ml的水中加入兩、三滴中性洗劑做出水溶液，再將其噴在窗戶玻璃上。盡可能地擦拭乾淨玻璃上的汙跡。

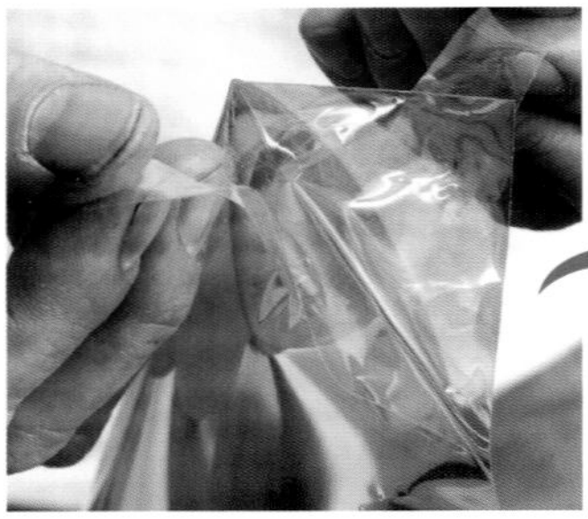
撕掉隔熱膜背面的貼紙。這時，分別在隔熱膜與背面貼紙的角落處貼上透明膠拉扯，能更容易將其剝離。

一點一點地撕掉背面貼紙，同時在隔熱膜的背面噴上水溶液。待完全撕掉後，再噴一次。

在玻璃表面噴上足量的水溶液。這樣一來，就算沒有貼好貼膜，也可進行位置調整。

黏貼隔熱膜在窗戶玻璃上。將沒有經過裁切的直線邊貼在上面，使其平行窗框，這樣能更容易貼正。靠近窗框兩、3公分的位置先暫時不貼起，以便排氣與排水。

抹平皺紋。一邊噴水溶液一邊使用窗戶用刮把從中心往四周抹刮，去除褶皺中的空氣與水。

使用物品

捲尺

噴霧器

隔熱膜

窗戶用刮把

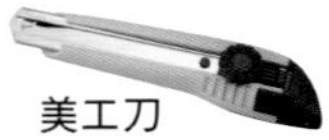
美工刀

紗網 的維修保養

全面更換已經髒舊的紗網

隨著紗網的老化變舊，會開始出現較大的破洞與邊框處破損等問題。此時就差不多該換新紗網了。更換作業其實非常的簡單。只需拉出壓條拆掉舊紗網，再以壓條固定新紗網住即可。也順便打掃一下窗框吧！這樣會更有煥然一新的感覺。

使用物品

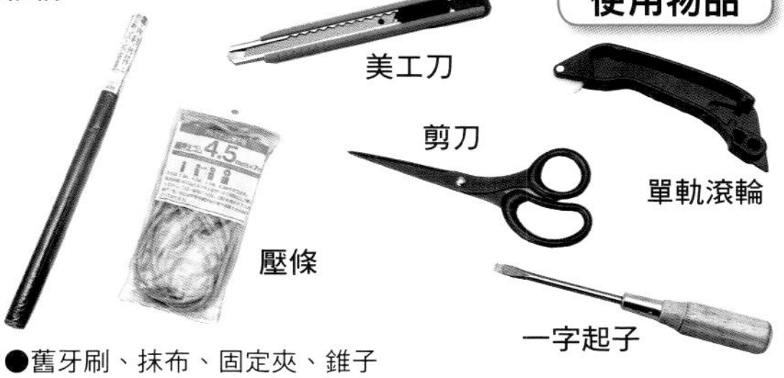

●舊牙刷、抹布、固定夾、錐子

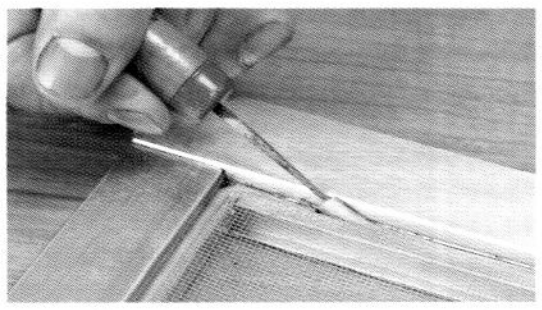

拆下舊壓條。如圖所示，以錐子或螺絲起子撬開壓條。

慢慢拉起壓條，將整個壓條小心翼翼地從凹槽裡拉出。

將壓條全部拉出後，拆掉舊紗網。

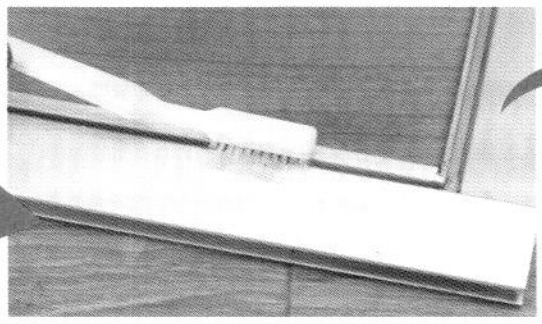

以舊牙刷清理凹槽內垃圾與灰塵，窗框部分也可以抹布擦乾淨。

將新紗網沿著窗框鋪開，注意網眼與窗框需平行。再以剪刀剪下一塊略大於窗框的紗網。

以單軌滾輪的尖部壓入壓條至凹槽。如圖所示，在距離轉角四至5公分處開始。

壓好最初的轉彎處後，需確認紗網網眼與窗框是否平行。

在下一個角落壓入壓條。壓入前需先暫時固定，避免紗網的位置出現偏移。

緩緩地滾動滾輪將直線部位的壓條壓入凹槽，同時輕輕的以手往外側拉扯紗網。

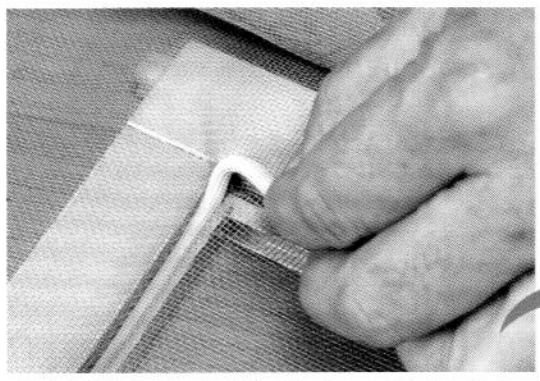

若轉彎處的壓條稍寬，效果會更漂亮。

將壓條壓入整個的凹槽固定，壓完一圈回到起點後剪掉多餘部分。

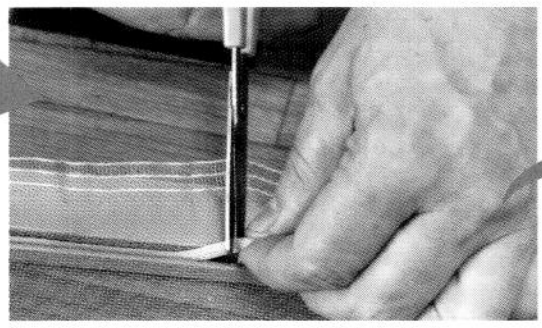

傾斜拿起紗網，檢查是否繃緊、繃平了。若有鬆弛，則可將附近的壓條拆下，將紗網往外拉扯。

以補修膜修復紗網的破洞

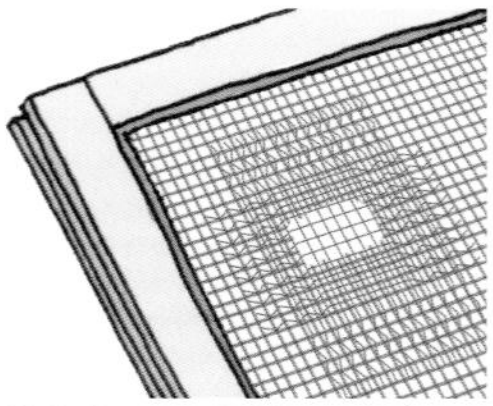

若為大洞，則剪裁一塊稍大於破洞面積的紗網材料填補後，以鑷子等將線頭一條一條地固定在網眼上。

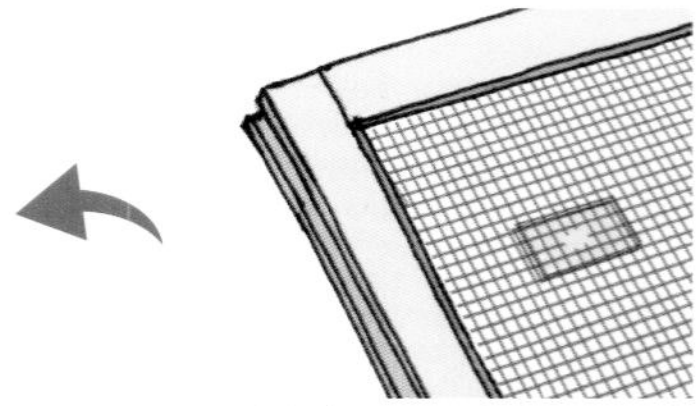

若為小洞，需先清理破洞處的髒汙，在以相同尺寸的專用貼膜從裡外兩側貼合。

使用物品

紗網補修用貼膜

專用接著劑（聚氯乙烯）

剪刀

●紗網材料的碎片（同質同色）

紗網上的破洞，可用專用紗網貼膜從裡外兩側貼合修補。補修膜有各種尺寸，可補小洞，也可補大洞，可依據破洞大小購買合適的貼膜。另外，若為更大的破洞，可用剪刀剪下一塊稍大於破洞的紗網面料，盡量選擇相同質地及顏色的材料，再用針織線固定或是以專用接著劑貼合。

若紗網發出聲響即可調整固定卡來改善

使用物品

●舊牙刷、竹筷子、十字起子、潤滑噴劑

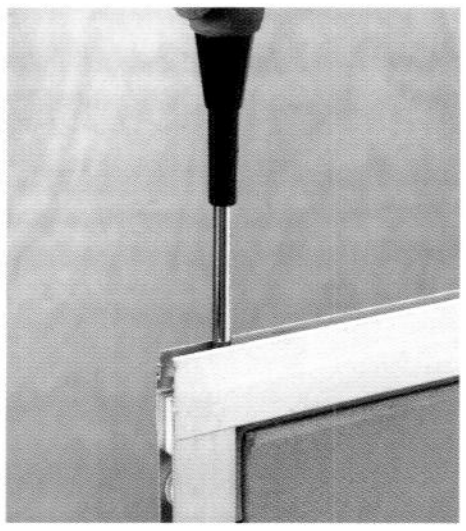

以十字起子轉鬆螺絲來調整紗網上部的固定卡，調整好後再噴上潤滑油。

當紗網發出聲響時，原因可能為窗框歪曲變形，可調整固定卡來修復。可順便以舊牙刷或竹筷子清除軌道裡的髒汙與異物。

更換滑動不順的紗窗滑輪

上圖照片是保留舊滑輪的情況下加入新滑輪的情形。另外，若紗窗上側的固定卡是在凹槽外面的話，可拆掉螺絲更換。

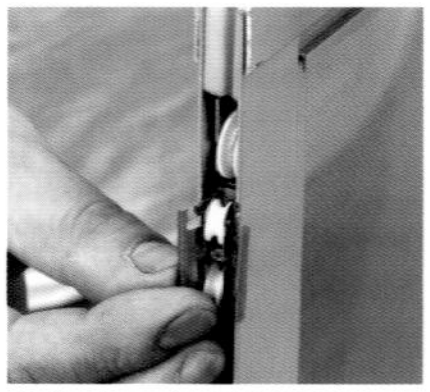

若為嵌入式滑輪的紗窗，可不需拆下舊滑輪，直接在旁邊嵌入新的即可。這時，為了使新滑輪發揮作用，需重新調整高度。

紗窗滑動不順時，可能是滑輪上有異物或滑輪壞掉。因此，可根據情況來清除滑輪內的異物並噴上潤滑油，或更換新滑輪。

使用物品

固定卡　滑輪　十字起子

清掃紗網上的髒汙與異物

不將紗網拆下時，可在一側的表面貼上報紙，再以吸塵器清掃。然後抹上稀釋過的洗滌劑，並用擰乾的抹布進行擦拭。

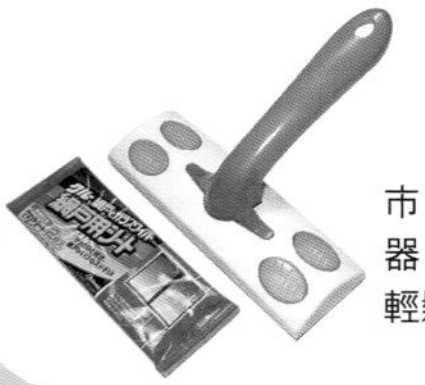

市面上也售有專門的紗網清掃器，使用專用工具可使作業更加輕鬆方便。

清掃紗網時，應先將其拆下來，並以水沖洗。再以軟刷沾上已稀釋的鹼性洗劑塗刷在整個表面上，再以水沖洗乾淨。

消除紗網鬆弛

如果在全面更換紗網後，發現有鬆弛時就不能拆下橡膠圈來修正了。這裡介紹一種簡單的方法，以吹風機的熱風對著鬆弛處吹即可。

吹風機的出風口需距離紗網10公分以上。長時間對著紗網的某一個部位吹會導致變形，作業時需特別注意。

使用物品

吹風機

Part 5
和室

為何日本人在和室裡會感到心情平靜呢?砂漿壁、榻榻米、障子門及拉門，這些專屬於和室的構造肯定對我們的DNA產生作用了吧!本單元就為大家介紹保持和室舒適的方法。

◎製作風化木裝飾承板

◎塗刷日式牆壁

◎日式牆壁的維修保養

◎和室木結構部分的維修保養

◎榻榻米的維修保養

◎和室障子門的維修保養

◎和室拉門的維修保養

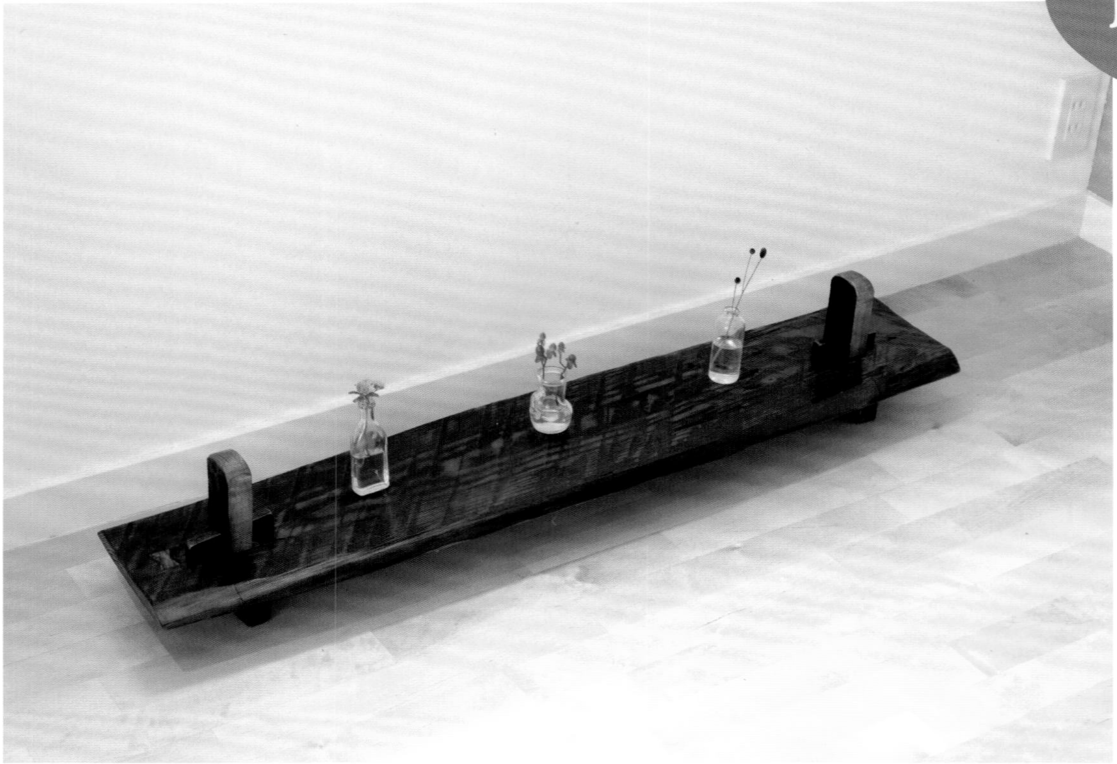

製作風化木裝飾承板

以天然風化木製作的日式家具

純天然家具 再現風化木質感

只需在和室或西式房間的牆角放置承板，便可瞬間改變房間風格。巧妙運用風化木原形做出的自然造型，具存在感卻又低調，也適用於西式房間。裝飾日式、西式物品皆可。就擺上自己最愛的小花瓶或裝飾物等小巧可愛的物品吧！

製作前請多加思考，怎樣的設計才能展現風化木的神韻，這也是此作品的製作重點。

製作流程

確定腳架的位置並製作腳架
▼
於承板打榫眼
▼
打入木楔以固定腳架
▼
塗刷木楔並研磨風化木

展開圖

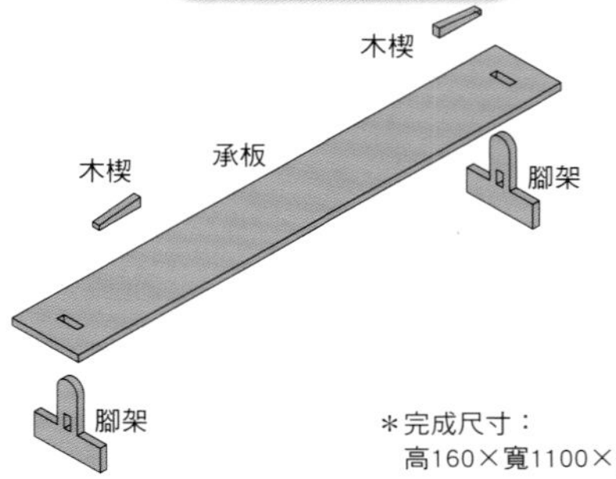

＊完成尺寸：
高160×寬1100×深250mm

工具

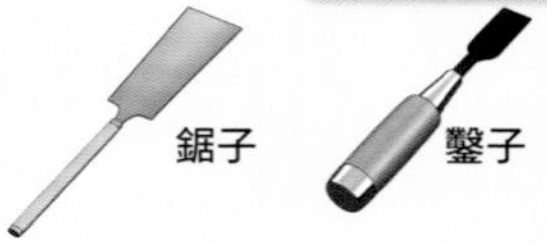

●角尺、油漆刷、捲尺、砂紙、鐵鎚、刨刀、墨斗

木料

風化木板15×250×1100mm……… 一張
風化木條25×115×160mm ……… 兩根
木楔10×20×95mm ……………… 兩個

1 在承板上確定腳架的位置

翻過作為承板的木板，放置腳架並確認是否平衡，在確定嵌入腳架的位置做上記號。

2 在榫眼處標註記號

確定兩個腳架上的榫頭形狀，以墨斗畫出輪廓線，再另一個腳架上也畫出輪廓線。

3 以鋸子做出榫頭

以固定夾固定腳架，鋸掉步驟2中畫有墨線的多餘材料。

4 在承板上劃出榫眼的位置

確定榫眼在承板內側中央處後，描出榫眼輪廓。

5 輪廓線內鑿入鑿子

在做了記號的榫眼輪廓內側1至2mm處垂直鑿入鑿子，並以錘子敲擊數次。

6 以鑿子鑿出榫眼

從記號的中間開始，如圖所示順著木材的紋理鑿較容易。重複此動作數次。

7 將腳架插入層板

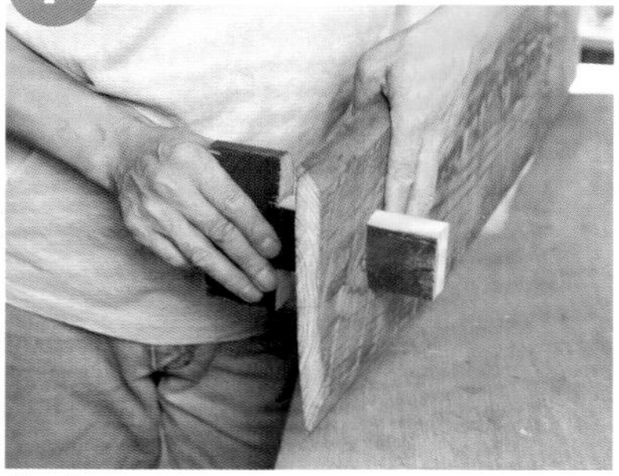

從承板內側插入榫頭至榫眼內。

8 以角材製作木楔

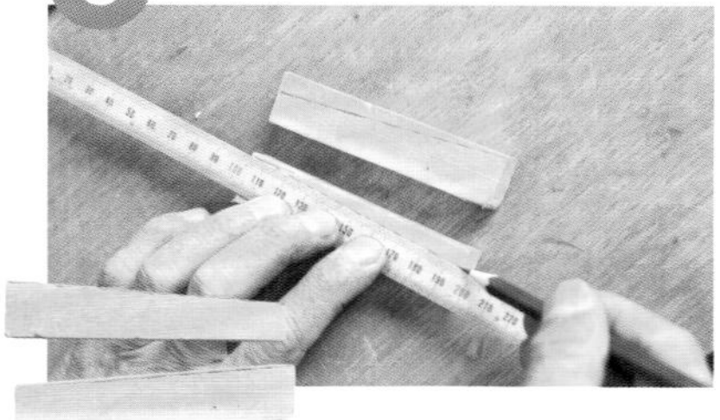

為使腳架不鬆脫，以木楔加以固定。將角材鋸成梯形即可。

9 在榫頭上鑿出楔子的榫眼

從榫頭外側開始。從與內部垂直的地方以斜向鑿入，鑿通後翻過榫頭，再從內側鑿。

10 刨圓榫頭與木楔的稜角

以鋸子鋸下少許的腳架榫頭角，再以砂紙或手刨刀磨至圓形。木楔也以砂紙進行倒角至稜角。

11 將木楔打入榫頭

將錘子由內向外打入，仔細固定腳架，當鐵錘敲擊聲與開始敲打時不同後便停止。此時若無需調整即定形。

12 打蠟完工

拆散組裝好的木材，分別打上蠟。可使用家具蠟或環保蠟，以牙刷交錯塗刷（這裡使用的是鞋刷）擦亮後，再以布擦乾。最後再重新組裝完成。

塗刷日式牆壁

以抹刀挑戰專業粉刷工程！

重新塗刷日式牆壁

日式牆壁包括東京壁、纖維壁、砂漿壁、沙壁等，其中以東京壁與纖維壁較方便作業。

若牆壁的基材中含有天然木材、合成板、砂漿等具有吸水性材料，便可直接塗刷。相對而言，此類基材也具有容易塗刷，不易剝落等特點。

另外，這些基材的牆壁可自由設計塗刷效果與圖案。使用工具除了抹刀與托灰板之外，只需準備家裡已有的水桶與噴霧器即可，初學者也可輕鬆完成作業。不妨可以考慮以重新粉刷牆壁來改變自己房間的風格。

作業流程

剝離舊壁塗
▼
以水溶解壁塗
▼
以抹刀塗刷壁塗
▼
加圖案在表面上

材料

遮蔽膠帶

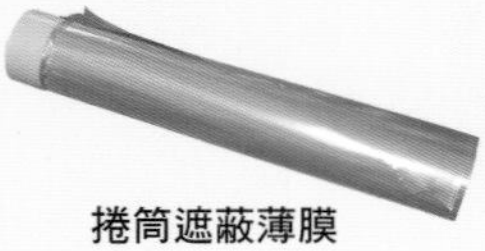
捲筒遮蔽薄膜

壁材塗料

工具

噴霧器

抹刀

水桶

托灰板

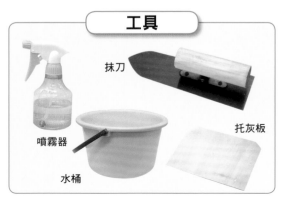

在作業之前…

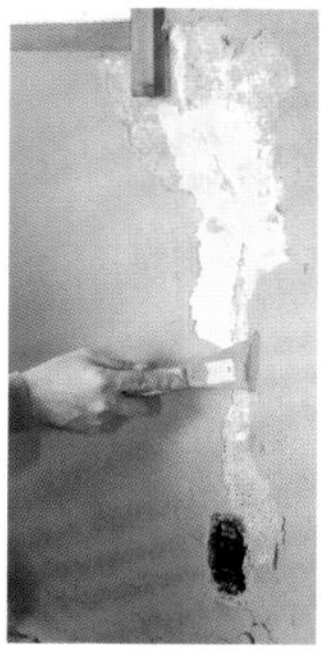

刮落有裂縫與起層處的壁材。地板與柱子等木材部分需先以遮蔽膠帶等遮蔽。

1 加水至塗料，並攪拌均勻

產品不同加水的比例也不同，需仔細閱讀說明書或注意事項，再決定加水的比例，再攪拌。

2 將攪拌好的塗料裝至托灰板

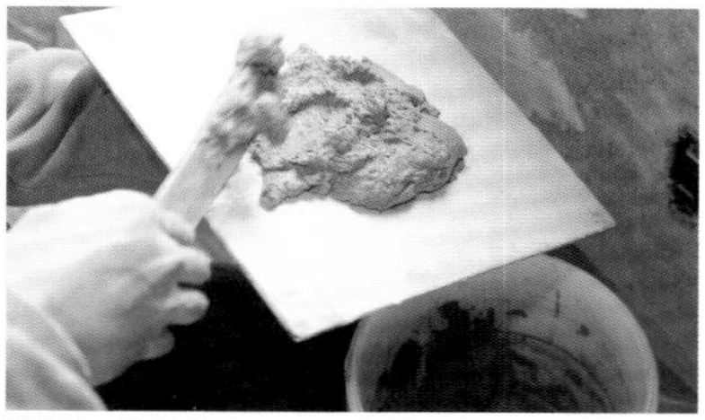

攪拌好塗料後，以刮刀將其裝至托灰板，不要一次取太多，以避免掉落。

3 以抹刀舀托灰板上的塗料

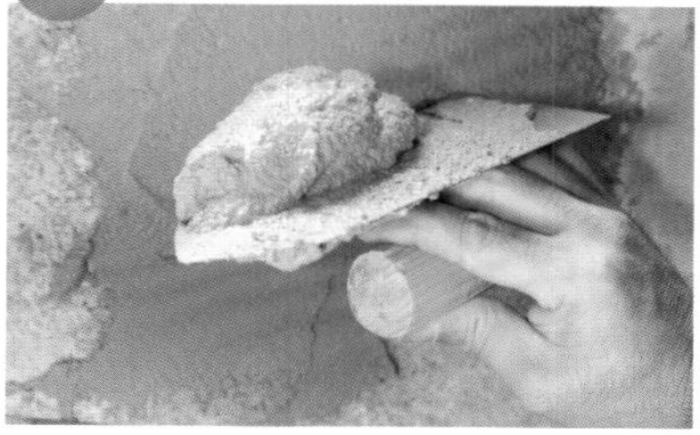

筆直推出抹刀內側以舀取適量塗料（注意勿過量）

4 將塗料由下往上塗開

剛開始時，以抹動抹刀的方式由下而上的塗刷壁材，可使塗料不易下墜且易於操作。

5 改變抹刀的塗刷方向為橫向

向上抹開抹刀上約一半的壁材，然後將抹刀向下往兩側塗刷。

6 大面積塗刷

依步驟5的方法塗刷兩次後，橫向移動抹刀塗勻表面。塗刷整個表面。

7 使用噴霧器進行最後的表面處理

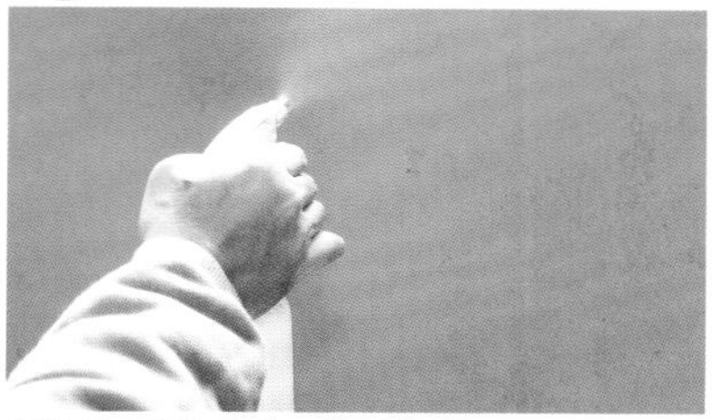

經過長時間作業後，塗料會變乾，所以較難處理表面。此時可用噴霧器噴濕表面。

8 輕移抹刀後抹平表面

為使表面光滑，以噴霧器弄濕壁面，再以抹刀輕輕左右抹動。

POINT

稍微浮起刮刀前進

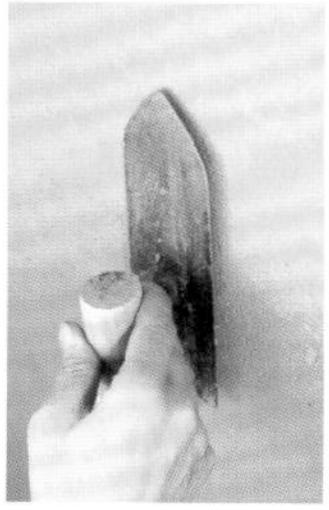

以抹刀刷開壁材時，如圖所示稍微抬高抹刀頂端後移動，這樣抹刀與壁材就不會粘住，粉刷後牆壁也會顯得更光滑。

小祕技

以掃帚抹出表面圖案

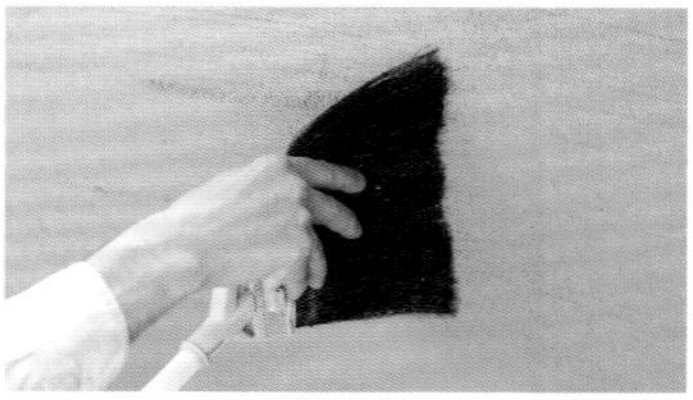

作業時可故意留下抹刀的凹凸痕跡以作為裝飾。也可先抹平表面，再以掃帚作出照片所示的圖案，這樣也能營造出獨特的氛圍。快來試著刷出不同的裝飾圖案吧！

可依同一方向移動掃帚，刷出條紋狀，也可交錯刷出精緻的交叉圖案。

煩惱問題一一解決！

日式牆壁的維修保養

嚴重污漬就用塗料遮蓋

使用工具

油漆刷

塗料

去除表面灰塵與異物後，以油漆刷或抹刀再次塗刷一層塗料。表面光滑的牆壁可用砂紙研磨後再塗刷。

砂漿塗料、赤陶等各種各樣的塗料在五金店或建材行均可購得。

以砂紙都無法擦拭的嚴重汙跡，就需要重新塗上一層塗料遮蓋。若先前塗刷的塗料因停止販賣與停產而無法購得時，就可調和砂漿、赤陶等小瓶裝的塗料作為代替。

可以橡皮擦擦拭輕微污漬

鉛筆留下的汙跡可用柔軟的橡皮擦的完整處並沿著斜下方擦拭。

使用工具

橡皮擦

砂漿壁等牆壁污漬與斑點會因吸水而擴大範圍，因此不能使用濕布與洗滌劑擦洗。若是光滑的牆壁，就以橡皮擦去除污漬吧！此方法雖能輕鬆去除污漬，但不適用於纖維壁與沙壁。

無法擦拭的斑點與污漬就以砂紙研磨

使用工具

砂紙

檢查去汙後的效果。表面的粗糙凹凸質感雖有些受損，但已完全去除污漬了。

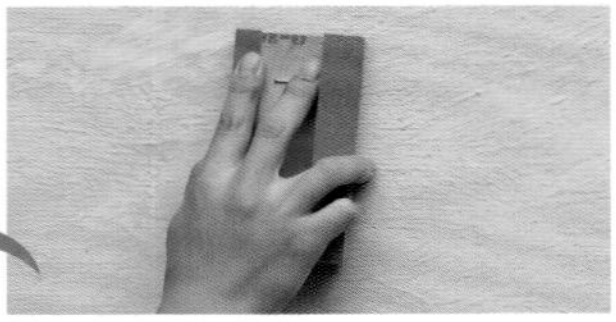

表面光滑的砂漿壁使用240號的砂紙，粗糙的牆壁則使用120號或60號等較粗的砂紙即可。

暗藏在牆壁凹凸部分內的污漬與斑點，就以砂紙研磨吧！表面光滑的砂漿壁上污漬，為避免弄傷壁面建議使用脫脂棉沾上具有細小微粒的清潔劑輕輕擦拭。

較深刮傷與凹坑就以塑鋼土修補

使用工具

室內牆壁專用塑鋼土

塑鋼土乾燥後即完成。若為平滑的牆壁，還需以砂紙研磨；如有必要，可使用相同壁材進行填補。

以塑鋼土刮刀組將油灰抹進刮傷與凹坑處，再以刮刀刮掉溢出部分即可。

寵物的抓痕通常會造成較為嚴重的破壞，多數情況都破損至看到基材，請務必在範圍擴大前進行修補。

就以牆壁專用塑鋼土來填補因撞擊而留下的痕跡與寵物抓出的刮痕吧！補完後可塗點塗料在表面使其不那麼明顯。填補柱子的縫隙時，可先在柱子貼上遮蔽膠帶避免塑鋼土附著在柱子上。

以紙板、瓦楞紙及網眼膠帶修補破洞

貼緊與同於洞穴大小的瓦楞紙與補強板，再貼上網眼膠布，塗上塗料即完工。

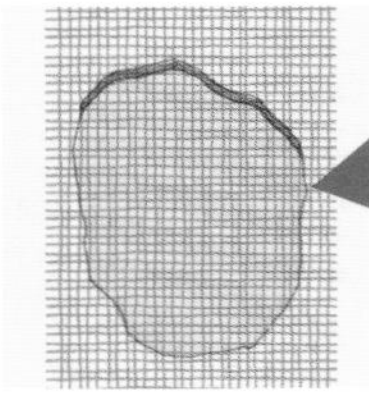

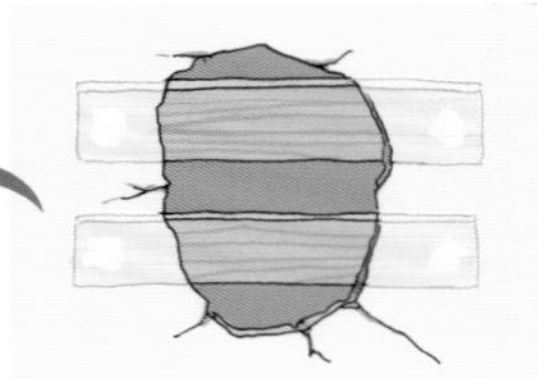

在牆內放入補修板。破洞較小時可用接著劑固定在牆內；若破洞較大時，則可將其固定在構造材上。若補修板的中央帶有掛鈎，可更簡單的完成固定。

若空心的牆壁有了破洞，修補過程會比想像中的簡單，所以在拜託專家前先嘗試修補看看。基本步驟是先以板子從牆體內側進行加固，表面則以瓦楞紙皮與網眼膠帶處理平整光滑，最後再塗上塗料就完美無缺了。

煩惱問題一一解決！

和室木結構部分的維修保養

以修補材料與竹籤填補刮傷與釘眼

填補木材的小洞時，可使用竹籤進行填補。稍大的破洞則可使用衛生筷。當需要填補的破觸太過明顯時，則需使用木材專用補修材料。

使用工具

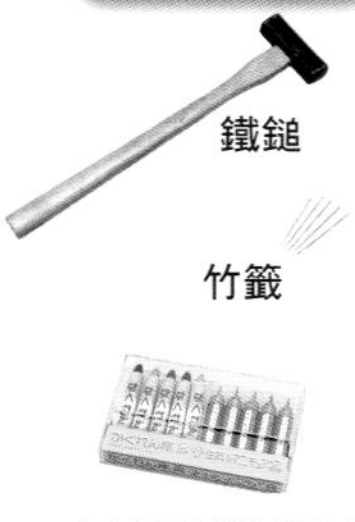

將竹籤插入孔洞，以錘子輕敲。使用衛生筷時，可根據洞穴的大小先行削好筷子。

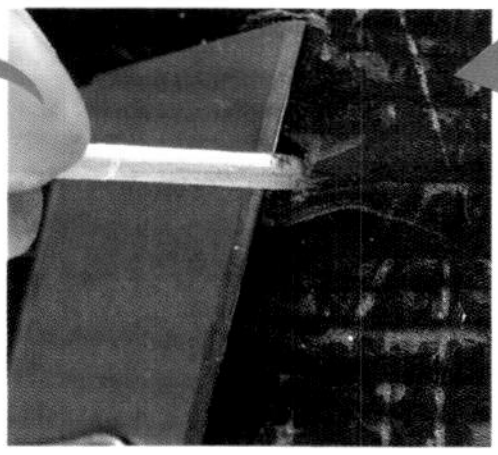

以美工刀削好竹籤。為了使表面更光滑，削竹籤時需放平刀刃。

若木材顏色較深，以指甲油的刷頭著色，也可試著以水彩筆或蠟筆著色。

若柱子與橫木有污漬或已變色，可貼上薄板

薄板是將天然木材削薄後用於裝飾的板材。可購買與柱子尺寸相同的薄板黏上即可變身成新柱子了。

使用物品

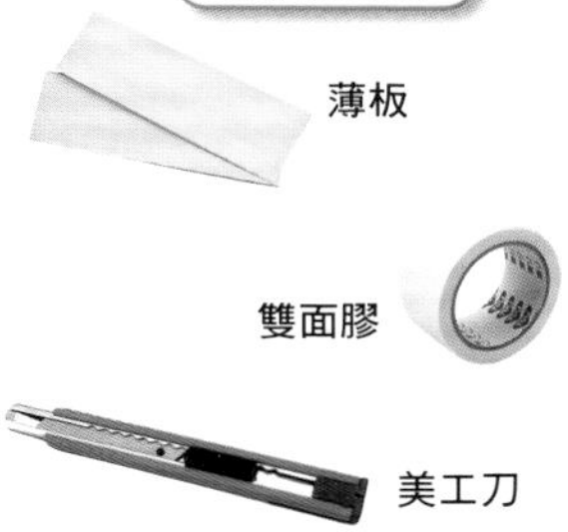

清除黏合處的污漬並貼上雙面膠。而薄板具有背膠時，則不需使用雙面膠。

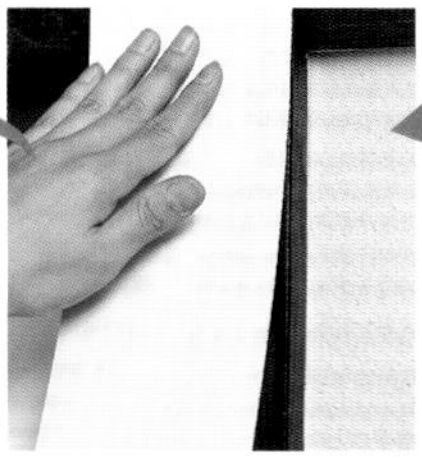

根據柱子的尺寸裁切薄板，仔細貼製。黏貼時，需從柱子的上方開始由上往下黏貼。

以刨刀倒角柱角再刷上清漆，便可有效防止髒汙。

若有大型損傷與污漬，則需重新塗刷

若整個柱子都有明顯損傷與污漬時，就索性一次將其塗刷成古木般的色澤。極富韻味的塗刷效果，讓刮傷別有趣味。

使用工具

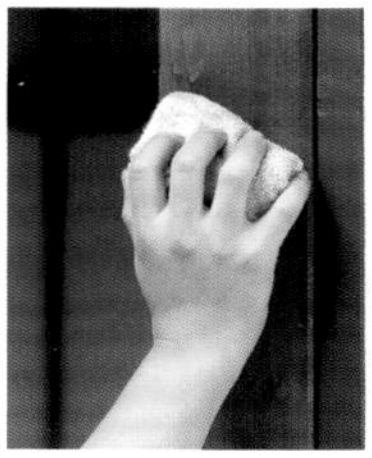

先擦掉塗刷表面的污漬並打掃乾淨需塗刷的木結構部分。

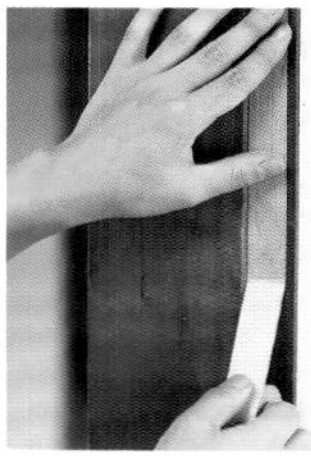

不想被沾上塗料處就以遮蔽膠布與報紙遮蔽。

使用著色劑刷出深色時，以油漆刷塗刷為作業要領。

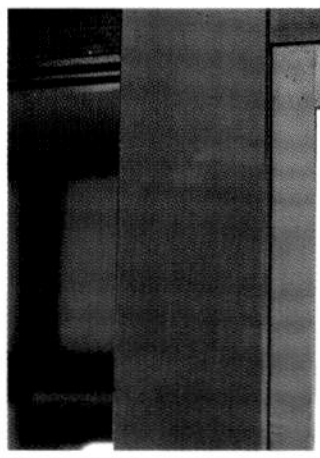

著色劑完全乾燥後，在塗上消光的水性清漆即完成。

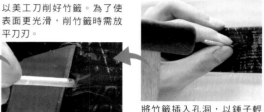

榻榻米的維修保養

去除各種污漬

榻榻米髒了，儘早以適當方法清除髒污是非常重要的。若清理不當就會殘留下污漬，因此需特別小心。若是含有油分的液體，可用粉末吸掉液體後並清掃乾淨。

●醬油漬

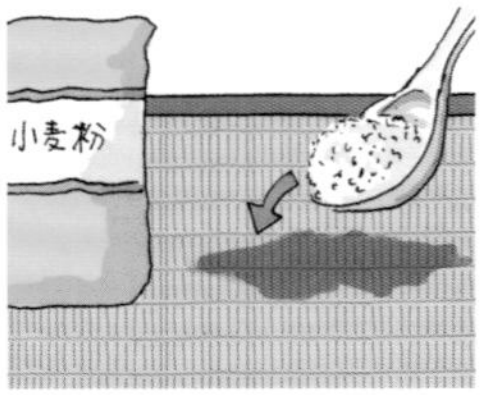

撒上小麥粉或爽身粉吸除水漬，以吸塵器吸掉粉塵，然後再以擰乾的抹布擦拭。

●簽字筆

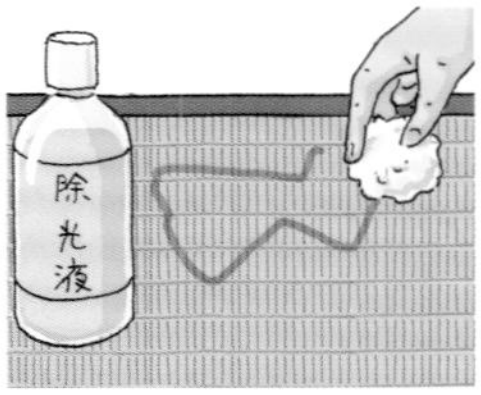

若為油性筆，用紙巾上沾上修指甲的去光水擦拭。若為水性，則以清潔劑擦拭。

●蠟筆

在乾布上抹上些許清潔膏擦拭。擦拭時若用力過度會使清潔膏滲入榻榻米縫隙中，請注意。

●墨漬

以牛奶浸濕後擦拭乾淨。也可塗抹檸檬汁，再以稀釋十倍後的蘇打水擦拭。

裁切燒焦的痕跡後進行修補

以砂紙磨去焦痕使其不哪麼明顯。由於孔洞處容易起毛邊，如果塗上接著劑就沒問題了。若為輕微的焦痕，以漂白粉漂白後也能變得較不明顯。

倒適量接著劑於盤中，加入少量清水稀釋。將稀釋後的接著劑以毛筆塗於孔洞處，並待其自然乾燥。

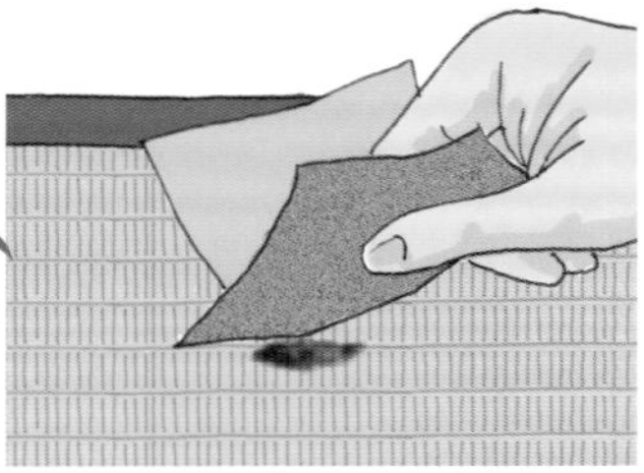

裁剪240號左右的細砂紙成適當的大小，沿著榻榻米的紋理輕輕擦拭。

使用工具

毛筆

木工專用黏結劑

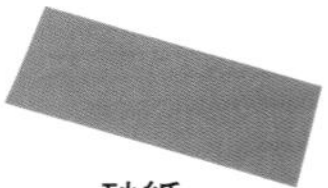

砂紙

以榻榻米貼膜對較大的焦痕進行應急處理

較大的焦痕與污點，可用印有榻榻米紋理的貼膜遮蓋飾，作為應急措施。

使用工具

剪刀

榻榻米貼膜

市場上有數種與榻榻米顏色類似的榻榻米貼膜。選擇一種最接近的貼膜來進行遮蓋吧！

修剪貼膜來遮蓋污點與焦痕。為使黏貼不明顯，關鍵在於將貼膜兩端剪成鋸齒狀。

貼上剪裁好的貼膜。若以手指碰觸背面會使黏度下降，因此需以手指小心捏住黏貼。

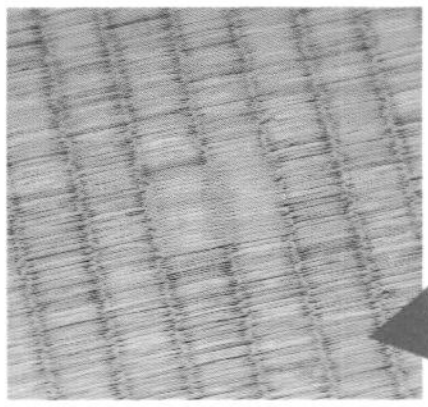

以指尖緊貼貼膜在榻榻米上即可。之後進行壓紋加工使貼模與榻榻米紋理相合便可出色地完成任務了。

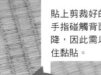

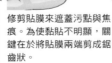

毛邊就以木工專用接著劑來修補

榻榻米的毛邊部位儘早以接著劑修復吧！若放任不管，起毛處會因摩擦作用而逐漸擴大。當整個表面都起毛得很嚴重時，就需翻面使用了。

使用工具

木工用接著劑

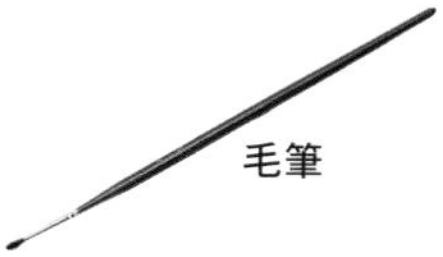

毛筆

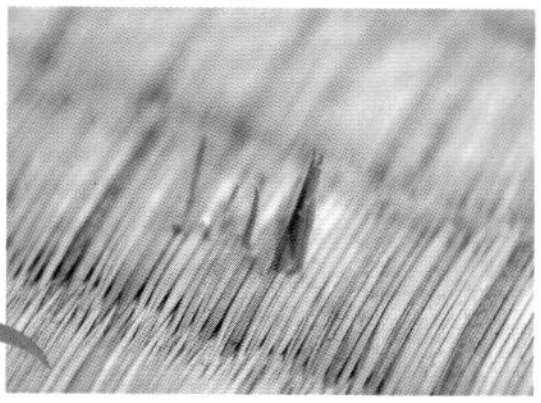

首先，確認起毛程度。移動家具時的摩擦、寵物的抓痕、尖銳物品的刮傷等都會造成起毛。

以水溶性木工用接著劑。倒適量接著劑與小碟子或空瓶蓋上，加少量清水進行混合。

以毛筆將起毛處塗上稀釋後的接著劑，再以稍細的毛筆沿著榻榻米的紋理認真塗刷。

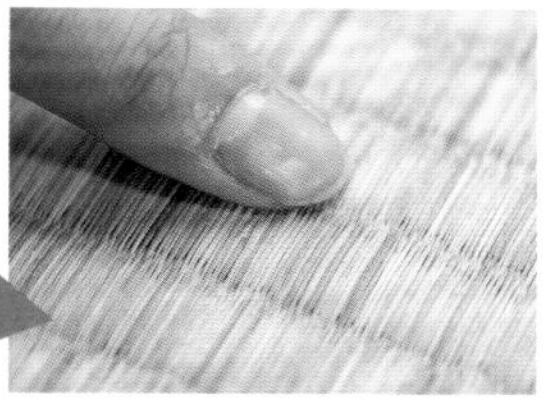

以指尖按壓起毛邊處。接著劑乾燥後會變得透明，多少會有些許光澤，但不明顯。

以熨斗燙平家具壓痕

較重的衣櫃與飯桌容易在榻榻米上留下壓痕。可以熨斗熨燙凹陷處，使其自然乾燥、慢慢的復原。由於該作業是使用蒸汽的作業，為了避免囤積水氣，請務必選在晴天進行。

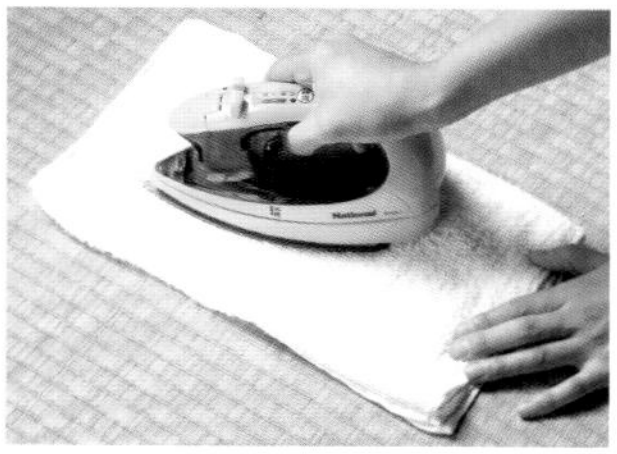

將擰乾毛巾放在榻榻米的凹陷處，再以熨斗進行熨燙。打開窗戶通風，讓其自然乾燥。

POINT

**順著紋理進行擦拭
作為日常維護**

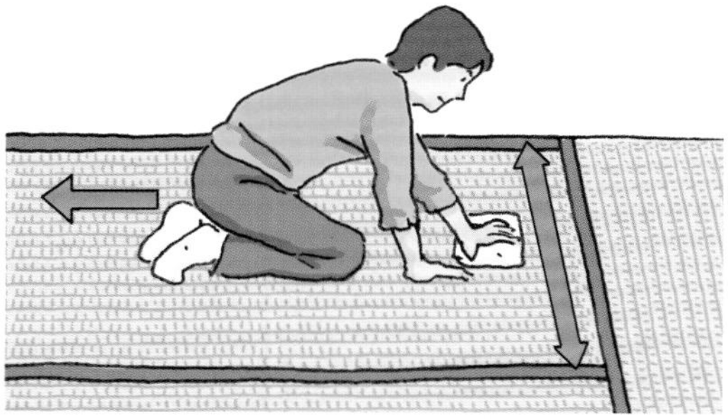

掃帚或吸塵器無法清除掉的灰塵，可以乾布順著榻榻米的紋路進行擦拭。由於新榻榻米的表面都附有保護榻榻米的黏土，因此用水擦拭時可能會使榻榻米顏色變得深淺不一，作業時需注意。

以醋水淡化榻榻米的日曬痕跡

因日曬變黃的榻榻米雖不能恢復從前的顏色，但以醋酸擦拭能具有一定的漂白作用，可稍微變白。雖然不會出現奇蹟，但污漬會被徹底除掉，變得乾淨，擦拭時需擰乾抹布。

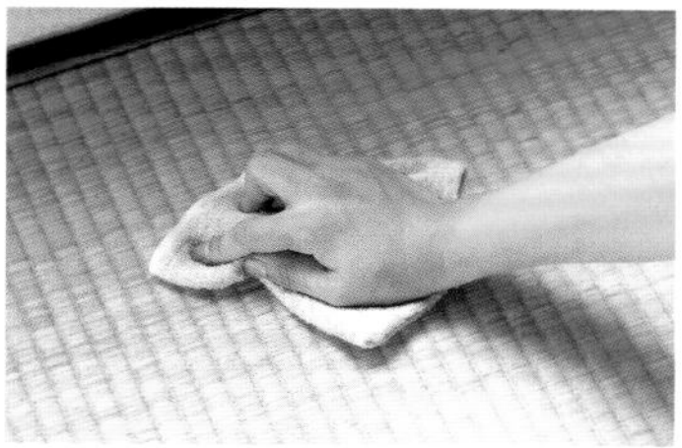

在水桶中倒入開水與10至20%的醋並放入布浸濕。擰乾濕布，順著榻榻米的紋理用力擦拭，再以清水擦拭，最後再以乾布擦拭。

和室障子門的維修保養

全面更換障子門紙

障子門紙上破了小洞，可重新貼補破洞處作為應急措施。但建議可直接更換障子門紙。貼一張新的障子門紙、將膠水裝入滴管後再使用的作業方法非常簡單方便。更換障子門紙時，應儘量不要在因空調而變得乾燥的房間裡作業。

翻過拉門置於已墊好報紙的地面。以牙刷沾溫水弄濕障子門的格子。不需塗膠水的部位不要弄濕。

使用工具

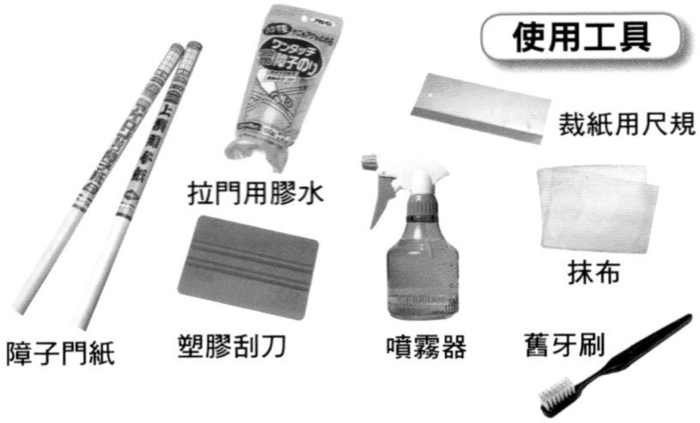

捲下障子門紙，從面前開始慢慢地捲，儘量不要撕破。

剝離掉一定的量後，以捲筒慢慢捲起。這樣即可將障子門紙完好無損地捲下。

以刮刀或牙刷刮掉殘留在格子上的膠水，並刮掉髒汙等異物。使用白乳木漂白劑也很有效。

準備一張寬度與格子尺寸相同但無需剪裁的障子門紙。

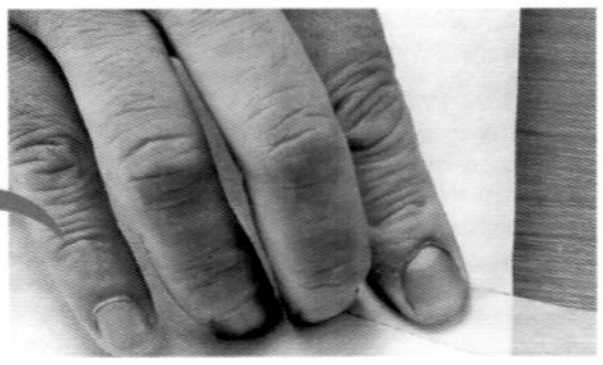

剪下一張稍長於張貼長度的障子門紙，先以透明膠或遮蔽膠帶暫時固定障子門紙的一邊。

用牙刷迅速塗濕格子與邊框後，均勻地塗上一層膠水。可多塗些在周圍邊框處。

展開暫時固定的拉門紙並鋪在格子上。壓住障子門紙的一側，另一個人拉開障子門紙。兩人共同作業會比較輕鬆。

以指尖壓平格子上抹有膠水的地方，貼緊障子門紙與格子。若出現褶皺，稍稍捲起那部分且撫平後再重新貼上。

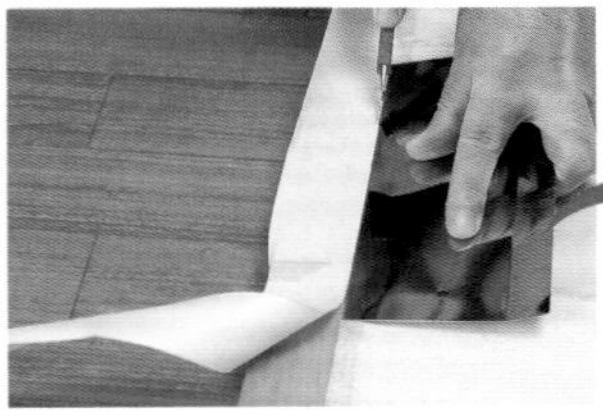

以美工刀與尺規裁掉多餘障子門紙。

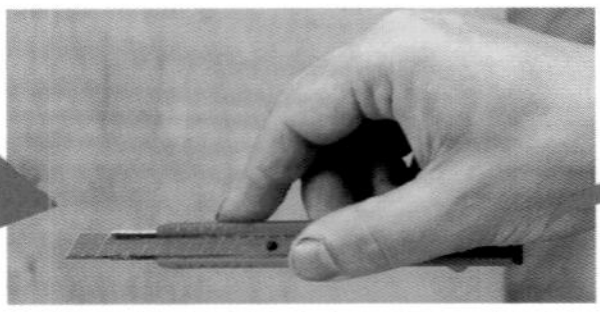

裁剪濕紙時儘量立起刀子。移動刀子時應讓美工刀的刀尖始終保持按壓在邊框上的狀態。

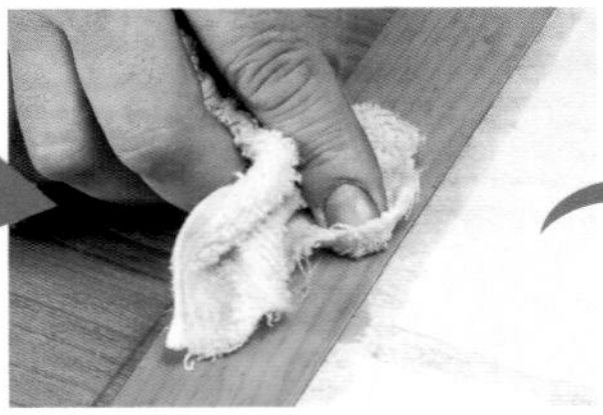

以濕抹布擦拭溢出的膠水。

若膠水乾燥後出現褶皺與鬆弛現象，可在整個障子門紙表面噴上水霧，然後放在陰涼處陰乾便可使其繃緊繃直。

格子出現裂縫與折斷，可進行部分交換

戳破障子門並使格子出現裂縫甚至斷裂的現象時有發生。這種情況下可進行黏接格子或部分更換，非常容易修補。

使用工具

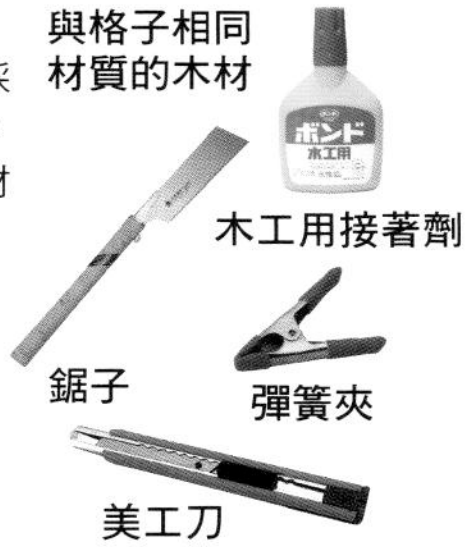

折斷處的接合

出現裂紋的格子，以木工用接著劑塗於裂紋處即可。

以濕布擦拭溢出的接著劑。以彈簧夾或細繩固定格子。

中間的嫁接

格子中間出現斷裂時可採用修補木材的嫁接方法。準備一塊粗細相同的木材並測量格子的尺寸。

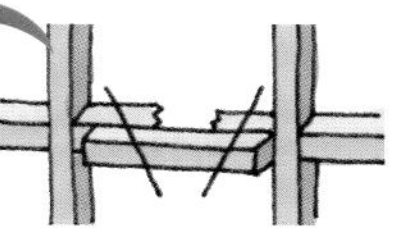

將殘存的格子與修補木材的兩端切成斜面並以接著劑固定。

更換單格方框

切掉殘存的格欞。準備好材質相似且粗細相同的木材。

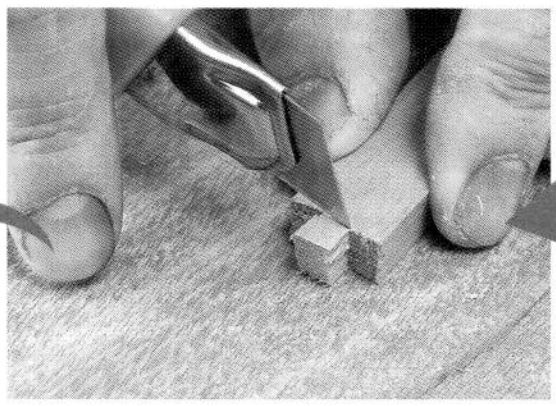

切出約5mm深的槽、進行單邊榫肩加工。

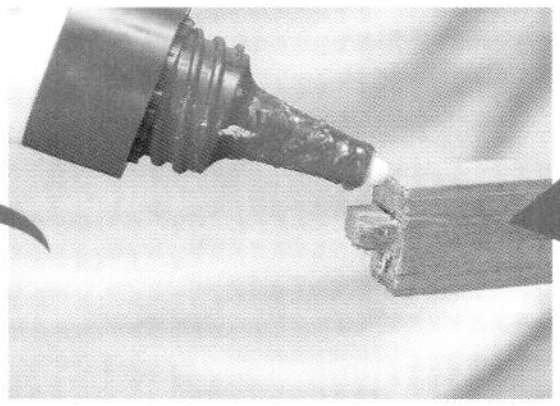

確定左右完全嵌合後在兩端塗上木工用接著劑。

將木材嵌入槽中，使其與旁邊格子位於同一直線上。

較小的損傷與破洞，可進行部分更換

障子門出現較小的破洞時，只需更換出現破損的那一方格的拉門紙，操作會很簡單。貼上一張小小的障子門補修用貼紙，便可輕鬆地修補破洞。

使用工具

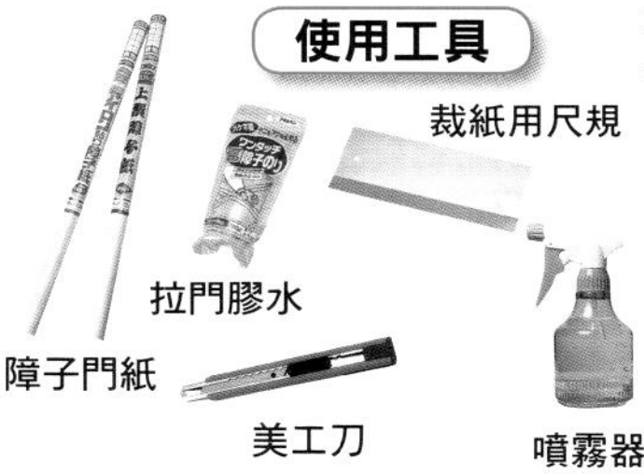

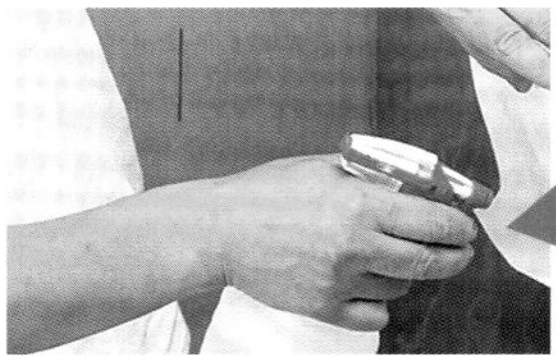

以噴霧器噴濕已剪裁好的修補用方格大小的障子門紙。

切除破損部位的障子門紙，於格子四周塗上膠水。

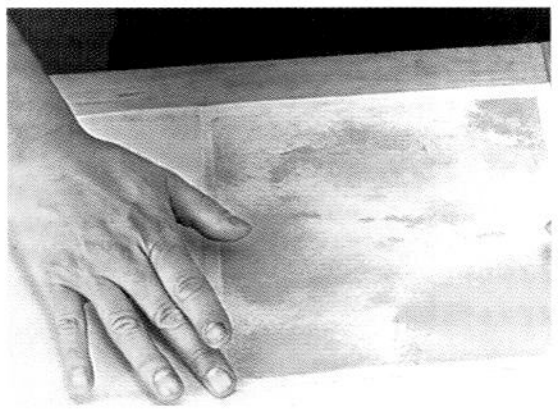

將手指放至格子上並輕輕按壓使障子門紙與格欞緊貼。放至陰涼處陰乾即可。

障子門紙有三種型號

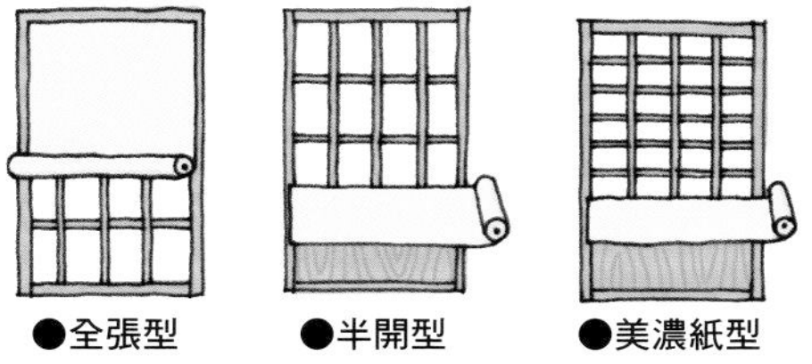

障子門紙中有寬25cm的美濃紙型、寬28cm的半開紙型。無需拼接的紙張為94×360cm（相當於兩張沒有護板的障子門紙）或長720cm的障子門紙，因作業簡單所以極為常用。

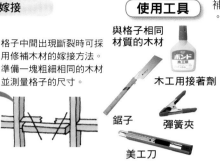

和室拉門的維修保養

全面更換已變舊變髒的和室拉門紙

作業關鍵在於橫框的固定方法與準確把握拆下後的邊框位置。使用膠粘型和室門紙或熨燙型和室門紙能使作業更加簡單。

使用工具

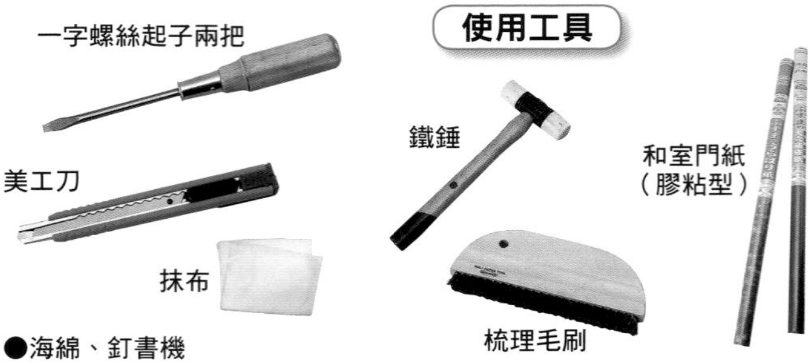

●海綿、釘書機

拆下橫框

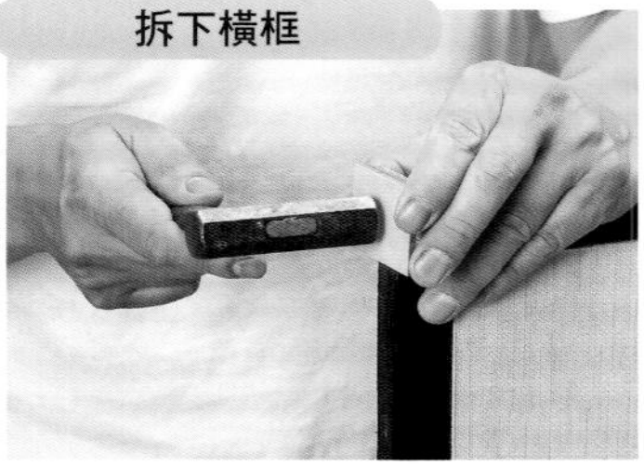

橫放和室拉門，於橫框的上側墊上墊木，以鐵鎚輕敲。

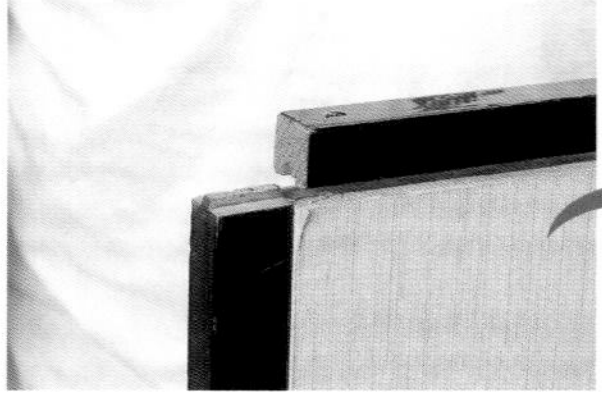

將橫框稍稍朝下滑動。

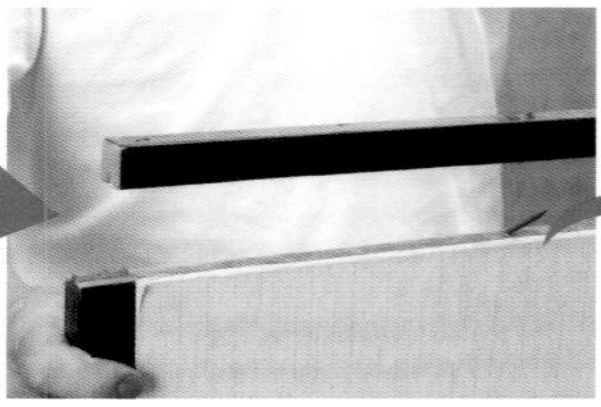

出現錯位後便以手拔起橫框，再以相同方法拆卸上下邊框。

拆卸上下邊框

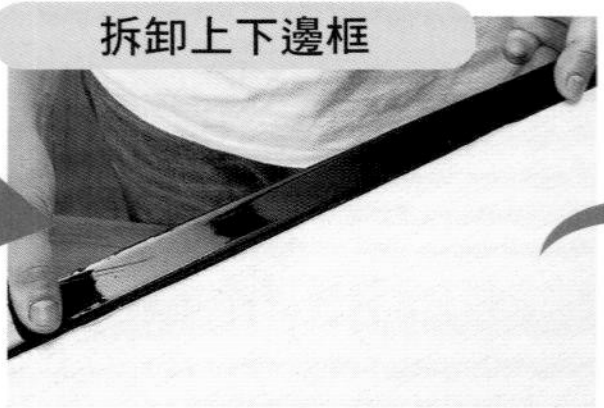

以雙手指尖捏住邊框並往上移動。

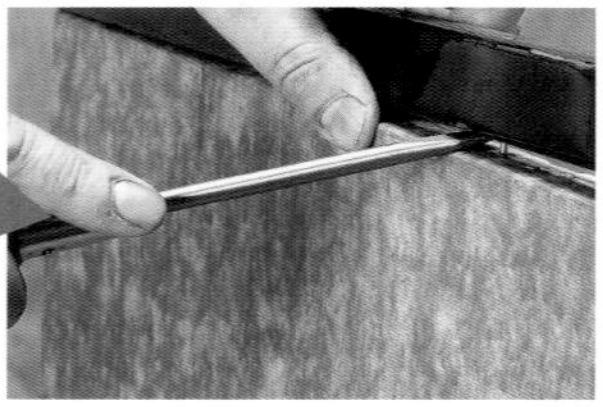

邊框出現鬆動時，從內側以螺絲起子撬動使其鬆動，再以手拔出。

拆下拉手

上邊的拉手不太顯眼，所以需先從上方的釘子開始拔。

將螺絲起子插入釘帽下，以鐵錘輕輕敲擊鬆動釘帽。

以兩把螺絲起子從兩個方向夾住釘子並取出。

以螺絲起子拆下拉手，一併拔出下方釘子。

先以乾抹布擦拭黏貼面及角落。

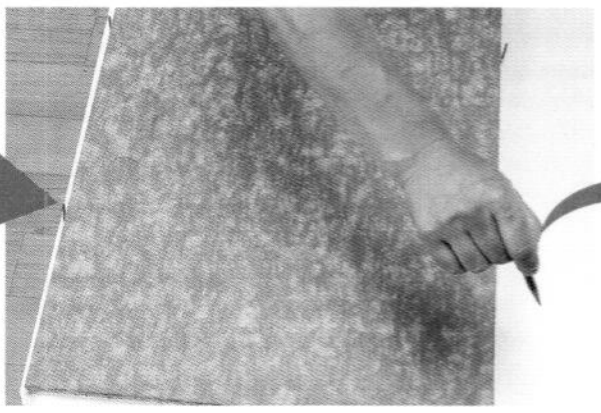

根據和室拉門大小，粗略裁出大約尺寸的和室門紙。

為了使作業更輕鬆，粗略裁剪和室門紙比黏貼面的各邊各長1.5cm的尺寸。

黏貼和室門紙

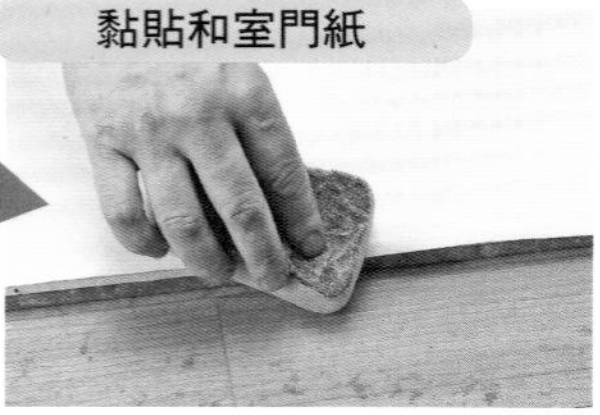

以海綿將塗有膠水的地方沾上足量的水。需特別注意周邊10cm範圍內的部位。

接下頁

接上頁

平整表面褶皺

把紙翻過來重合木板的一邊，輕拉和室門紙緊貼木板。

側面摺疊部分也塗上膠水

已梳理毛刷或乾毛巾從中間向四周壓出空氣。

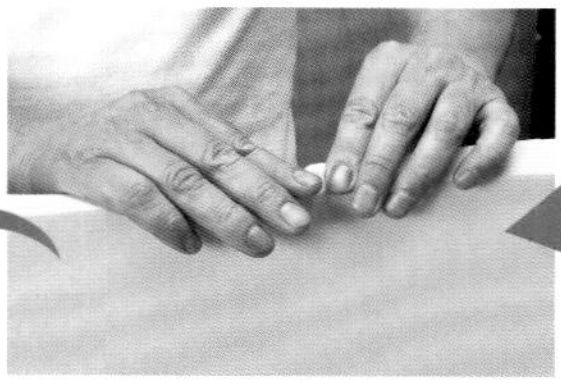

把側面的摺疊部分以膠水黏製牢固。

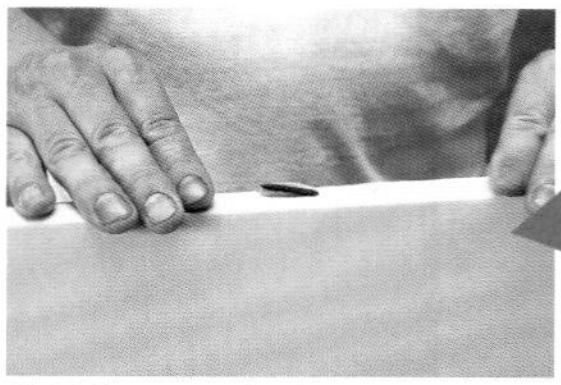

橫框的釘子凸起處，以美工刀割開和室拉門紙，露出釘子。

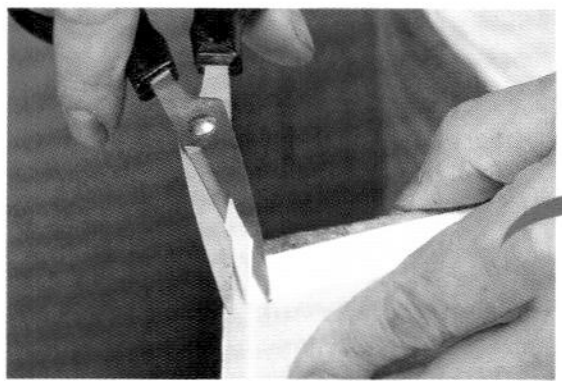

剪齊邊角部分的和室拉門紙，以便完全排出空氣。

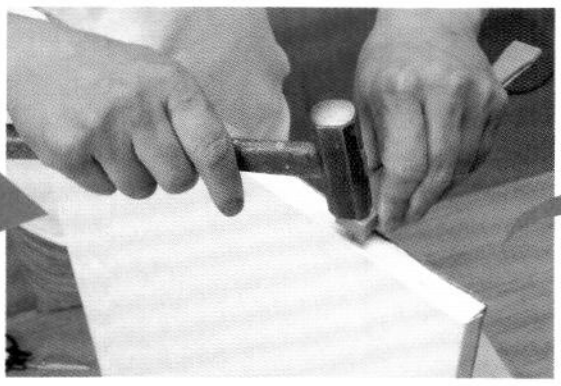

膠水黏不牢時，可如圖所示打開釘書機以鐵鎚輕輕敲擊，以訂書針固定也可以。

儘量用刀背切除側面因膠水溢出而沾濕的和室拉門紙。

拉手部分處理

把拉手孔上方的和室拉門紙切成十字形，再陰乾和室拉門。

重新裝好邊框

按照先上後下的順序裝好邊框，並在邊框上的原來釘眼處釘入釘子。

嵌入拉手側的橫框。將不整齊的那一端作為下端。

嵌入相反方向的橫框。嵌入時，請把榫頭較大的那端作為上端。

安裝拉手

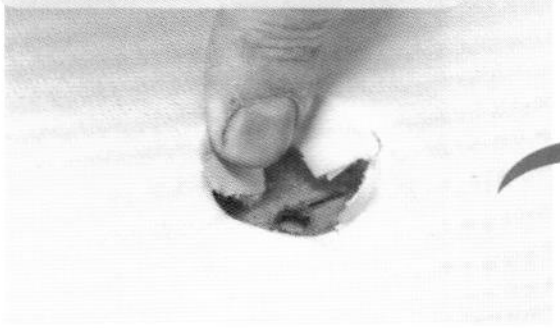

用指尖按住拉門紙上切有十字形的幾個部位，並擴大孔眼。

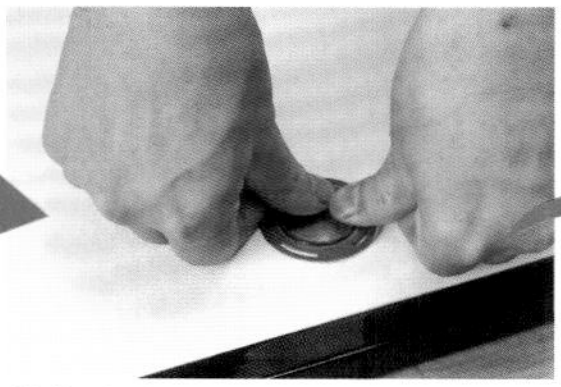

將拉手按入孔中，注意需完全對齊上下的釘孔。

以螺絲起子用力敲打下側釘帽。上側的釘子也以同樣方法固定。

讓上側的釘子露出一點釘帽。下次換拉門紙時就可容易拔出釘子了。

POINT

●木螺絲固定

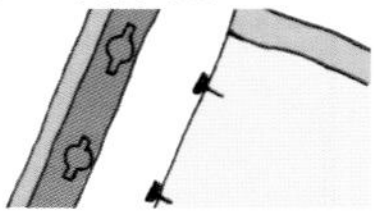

以木螺絲固定的橫框與以曲釘固定的橫框完全相反。為上移時卸下，下移時固定。

●釘子固定

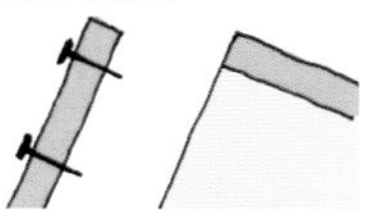

以釘子固定的橫框將釘子拔出後即可拆卸。拔釘子時別將釘子弄彎了。

●曲釘固定

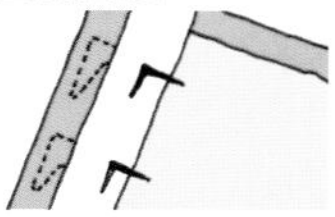

橫框用釘子末梢為彎折狀的曲釘進行固定的。拆卸時，以鐵鎚敲擊上下兩端，向下敲擊時下移橫框，邊框便可輕鬆拆下；向上敲時，上移橫框且會被深深嵌入。

不損傷和室拉門邊框的拆卸方法

一般情況下，和室拉門的左右邊框是以曲釘固定的。除此之外，還有釘釘子或木螺絲等固定方式。開始作業之前，應先弄清作業物件到底是以哪種形式固定。一旦拆散後上下左右就很難區分了，因此最好以鉛筆做上記號。

修補和室拉門上較小的破裂與開孔

即使是小孔，若放任不管就會越變越大，甚至會損傷到中間的裱糊底。破損的和室拉門紙可簡單地修好，因此可以儘早動手唷！

小心翻開破損部位的和室拉門紙，以噴霧噴濕表面。若破損嚴重至裱糊底，請小心地將其與底層紙分離。

使用工具

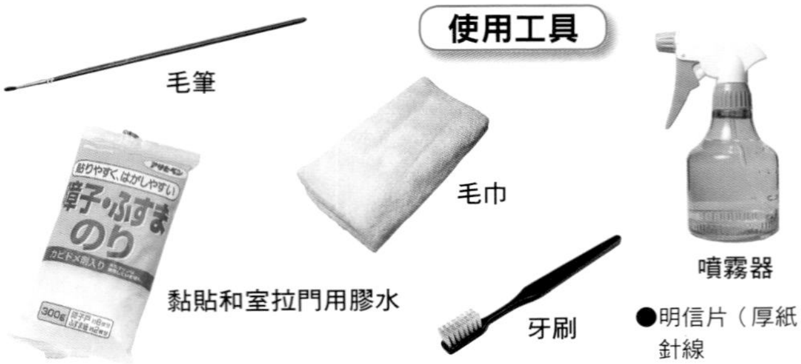

●明信片（厚紙）、針線

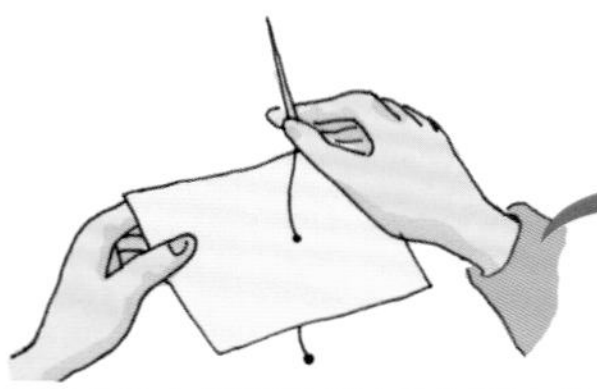

將明信片之類的厚紙片剪出稍大於破損部位的大小。從中間穿過一根打了死結的細線。（若裱糊底沒有破損則不需進行此步驟）。

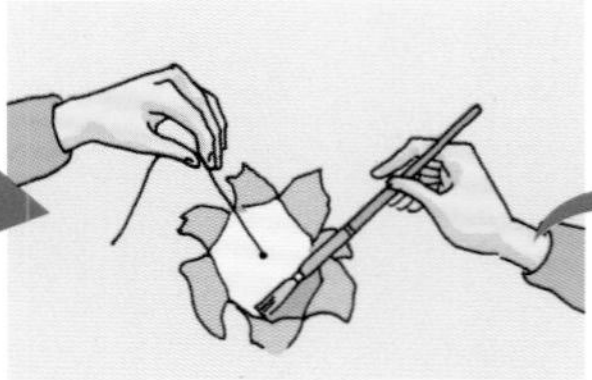

將厚紙片插入破損部分的裱糊底與表層紙間。以毛筆於內側仔細地塗上膠水。

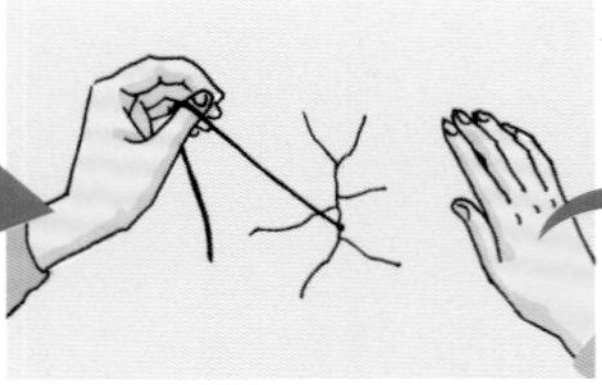

拉出厚紙片上的細線。黏貼表層紙至紙板，需貼平整，不能產生褶皺。細微處以針拉扯一下，會使作業更加順利。

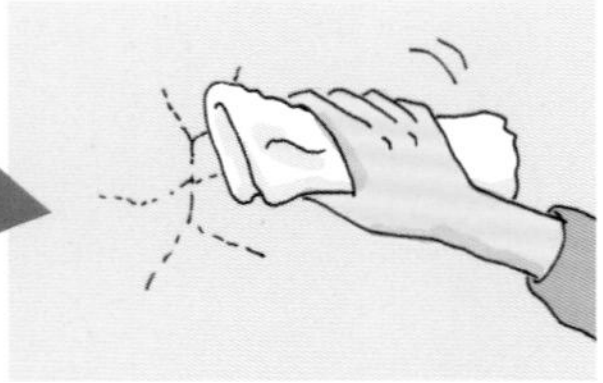

剪斷細線，再以乾毛巾輕輕撫平褶皺，避免接縫太過明顯。

在無法靈活開關的和室拉門滑槽貼上滑貼

和室拉門沒有歪斜變形卻無法靈活開關時，塗上石蠟即能使滑槽的滑動變得靈活。

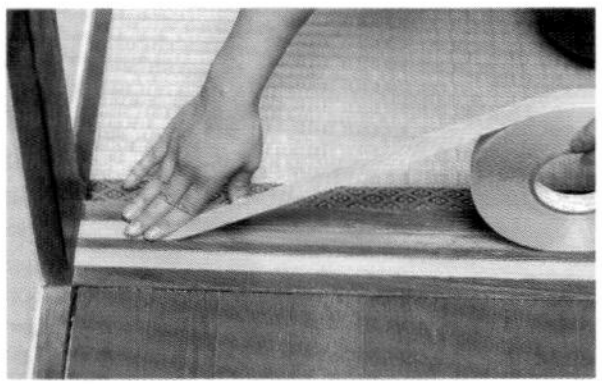

貼上滑槽滑貼，貼好後以手指按壓貼緊。為了避免滑貼鬆拖，需將其牢牢固定。

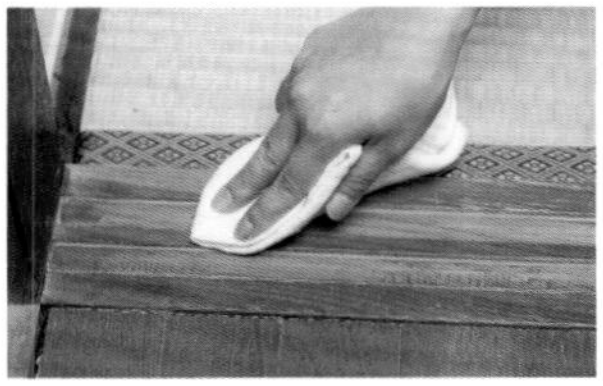

清掃滑槽的槽溝。先以50號的砂紙研磨槽溝，再以100號的砂紙進一步研磨。

使用工具

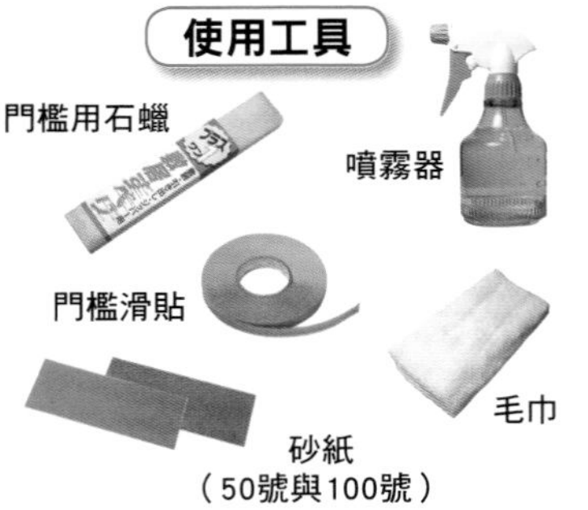

在槽溝處塗上石蠟或噴上潤滑劑都能使和室拉門靈活開關，不妨也試試吧！

小祕技

以墊木解決和室拉門歪斜變形的問題

墊木的長度為10公分，寬度與滑槽的槽溝相同。根據歪扭程度削成楔形。

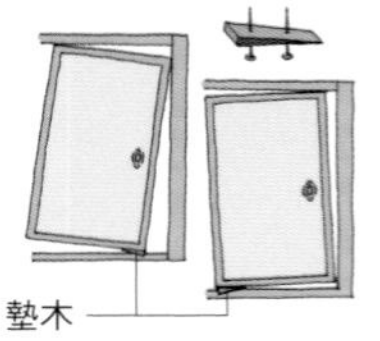

和室拉門的歪斜變形不僅會使和室拉門無法靈活開關，還會損傷滑槽，使和室拉門邊框與柱子間產生縫隙。為了修復歪斜變形，可根據縫隙的大小將墊木（傾斜度的大小）削成尺寸相同的楔形，再以釘子釘入和室拉門的下方邊框。產生縫隙的位置不同，塞入墊木的位置也不同。

Part 6

走廊·玄關

讓我們關心一下平時極少留意的走廊與玄關吧！將其改造成能讓所有家庭成員都能安全使用的通用風格。

◎製作壁掛衣架

◎安裝樓梯扶手

◎製作玄關用矮凳與腳踏板

製作壁掛衣架

使用1×4木料與天然木材

以接上小樹枝般的安裝方法展現自然韻味

在1×4木料上安裝四枝小樹枝作為掛鉤。樹枝的質感因粗細、長短及彎曲程度而異，很想感受一下這種自然韻味吧！此木工作業雖然簡單，但需注意的是在將粗紋螺絲釘入樹枝之前需事先在樹枝上開好螺絲孔，就能將樹枝牢牢地固定在1×4木料上了。當你將製作好的掛鉤釘入牆上時，可在螺絲帽處蓋上遮蓋藏於下方，使其更加自然。

作業流程

加工小樹枝

▼

鑽孔在1×4木料上

▼

安裝小樹枝至1×4木料上

展開圖

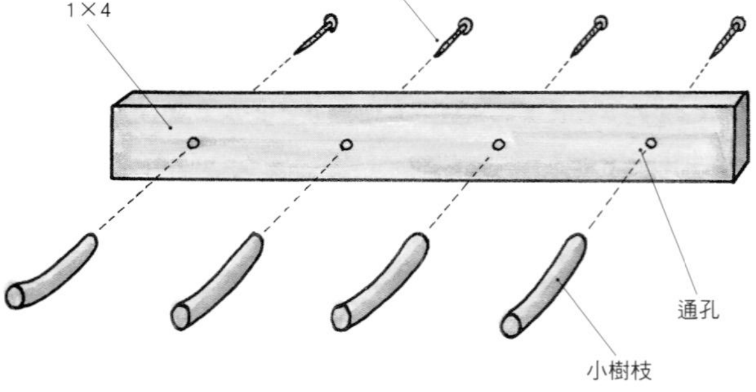

工具

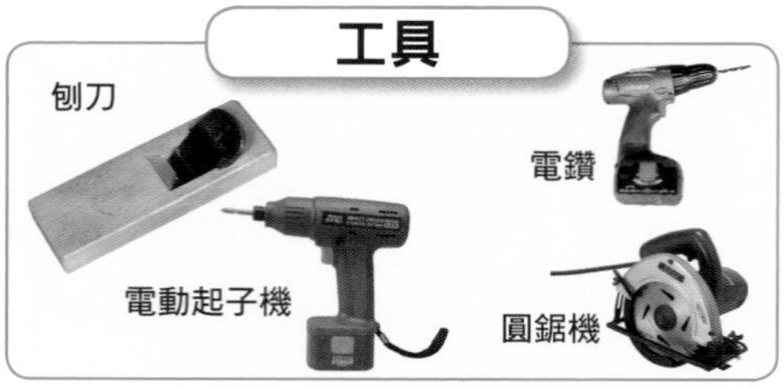

材料

雜木、1×4木料、65mm粗牙螺釘、藏頭釘

1 準備100㎜的小樹枝

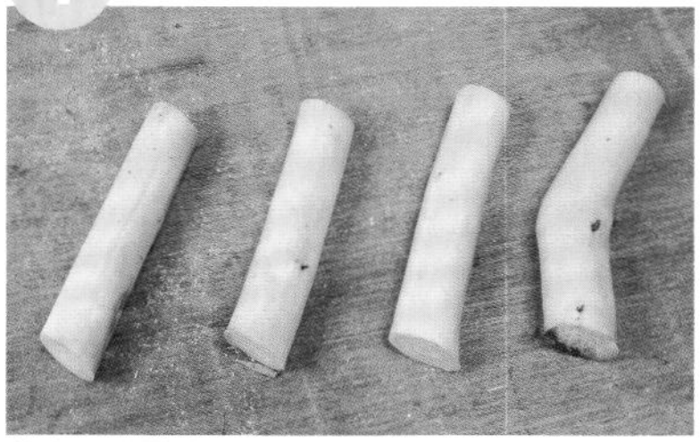

將砍下的樹枝切成約100㎜長，剝去樹皮後，依適當角度斜切樹枝切口。

2 將樹枝端面進行倒角

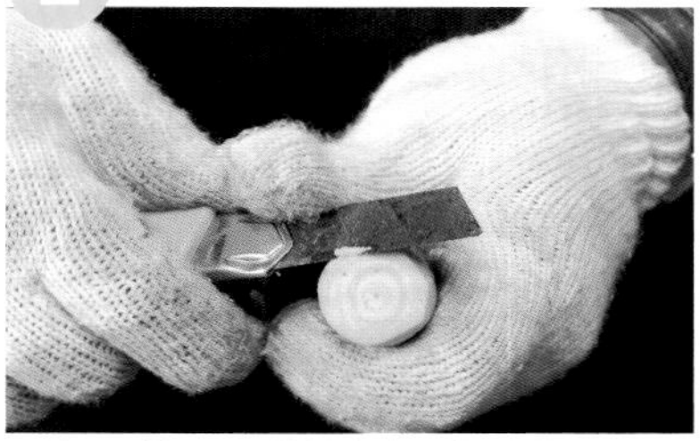

以美工刀等工具於樹枝木端面進行倒角。

3 將1×4木料進行倒角

倒角1×4木料的所有稜角。

4 在樹枝釘入處標上墨線

以捲尺測量樹枝釘入位置，以確保上下均等。

5 鑽孔在1×4木料上

以起子機於1×4木料（長約800㎜）上鑽出安裝樹枝的通孔。使用直徑4㎜的鑽頭。

6 試著安裝

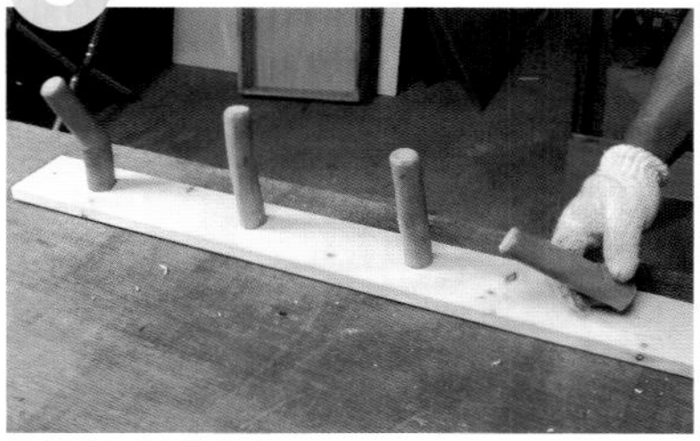

將樹枝置於鑽孔處。

7 鑽孔在樹枝的一端

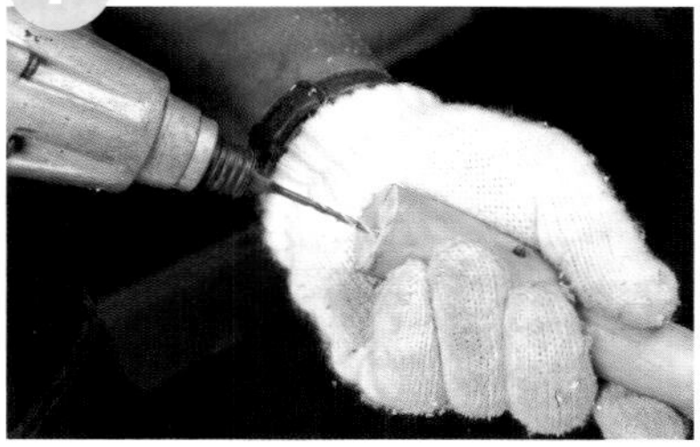

以直徑1.3㎜的鑽頭在樹枝的一端鑽好螺絲孔。

8 安裝小樹枝

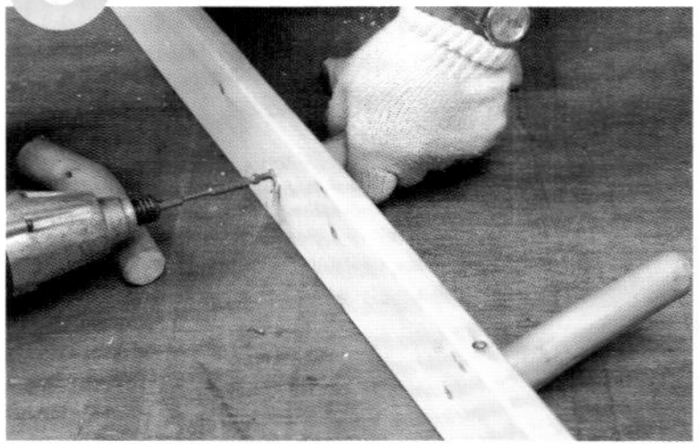

從1×4木料的內側打入65㎜長的螺釘，將小樹枝固定在板材上。

9 調整樹枝方向

調整已安裝好的樹枝方向。

10 確認掛鈎是否水平

將製作完成的掛鈎安裝至牆上時，若有水平儀，作業就更加方便了。

11 安裝掛鈎至牆上

安裝製作好的掛鈎至牆壁上，可先墊上墊圈再釘入螺釘。

12 遮蓋螺釘帽

於螺釘帽處蓋上遮蓋。

安裝樓梯扶手

方便移動且安全性高

只有裝上扶手後才會感受到的安全感

扶手可在必要時支撐使用者的身體，也能讓使用者在室內活動時更有安全感。

在玄關、走廊、浴室等處加裝扶手，也能有增加安全感的效果，但其中最為重要的還是安裝樓梯扶手。

安裝扶手時，需先確保扶手的強度。另外，安裝在易於扶撐的位置也是十分重要的。

扶手的種類繁多，有表面光滑，手臂能在上方滑動的；也有防水對策的種類，也能使用在有水處的，請根據需要選擇合適的類型吧！

扶手的安裝高度

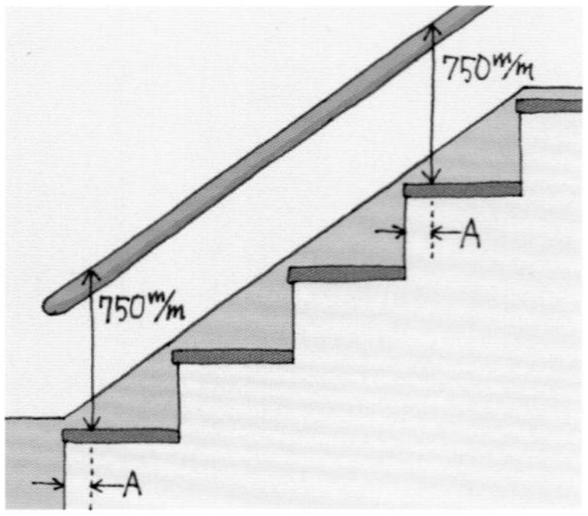

一般來說，距離地面750mm為扶手的標準安裝高度，但具體作業時需確認使用者是可容易於扶撐的高度後再安裝。安裝樓梯扶手時，下樓用的扶手安裝高度需比上樓用的扶手（標準值）高出一個臺階會更好。

找出間柱的位置

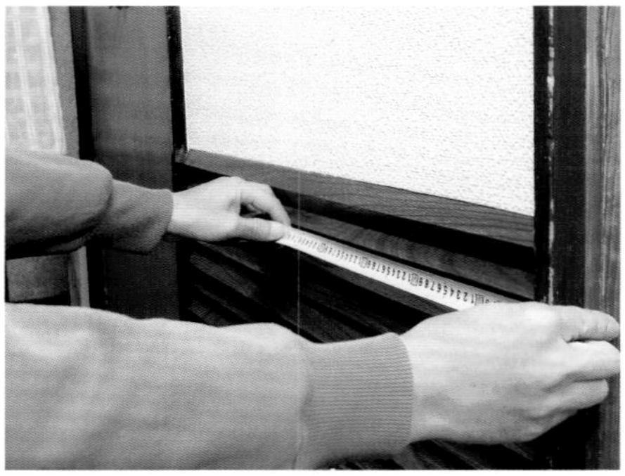

一般而言，安裝扶手時，主要是將金屬零件固定在柱子或間柱上。一般住宅中，柱子與柱子的距離為91cm，兩個柱子的中間有間柱。可透過尋找固定護牆板的釘痕跡或以感應筆找出間柱的位置。

作業流程

確定金屬零件的位置與角度

▼

安裝金屬零件

▼

調整扶手的長度

▼

安裝扶手

材料

扶手
直徑約35mm，需挑選有經過防滑加工的扶手。

自攻螺絲

木工用接著劑

木螺絲

工具

電鑽、
電動起子機

螺絲起子

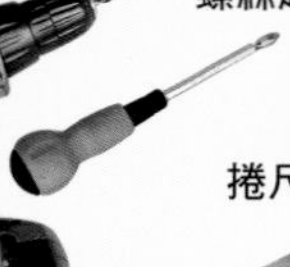

捲尺

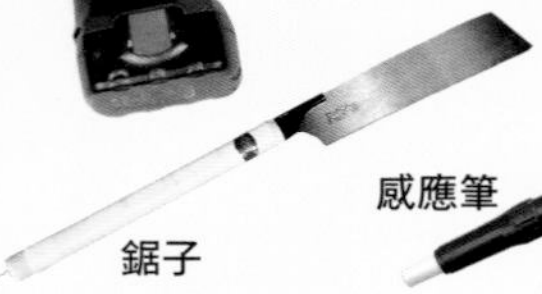

鋸子

感應筆

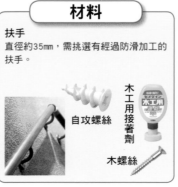

1 將木棒作為安裝高度的尺規

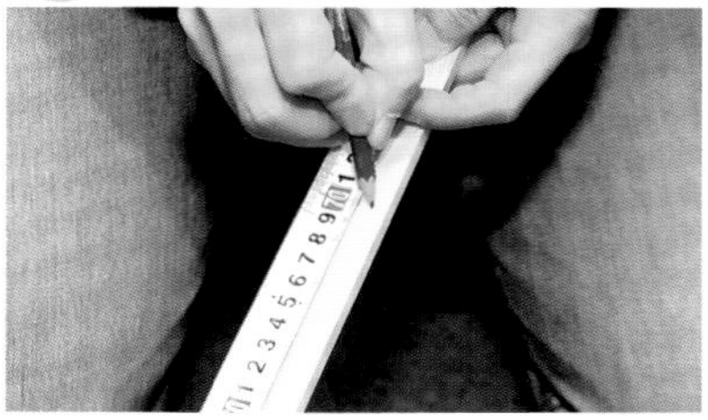

如果每安裝一處都用捲尺來測量安裝高度，實在是太費工夫了。準備一根木棒來作為安裝高度的尺規，作業就省時省力多了。

2 在金屬零件的安裝位置做上記號

用木棒量出金屬零件的安裝位置並做好記號。若牆壁是沙壁，可改貼紙膠帶做記號。

3 在間柱位置做上記號

測量時需一併算入柱子的粗細。間柱處也需記下金屬零件的安裝高度。

4 確認扶手的傾斜度

記下金屬零件的安裝位置後，再以木棒確認樓梯的傾斜度及與扶手是否平行。

5 暫時固定兩端的金屬零件

以木螺絲暫時固定兩端金屬零件的其中一個螺絲孔。無需完全固定，只要不晃動即可。

6 放上扶手，確定角度

固定兩端的金屬零件後放上扶手，確定金屬零件的角度並鎖緊木螺絲固定。

7 固定中間的金屬零件

兩端固定後，再確定中間的金屬零件（間柱位置）的角度及螺絲孔的位置，並鎖緊螺絲固定。

8 安裝使用於練舞室的扶手

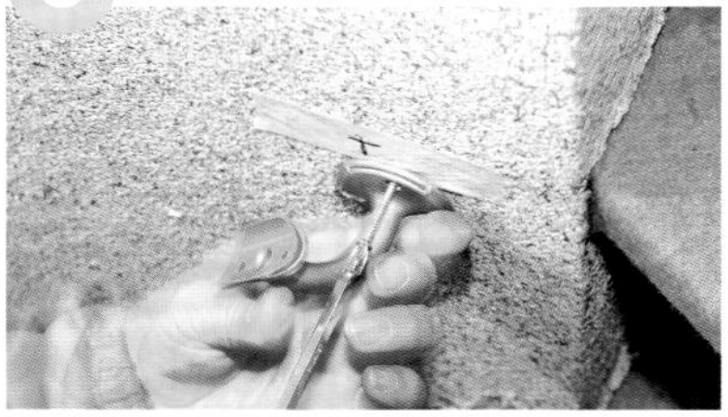

此處的金屬零件安裝間隔需在900mm內（不同產品的安裝間隔也不盡相同，購買時需確認其規格。），因此練舞室內使用的金屬零件需固定在左右兩端的柱子上。

9 再次確認安裝高度

放上扶手，確認與地面平行後以金屬零件暫時固定。此處的使用高度可能會與樓梯處不同，因此需再次確認。

10 調整扶手的長度

若安裝的扶手長度超過柱子，經過時容易撞到身體，也可能扯到衣服，若稍稍切短一些會比較好。

11 鎖緊木螺絲

由於製作扶手的木材很堅固，因此需先在扶手上鑽出較深的螺絲孔，再以木螺絲固定。

12 於扶手末端蓋上遮蓋

安裝完畢後，需在扶手兩端蓋上遮蓋，並多塗些木工用接著劑，將其黏牢。

製作玄關用矮凳與腳踏板

再也不必為過高的臺階苦惱了

消除玄關的段差，減輕腳部與腰部的負擔

地面和橫框間約有27cm的臺階，進出玄關和脫鞋穿鞋時會有些吃力，因此製作了矮凳與腳踏板。坐在矮凳上，穿脫鞋子也變得輕鬆了。多虧了腳踏板，不僅能減輕腳部與腰部的負擔，連跌跤、摔倒的機率也能夠減半。腳踏板的高度約為橫框的一半。矮凳的高度可定為方便就坐的47cm。

作業流程

製作矮凳座面
▼
安裝凳腳
▼
製作腳踏板的面板
▼
安裝底腳

材料

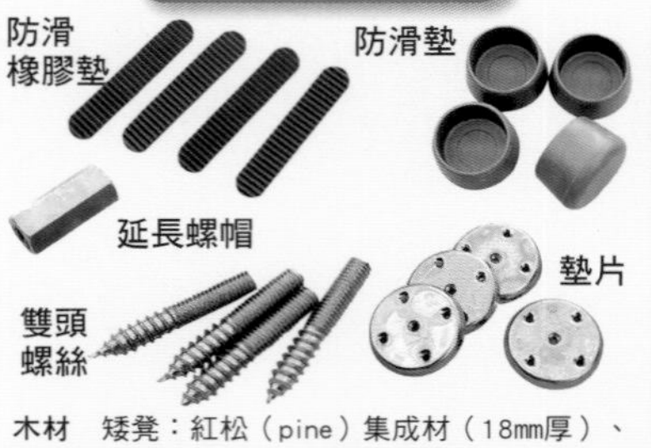

木材　矮凳：紅松（pine）集成材（18mm厚）、圓木棒（直徑50mm）。腳踏板：紅松集成材（18mm厚）、使用松木的板材與方料

工具

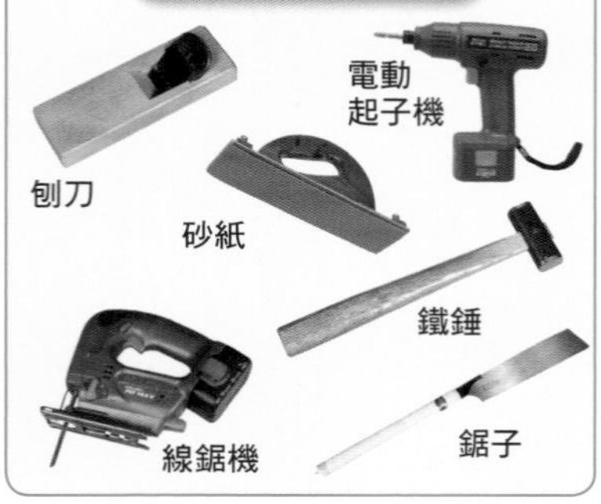

STEP 1 製作矮凳

1 製作邊角圓滑的座面

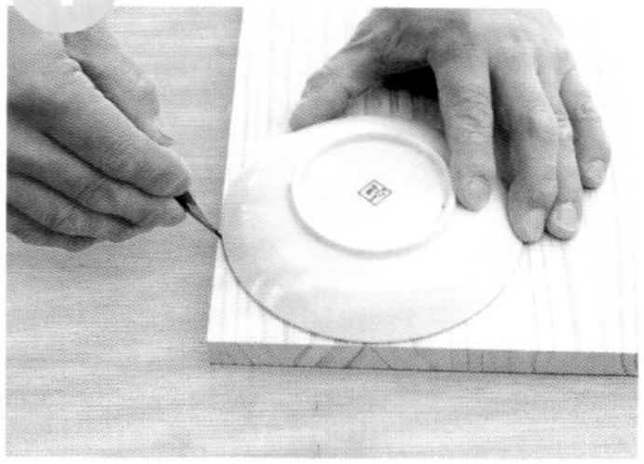

為了矮凳使坐起來更舒服，可加工座面邊角成圓弧形。將大小適中的盤子置於座面上方並劃出弧線。

2 以線鋸機鋸掉多餘部分

以線鋸機沿著步驟1的弧線鋸掉多餘部分，矮凳的前方邊角加工成圓弧形。

3 以刨刀加工圓弧

以刨刀沿著弧線做最後的修飾，使圓弧看起來更漂亮。

4 以刨刀進行倒角

為了使矮凳坐起來更舒服，以刨刀對座面上所有的邊進行倒角。

5 以砂紙研磨

以240號砂紙對座面、側面及端面進行研磨。背面之外的所有部位都需進行研磨。

6 以螺絲固定墊片

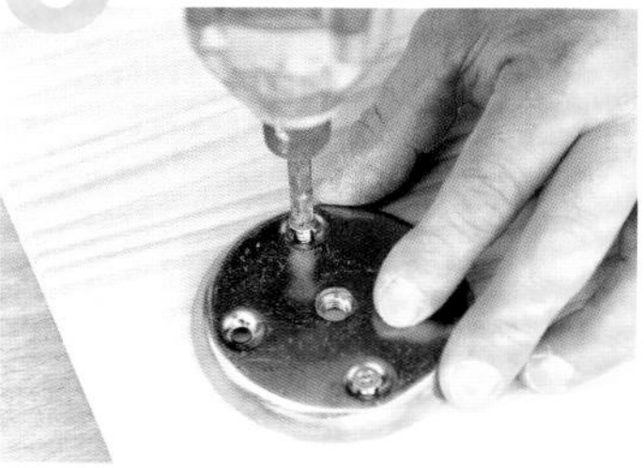

如圖所示於背面的四角處安裝墊片。此處將是凳腳的安裝位置。

7 裁切圓木棒作為凳腳

以鋸子裁切圓木棒做出四個凳腳。裁切時需小心，請勿鋸斜。

8 事先開好螺絲孔

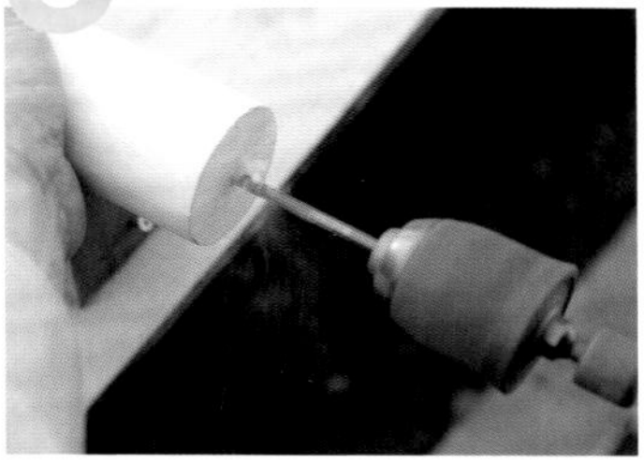

先以電動起子機鑽好螺絲孔，儘量以垂直方向鑽入。

9 鎖入雙頭螺絲

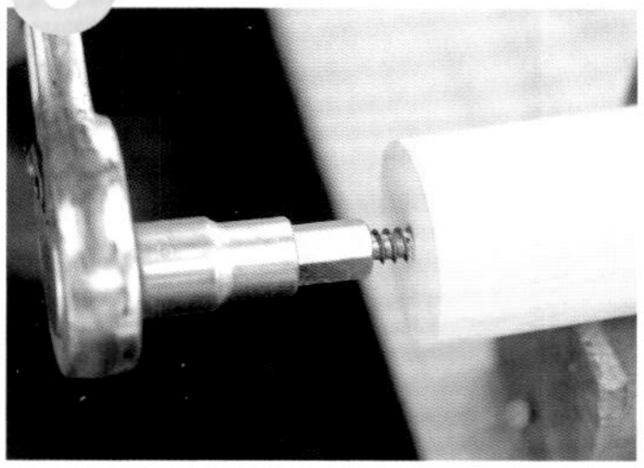

嵌入雙頭螺絲至延長螺帽中，再以扳手鎖入事先開好的螺絲孔裡。

10 以鐵錘調整彎曲程度

若釘入的錨栓出現傾斜，可用鐵錘從上方用力敲擊使其垂直。

POINT

為了便於調整水平和消除晃動，鋸凳腳時可鋸出比實際尺寸稍大的大小

在調整水平和消除晃動時，還有可能會根據需要削斷凳腳。因此，製作凳腳時應比設計尺寸稍長一點。

11 安裝凳腳

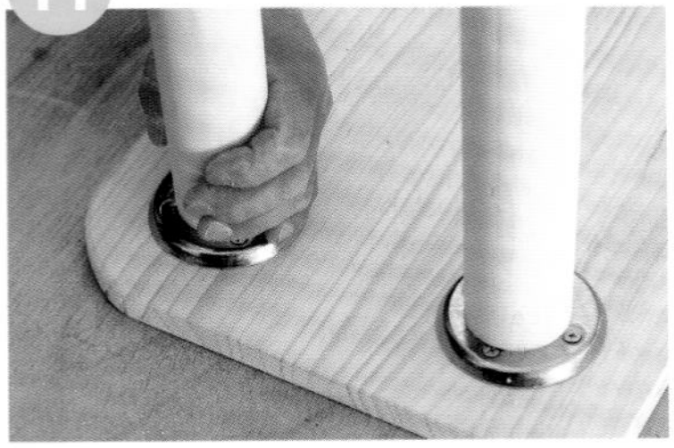

拆下延長螺帽並將雙頭螺絲鎖入墊片中。以同樣的方法完成四個凳腳。

12 以水平儀調整水平

若座面不水平，可透過鋸掉相反側的蹬腳來消除落差使其達到水平。縱橫方向的水平都需進行確認調整。

13 套上防滑墊

在凳腳底部套上防滑墊。也可在防滑墊下墊上厚紙片進行微調。

14 矮凳製作完成

擺好矮凳後試坐看看。若覺得太高，將四個凳腳鋸至相同高度即可。

STEP 2 製作腳踏板

1 加工材料

面板的製作方法與製作矮凳的步驟1至5相同。裁切好凳腳及補強凳腳用的角材後，將所有的材料進行倒角。

2 塗抹接著劑於角材上

於凳腳上安裝補強用角材。在角材的其中一面塗上木工用接著劑。

3 以木螺絲固定角材

如照片所示，黏接角材至蹬腳上，並鎖入木螺絲固定（2處）。

4 固定凳腳至面板上

從面板側鎖入木螺絲固定凳腳（3處）。木螺絲的螺絲頭略陷入面板約5mm為宜。

5 調整水平及晃動程度

以刨刀對蹬腳進行調整，反覆此步驟至傾斜與晃動消失為止。

6 貼上防滑橡膠墊

最後在蹬腳底部貼上塑膠地磚（橡膠材質），腳踏板製作即完成了。

小祕技

以木器補土遮蓋螺絲孔

❶在螺絲孔內滴入木器補土

製作填補作業。可滴入適量填補材料至步驟4中鑽出螺絲孔。建議選擇與木材顏色相近的木器補土。

❷塗刷平整木器補土

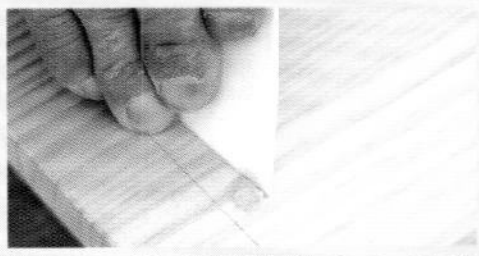

以刮刀將木器補土塞入螺絲孔，並刮掉多餘填補材料。最後以抹布擦拭附著在面板上的木器補土。

❸以砂紙研磨

待木器補土乾燥後，以砂紙研磨。這樣即可遮蓋螺絲孔，漂亮美觀的腳踏板也正式完工了！

Part 7
飯廳·廚房

飯廳與廚房對家庭主婦們來說是非常重要的活動場所，當然需要佈置得方便舒適且漂亮清爽。本單元介紹一些可儲藏物品的儲物櫃、擺放杯子的可愛小杯櫃等漂亮家具的製作方法。同時準備了一些修繕水槽漏水等問題的小妙招。

◎以三夾板製作置物櫃
◎製作風格簡約的杯櫃
◎製作桌上型九宮格櫃
◎鋪貼塑膠地磚
◎黏貼裝飾貼膜
◎在廚房牆壁黏貼白色瓷磚
◎安裝防震小物件
◎更換方便適用的出水管
◎廚房水管的維修保養
◎飯廳與廚房的維修保養

以三夾板製作置物櫃

初學者也能簡單完成的取材與組裝

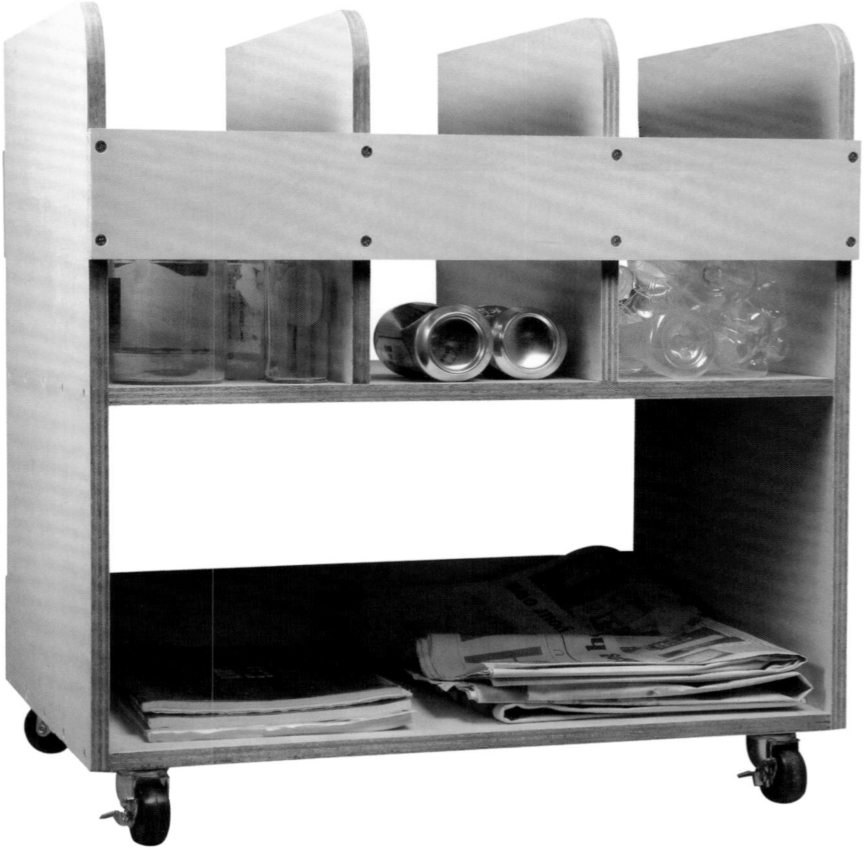

以一塊3×6板料進行取材後組裝

充分利用一塊三夾板，可製作出具收納性的置物櫃。可暫時收納空瓶子、易開罐、塑膠瓶或報紙等回收垃圾。使用材料為3×6尺的三夾板，規格為910×1820㎜。使用工具為電動圓鋸機、電動起子機、鋸子、砂紙等。基本上都是直線裁切，即便是初學者也能簡單完成。組裝時使用木工接著劑接合固定38㎜的木螺絲。組裝前需先開好螺絲孔，避免板材龜裂。此為作業時需注意的要點。

作業流程

畫製墨線
▼
取材
▼
裁切角落等曲線部位
▼
組裝

達人推薦　BIY素材

以較厚的直尺作為圓鋸的導尺

有了厚度較厚的1m長直尺，在三夾板上進行直線裁切時就方便多了。不僅畫墨線時能派上用場，以圓鋸機裁切時還能作為導尺，避免切歪材料。長度為1m，所以當裁切寬度為910㎜的板材時會比圓鋸機上附的標準裝置更適用。

厚度較厚的直尺還可作為電動圓鋸機的導尺。

工具

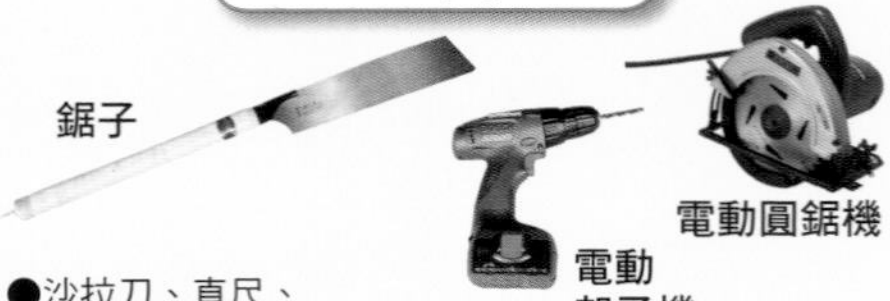

●沙拉刀、直尺、固定夾、角尺

材料

15㎜厚三夾板、粗牙螺釘（38／15㎜）、小型腳輪、木工用接著劑

STEP 1
三夾板的取材圖與展開圖

3×6尺三夾板的取材圖

※裁切時會產生的損耗寬度（1至3mm，視鋸片寬度而定）未標註於取材圖與展開圖中。

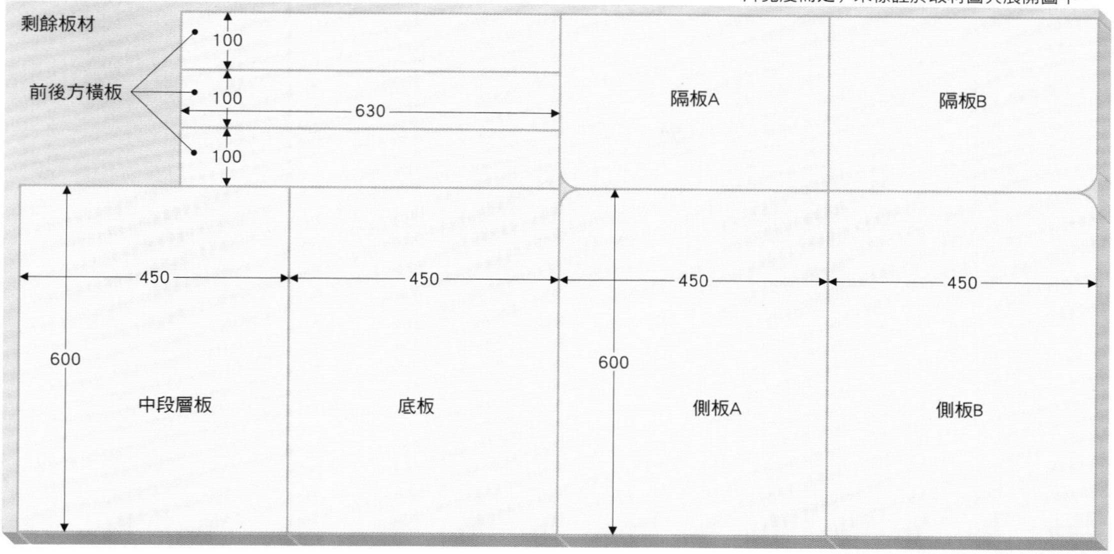

展開圖

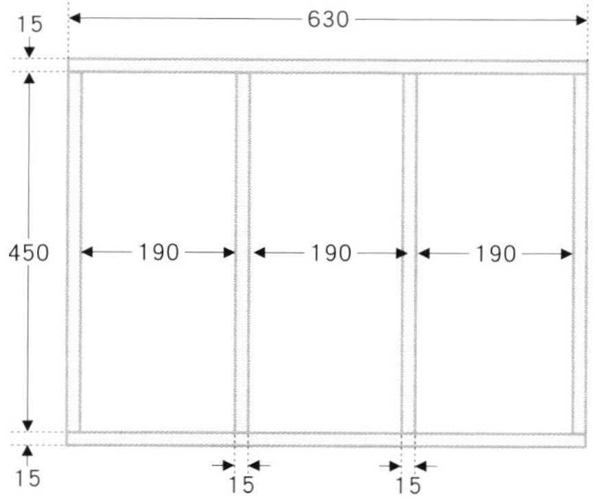

上視圖

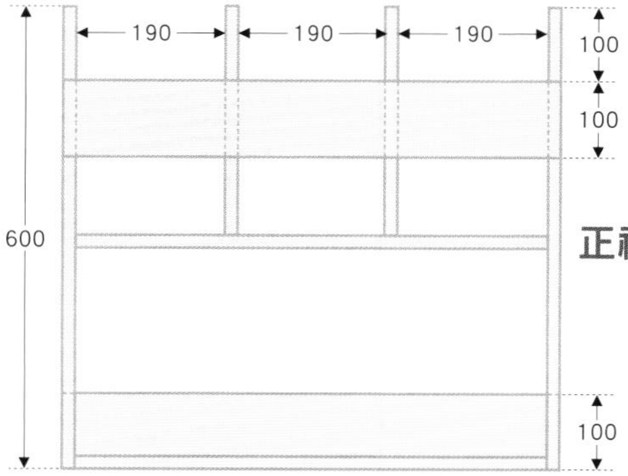

正視圖

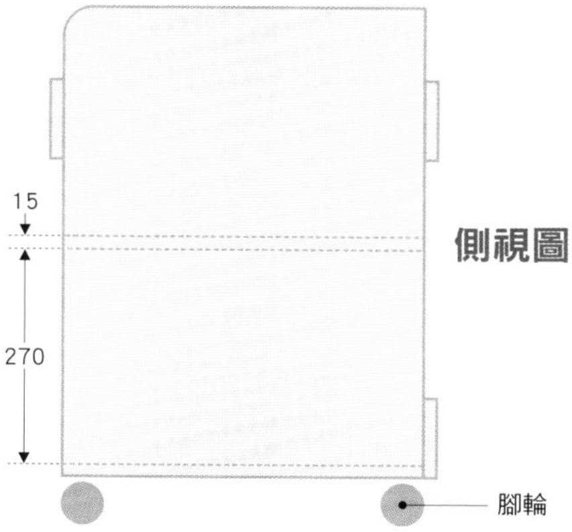

側視圖

單位：mm

STEP 2

畫上墨線・取材・裁切角落等曲線部位

1 於三夾板上畫上墨線

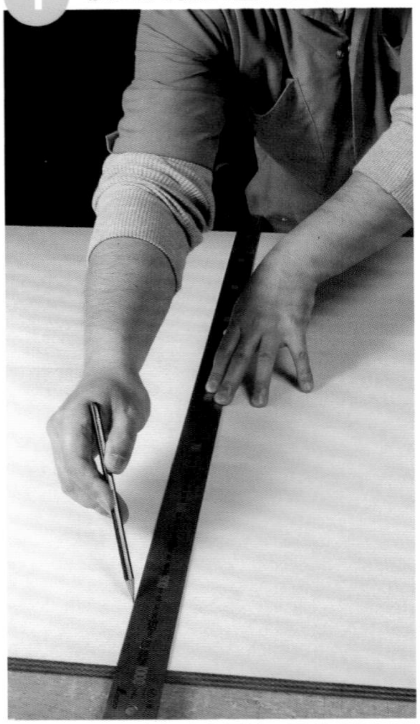

依尺寸圖在三夾板畫上墨線。因考慮到電動圓鋸機的刀片具一定寬度，需預留出2mm左右作為裁切損耗。

2 以電動圓鋸機進行直線裁切

以電動圓鋸機進行直線裁切。作業時需使用1m長直尺當做倚板。

3 取材完畢

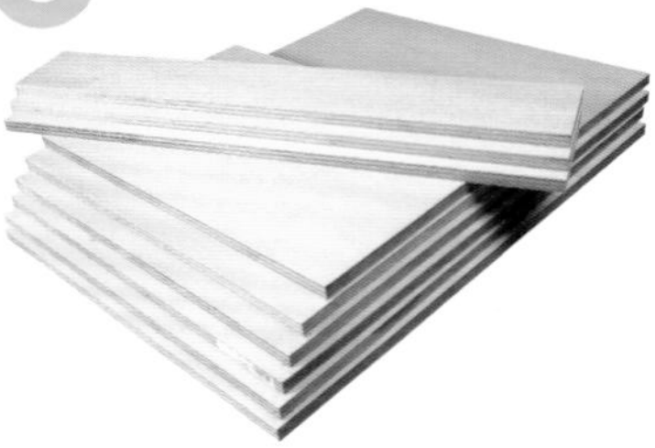

600×100 3張、45×300 2張、450×600 4張

4 在螺絲孔的位置畫上墨線

在鎖入螺絲的位置畫上墨線。板材厚度為15mm，因此螺絲位置應距板邊7.5mm

5 開孔用鑽頭

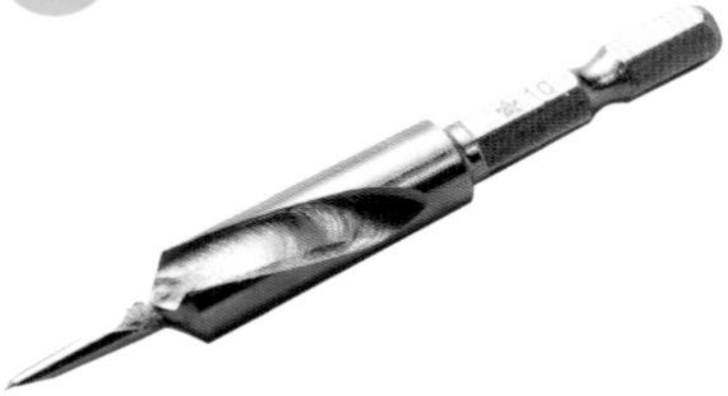

事先開好螺絲孔。上圖為沙拉刀，直徑為3mm，開得深一點可隱藏螺絲帽於板材內。

6 開螺絲孔

開螺絲孔。如照片所示，即完成一個可隱藏螺絲帽的螺絲孔。

7 螺絲間距為100mm

開好全部的螺絲孔，間距為100mm。

8 畫出圓角的墨線

組裝後位於正面的部分也需加工成圓弧形。因此，需先畫好圓弧的墨線。此時需使用量角器。其實也不一定要使用量角器，只要是圓形的東西即可。

9 以鋸子進行裁切

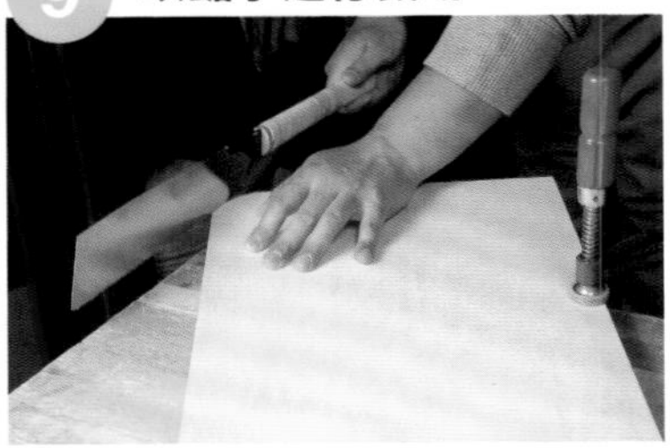

以鋸子裁切圓弧部位。暫時切成直角。

10 以砂紙研磨成圓弧形

以砂紙研磨成圓弧形。先以粗砂紙，再以中等粗細的砂紙來進行研磨。

11 圓角加工完畢

圓角加工完畢。組裝前的準備工作就一切就緒了。

STEP 3
組裝

1 塗抹接著劑在結合面上

板材間的結合固定全部使用螺絲，需與木工用接著劑一起使用。先在黏接面上塗抹接著劑。

2 黏接隔板

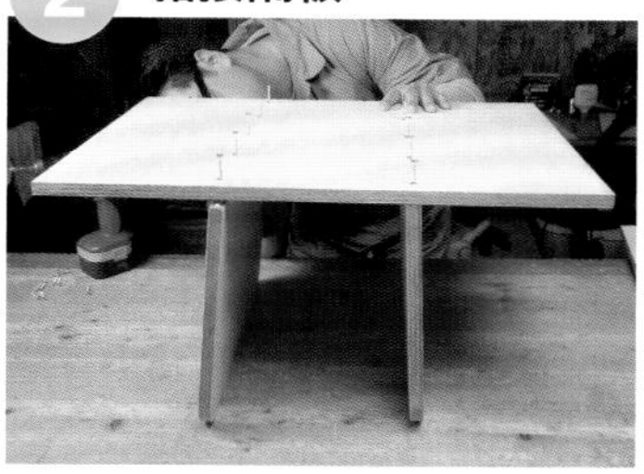

先黏接隔板與中段層板。緊密貼合將塗有接著劑的接合面，再輕輕插入螺絲於已開好的螺絲孔。

3 鎖緊螺絲

以電動起子機鎖緊螺絲。

4 黏接側板

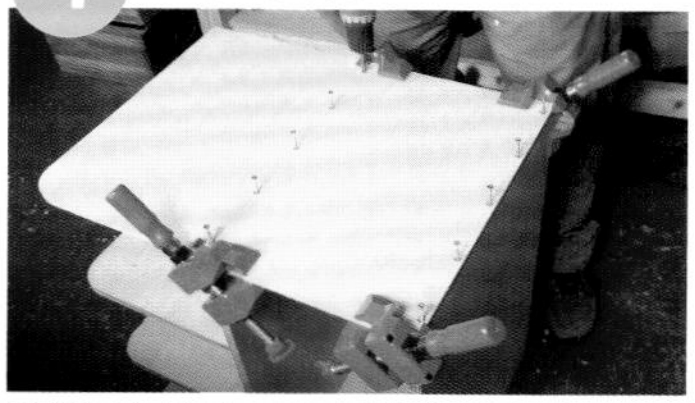

黏接固定側板。為了避免板材鬆動，可用固定夾固定，會使作業更方便。照片中使用了可直角固定材料的方便固定夾。

5 黏接前後方橫板

黏接前後方橫板。

6 組裝完畢

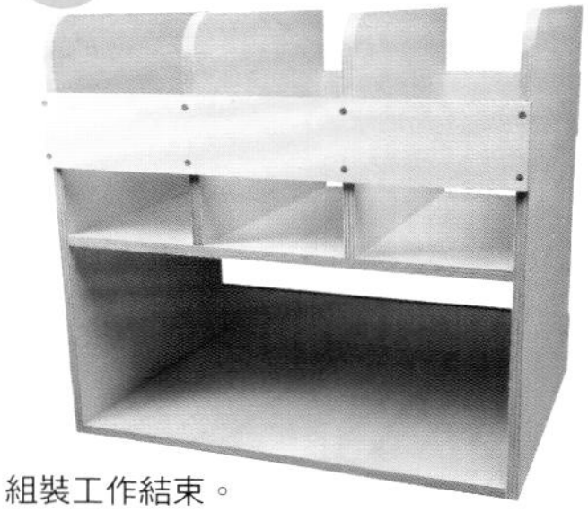

組裝工作結束。

7 以砂紙研磨毛邊

以砂紙輕輕研磨，去除表面的毛邊。

8 安裝腳輪於底板

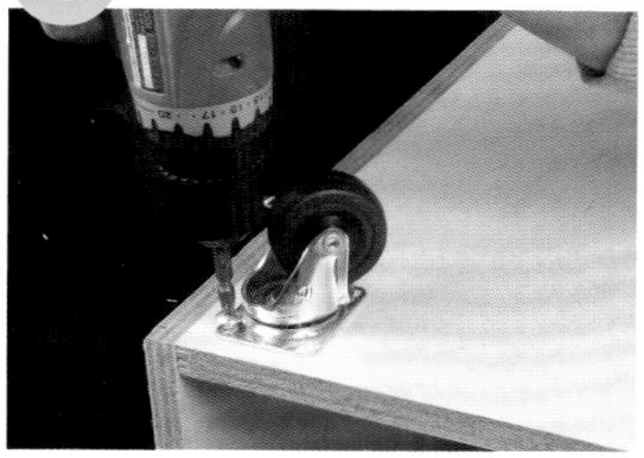

安裝腳輪於底板。為了配合板材的厚度，需使用15mm的木螺絲。

9 腳輪安裝完畢

兩個前方腳輪為帶有煞車的腳輪。

10 圓角與腳輪為該作品的製作重點

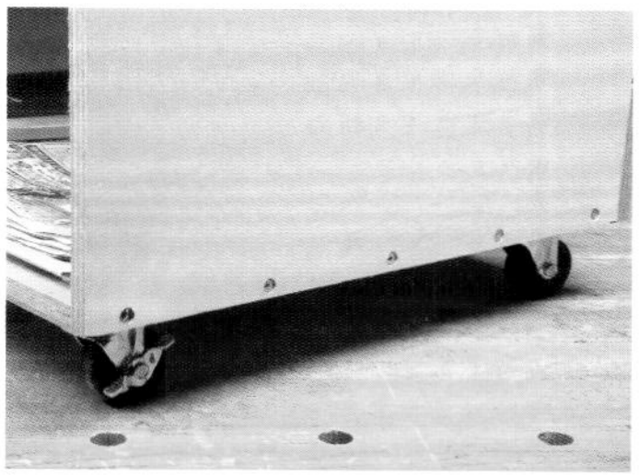

上部的前方加工成圓弧形，給人柔和的感覺。底部裝上結實的腳輪，能夠承載一定的重量。

完成

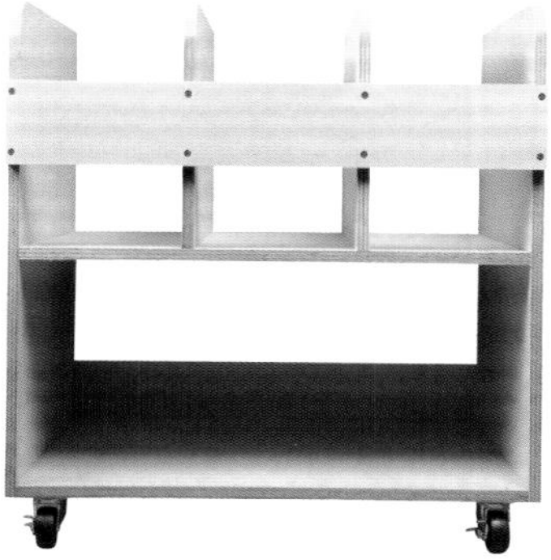

隔板的數量與尺寸可根據實際情況來決定。此為以一塊三夾板所製作的漂亮的實用作品。

製作風格簡約的杯櫃

自然風白色雙層置物架

直線裁切 簡單組裝的造型

這是一件製作方法非常簡單的家具，只需組裝直線裁切後的板材即可。雖然沒有特別的裝飾，但可透過噴漆打造出不同於一般的風格。稍微伸出的蓋板，稍稍墊高的底板，以及典雅勻稱的結構，任何一個細微的設計和尺寸都十分講究。主要使用工具為線鋸機和電動起子機，不論是誰都可以輕鬆完成！

作業流程

按照設計尺寸裁切板材
▼
開螺絲孔在板材上
▼
插入螺絲組裝
▼
塗刷油漆

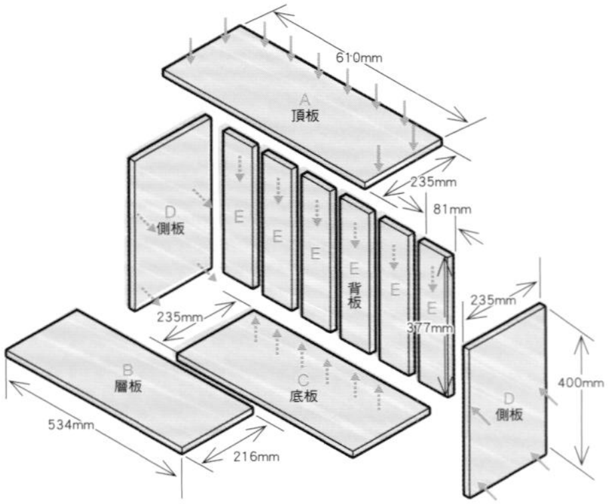

工具

材料

1×4木料/4呎/2張　1×10木料/3呎/5張
木螺絲/Φ3.3×40mm/30支

1 於裁切處畫上墨線

筆靠曲尺畫出墨線。為了確保裁切出直角，需使曲尺與板邊緊密貼靠。再以鉛筆在曲尺外側畫線。

2 筆直切下板材

以線鋸機沿著墨線切下各部位的材料。作業時，以固定夾固定導尺能夠裁切更精準。

3 於螺絲孔的位置畫上墨線

背板的寬度為89mm，因此需在正中間，也就是44.5mm處做出螺絲孔記號。其他部件的螺絲孔位置也以鉛筆做上記號。

4 開螺絲孔

為了避免在鎖螺絲時板材裂開，需先以電動起子機開好螺絲孔。鑽頭的直徑為2mm。放一塊墊木在板材下方後，垂直插入鑽頭。

5 打磨板材邊角

開好所有的螺絲孔後，對板材進行倒角，再以砂紙打磨光滑。可使用小型的砂紙機。

6 在板材結合處做上記號

暫時插入木螺絲。在板材結合處做上記號。照片所示為組裝背板與層板的情形。

7 塗抹木工用接著劑

若是僅以木螺絲固定，可能會出現浮起或結合不緊密的情況。因此需以木工用接著劑黏接，少量即可。

8 將背板裝在層板上

以電動起子機垂直鎖入木螺絲。裝好一塊背板後，再塗上木工用接著劑，繼續組裝第二塊。

9 安裝側板與底板

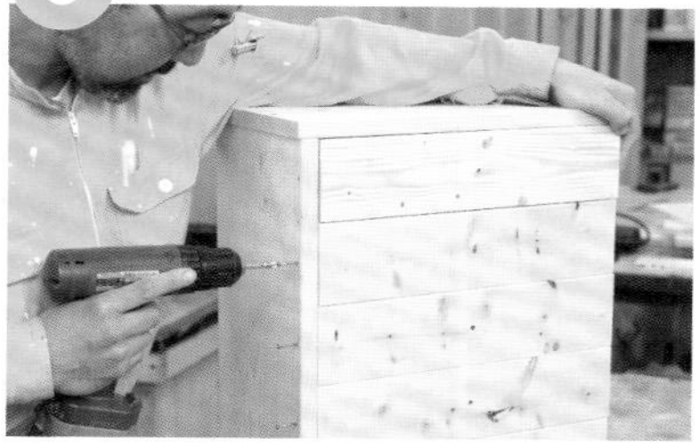

按照側板→底板的順序進行安裝。一般情況下，木螺絲是由上往下插入。若為老手，也可依照片所示從側面插入。

10 安裝頂板

最後再安裝頂板。依次垂直鎖入10個木螺絲。

11 以油漆刷塗刷油漆

使油漆刷三分之一左右的刷毛沾上油漆。量太多會容易留下漆痕，因此多餘油漆需在作業前滴落。

12 順著木紋進行刷塗

拿油漆刷的方法就如同握鉛筆一樣。順著木紋反覆塗刷。木螺絲上方也需塗刷，避免螺絲帽太過明顯。

製作桌上型九宮格櫃

無背板的九格櫃

可擺放生活小雜貨的精緻小家具

以三種形狀的板材如堆積木般組裝而成的小家具。兩塊板子夾住四塊板材，再以6塊小隔板隔開，這樣就組裝成一個精美的九宮格小家具。若改變板材尺寸，就可改變格子的大小與數量。因為沒有背板，所以可從前後兩面拿取物品。可透過擺放一些裝飾小物品，使此小家具看起來更精美、更具品味。

作業流程

- 裁切12塊板材
- ▼ 標記螺絲釘入處並鑽孔
- ▼ 倒角邊角並組裝
- ▼ 組裝後研磨表面
- ▼ 塗抹護木油保護木料

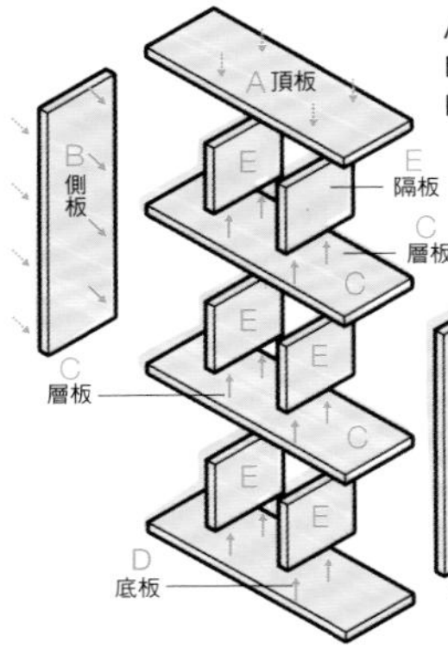

A, C. D=140×414
B=140×450
E=140×123

＊完工後尺寸
高450×寬452×深140mm

工具

材料

1×6木料/6呎/2張
木螺絲/Φ3.3×40mm/32支

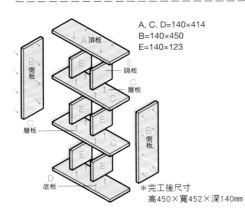

1 依設計尺寸裁切板材

在需要裁切的地方以鉛筆畫線，再以線鋸機裁切。需裁切出如照片般筆直平整。

2 標記螺絲鎖入處

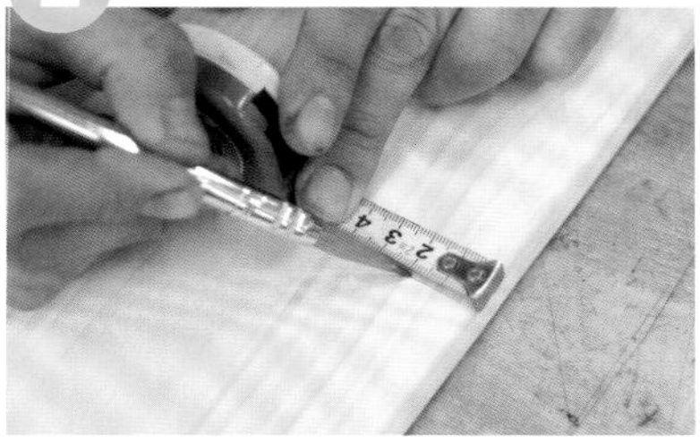

在靠著曲尺畫好的線上確定螺絲孔的位置並做好記號。螺絲孔的位置距板材邊緣20mm，此塊板材需與4塊板材組裝在一起。

3 開螺絲孔

以電動起子機事先開好螺絲孔。使用直徑2mm的鑽頭。墊一塊木板在板材下方後，垂直插入鑽頭。

4 打磨板材邊角

開好所有螺絲孔後，對板材進行倒角，再以砂紙打磨光滑。

5 塗抹木工用接著劑

以木筷子於整個切面上塗抹木工用接著劑。只需少許的木工用接著劑即可。

6 以木螺絲組裝

一手固定住木材，另一手則以電動起子機垂直鎖入木螺絲。一點一點地分次打入。

7 組裝層板

底板朝下後，裝上層板。其作業順序為確認鎖入木螺絲的位置後，塗抹木工用接著劑，再鎖入木螺絲。

8 一層一層組裝

第二層和第三層的隔板只需以木工用接著劑固定。使用表面漂亮的板材作為頂板。

9 組裝側板

組裝時橫放本體，以便從上方鎖入木螺絲。若作業台太高，可放在地上作業。

10 研磨表面

以砂紙研磨表面。若使用電動砂紙機，可縮短作業時間。

11 以布進行塗刷

使用油漆刷的話容易會留下漆痕，就以布沾上護木油塗刷吧！作業時，需順著木紋塗刷。

12 所有的面都塗上護木油

一邊作業一邊轉動櫃子，將需塗刷的表面朝上。護木油乾得很快，作業時務必在地面上墊上紙板等，避免污染地板。

鋪貼塑膠地磚

鋪於用水處，耐用性高

選用適合用水處使用的接著劑施工

塑膠地磚的材質為塑膠，最適合使用於廚房等經常用水的地方。鋪貼塑膠地磚的作業也非常簡單，只需以接著劑或專用雙面膠直接黏貼在地板即可。

使用稍後介紹的接著劑施工，具有黏接性、固定力強的優點。以雙面膠施工，黏接力稍嫌不足，但施工簡單，不易弄髒地板。

一般的塑膠地磚寬度為900或1800㎜，購入量為房間面積再加上15％左右為宜。

作業流程

根據房間尺寸裁切塑膠地磚

▼

壁縫處理

▼

以接著劑黏貼在地板上

▼

以滾輪與填縫劑進行最後修飾

材料

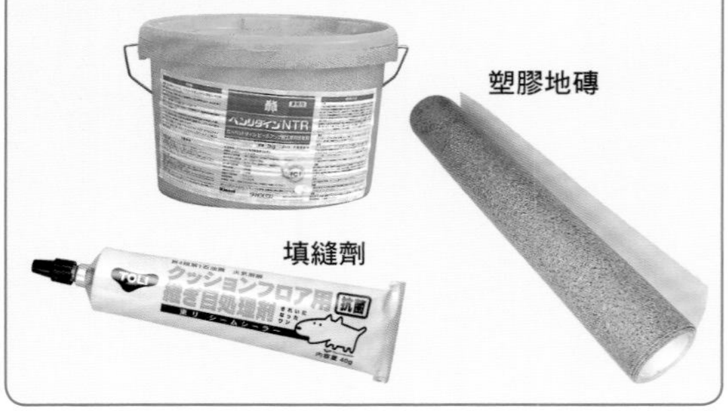

工具

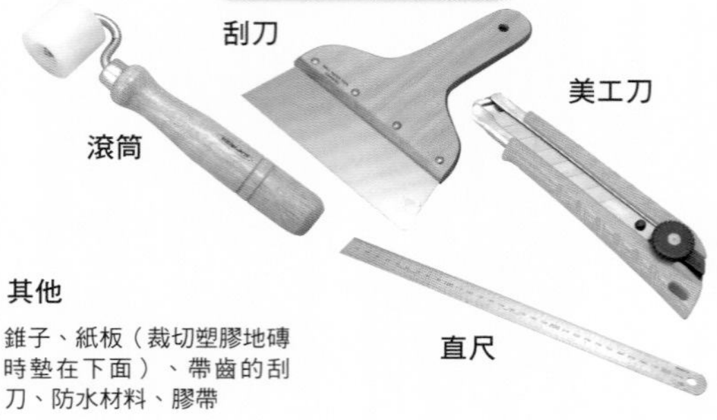

其他

錐子、紙板（裁切塑膠地磚時墊在下面）、帶齒的刮刀、防水材料、膠帶

1 根據房間尺寸裁切塑膠地磚

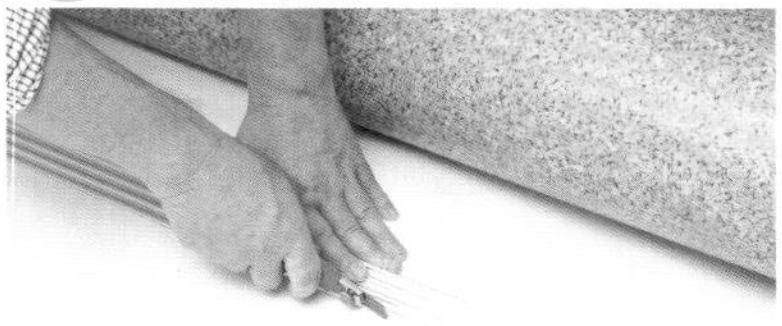

根據房間的實際尺寸裁切數塊塑膠地磚。裁切尺寸需比實際尺寸多20公分左右。

2 鋪貼第一塊塑膠地磚

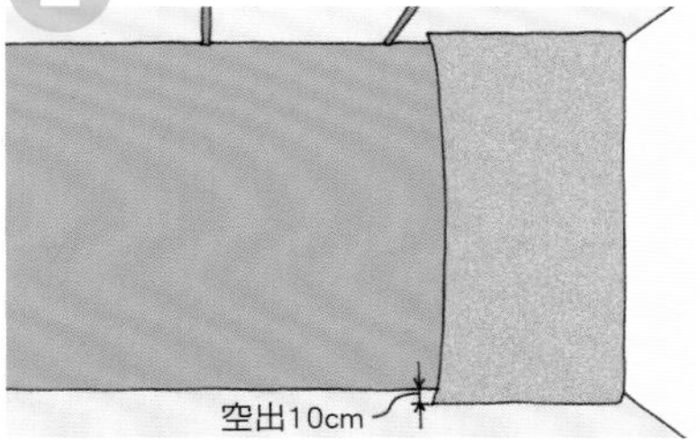

如插圖所示鋪貼第一塊塑膠地磚，使兩端（短邊）各多出10公分左右，長邊則剛好吻合牆壁。

3 切掉多餘的10公分

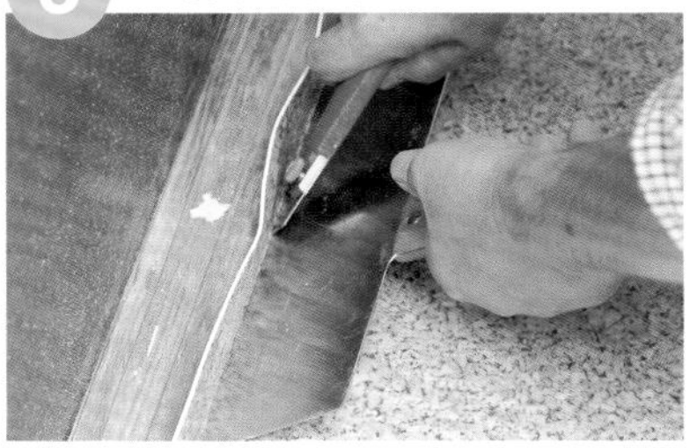

如圖所示，以刮刀緊緊壓著，再以美工刀一點一點裁切。

4 以錐子裁切柱子部位

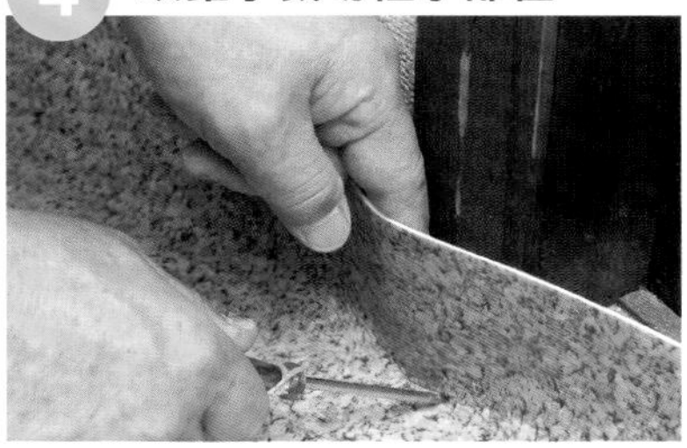

房間內有柱子或凸角時，先以錐子在凸出的角落部位穿孔開口。

5 以美工刀斜向裁切

以美工刀斜向切開步驟4中已開口的部位。再以刮刀壓著，裁切多餘部位。

6 於重疊部位做上記號

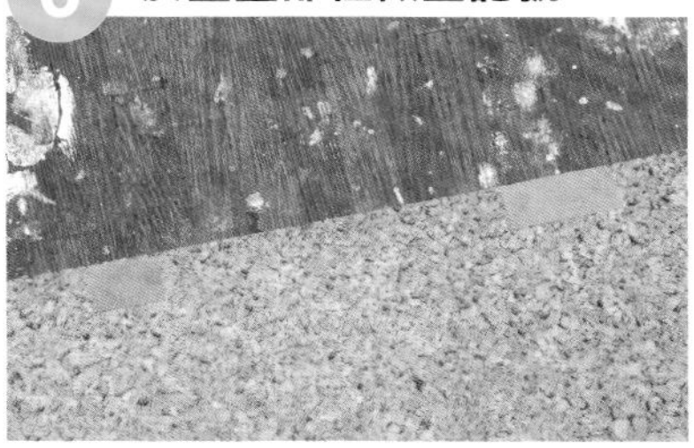

鋪貼第二塊塑膠地磚前，需先在第一塊塑膠地磚的邊上黏貼幾處膠帶。（為了確保與第二塊重疊的寬度一致。）

7 鋪貼剩餘塑膠地磚

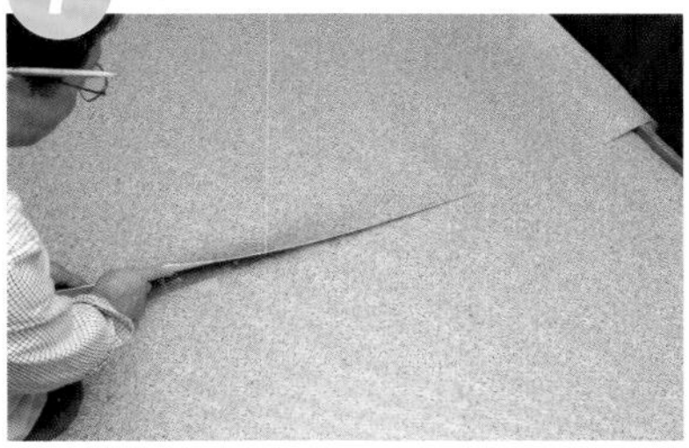

鋪貼第二塊塑膠地磚，並使其邊緣剛好蓋在第一塊的上方膠帶。剩下的部分也以同樣的方法鋪滿。

8 在地板上塗抹接著劑

捲起一半已裁切完畢的第一塊塑膠地磚，並在地板上塗抹接著劑。靠近牆壁的部位需仔細塗抹。

9 壓合塑膠地磚在地板上

將塑膠地磚重新鋪在塗有接著劑的地板上。以包裹毛巾的圓木棍用力擦拭，使其與地板緊密貼合。

10 裁切重疊部分

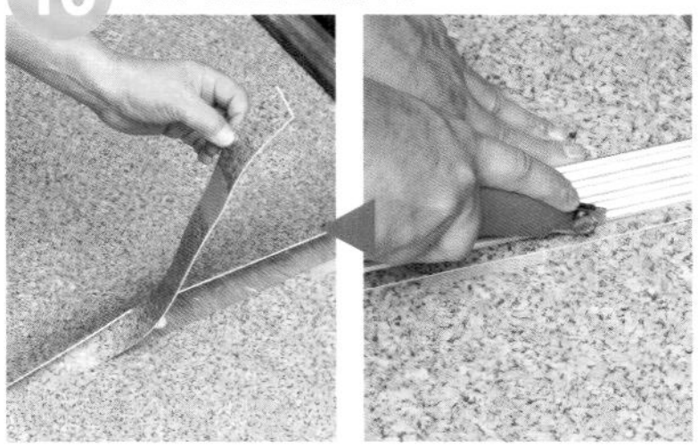

壓著直尺切掉重疊部分並扔掉多餘部分。

11 接縫部位以滾輪滾壓

接縫部位以專用滾輪滾壓。由於接縫部分容易翹起剝離，需仔細滾壓。

12 塗抹填縫劑於接縫處

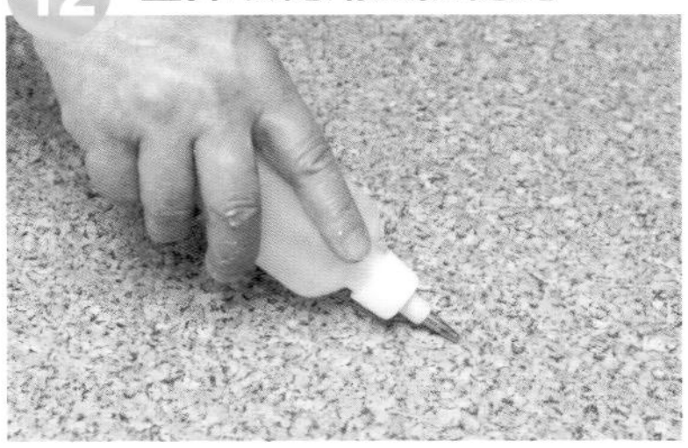

以滾筒壓過，再塗上填縫劑即完成。

黏貼裝飾貼膜

輕鬆改變廚房風格

重新黏貼廚櫃表面，大大改變原有樣貌

可根據創意選擇各式各樣的裝飾貼膜，此為改造廚房的法寶之一。一說到裝飾貼膜，可能會讓人想到裝飾店鋪用的鮮豔貼紙。其實不然，裝飾貼膜的顏色與圖案都非常豐富，並具有防火、防水且撕開後不留殘膠的獨特功能。使用此貼膜，能夠簡單地讓廚房煥然一新。作業時，只需裁切裝飾貼膜成適當大小，再黏貼於需要黏貼處即可了。不需要特別的工具，非常容易改造。

原來顏色為象牙色的櫥櫃門。已使用三十年的廚房帶給人陳舊且暗淡的感覺。將廚櫃門改成黃色後，廚房一下子就明亮了起來。

作業流程

拆下拉手
▼
測量尺寸
▼
裁切貼膜
▼
黏貼貼膜

材料

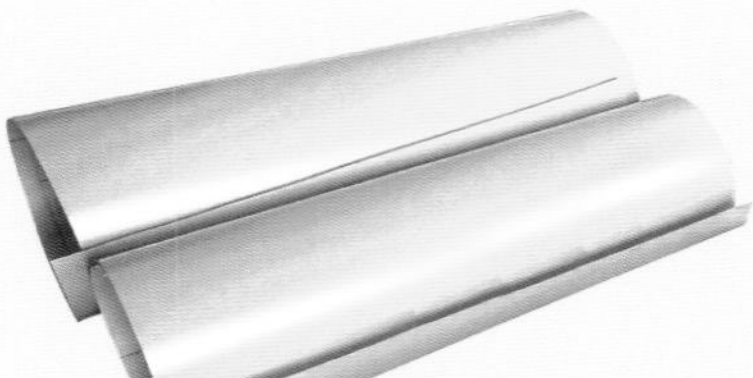
裝飾貼膜

工具

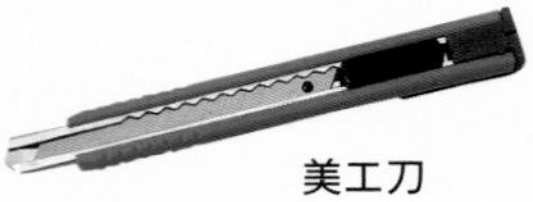
美工刀

刮刀

1 拆下拉手

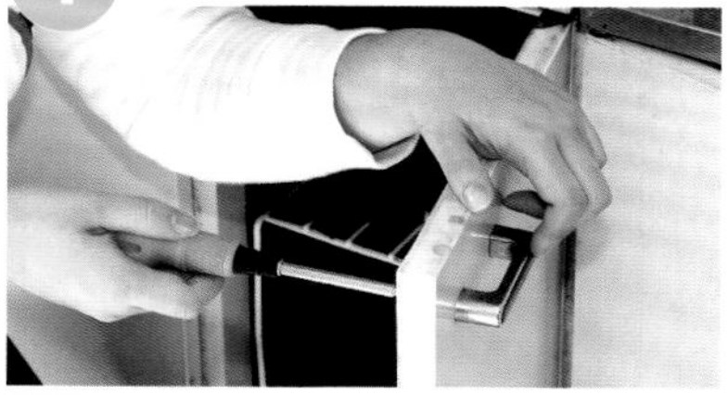

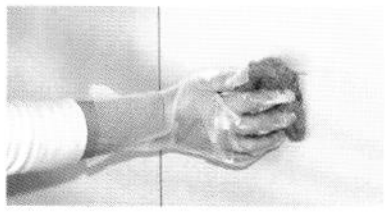

黏貼貼膜時，拉手等五金會成為障礙，需事先拆下並擦拭櫃門表面油污等髒污。

2 測量尺寸

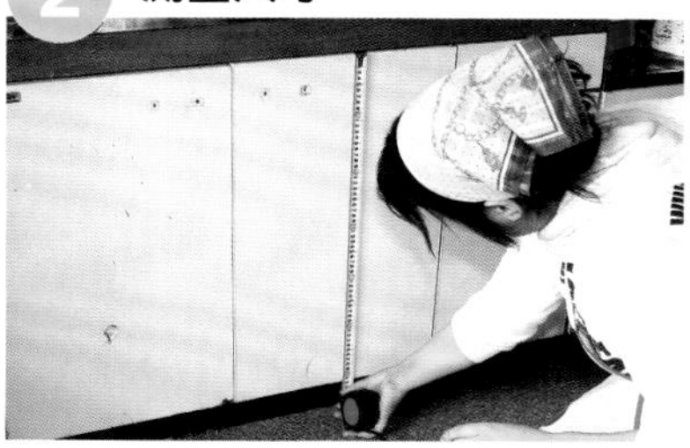

測量所有黏貼處的尺寸（長寬高皆要測量）。

3 裁切貼膜

裁切貼膜。裁切尺寸需稍大於實際尺寸。

4 黏貼貼膜

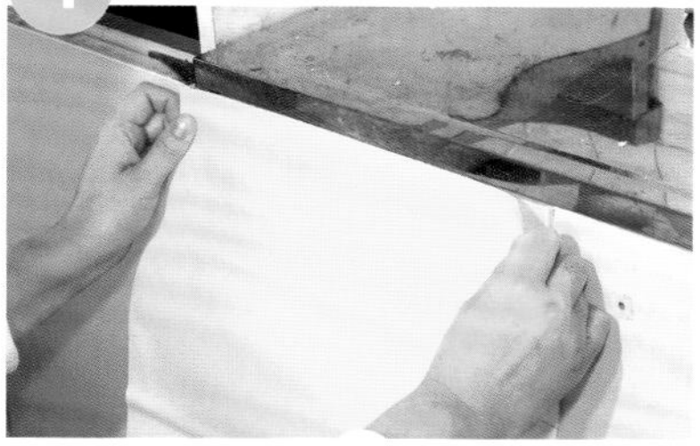

撕掉背面貼紙。對齊貼膜與黏貼面的邊緣，仔細黏貼。

5 以刮刀壓合

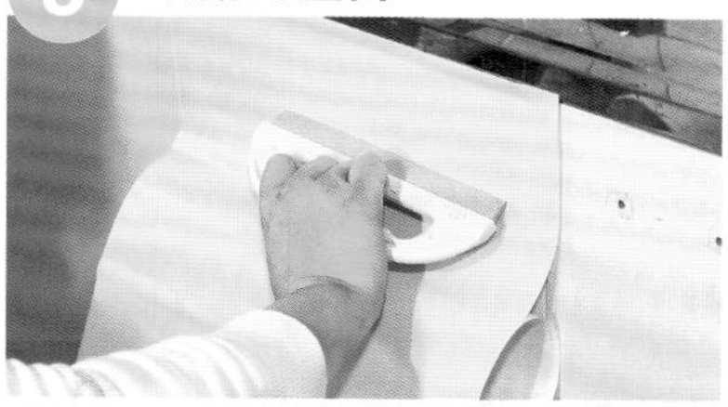

以刮刀擠出黏接面內的空氣，緊密貼合貼膜與廚櫃門。

6 切掉周圍剩餘貼膜

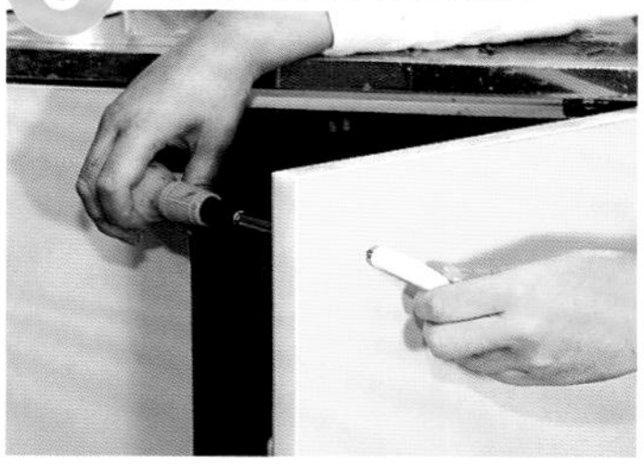

以美工刀裁切餘料。重新裝上把手後即完成。

POINT

若貼膜內殘留空氣，可用美工刀開孔排氣即可

黏貼貼膜時常會發生的事。比方說，貼膜裡留有小氣泡等此類的敗筆。遇上此情況完全不用慌張，以美工刀的刀尖開一個小孔，放掉空氣即可。

達人推薦 DIY素材

不易留有殘膠的室內用裝飾貼膜

貼膜較厚，即便是新手也能鋪貼均勻。顏色款式十分豐富，共有150多種。

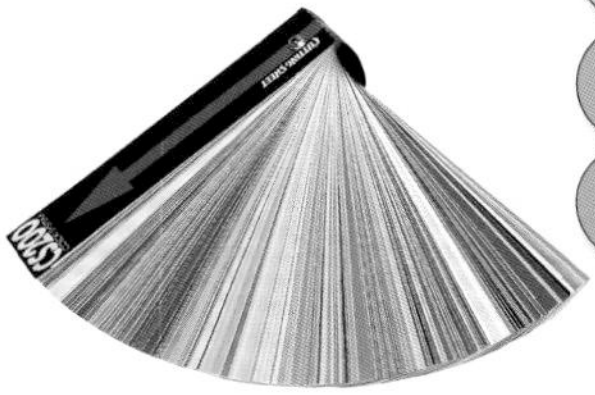

漂亮又時尚的花紋貼膜

帶有花紋的貼膜，能夠大規模地改變廚房樣貌。有木紋圖案、紅磚圖案、大理石花紋等各種款式。不僅是櫥櫃，就連周圍的牆壁也能一起改造呢！

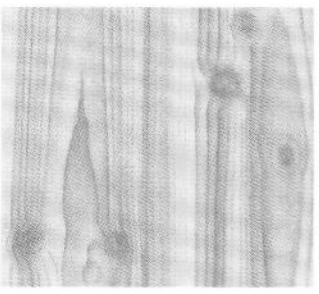

松木紋

紅磚圖案

大理石花紋

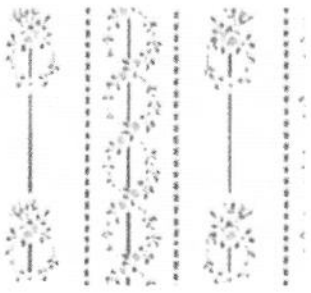

鏈狀花紋

紅木紋

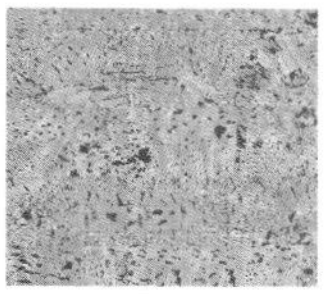

軟木紋

在廚房牆壁黏貼白色瓷磚

改造出明亮潔淨的廚房

黏貼瓷磚時 需先進行基材處理

瓷磚具有防水、防火及易清洗等諸多優點，是非常適合廚房、浴室及盥洗間等場所使用的理想素材，既容易保持清潔乾淨，又美觀。貼磚作業看起來好像很難，其實只需以接著劑黏貼，乾燥後再以填縫劑填補縫隙即可。可一點一點地黏貼瓷磚，也別有一番成就感。若是自家廚房，即便稍微貼歪了，看起來也會覺得親切可愛。要不要也來挑戰一下呢？

瓷磚需黏貼在平整光滑的表面上，若基材歪斜不平，需先黏貼石膏板進行基材處理，再黏貼瓷磚。

髒舊不堪的爐灶周圍也貼上瓷磚，會給人清爽的感覺。另外，瓷磚具有極好的耐火性，因此不必擔心防火問題。

作業流程

去除牆面髒汙
▼
黏貼石膏板
▼
黏貼瓷磚
▼
塗抹填縫劑

材料

工具

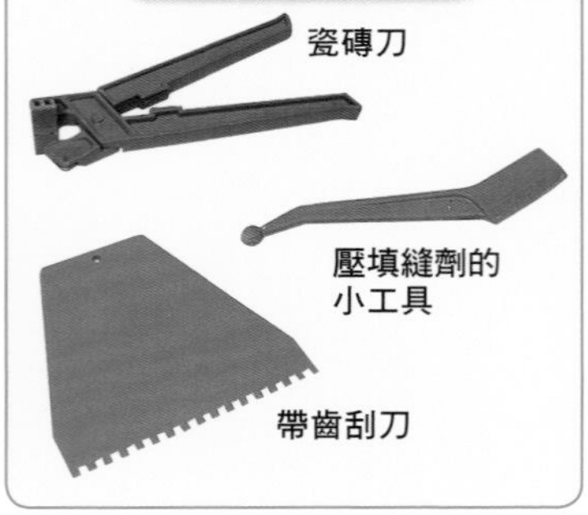

1 去除剝離與脫落的壁面

清理壁面油污，以油灰填補凹坑。若壁紙有剝離與脫落，就將其撕掉。

2 黏貼石膏板

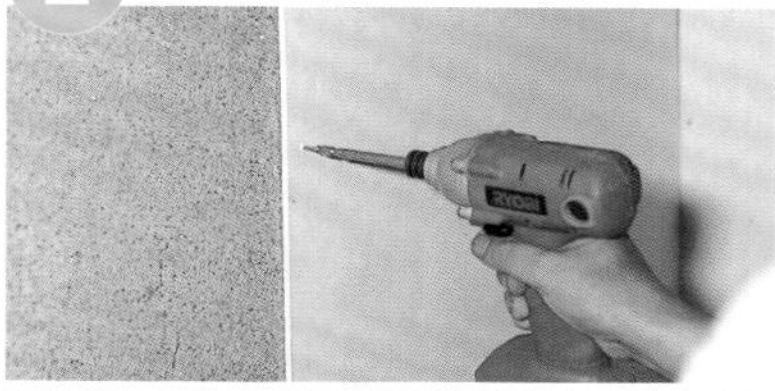

若牆壁為含沙較多的粗糙牆面的話，需以石膏板進行基材處理。

3 黏貼第一列瓷磚時，塗抹瓷磚接著劑於瓷磚上

畫好基準線，開始貼上第一列瓷磚。塗抹接著劑在瓷磚上，並貼往牆上。貼上的瓷磚不能遮住基準線。

4 一塊一塊地繼續往下貼，不要貼歪

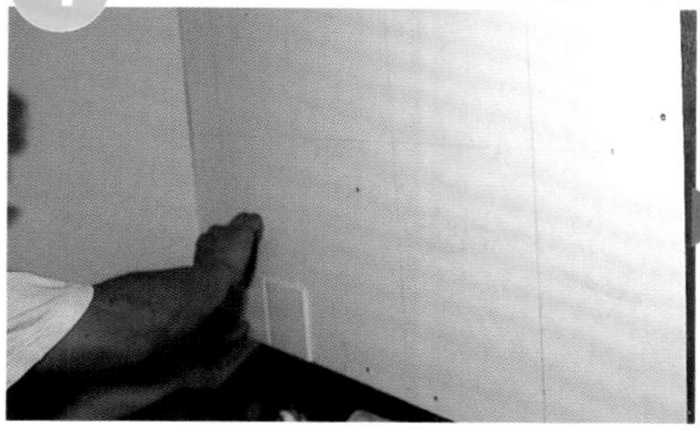

沿著基準線黏貼，橫向與縱向各一列。接縫寬度以3mm左右為宜。

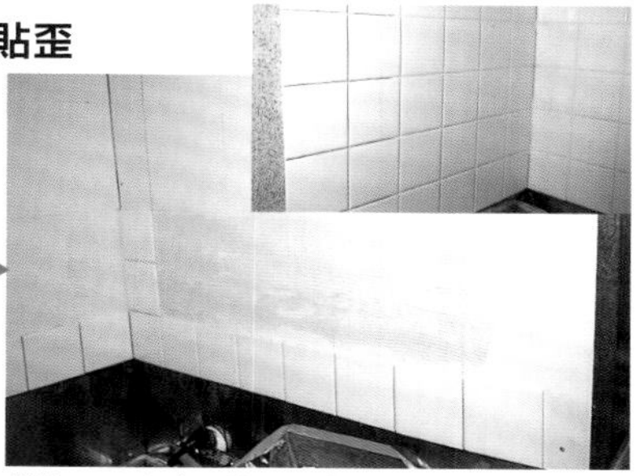

從第二列瓷磚開始，以帶齒的刮刀塗抹接著劑在壁面上後再進行黏接。若末端不夠一塊磚的寬度，就以切磚裁刀裁切瓷磚後再黏貼。

5 塗抹填縫劑

黏貼時同時確認是否貼歪，若有歪斜則需及時調整。將整個牆面都貼好瓷磚後約放置一天左右，再以填縫劑填縫。

以塑膠刮刀等工具將填縫劑塞入接縫內，盡可能地塞至深處。

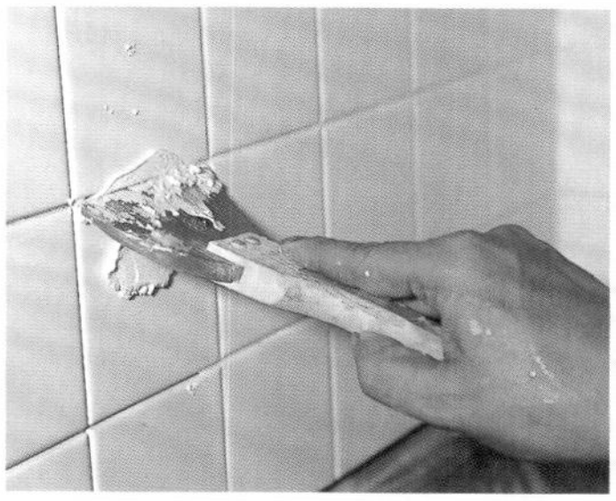

6 壓緊填縫劑

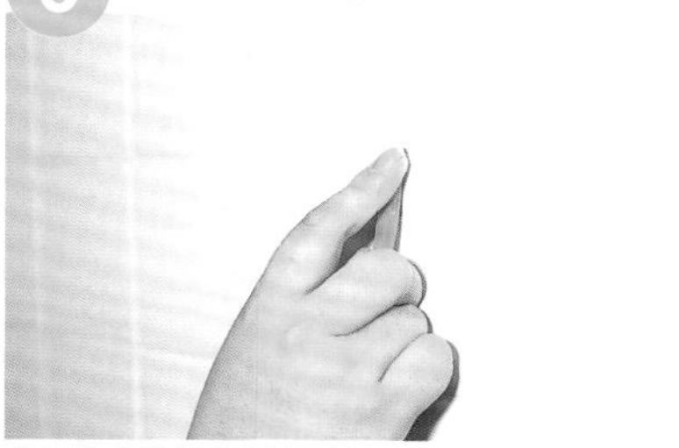

若接縫處的填縫劑有浮起現象，就以壓填縫劑的小工具壓下，並以刮刀剔除多餘的填縫劑。待填縫劑乾燥後，再以乾抹布擦拭壁面即可。

7 塗抹防水材料

在瓷磚的接縫處塗上具有柔韌性的矽膠防水材料。

達人推薦 DIY素材

作為製作重點的裝飾瓷磚

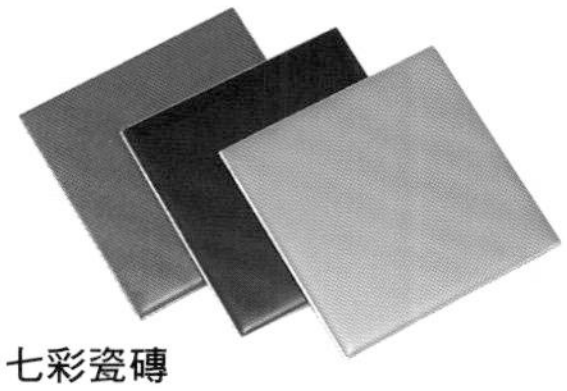

七彩瓷磚

生動活潑的七彩瓷磚。鑲嵌在白色瓷磚裡，會顯得朝氣蓬勃且富有個性。

浮雕瓷磚

壁面上只需使用一片浮雕瓷磚，就能營造出高級感。

具光澤且漂亮的白色牆磚

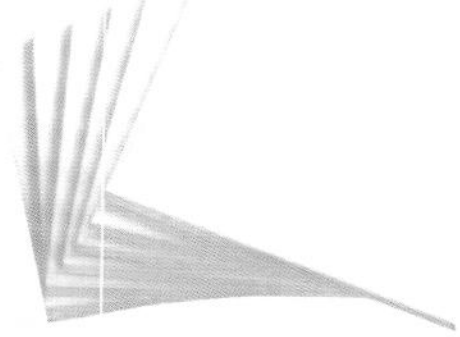

壁用瓷磚

作為基礎材料的瓷磚，除了白色還有淺綠、藍色、粉色等多種顏色。100×100mm是較受歡迎的尺寸（瓷磚的實際尺寸約為98×98mm）

安裝防震小物件

使用強力支撐棒防止家具傾倒

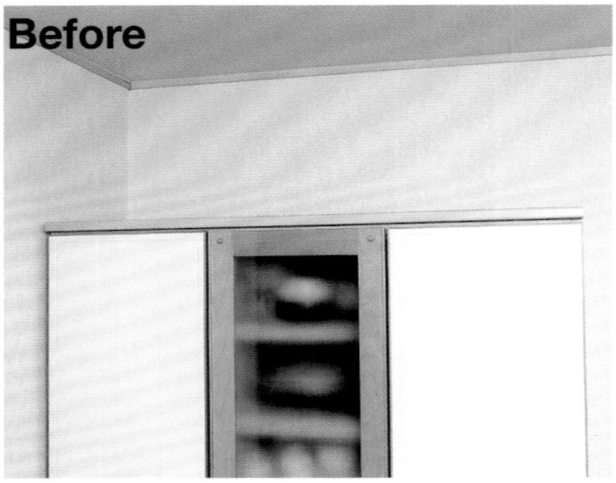

倒下後就為時已晚了 所以需未雨綢繆

地震時，會搖晃衣櫃及廚櫃等家具。若遇到猛烈的震動，家具就會倒塌。一旦發生這樣的災害，家裡的家具會在一瞬間變成傷人的兇器。請勿樂觀的認為暫時不會有問題，從自己能做的事情邁出防震的第一步。因此，建議使用支撐棒來預防家具傾倒。無需使用釘子與螺絲，也不會弄傷家具，真是萬無一失的防震小物件。安裝方法也相當簡單，只需鎖緊螺絲即可。

作業流程

測量天花板與家具間的距離
▼
確認強度
▼
確定安裝位置
▼
進行固定

材料

防止家具倒塌用的支撐棒

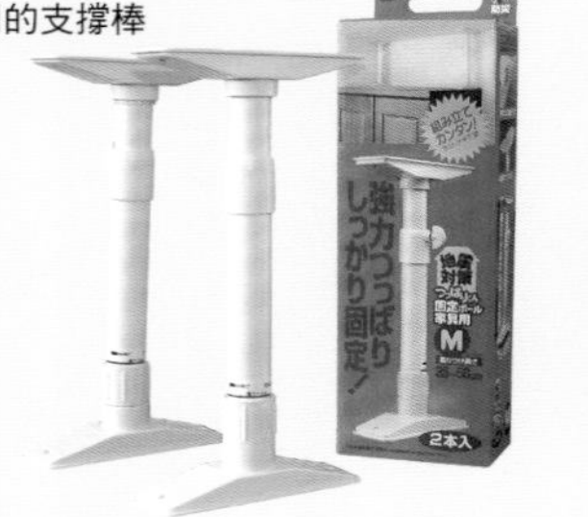

工具

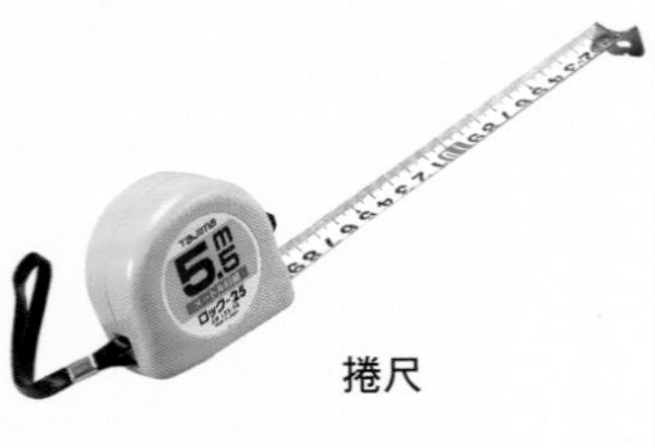

捲尺

1 測量天花板與家具之間的距離

測量天花板與家具頂部的距離。準備好與測量距離相同尺寸的支撐棒。

2 確認天花板與家具的強度

尋找天花板與家具上強度較高的部位。比方說天花板的橫木條處，家具頂板與側板相結合的部位等。

3 確定安裝位置

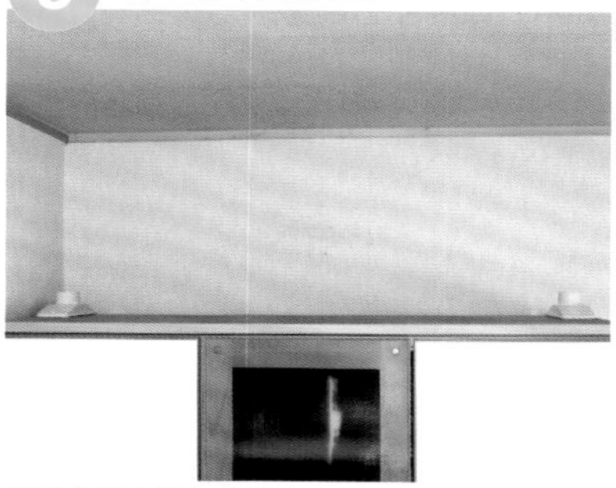

原則上需安裝在靠牆處。需先安裝支撐棒的支腳在家具頂板上。再將中間的支撐管部分插入支腳內。

4 延伸支撐管至天花板

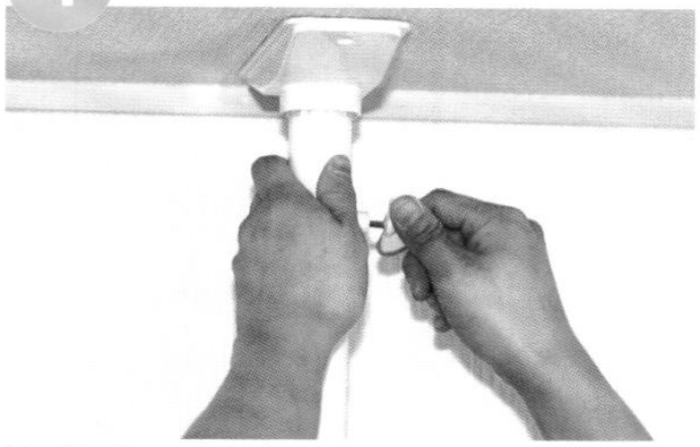

鎖鬆螺絲，垂直拉出內部管子。頂到天花板後再鎖緊螺絲固定。

5 旋轉把手固定

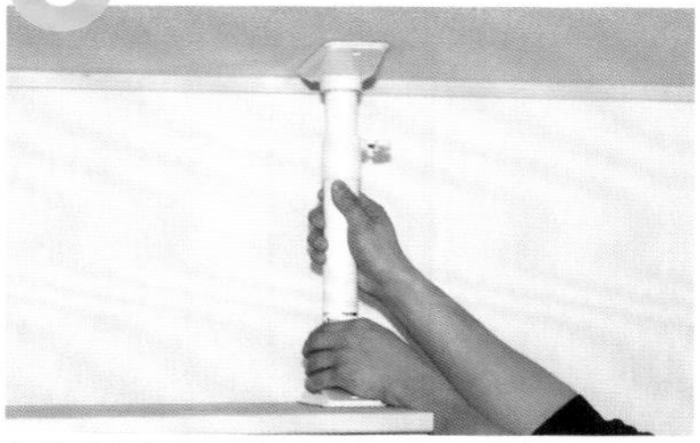

旋動外側的調節把手牢牢固定支撐棒。進行固定的同時需確認天花板與家具的強度。

達人推薦 DIY素材

配合其他防震物件一起使用更安全

Z字形金屬零件。可吸收家具搖晃時產生的能量，減輕牆壁的負擔。在石膏板等無基材的牆壁上安裝金屬零件時，需使用固體螺栓（solid anchor）等中空壁才會使用的固定零件。

防止家具傾倒的穩定板。墊於塌塌米等軟性材料上的家具下方，可提高家具的穩定。

除了支撐棒之外，還有許多防震小物件。其中以L型和Z字形的金屬零件、鏈條等防止家具傾倒的金屬零件為最常見。結合家具特徵與具體位置所使用的合適物件，可讓我們在地震時有較大安全感。另外，經過一段時間，地板、牆壁等會傾斜走形，家具也會變得不穩；背靠窗框、裙板的家具也會有些搖晃。出現以上問題時，需儘量讓家具緊靠牆壁，或在家具與地板之間塞入小木塊來消除搖晃。

POINT

錯誤的安裝方法反而會更危險

安裝支撐棒需遵循「緊靠牆壁」與「垂直安裝」的原則。若歪斜（如右圖所示）或安裝在遠離牆壁的家具外側（如左圖所示），反而會使家具失去穩定，發生地震的時候無法發生作用。安裝支撐棒在強度較弱的地方時也一樣，不僅無法發生作用，還會頂壞天花板及家具的頂板。若天花板和家具頂板的強度較差，可透過在支撐棒與天花板和家具之間加上墊木來解決。

更換方便適用的出水管

解決水花四濺、水龍頭碰撞的煩惱

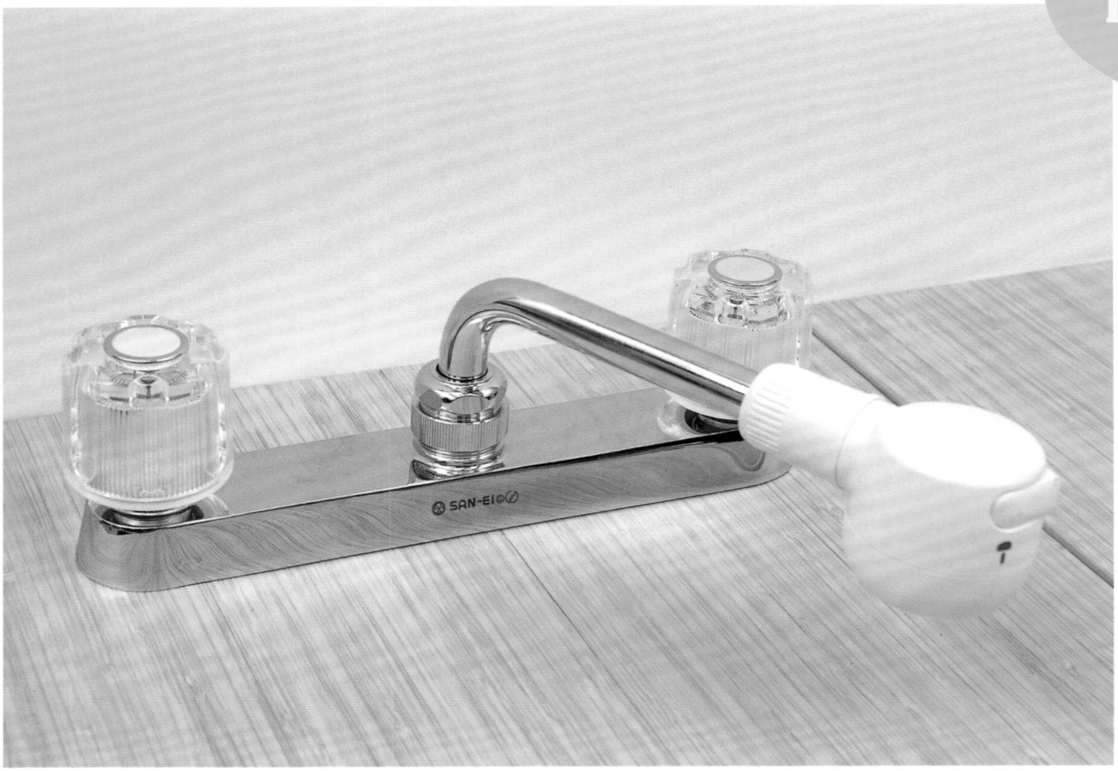

出水管種類豐富 可依具體用途選擇

水龍頭太低，清洗深鍋與砧板時非常不方便；水流沖不到水槽的角落部位符這些煩惱只需換個出水管就可解決……出水管有各式各樣的尺寸和形狀，可根據需求選擇。若選擇附噴頭或附泡沫器的出水管，就更方便了。

可輕鬆進行更換的是由螺帽固定出水管和水栓本體的吊鉤型水龍頭，只需轉鬆螺絲再裝上即可，整個操作僅需幾分鐘。

最關鍵的是選擇合適的出水管。測量帶柄炒鍋、水槽等物品的尺寸後再選擇一根最合適的出水管。

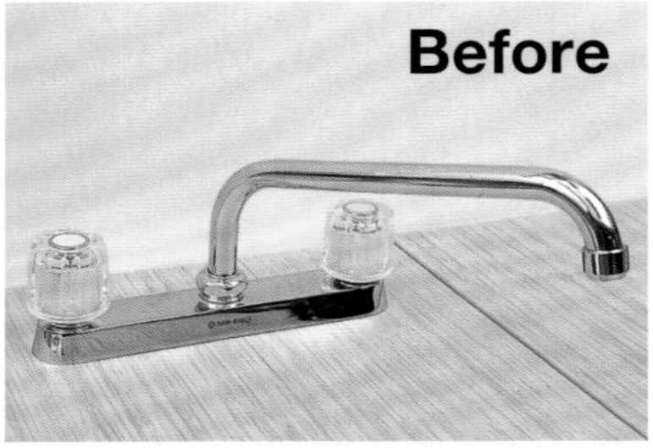

更換普通的吊鉤型出水管成帶泡沫噴頭的出水管。

作業流程

拆下舊水管
▼
嵌入密封圈
▼
裝上新出水管
▼
鎖緊螺帽

材料

出水管

密封圈

工具

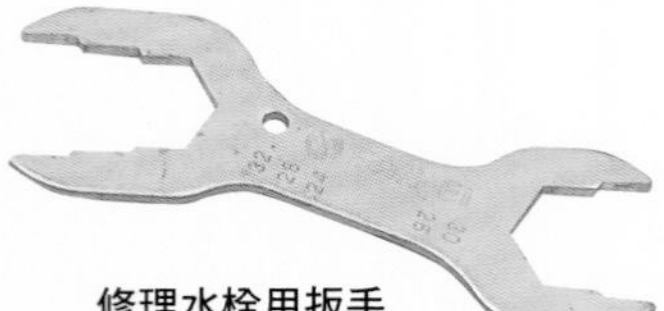

修理水栓用扳手

1 拆下舊水管

關緊閥門，再以修理水栓用扳手轉鬆螺帽。工具也可用活動扳手和水管鉗。拆下螺帽，取下舊的密封圈，再以牙刷清洗水龍頭本體。

2 嵌入密封圈

嵌入新的密封圈。安裝時，將有溝槽的那一側朝下。老舊的密封圈會導致漏水，不能重複使用。

3 裝入新出水管

按照順序裝入螺帽與水管套環，再將出水管裝至本體上，最後以手指鎖緊螺帽。

4 鎖緊螺帽

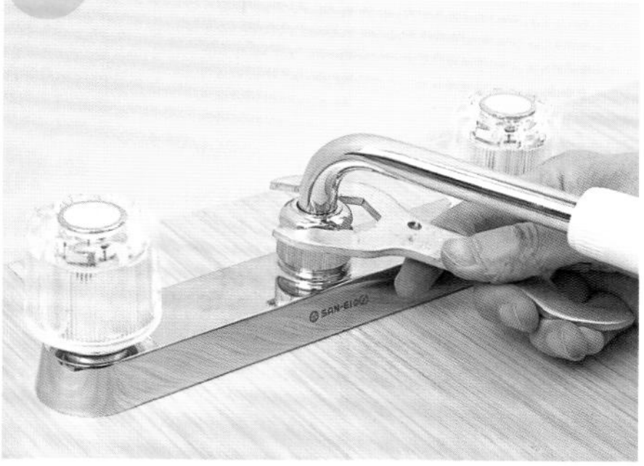

裝入新出水口後，以扳手輕輕鎖緊螺帽。

POINT

出水管的口徑不一致時

家庭用水管分為口徑16mm的JIS（日本工業標準）規格水栓13（1/2）及口徑19mm的JIS規格水栓20（3/4）。常用的為16mm水管。水管直徑不一致時，在水管之間接上轉接頭即可安裝。

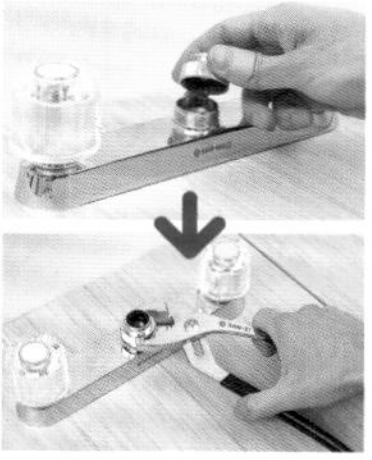

安裝新出水管前，需先套接合器在本體的螺紋柱上並以手指輕輕鎖緊後，以扳手鎖緊固定。

轉接頭

水管鉗

出水管的種類

更換成可提高出水位置的出水管

清洗深鍋與較大餐盤時會撞到出水管，很不方便。

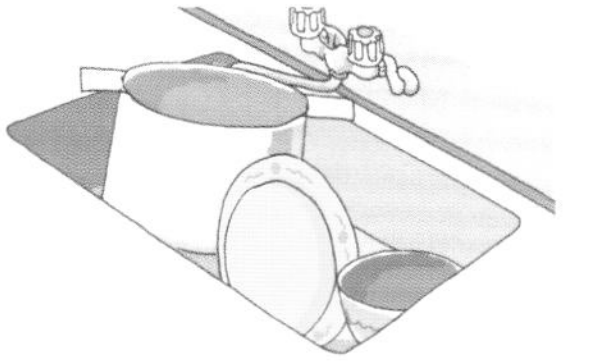

淨水器用出水管。可接於淨水器使用。

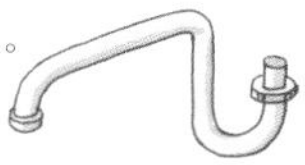

向上抬高的鉤形出水管。要求出水管具有一定高度與長度時使用。

天鵝形出水管。單純改變出水管的高度時使用。

更換成可自由彎曲的管子

出水管太短，無法沖到水槽角落。

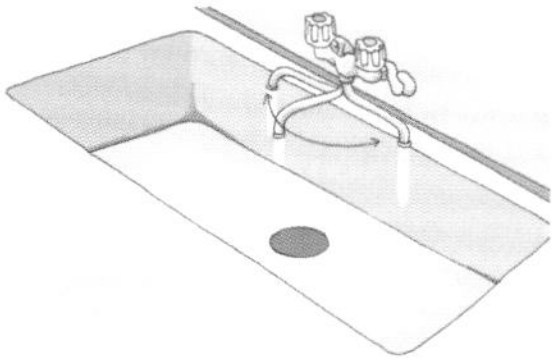

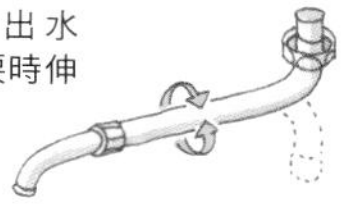

伸縮自如的出水管。可在需要時伸出管子。

柔性管。可將水管彎成需要的角度。

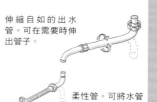

廚房水管的維修保養

更換漏斗型水閥解決漏水問題

如果鎖緊開關還是有水從水龍頭內滴漏，可能是漏斗型水閥老舊所致。鎖緊止水栓，向左轉鬆開關使其處於打開的狀態後，再進行修理。

使用工具

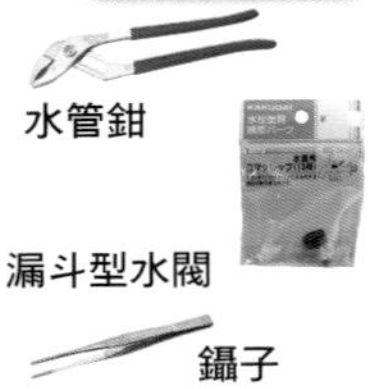

水管鉗

漏斗型水閥

鑷子

●一字起子、十字起子

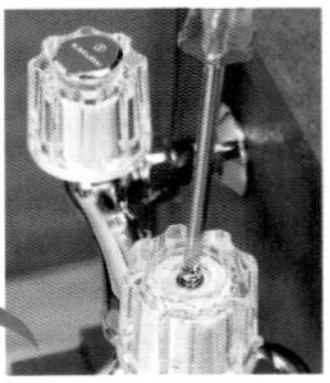

以一字起子撬開蓋帽，再以十字起子轉鬆螺絲並拆下開關。若螺絲太緊無法轉動時，可抵著螺絲起子輕敲幾下。

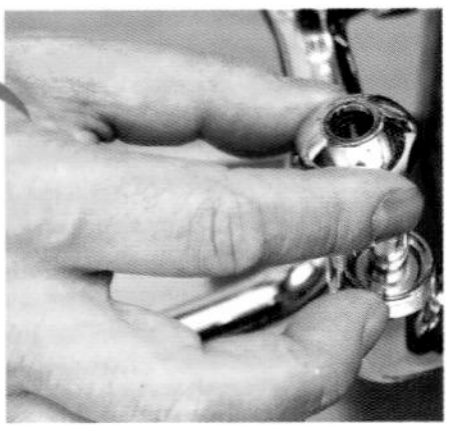

以水管鉗轉鬆螺帽，再以手指拆下。取下閥桿密封圈與密封圈托架，再手指捏住，轉鬆轉軸後拆下。

以鑷子取出漏斗型水閥，並換上一個新的（若為單柄陶瓷閥的問題，則更換陶瓷閥即可）。最後再裝回先前拆下的零件。

更換閥桿密封圈解決漏水的問題

若開關下方總是有水滲漏，那是因為閥桿密封圈老舊劣化了。不關上止水栓也沒關係，但為了避免作業過程中有水流出，須鎖緊開關後再開始修理。

使用工具

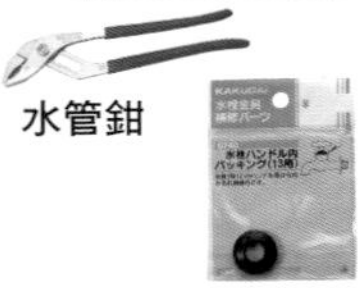

水管鉗

閥桿密封圈

●一字起子、十字起子

使用一字起子、十字起子和水管鉗拆下蓋帽、螺帽等部件。

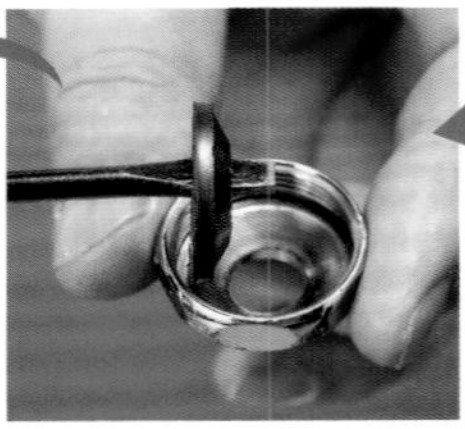

以螺絲起子取出螺帽中的閥桿密封圈和密封圈托架。拆下後以手指觸摸，若手指髒了，就說明閥桿密封圈的橡膠壞掉了。

將密封圈托架嵌入轉軸內，再放入新的閥桿密封圈即可。放入時，需使裙邊較寬的一面朝下。最後，裝回先前拆下的零件即可。

更換出水管用密封圈解決漏水問題

一旦發現吊鉤形出水管的連接根部有漏水現象，應先查看該部分的螺帽有無鬆動。若重新鎖過後也沒有改善，就更換出水管密封圈吧！此情況下，不關上水栓也沒關係，但須鎖緊水龍頭再開始修理。

使用工具

水管鉗

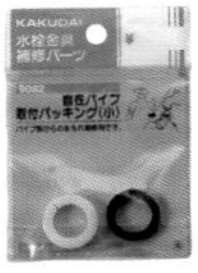

出水管用O型密封圈

以水管鉗轉鬆螺帽，取下出水管。螺絲向右鎖為鎖緊，向左鎖為轉鬆。但此處的螺帽卻相反，向右轉為轉鬆。作業時請注意。

取下舊的出水管密封圈，更換新的。作業時，將密封圈頂在指尖上並讓溝槽那一側朝上，再小心翼翼地嵌入。裝回拆下的零件即可。

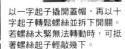

更換密封圈解決水栓本體與支架接縫處的漏水問題

若是牆壁裡伸出的支架與水栓本體的接縫處漏水，有可能是螺帽鬆動或是支架的密封圈壞了。更換此處的密封圈時，務必鎖緊止水栓和水龍頭的開關。

使用工具

水管鉗

支架用密封圈

以水管鉗轉鬆冷、熱水管的螺帽。鎖螺帽時托住本體，避免掉落。轉鬆後將本體從支架上取下來。

從支架中取出密封圈，以布擦拭內部。再以手指輕輕嵌入新密封圈，然後重新裝回先前拆下的零件。

纏繞鐵扶龍膠帶防止固定支架的根部漏水

固定支架是連接水龍頭與牆壁中水管的部件，並在螺紋處纏繞白色的鐵扶龍膠帶。時間一長，鐵扶龍膠帶會老化變舊而出現縫隙並漏水。若固定支架的根部出現漏水，需先將其從牆上取下，再重新纏上鐵扶龍膠帶即可。

以水管鉗轉鬆螺帽。拆下混合栓本體後，向左轉動固定支架，從牆上拆下兩個支架。

以螺絲起子或牙刷等工具清理殘留在固定支架螺紋與牆壁內側水管中的鐵扶龍膠帶。暫時固定固定支架於水管，並向右轉動，需記住轉幾圈後就無法轉動的圈數。

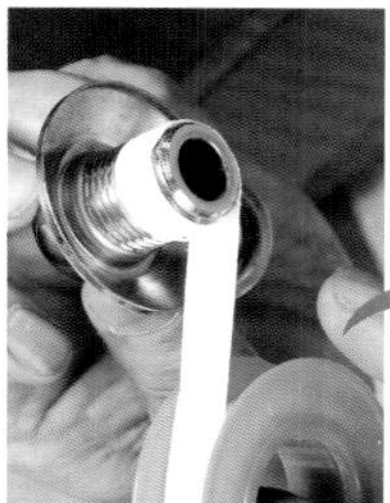

從牆上拆下固定支架，並在螺紋部位纏上鐵扶龍膠帶。纏繞圈數需相同，保持螺紋部位的粗細一致。

向右旋動之前所轉的圈數來安裝固定支架於牆上。注意確認兩個支架是否平行與伸出牆體的距離是否完全一致。同時順便更換固定支架上的密封圈後，重新裝回拆下的零件即可。

使用工具

水管鉗

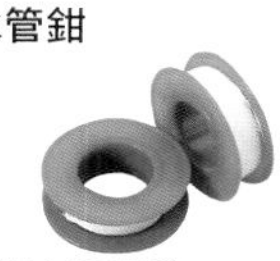

鐵扶龍膠帶

一字起子

支架用密封圈

POINT

纏繞鐵扶龍膠帶時需一邊拉長一邊纏繞

不纏繞在螺紋前方，而是纏繞在側邊，可防止水滲入，拉長使用時間。

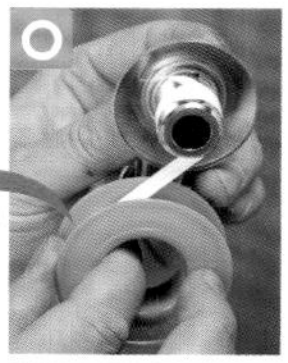

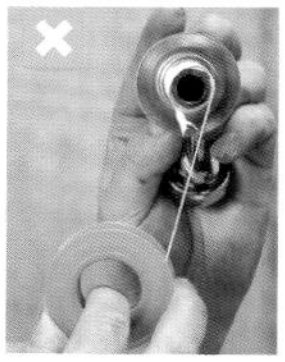

鐵扶龍膠帶沒有正反面之分，表面也沒有接著劑，纏繞時需掌握一些技巧。纏繞鐵扶龍膠帶的端頭於螺紋上，鐵扶龍膠帶的卷盤置於照片所示位置。以順時針方向纏繞6至7圈即可，注意需一邊纏繞一邊拉長。纏繞完畢後，以指頭緊壓鐵扶龍膠帶端頭至螺紋溝槽內。

飯廳與廚房的維修保養

透過鎖緊螺絲來消除收扇的吱嘎聲

最近的廚櫃門很多都使用德國鉸鏈，此款鉸鏈只需以十字起子重新鎖緊調整螺絲或安裝固定螺絲，門扇吱嘎作響和無法確實關門的問題都能馬上解決。

使用工具

十字起子

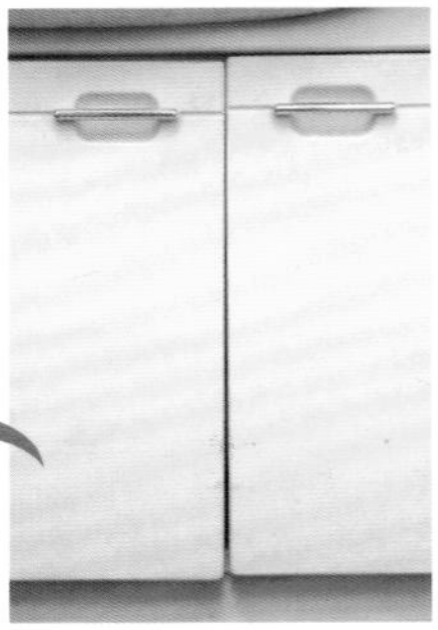

檢查門扇的狀態。若門扇已牢牢固定，就不需拆下，只需重新鎖緊調整螺絲即可。

若吱吱嘎嘎地響得厲害，就轉鬆安裝螺絲（兩粒螺絲中右側那一粒）拆下門扇。

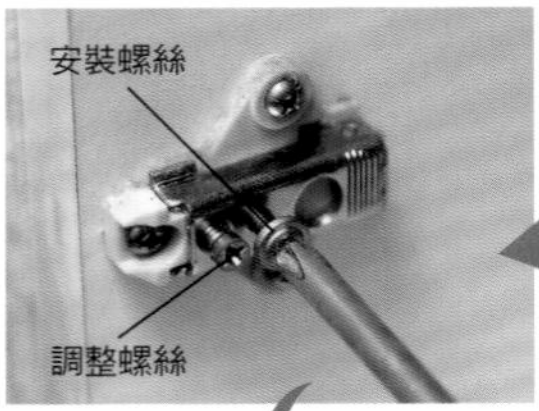

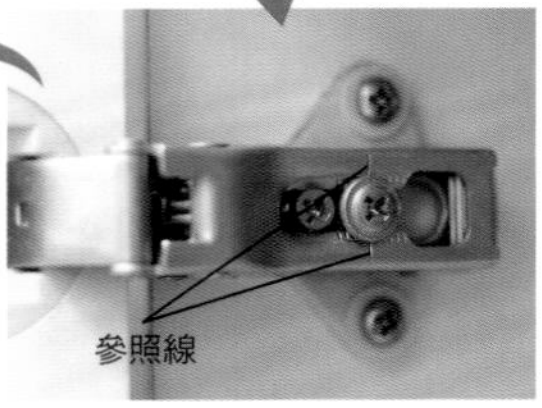

重新裝上門扇。需使安裝螺絲的中心吻合參照線（guide line）。鎖緊螺絲固定。

右轉調整螺絲，門扇會下降；左轉調整螺絲則會上升。門扇間的縫隙可透過此方式調節。

開關門扇看看，以檢查兩扇門之間是否有縫隙。若閉合得不嚴實，可調整螺絲再次調節。

更換塑膠地磚的損傷處

塑膠地磚上出現破損、擦傷時，可用相同花色的材料來更換破損部位。以下就介紹更換木紋地板材料的方法與技巧。

使用工具

填縫劑

美工刀

直尺

雙面膠

一邊注意地板的花紋，一邊整齊裁切損傷部位。

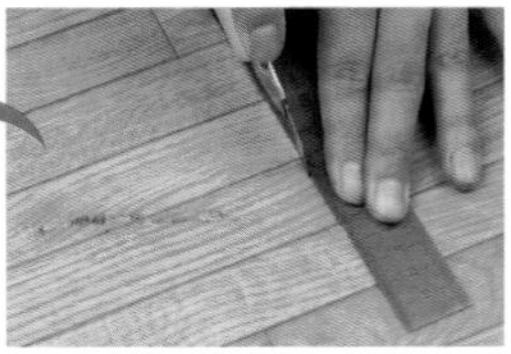

裁切底板材料。需使刀片垂直地板，並測量切下部分的尺寸。

選擇與切下地板的花紋一樣的材料，並依照量好的尺寸進行裁切。

黏貼雙面膠。為了使地板不易剝離，需在基材表面貼上雙面膠，增大黏接面積。

注意木板的花紋方向，沒有誤差的緊密黏貼於基材。

在接縫處塗上填縫劑， 即可防止水與灰塵滲入，地板也會更加耐用。

Part 8

洗臉臺·浴室·廁所

洗臉臺・浴室・廁所是家中使用頻繁的場所，若出現故障會造成生活中很多的不便利。本單元將介紹多種修理及修復的方法，讓大家隨時都能愉快使用。

◎洗臉臺的維修保養

◎更換蓮蓬頭

◎浴室的維修保養

◎安裝廁所扶手

◎廁所的維修保養

洗臉臺的維修保養

鎖緊螺帽解決排水彎管連接處的漏水問題

如發現排水彎管的連接處漏水，需先考慮是否為螺帽鬆了。先以手鎖緊螺帽，再以工具鎖緊，看看是否還會漏水。

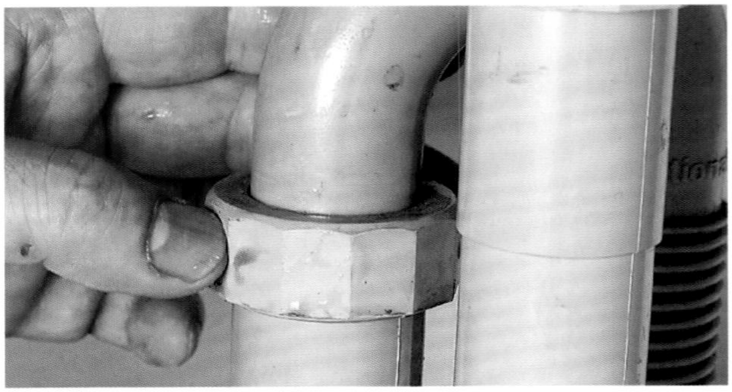

若管道為PVC材質，使用水管鉗的話可能會損壞管道，以手操作較安全。

鎖緊螺帽後仍漏水則需更換墊片密封圈

若鎖緊螺帽後排水彎管的連接處仍漏水，就可能是密封圈壞了。下方置放水桶，排光排水彎管內的水。拆下兩處螺帽，分別更換插入式密封圈與排水彎管的O型密封圈。

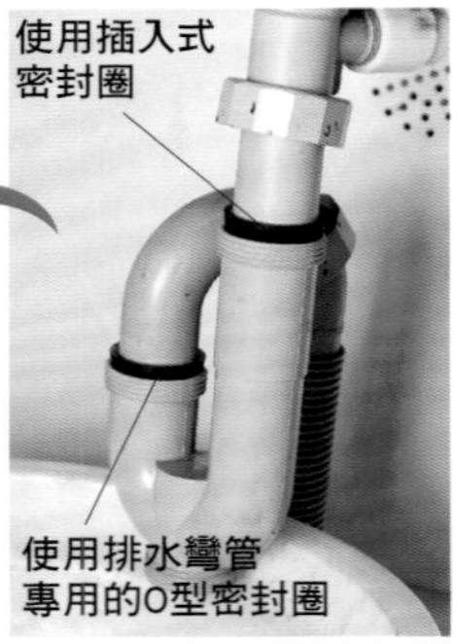

拆下清掃口的堵帽，排光排水彎管內的水。轉鬆螺帽，拆下U形管（如為金屬製管道，可使用水管鉗拆卸。）

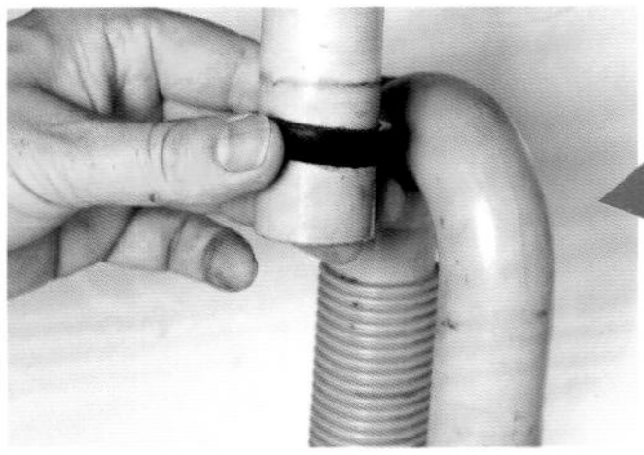

更換插入式密封圈。接下來更換排水彎管用的O型密封圈時，鼓起處需朝上。請依管道直徑購買對應尺寸的密封圈。

使用工具

水管鉗

插入式密封圈

排水彎管用O型密封圈

●臉盆

以管道清洗劑清洗排水管

若排水不順時，可能是有汙物堆積或排水管堵塞。若以熱水沖都無法改善，可試試看管道清洗劑。很多情況下，不用拆開排水管也可以解決。

清洗劑分為生物酵素清洗劑、氯化物清洗劑等，也有液體或粉末顆粒狀等各種種類。請根據具體用途購買合適商品。

使用工具

水管用清洗劑

倒入熱開水可溶解凝固的油污，堵塞狀況可能可以得到改善。但若排水管若為S型膠管，灌入大量熱開水會導致水管變形，請務必注意。

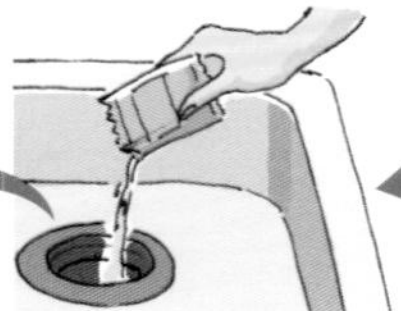

生物酵素清洗劑中的酵母與微生物能有效分解污漬。倒入清洗劑後，夏天需放置30分鐘，冬天則需放置1小時。若為頑固污漬，可在3天左右出現效果。

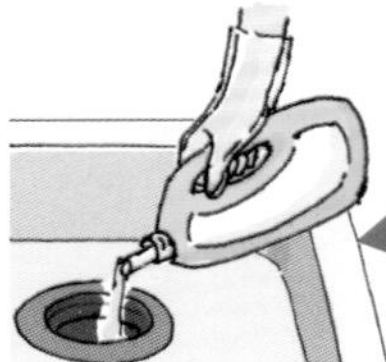

氯化物清洗劑。能溶解毛髮、消除堵塞。大量使用無法提高效果，因此須嚴格遵守規定的用量。倒入清洗劑，30分鐘後再以水沖洗。

產生惡臭時請清洗排水管

使用水管用清洗劑也無法改善排水狀況並有惡臭時，有可能是管道內的汙物堵塞或排水管破損。可用舊牙刷清洗排水彎管，若發現破損時即可更換。更換時，也可時同時更換排水管用O型密封圈，使用時令人更加放心。

使用工具

O型密封圈

舊牙刷

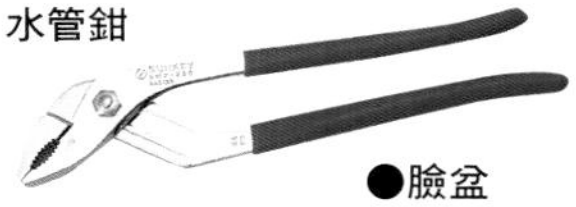

水管鉗

●臉盆

需先排光排水管內積水。放置臉盆或水桶等容器在排水管下方。

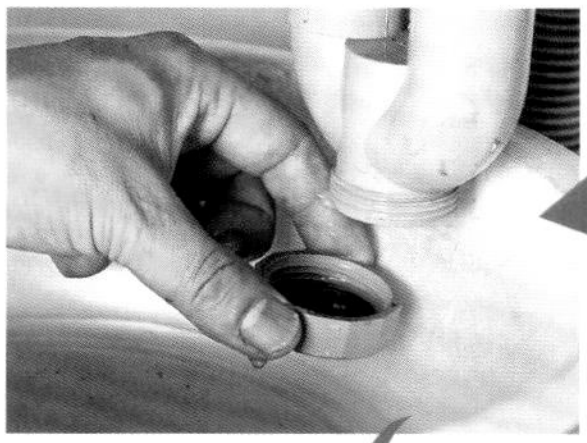

拆下清掃口的堵帽，排出積水。伸入手指檢查。若有污垢，則以舊牙刷刷洗乾淨。

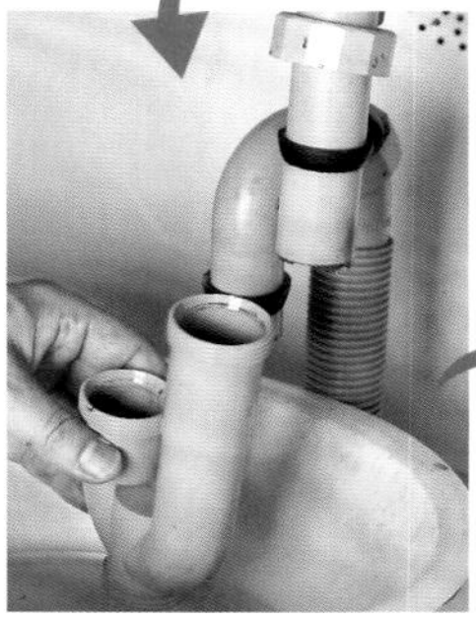

拆下螺帽與U型管。在多數情況下，插入地面的管道只需用力拔起即可。

以舊牙刷清洗所有管道內側。容易堆積污垢的彎道處需仔細刷洗。

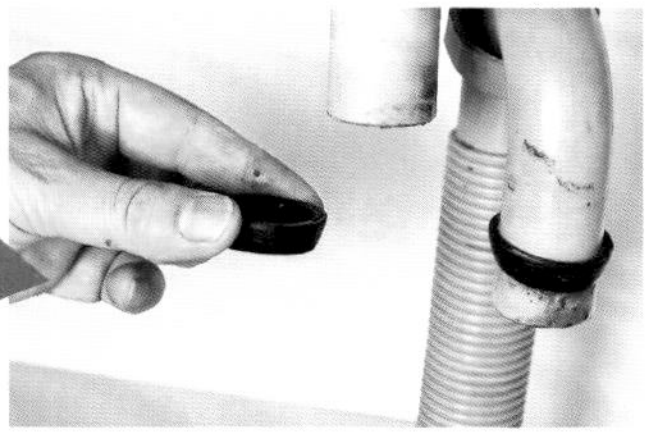

清洗乾淨後重新裝回先前拆下部件。若一起更換排水彎管更好。組裝時，將鼓起處朝上安裝。

POINT

排水管的構造

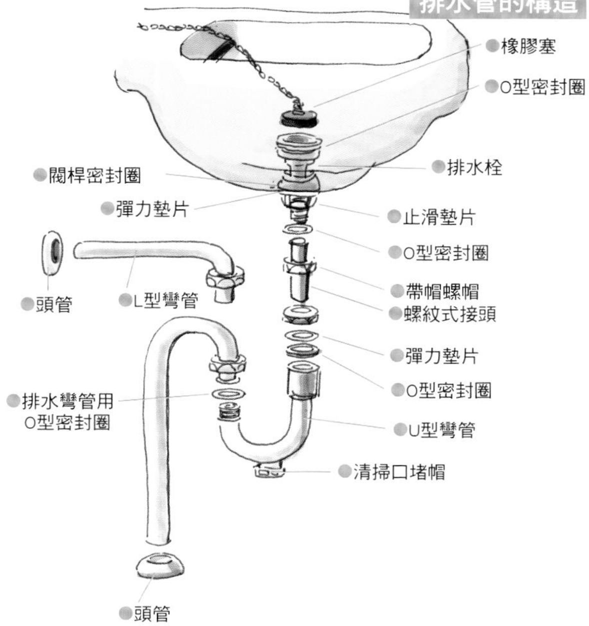

排水管的形狀種類

排水管道中安裝有可排除下水道惡臭的排水管。其構造原理是透過在排水管曲線處的貯水來防臭。洗臉台一般多使用「S」或「P」形的排水管。

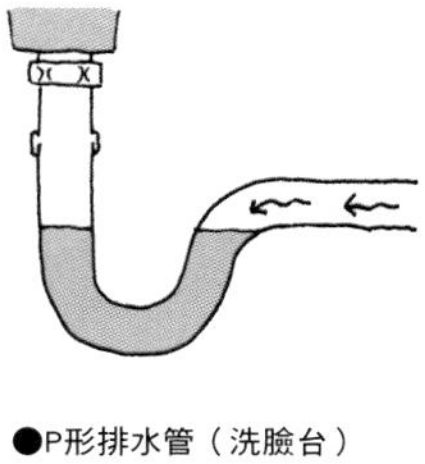

●P形排水管（洗臉台）

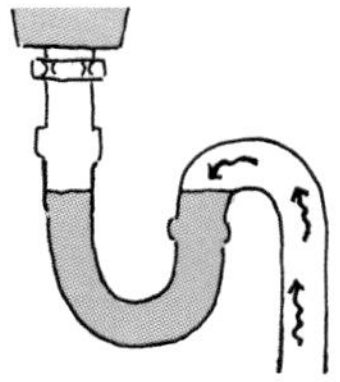

●S形（U形）排水彎管（洗臉台）

超簡單的 更換蓮蓬頭

只需拆下螺絲，即可完成的超簡單作業

每一年年機能都在進化的淋浴器。若家仍在使用十多年前的淋浴器，只需更換一個新的蓮蓬頭就能讓淋浴變得方便許多。

現在的蓮蓬頭不僅設計得小巧便於拿取，還附有可隨手操控的開關功能及節水功能等各種附加功能。蓮蓬頭的形狀都十分類似，更換時先取下舊的，再裝上新的鎖緊即可。輕鬆又簡單且絕對不會失誤。

Before

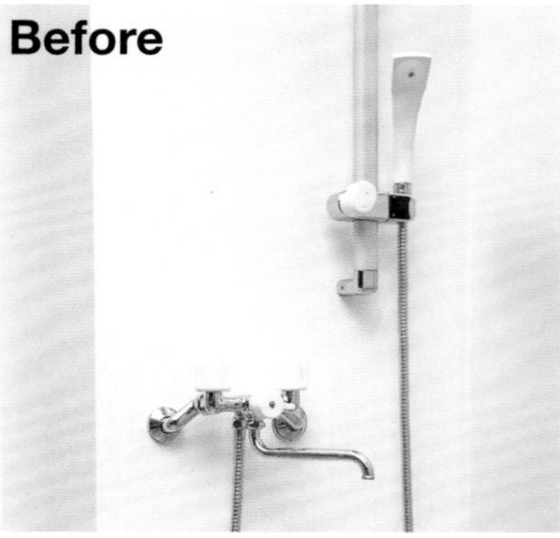

1 拆下舊的蓮蓬頭

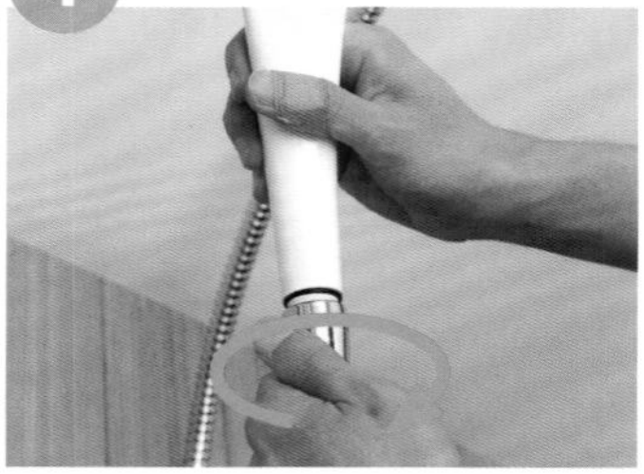

由於是螺紋式的，因此握住頭部向右轉鬆後取下即可。

2 安裝新的蓮蓬頭

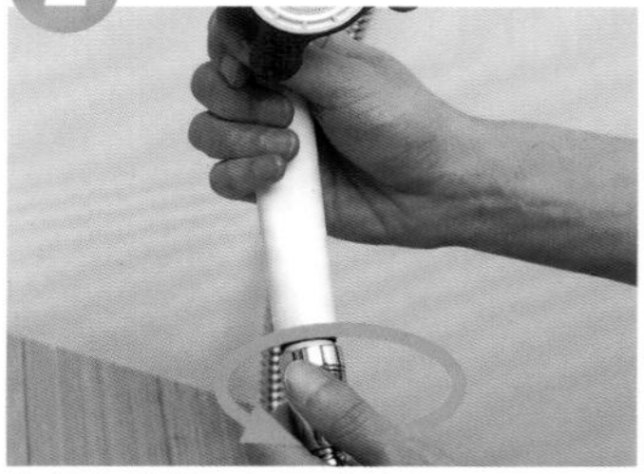

將新的蓮蓬頭插入底座並向左轉緊即可。

多變化的蓮蓬頭種類

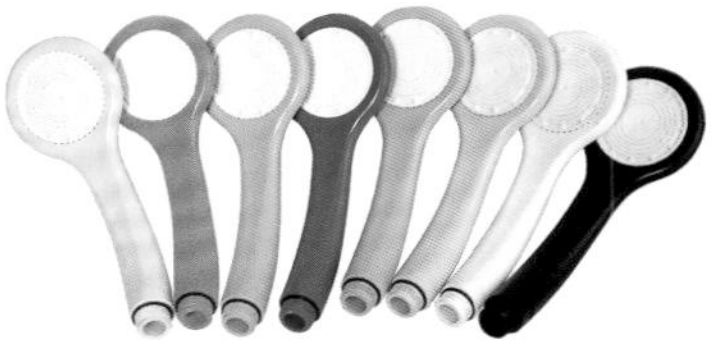

易於拿取的通用型節水蓮蓬頭。

工具

蓮蓬頭

手控水流方向的蓮蓬頭，還有附有節水、淨水及按摩等附加功能。

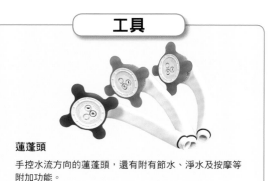

POINT

調整角度會更方便使用

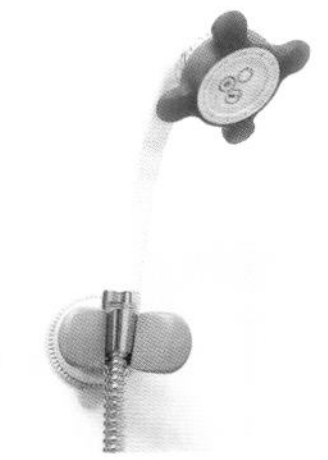

可調整角度的蓮蓬頭掛鉤能調整噴水角度至最佳。

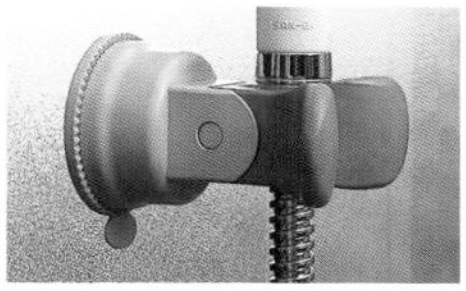

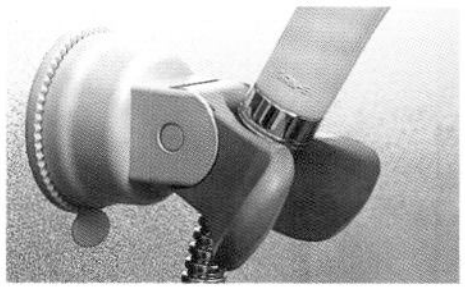

若是吸附式掛鉤，可隨意決定安裝高度！

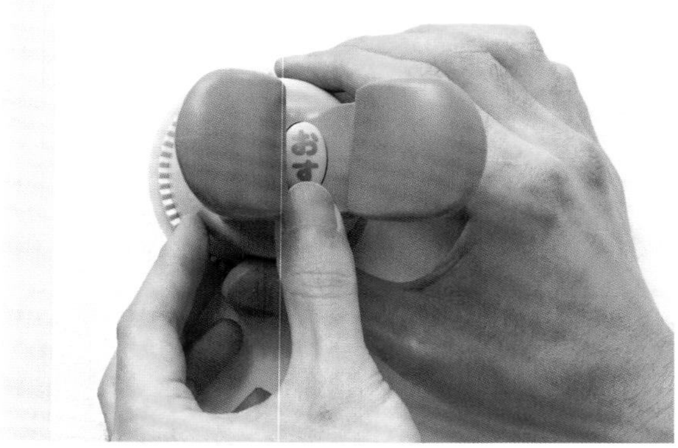

要不要試著將蓮蓬頭與掛鉤都更換成方便使用的新品呢？可輕易改變位置的吸附式掛鉤，只需將其壓在牆上並按下按鈕就能固定。由於不需鎖入螺絲，不想弄傷牆壁時可選擇此種掛鉤。

「可隨手開關功能的蓮蓬頭」需安裝逆止閥！

1 拆下水龍頭本體

以扳手轉鬆水龍頭本體與偏心管間的帶帽螺帽，並拆下水龍頭。

2 安裝逆止閥

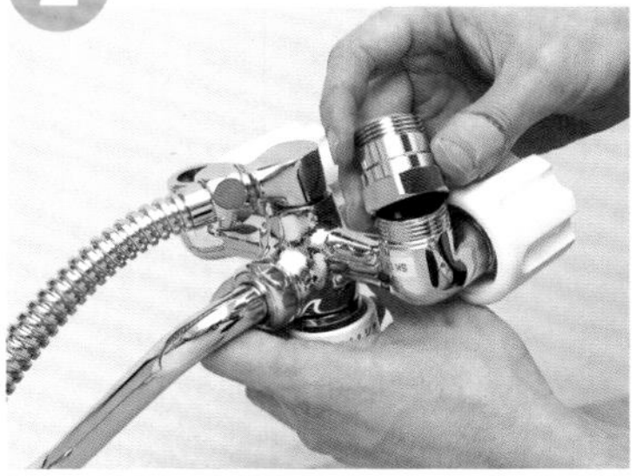

鎖入逆止閥至水龍頭的根部。由於為螺紋式的，只要轉入即可。

3 安裝水龍頭的本體

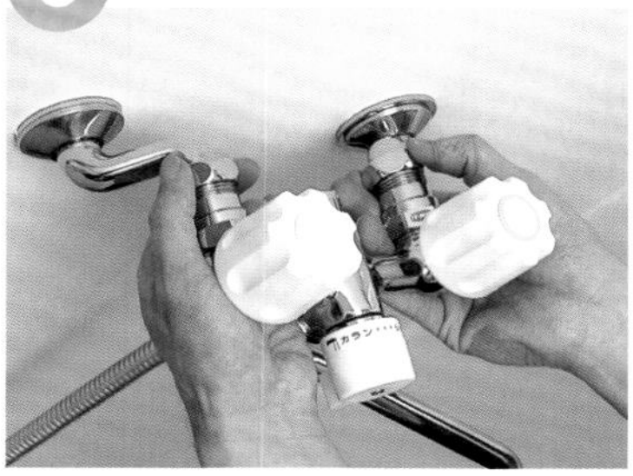

將逆止閥套入伸出牆壁的偏心管，再以扳手轉緊帶帽螺帽固定。

4 安裝完畢

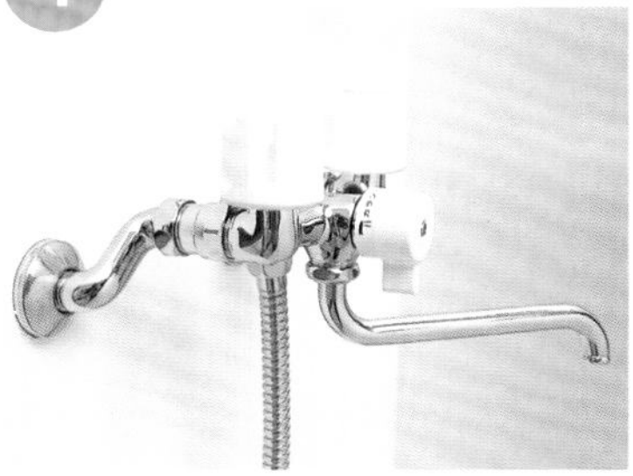

安裝完畢。這樣一來，即便是隨手關水也不會出現熱水逆流。

更換可進行隨手開關操作的蓮蓬頭時需小心熱水的逆流現象。熱水流入熱水器或是逆流入耐熱性不強的出水管即會損壞出水管。若蓮蓬頭並沒有附加逆止閥（分辨是否帶有逆止閥的方法參見下文），可考慮購買一個。

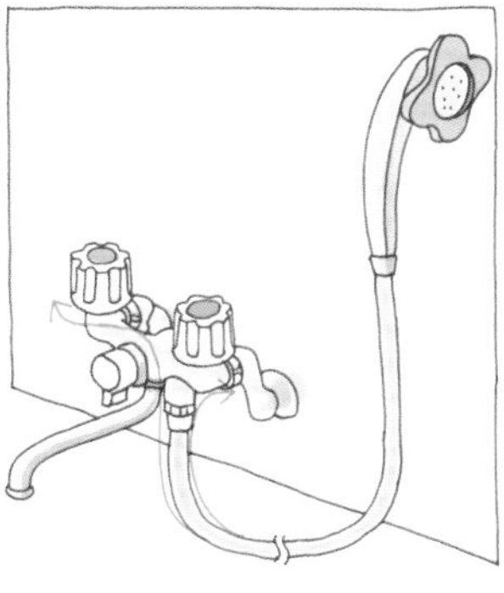

沒有逆止閥

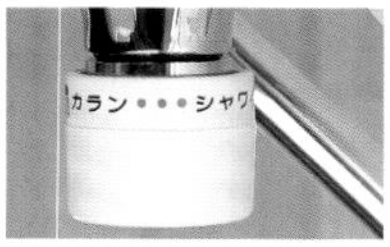

有逆止閥

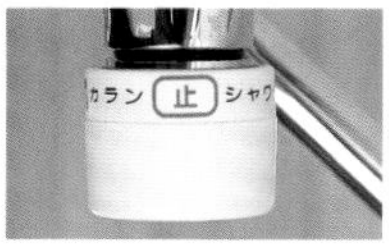

若切換標識中有「止」的功能，即表示具有逆止閥。若沒有「止」的功能則表示沒有逆止閥。冷熱水混合使用時需安裝逆止閥。

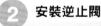

浴室的維修保養

更換漏水的淋浴器水管

若水管漏水，需先更換密封圈，若更換後還會漏水，就很有可能是水管破了，需重新更換。建議使用防汙耐用的不鏽鋼水管。

使用工具

水管鉗

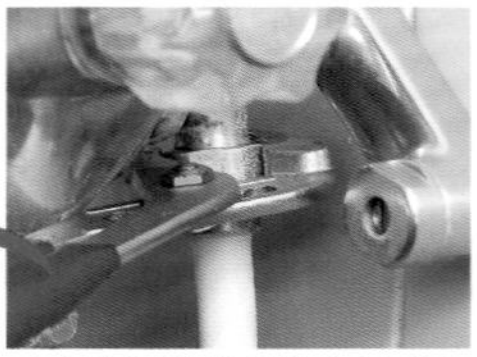

以水管鉗稍稍轉鬆水管根部的螺帽，拆下舊水管。套入附帶連接器，並裝入新密封圈至水管根部。

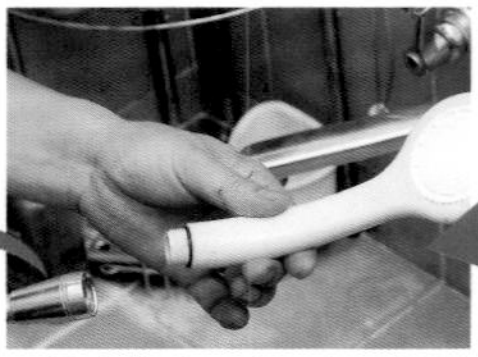

更換水管時，也一起更換蓮蓬頭吧！水管的金屬零件附有連接器，可相接在任何金屬零件上。

插入新水管的前端，並鎖緊螺帽固定。鎖緊螺帽至一定程度後再以水管鉗再次鎖緊。但需注意的是使用水管鉗時只需輕輕轉一下即可。

蓮蓬頭掛鉤晃動時，更換擴張螺絲

用於掛淋浴器水管的掛鉤由於頻繁的使用，容易出現螺絲鬆動、不穩等情況。可透過鎖緊固定螺絲來改善。若螺絲已無法使用則需更換新的壁虎。

使用工具

水管鉗

十字起子

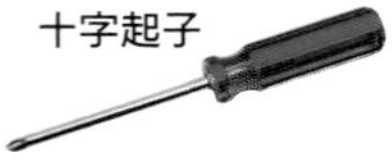

●擴張螺絲（壁虎）

確認螺絲的鬆緊情況，鎖緊後仍無法改善時，需拆下掛鉤，以水管鉗拔出舊的壁虎。

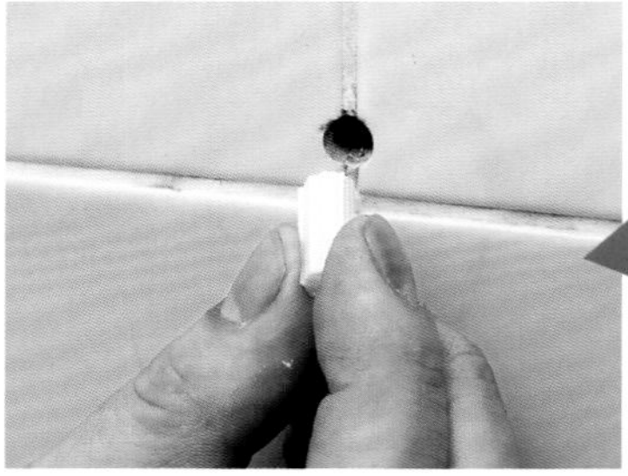

拔出舊的壁虎後，擦拭插孔周圍泛黑處。插入與掛鉤的螺絲孔尺寸相符的新螺絲插銷。

將壁虎的前端插入螺絲孔，再以錘子將其敲入孔內。請勿用力敲擊，避免弄傷瓷磚。

如圖示嵌入壁虎至牆壁即可。接下來就安裝掛鉤吧！

緊貼淋浴器掛鉤於牆上，並以螺絲固定。安裝掛鉤之前，請先清除污垢。

清洗蓮蓬頭來改善出水變弱的問題

當蓮蓬頭出水變弱時，有可能是出水孔被水垢堵塞，或是蓮蓬頭安裝部位的密封圈破損。需先拆開蓮蓬頭外殼檢查。

使用工具

舊牙刷

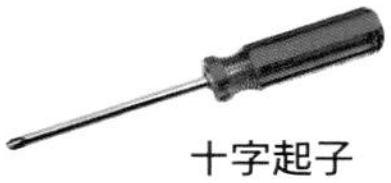

十字起子

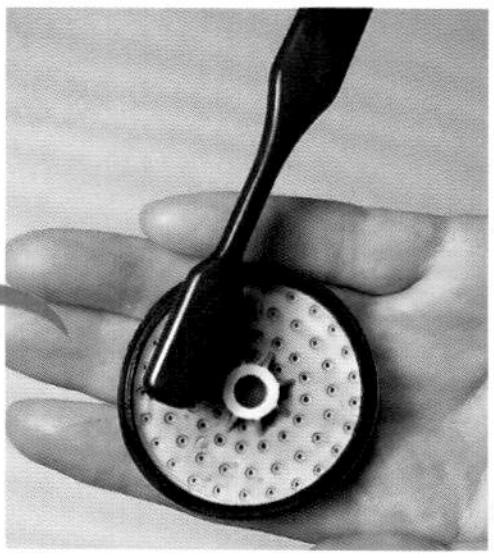

拆下蓮蓬頭外殼，將舊牙刷沾上中性清洗劑清洗，洗完後再以水沖淨。

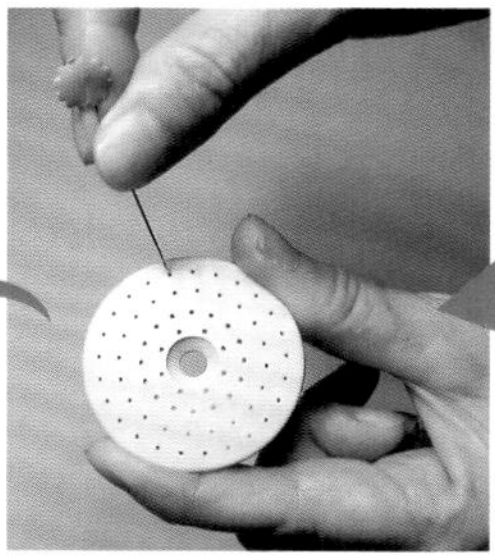

以大頭針穿通蓮蓬頭外殼的出水孔。基本上，這樣即可解決出水孔的堵塞問題。

檢查密封圈是否完好，若有老化破損，則需更換。最後再重新裝上蓮蓬頭外殼。

以填充材料修補瓷磚缺口

若放任瓷磚缺損與裂開不管的話，不僅會影響美觀，還可能會因滲水使瓷磚脫落、甚至會加速基材及柱子的腐蝕，造成無法補救的後果。因此需儘早更換破損部位。

使用工具

耐水性砂紙

金屬用塑鋼土

●瓷磚裁刀、塑膠袋

即使是這麼小的破損，若放任不管，水就可能滲入牆體並浸濕牆體，若為木結構建築，還會腐蝕柱子等木質構件，所以需儘快處理！

以乾布擦拭附著在破損處的污垢與水分。若省略此一步驟，填充劑會不易黏牢。

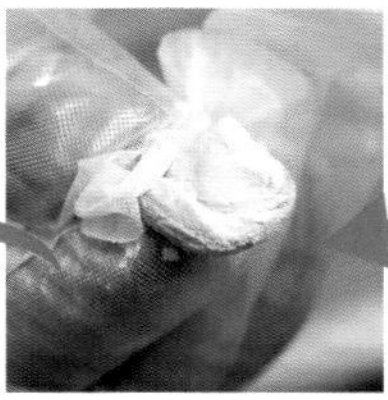

切下適量的填充劑，按照使用說明充分揉捏。直接以手揉捏會使皮膚變粗糙，因此需戴上塑膠手套作業。

塞入填充劑在瓷磚缺損處。以指尖抹平後再以美工刀修整細微部位，再以砂紙研磨即可。

使用瓷磚裁刀裁切瓷磚

為了能修補得漂亮完美，重新鑲入的瓷磚尺寸是為重點。測量瓷磚尺寸，並以油性筆在裁切處畫線，做上記號。

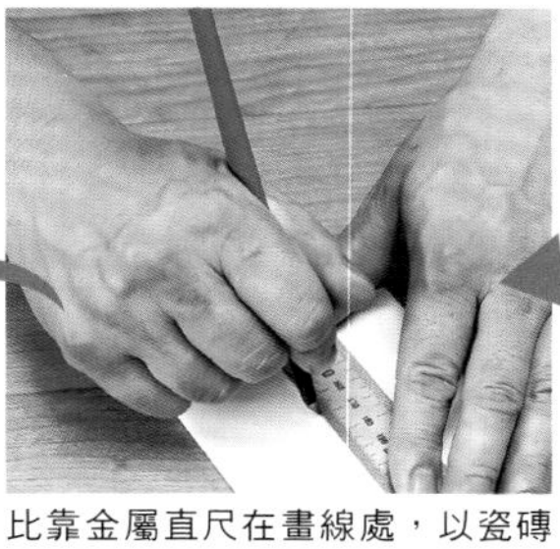

比靠金屬直尺在畫線處，以瓷磚切刀沿著畫線裁切2至3次，切出缺口。如圖所示，作業時需使瓷磚切刀稍稍倒向自己。

放置瓷磚在作業臺上，使畫痕稍稍伸出桌邊。以手固定，再於瓷磚上夾上瓷磚裁刀的U形部位。

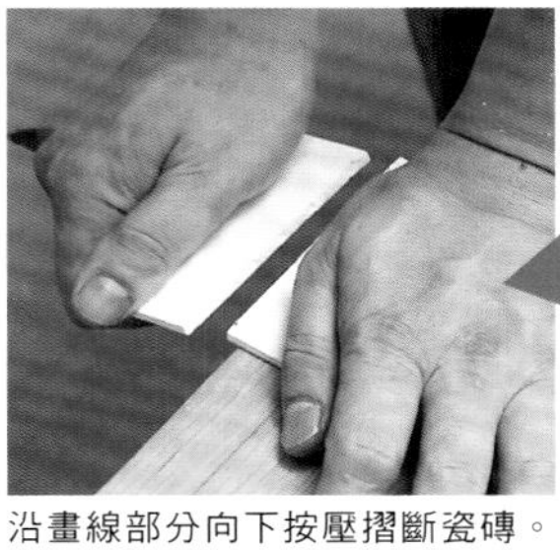

沿畫線部分向下按壓摺斷瓷磚。此法只適用於裁切壁磚。裁切堅硬的地磚時則需使用裁切機裁切。

瓷磚上有較大破損時需及時進行更換

重新貼製瓷磚其實非常簡單。為避免基材或柱子等被水侵蝕，快著手進行吧！

更換瓷磚之前，需進行遮蔽作業。為了不弄傷浴缸、地面，請確實進行遮蔽作業。

使用工具

瓷磚

遮蔽膠帶

防塵眼鏡

浴缸用填縫劑

瓷磚用填縫劑（附刮刀）

●遮蔽薄膜、一字起子、工作手套、美工刀、鐵鎚、金屬直尺、水泥用接著劑、塑膠盤、海綿

剝落

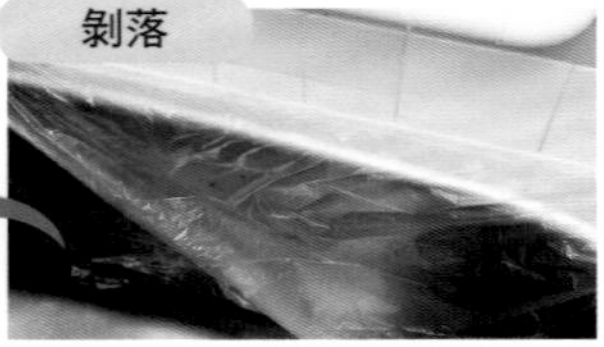
在更換瓷磚的下方邊緣貼上遮蔽薄膜，進行遮蔽。

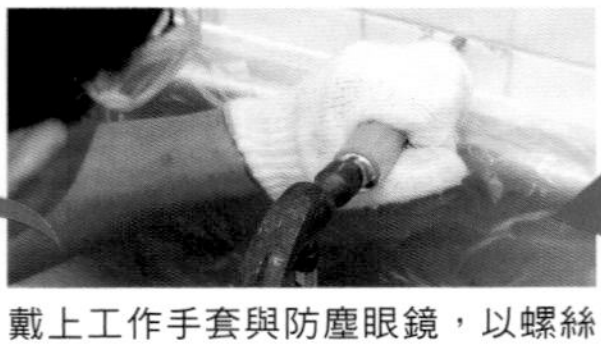
戴上工作手套與防塵眼鏡，以螺絲起子戳掉需剝離瓷磚的周圍接縫水泥。為避免弄傷旁邊的瓷磚，作業時需將螺絲起子的刀頭朝向內側。

以切刀一點一點切掉牆磚與浴缸之間的矽膠，切至一定程度後剝離瓷磚。

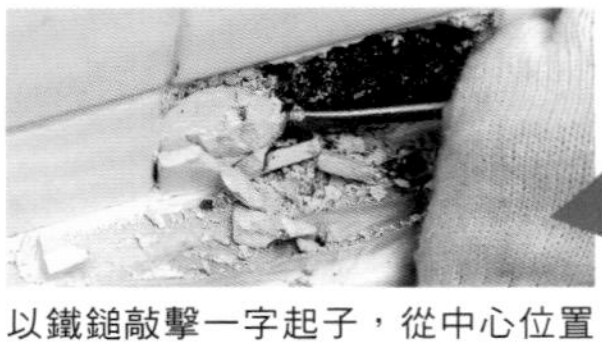
以鐵鎚敲擊一字起子，從中心位置開始一點一點敲碎瓷磚，不要留下水泥和瓷磚的殘片在牆上。

鋪貼

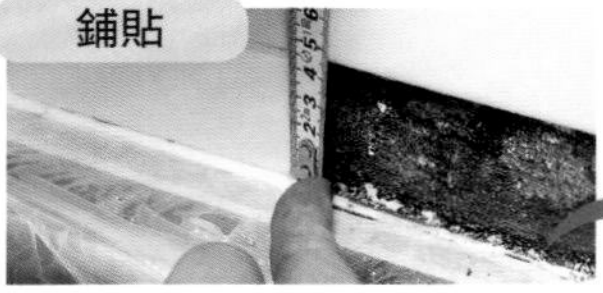
以直尺測量瓷磚剝落處的尺寸。若該處尺寸與相鄰瓷磚相同，只需測量相鄰瓷磚的尺寸即可。

確認基材徹底乾燥後，將水泥用接著劑調整成丸子狀後塗抹在要貼的瓷磚背面。貼上完整瓷磚時，需均勻地塗抹在9處。

貼上瓷磚，需使四周的接縫寬度一致。接著劑乾燥需半天的時間。若是使用可用於水環境的塑鋼土，即使是濕的基材也能鋪貼，並只需一小時就能完全乾燥。

塗抹填縫劑

放置適量填縫劑於塑膠漆盤等器皿中，一邊加水一邊以刮刀攪拌至軟中帶硬即可。

以刮刀均勻地將填縫劑塞入接縫深處。以200:65的比例調和填縫劑與水較適合使用。

塗填縫劑時不能心急。作業重點為以刮刀的尖端塞入填縫劑至接縫內。

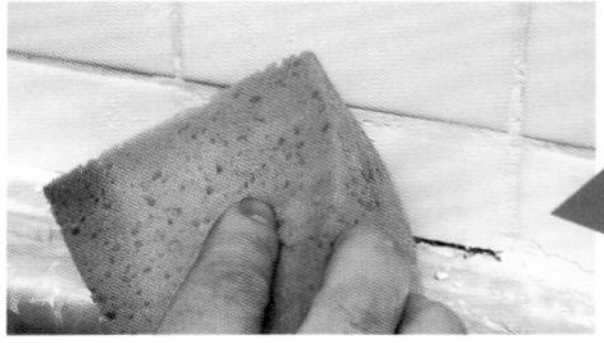
趁填縫劑未乾前，以海綿沾上水輕輕擦拭，平整接縫表面，同時擦淨瓷磚的表面污漬。

塗抹浴缸用填縫劑

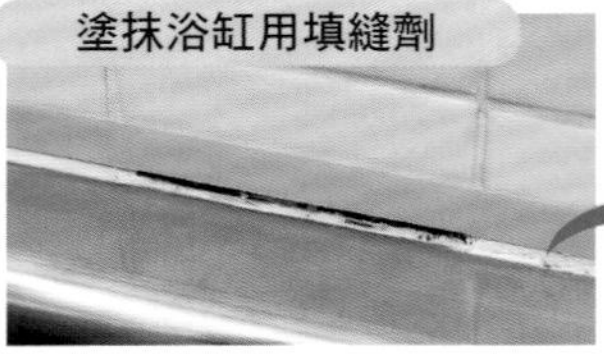
瓷磚和浴缸間的縫隙，不使用瓷磚填縫劑，而是以浴缸用填縫劑來進行填補。作業前，先進行遮蔽。

按壓依縫隙寬度切出的填縫劑噴管尖端在縫隙處，再擠入填縫劑至縫隙內。

使填縫劑充分流入縫隙深處。若填縫劑堆積，可以刮刀或抹刀抹平表面。

在填縫劑乾燥前撕掉遮蔽薄膜，瓷磚的更換作業即完成。接下來，只需放置一段時間即可。

將抹布沾上除霉劑擦拭瓷磚霉漬

排水不良的瓷磚接縫處容易發霉。一旦發霉後，就會有地方明顯發黑。

先直接噴灑除霉劑在發霉處。若不管用時，再儘快以濕紙巾擦拭。

使用工具

除霉劑

接縫用塗料

橡膠手套

●海綿、廚用紙巾

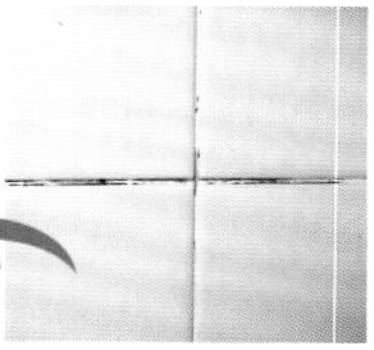

發現瓷磚接縫處出現這樣的發黑現象時，請儘快處理。可先噴上除霉劑看看，若無法去除乾淨，再以濕布擦拭。

用除霉劑浸濕廚用紙巾後貼在瓷磚上，放置20至30分鐘。去除霉漬後取下紙巾，若發霉處顏色沒有變淡，可在放置一會。

取下紙巾，一邊澆水一邊以海綿擦拭，徹底洗乾除霉劑。若有殘留除霉劑，會損傷瓷磚與接縫，需十分注意。

若霉漬沒有除去，或殘留黃斑，可塗上接縫用塗料。若塗料溢出，需在乾燥前擦拭乾淨。

以砂紙研磨瓷磚黑漬

以明亮的燈光往浴室的牆壁一照，就可發現瓷磚表面有發黑的現象。先以海綿沾上清潔劑擦拭，若還無法去除污漬，就以耐水性砂紙研磨吧！

使用工具

海綿

耐水性砂紙

清潔劑

先將海綿的柔軟面沾上清潔劑擦拭瓷磚表面。若無法擦拭不掉，再將另一面沾上清潔劑擦拭。

還是無法擦拭的話，再以耐水性砂紙（1200號）沾上已稀釋4至5倍的中性清潔劑輕輕擦洗，別忘了以水沖洗！

POINT

進行除霉作業的注意事項

●服裝

除霉劑的液體黏到衣服上會導致衣服褪色。若不慎進入眼睛或黏到皮膚上都很危險。因此，作業時需穿上舊衣服，並戴上橡膠手套與口罩。

●切勿混合酸性清潔劑與氯化物除霉劑

若混合氯化物除霉劑與酸性清潔劑，會有化學反應產生出有害氣體，十分危險，所以絕對要避免此情況發生。

●作業中別忘了通風

氯化物除霉劑有很強的氣味，在狹窄的浴室使用時會使眼睛與鼻子感到疼痛，作業時別忘了通風，作業結束後還需繼續通風。

安裝廁所扶手

讓蹲坐、站起的動作變輕鬆

創造舒適且無障礙的居住環境

廁所是每天都要使用的地方。若腰不好或行動不便時，就需製造出更方便使用的廁所環境。

安裝扶手時，只要找到了支撐牆體的構件（間柱）位置即能自行安裝。安裝工作並不難，所以無需請人施工，自己就能搞定。（間柱為連通牆壁內部的構造材料，在一般情況下，間柱與柱子間的距離為45公分）

若家裡有人行動不便，建議在馬桶旁邊安裝扶手。

原先沒有扶手的廁所，起身時沒有可抓扶的扶手。

作業流程

測量馬桶高度
▼
在安裝扶手處做上記號
▼
以自攻螺絲固定
▼
蓋上外蓋

材料

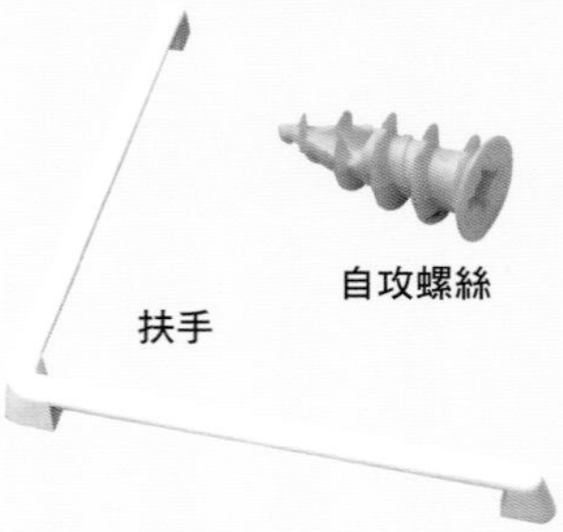

工具

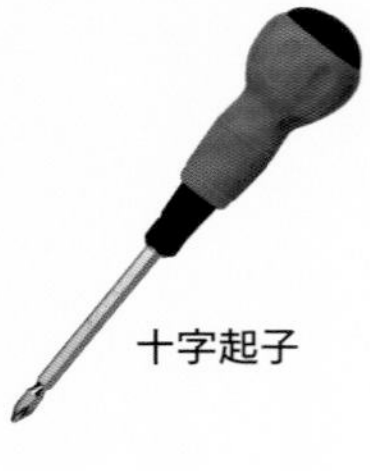

① 測量馬桶高度

扶手的安裝位置是依據馬桶的高度來決定的，需事先測量地面至馬桶的高度。安裝位置應高出馬桶座面200至250mm。

② 標記安裝位置

在高出座面200至250mm處找出間柱的位置（以感應筆在牆上探測），將有間柱的地方作為安裝扶手的位置，並做上記號。

③ 以自攻螺絲固定扶手中間部分

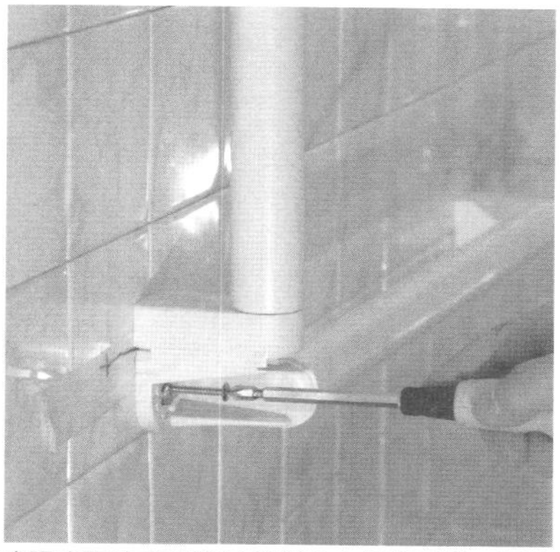

確認座記號處安裝扶手能夠方便使用後，再進行安裝作業。先以木螺絲固定扶手中心位置，注意不要釘歪。

④ 固定兩端

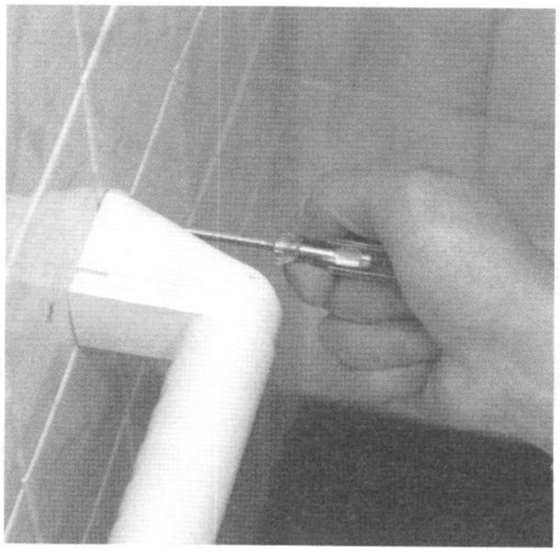

固定橫杆與豎杆的兩端。若牆體太薄時（沒有間柱等情況），可用自攻螺絲固定。

⑤ 確認無鬆動後進行固定，並蓋上外蓋

為保證強度，每個螺絲孔裡皆需鎖入螺絲。安裝完畢後再蓋上外蓋。蓋上外蓋時，有發出「喀」的一聲即可。

POINT

支撐板＋扶手，強度大增！

若牆內沒有間柱，強度不夠時，可在柱子之間搭上15mm厚的支撐板，並以金屬零件固定。塗抹接著劑在支撐板內側，再以長螺絲固定即可。

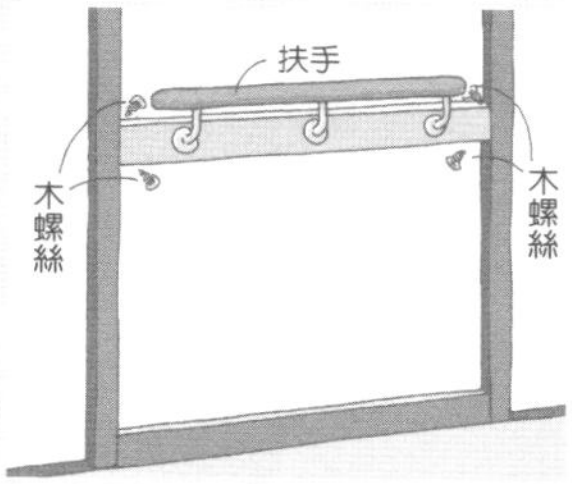

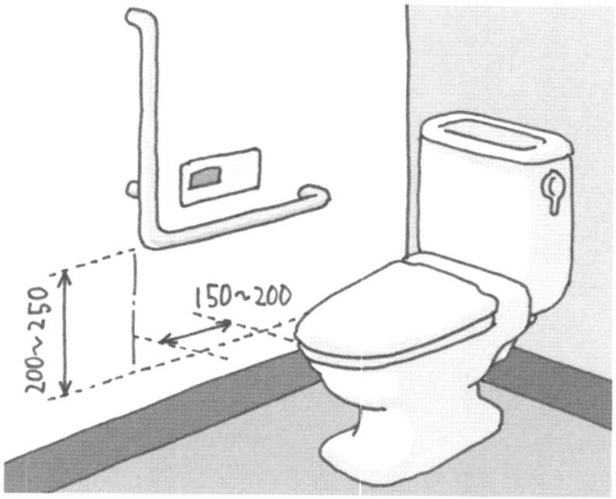

坐下或站立時最容易使力處是馬桶座面稍微靠前的位置。橫杆、豎杆都有的扶手讓使用更方便。左圖所示是最佳安裝位置，但同時也需考慮與間柱的位置關係。

廁所故障原因一覽表

水流不止、水流不暢等是廁所常發生的惱人問題。若發現以上問題，可先從左邊表格中找出故障原因，便能有解決方案。

故障：水流不止

- 控制桿有無復位？
  - No → 原因：控制桿的鐵桿生鏽了（→P.200）
  - Yes → 水位是否在排水口之上？
    - Yes → 原因：進水器閥門上有污垢，或閥門密封圈破損（→P.199）
    - Yes → 原因：浮球脫落或破損（→P.198）
    - No → 原因：止水器脫落或破損了（→P.198）

故障：水流不暢

- 水箱內是否有水？
  - Yes → 原因：水箱內鏈條脫落或斷裂（→P.199）
  - No → 止水閥開著嗎？
    - Yes → 原因：進水器閥門有污垢或閥門密封圈破損（→P.199）
    - Yes → 原因：水箱內的浮球脫落或卡住（→P.198）
    - No → 原因：止水閥關閉（→P.198）

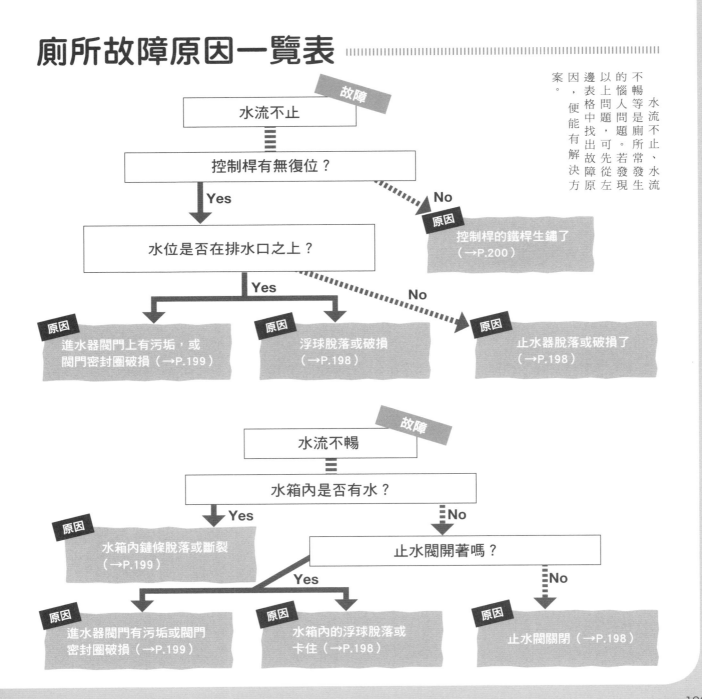

水箱的構造及水的流向

除了排水管堵塞之外，抽水馬桶的問題大多都發生在水箱內。水箱結構非常簡單，只需了解水的流向及原理，多數問題都能自己解決。在下頁中有詳細介紹，希望大家能夠記得。水箱的種類有安裝在牆角的角落型及與馬桶一起成型的密接型，也有附帶小型洗手槽的，但無論是哪一種類型的水箱，構造皆相同。

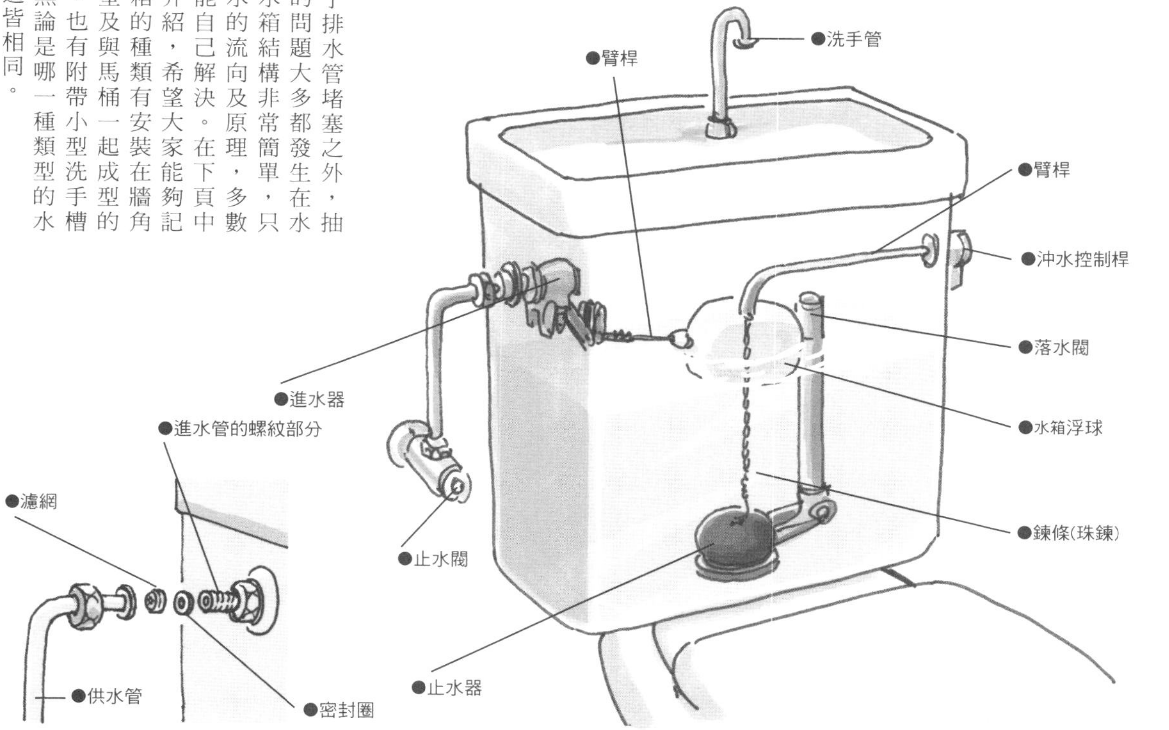

①排水的同時開始供水

壓下沖水控制桿時，水箱內的水便開始流向馬桶。水箱水位下降的同時，水箱內的供水也隨之開始。

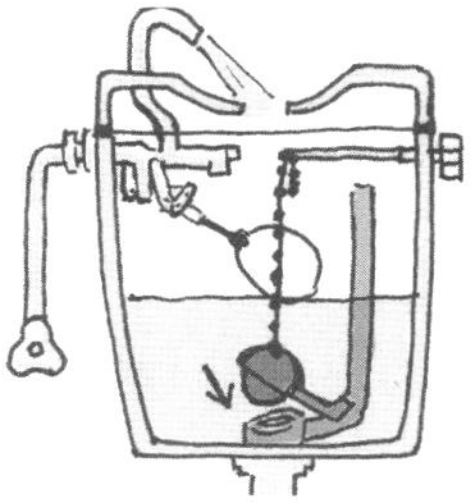

②停止排水

排水時水箱內的水位下降，浮標閥門會自動閉合。如此一來排水便停止了。

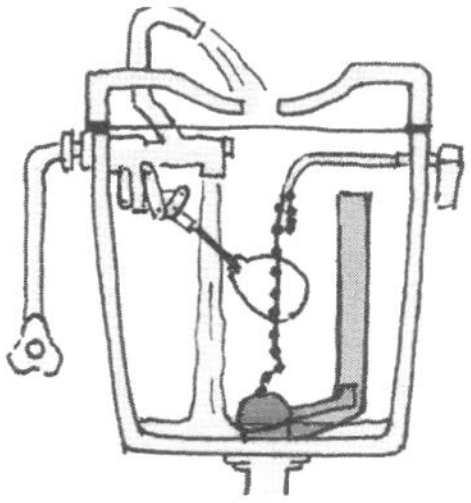

③水箱蓄水

另一方面，水箱內開始供水。水漸漸增多，隨著水位的升高浮球的位置也會升高。

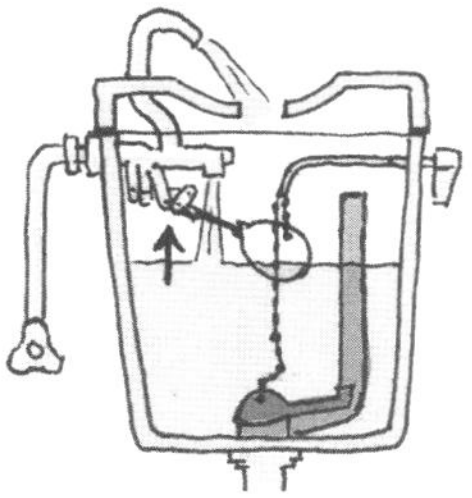

④停止供水

待浮球恢復到原位後進水閥會自動閉合，便停止供水。此時水箱內已有了足夠的水量。

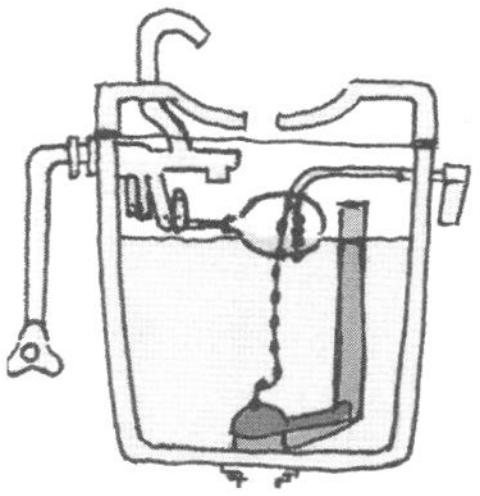

水箱內無水時，請檢查浮球

打開水箱蓋子，檢查浮球是否卡住，只要用水桶往水箱內注水便可看出浮球是被卡在何處。浮球若不下降，便不能啟動自動供水機制。

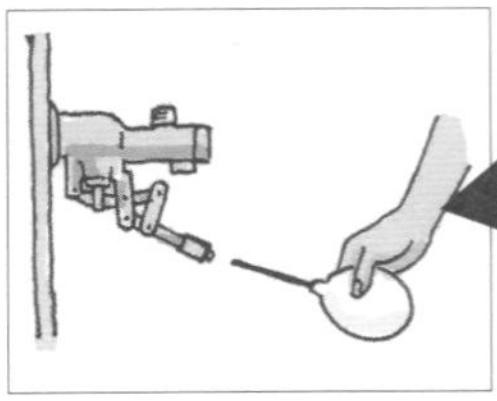

固定浮球的臂桿。若是螺帽鬆動的關係，請重新鎖緊。若螺帽已脫落，則嵌入臂桿至進水管後再鎖緊螺帽。調整浮球的安裝位置。

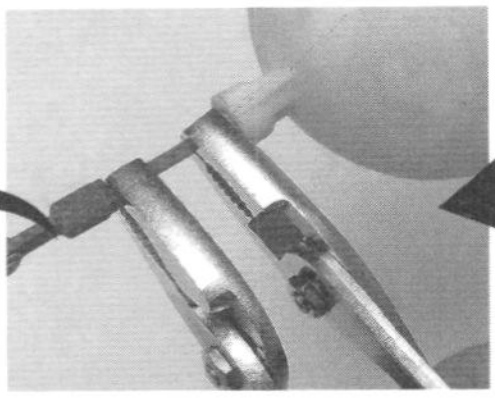

連同臂桿一同拆下浮球，以兩把鉗子夾住臂桿使其稍稍彎曲，並調整角度，若強行彎曲會損壞臂桿，需務必注意。

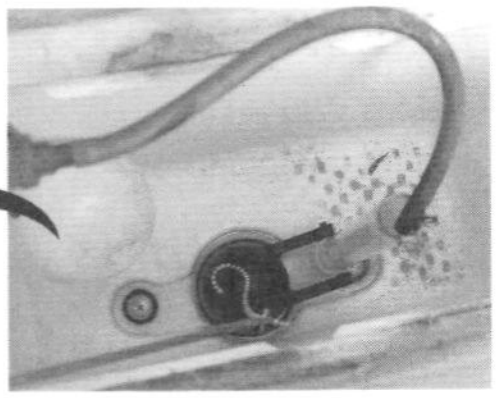

需先取出為了節水而放入水槽內的吊桶。因為那可能會是浮球卡住的原因之一。

使用工具

鉗子（兩把）

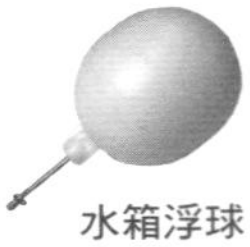

水箱浮球

馬桶沖水不止時，需檢查止水器的

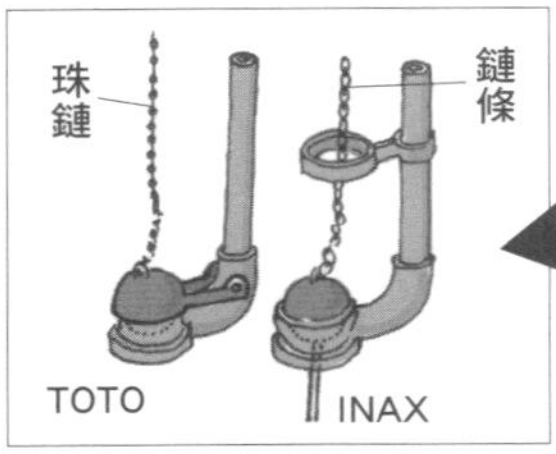

止水器具有排水口的作用。若出現問題，便會沖水不止。止水器會因廠家不同，大小和形狀也不同，因此在更換時需特別注意。

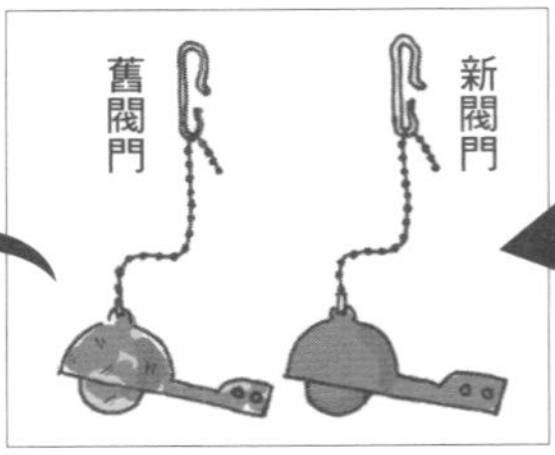

以手觸摸，若指尖變黑，則表示閥門已經老化變舊需要更新。並排擺放新舊止水器，使鍊條等長，只要將新止水器掛上掛鈎，就可簡單完成作業了。

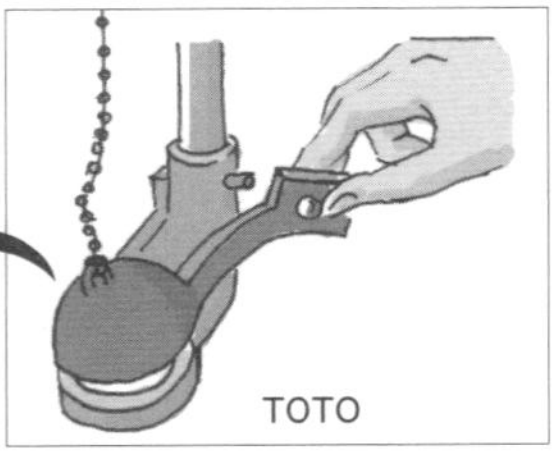

抬起止水器，若上面附著髒東西就需立即去除。若止水器已脫落，就將止水器的兩個臂桿插入排水管根部的突起處。

使用工具

止水器

修理後別忘了打開止水閥

經常有修理好後忘記打開止水閥的情況發生。止水栓關著便不能排水，只要向左轉動即可打開止水塞。

使用工具

一字起子

修理水箱時需關閉止水閥

需關閉水箱旁邊或下方的止水閥。無論是螺絲起子式還是把手式的止水塞，都是以向右轉動止水。

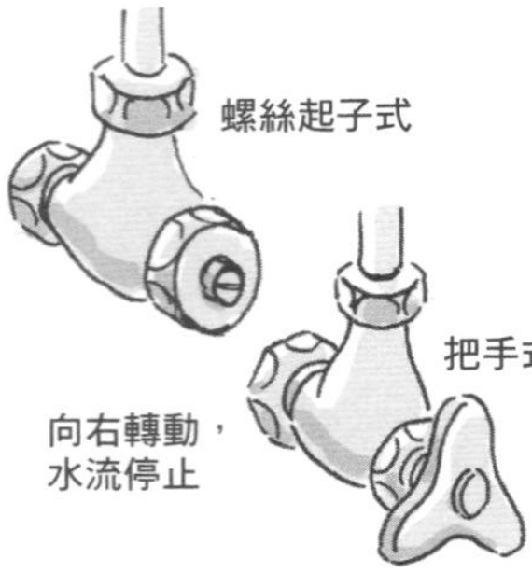

水流不止時，檢查進水器

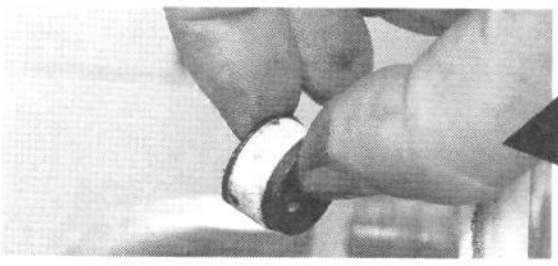

若有安裝濾網（過濾垃圾用），但不去除濾網上的垃圾，則需更換新的濾網。

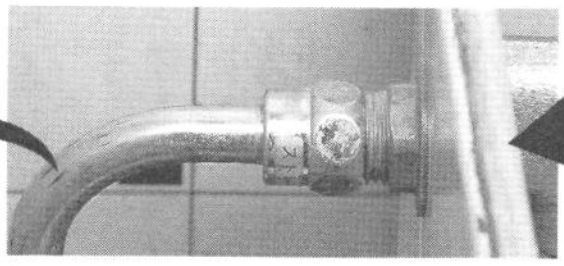

拆下螺帽時需注意扶著避免水箱內的進水器脫落，需同時注意不要損傷水箱。

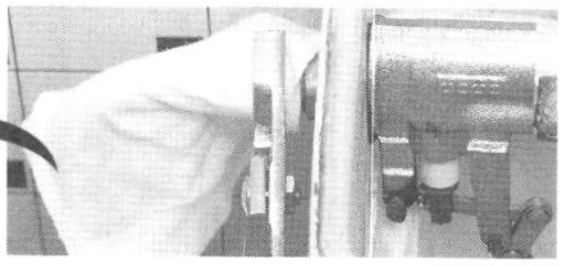

包一層布在水箱外的進水器螺帽上，再以水管鉗轉鬆拆下。

使用工具

水管鉗

活塞閥密封圈

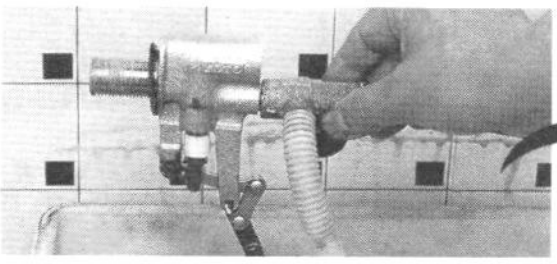

以鉗子拆下固定進水器（活塞閥）的左右兩顆螺絲後，拔出活塞。

若進水器上有髒汙的話，則以舊牙刷刷淨。

若密封圈老舊破損，可直接更新。購買新的密封圈時可帶著舊的密封圈一起挑選較安心。

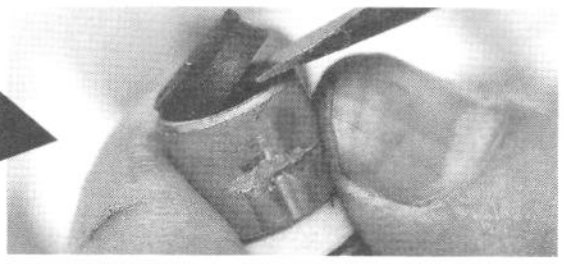

嵌入密封圈，注意需使梯形面朝下。再以拆卸時的相反步驟重新組裝。

沖馬桶時沒有水，需先檢查鍊條的情況

需先考慮是否為鏈條異常。打開水箱查看一下，若鍊條已脫落，將其重新掛上即可，若是鍊條斷裂，則需更換整個止水器部件。

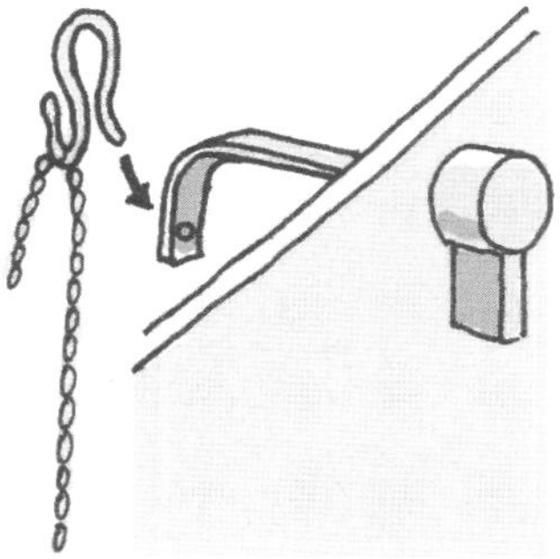

重新掛上鍊條時，重點在於將鏈條留出3至4扣的空間。鍊條若太短，止水器不能完全閉合，鍊條若太長則不易升起而導致排水量減少且容易纏繞。因此需特別注意。

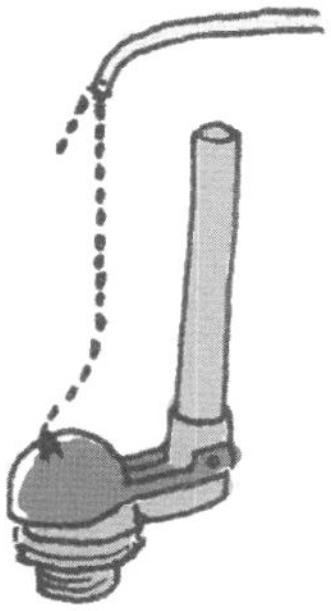

使用工具

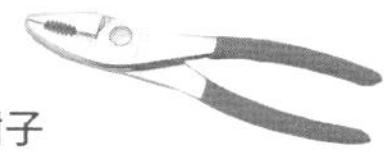

鉗子

水槽不蓄水時檢查止水閥！

附洗手槽的類型經常會有水流變弱，或水箱內蓄不滿水的情況發生，此時可用一字起子或硬幣調整止水閥的開關情況。

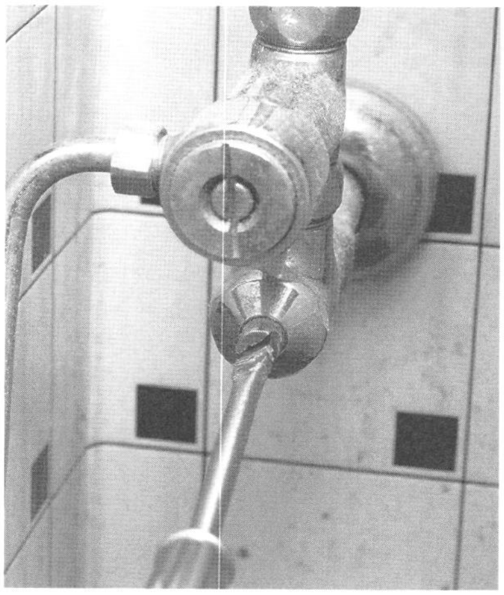

洗手管出水變弱時，向左稍微轉動止水閥，便可增強水流，水箱也能很快蓄滿水。反之，若水流太強到水花飛濺的程度時，只需稍稍閉合止水塞即可。

使用工具

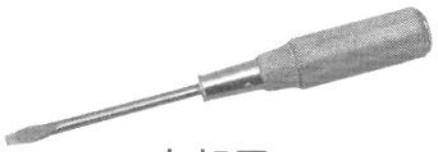

一字起子

若馬桶的沖水控制桿不靈活時，可清除連接處鏽跡

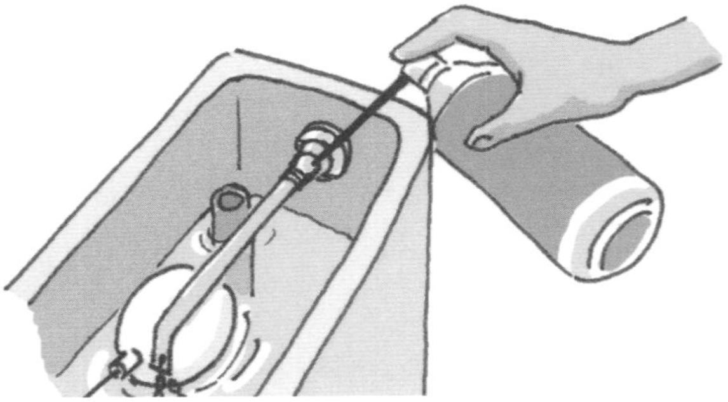

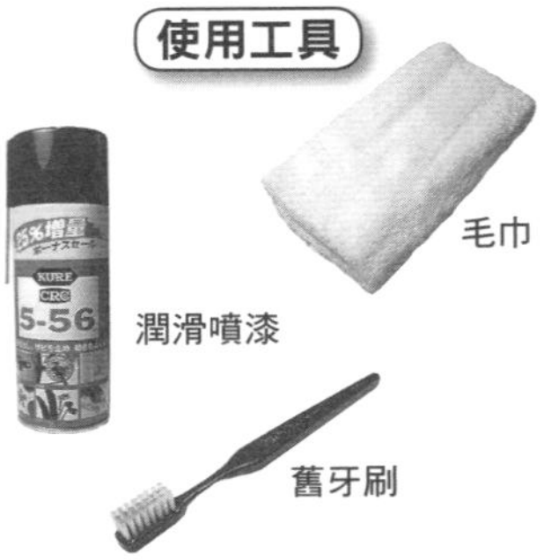

轉動控制桿，鬆開手之後控制桿無法復位而使水流不止，或是控制桿動作不靈活，出現這些狀況表示控制桿的連接處生鏽或有污垢堆積。可用舊牙刷或布清理鏽跡和污漬，或在連接處噴上潤滑油，就能讓控制桿使用靈活了。

以耐水性砂紙研磨洗手盆內污漬

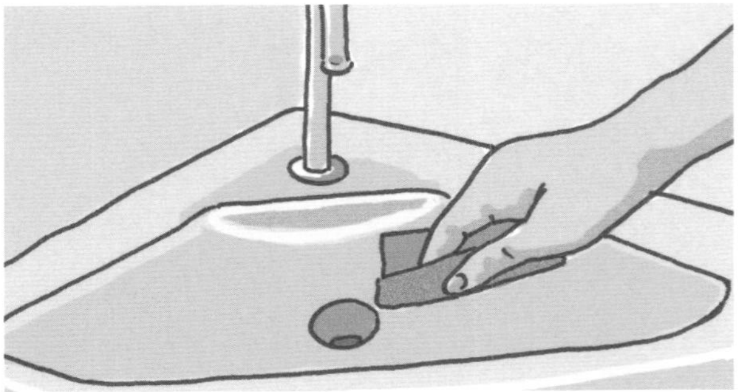

將粒度番號較細的耐水性砂紙裁切1/4，沾上肥皂水後輕輕擦拭，便能輕鬆地去除污漬。粒度番號為1200號至1500號的耐水砂紙不會損傷陶器，可放心使用。

洗手池內附著的淺色污漬是自來水內所含有的鈣質與融合灰塵後凝固而成。尤其在最容易形成水垢的排水口。附著在表面的頑固污漬可用耐水性砂紙研磨。

馬桶堵塞時，使用馬桶吸把即可疏通

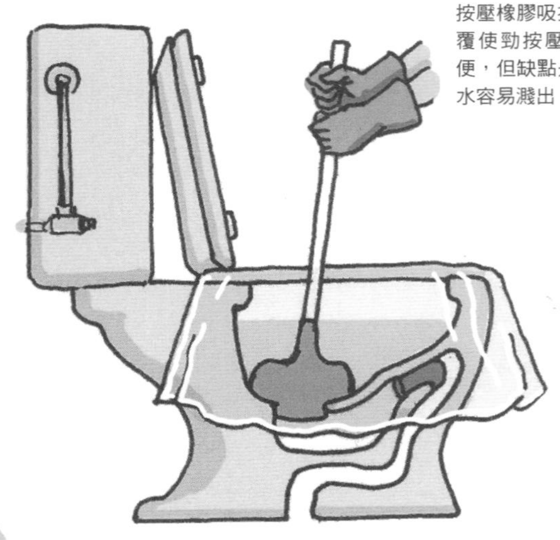

按壓橡膠吸把在排水處，反覆使勁按壓。雖然使用方便，但缺點是水壓不強，積水容易濺出。

幫浦式吸把比橡膠吸把效果好，因此建議大家使用水泵式吸把。即便認為堵塞已經疏通之後，也不能立即轉動沖水控制桿沖水。應先在馬桶內慢慢倒水確認是否已疏通。

沖水時，水位上升後再慢慢下降就表示馬桶堵塞了。這時，使用馬桶吸把會很有效。待馬桶的水退去後，再以水桶往馬桶內注水，待水位達到馬桶吸把之上再開始疏通。

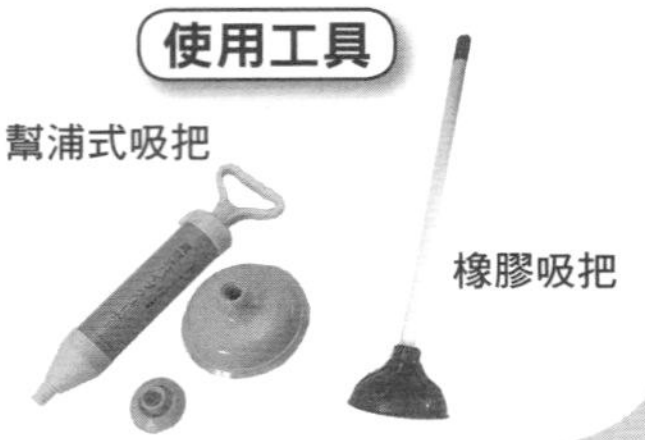

木工計畫用語詞典

ㄅ

包邊

端部的收納狀況。

鉋刀

木框內斜嵌一塊刀片的手動工具。可刨製木材表面至光滑，也可使用於倒角作業。依用途可分為很多種類：平推的平鉋，直線切削用的長鉋，開溝槽用的線鉋，曲線切削用的彎鉋等。鉋台一般使用橡木，但國外多用金屬製作。

拔釘機

帶撬杠的拔釘器。

步道（Approach）

原本指大門前通往住宅的道路，也指建在庭院裡的小路。有西式風格、日式風格等許多種設不鏽鋼釘以不鏽鋼製成的釘子。不易生鏽，容易拔出。因此需選用稍微長一點的不鏽鋼釘使其釘得更深一些。另外，也可選用螺紋狀的不鏽鋼釘。

補土

石灰加乾性油糅合而成的黏土狀物質。

邊材

位於樹木的外側、離樹皮較近的部分。色澤較為光亮，所以也叫做「白邊」。為樹木的柔細胞部分，是輸送水分與營養的通道。因此，構造上比心材來得弱，又因其含有養分而容易受到細菌和害蟲的影響。

標準塗刷面積

塗料容器上所標示的內裝塗料能夠塗刷的面積。清漆的話，一般寫著塗刷兩遍，即表示容器類的量是塗刷標準塗刷面積2遍的量。計。

ㄆ

刨花板

將木材薄片與接著劑混合後熱壓而成的一種板材。隔熱、隔音效果好，但不防潮，釘子、螺絲較難發揮作用。

鋪裝（Paving）

（1）打造花園的作業中，磚、瓷磚、水泥製品、枕木、砂漿等作為鋪裝材料，用於對花園小徑、地面、陽台等部位的鋪裝兼裝飾。

（2）為了增加路面或地面的耐久力而用水泥、瀝青、磚、土石、木塊等材料築造路面的作業。

平台（Deck）

原意為甲板。在建築中稱為形狀類似甲板的地板。

平鉋

一般指有壓工鐵的鉋刀。普通尺寸的鉋刀刀片寬55㎜，小型鉋刀的刀片寬度有46㎜、36㎜、33㎜等尺寸。若是木工DIY的話，有一個用於倒棱角的小刨（賊鉋）就足夠了。

平口鑿

切削石頭的工具叫做鋼鑿。其鑿口部位較寬且平的鋼鑿為平口鑿。鑿口變鈍後可用磨砂棒研磨。

坡度

斜面的傾斜程度。不是用角度，而是用每公尺斜面上升了多少高度來表示。若坡度為1％，就表示斜面每前進一公尺，其高度就升高一公分。

棚架

又叫葡萄棚或藤架。屋簷部分呈格子狀的西式棚狀建築，具有裝飾性。夏天的時候也可掛上竹簾遮蔽日曬，或是掛上一些裝飾植物與霓虹燈作為裝飾。

拼接

材料接合方法的一種。將板材組裝在一起時，各自裁切掉一部分後進行拼接，可按各種角度進行嵌合。可分為半槽、舌槽、鳩尾槽、貫穿方栓及止方栓等。

ㄇ

ㄇ型釘槍

與釘書機具有相同功能的一種木工工具。由於是用針進行固定，所以多用於給椅子鋪布墊等作業。也可用於製作相框等小型工藝品，或木工作業中的加固和暫時固定。

木地板

鋪在地上的長條形板材。

木理

將樹木加工成板材時，呈現出的紋理等圖案。木理能顯示出不同樹種的特徵。因此，也可根據木理來選擇用材。

木螺絲

木製露台中所使用的代表性金屬零件。又叫粗牙螺釘，螺絲頭呈一字型，軸體上有螺紋。各種長度的都有，品種非常豐富。用2×材做木製露台時，多用65㎜、75㎜的木螺絲。若是使用於室外，建議使用不鏽鋼螺絲。

木紋

將圓木按年輪方向鋸開後所呈現出的表面。年輪看起來就是所謂的木紋，樹種、材質不同木紋也不一樣，但以中央部位呈山形、兩端呈平行狀的情形居多。

木表、木裡

將圓木按垂直於年輪的方向、也就是呈現出不均衡木紋的方向鋸開時，靠近樹皮的那一側叫做木表，靠近樹心的那一側叫做木裡。

木工用接著劑

醋酸乙烯類水溶性接著劑。原則上與螺絲、釘子等一併使用。若不釘入釘子的話，則需用固定夾等進行固定、壓合。

木口

將木材按垂直於纖維的方向鋸開後的切口。切口上可看見年輪。

※「木口」為日式說法，一般指木材的端面

木釘

以木頭做成的釘子。選用硬度適中的木材，將其一端削尖削細做成釘子的形狀。多用於用桐木和杉木等做成的獨具日本風情的工藝品中。

木端

將木材按平行纖維的方向鋸開後的切面叫做木端；將木材按垂直於纖維的方向鋸開後的切口叫做木口。木屑則是指切削下來的碎木片。

※「木端」為日式說法，一般指木材側面。

木器製作

透過板材組裝而製作木製品的總稱。古時候指製作日用家具，也指製作建築用品。

木楔

切成三角形或梯形等形狀的小木塊。在兩個部件相結合的部位打入木楔具有加固作用。在組裝木製露台的框架時，三角形木楔可對高度的微調發揮重要作用。

木製露臺（Wood deck）

木廊，在庭院裡以木板鋪成的木製露台。由於與客廳的落地窗連在一起的情況較多，所以也叫露天客廳。

木工虎鉗

簡稱虎鉗，安裝在作業台的一角的固定工具。一旦緊固以後，無論施以多大的外力都不易鬆動。

木工雕刻機

高速轉動安裝在本體下部的鐵刀，便可輕鬆地對材料進行溝槽加工、榫頭加工的電動工具。另外，也可進行切斷作業。小型木工雕刻機則為「修邊機」。

木釘

接合兩個組件時使用的小圓木棒。另外，為了隱藏釘帽或木螺絲帽，也可以木釘將其隱藏。

幕板

（1）位於餐桌、書桌的桌面下方並與桌腳的上部相連、支撐桌面的部材。

（2）木製露台等建築中，指從外側包住地板材料的橫切面、使地板看起來更具整體性的材料。同時，還有進一步固定外框處的托梁、提高強度的效果。

毛邊

用木工工具進行切斷或開孔時，木材的背面一定會出現少許碎裂。碎裂的部分稱為毛邊。若不希望出現毛邊，可用一塊廢舊板材墊在下面，或是裁切到一半的時候翻過來再從背面開始裁切。

門窗

原本指日式建築中的拉門、和室紙門、門等透過其開閉可將空間進行分隔的部件的總稱。最近，窗戶也包含其中。

美工刀

做手工用的小刀，刀片為普通刀片。

美國側柏（western red cedar）

為美國杉、加拿大杉，與日本扁柏為同類。木材呈紅褐色或暗紅色，具有耐久性、耐侯性，且不易腐舊、不招蟲蛀；材質中不含樹脂，因此尺寸穩定、易於塗刷。除了用於製作木製露台外，還廣泛用作住宅的外壁材料和屋簷用料。

馬椅（木馬）

作業輔助台的一種，有四條腿。切斷或加工較長的木材時，可將板材撐起一定的高度，使作業更方便。用於承載腳手架踏板的四條腿支架也叫木馬。

墨斗

木匠、石匠畫直線時使用的工具。墨槽裡倒有墨汁，墨線從墨槽細孔牽出時浸上墨汁。作業時用固定錐固定墨線於一端，像彈琴弦一樣提起墨線彈在劃線處。不用墨汁，用粉筆的粉末來代替的粉筆墨斗也具有相同的功能。

墨線

畫在作業用材料上的線條的總稱。

抹式刷

一種塗刷用工具。滲透得更深一點，作業時可稍稍用力往下壓。

抹刀

用於給建築物的內外牆壁抹砂漿或是砌磚的時候用於盛放砂漿的一種工具。主要用在抹牆和打造較大面積的光滑平面，抹刀中央位置有單手柄的帶柄抹刀比較常見。除此之外，還有砌磚和盛砂漿用的抹刀。而帶柄抹刀的手柄和抹刀的形狀也不盡相同。具有代表性的有砌磚用抹刀和水泥用抹刀。還有專門用於勾縫的勾縫刀。

ㄈ

複合扳手（combination wrench）

旋緊或轉鬆螺帽時使用的工具。比較常見一端為呈「Y」字形的開口狀、另一端呈封閉圓環狀的複合扳手。

番號

表示砂紙的粒度、棉線的粗細以及各種工具和素材的大小的單位。數值越大，所描述的物體就越纖細或越細小。

防滑石

鋪裝通往大門的道路或西式建築的中庭時使用的一種10公分見方的立方體石才。其素材主要是花崗石。

蜂蠟、木蠟

從植物中提取的天然蠟成分。木蠟在江戶時代已有大量生產，在國外也非常出名，被稱之為「日本蠟」。

ㄉ

倒角處理

去掉木材的棱角使其看起來更美觀或磨圓棱角使手感更好。

單刃鋸

手鋸又分單刃鋸和雙刃鋸兩種。對於新手來說，使用較為簡易的單刃鋸比較好。順著木紋鋸斷木材時，使用雙刃鋸中鋸齒較粗的鋸刀；垂直與木紋鋸斷木材時，使用雙刃鋸中鋸齒較細的鋸刀。

單輪車

作業現場用來搬運水泥和建才的獨輪手推車。也叫獨輪斗車和手推車。

砥石粉

燒製黏土後製成的粉末。可作為木材的填料、各種塗料的打底、以及塗刷面和金屬表面的研磨等用途。

地基

建築物最下方的構造，用於承載建築物自身的重量以及載入在建築物上的力量。

地基石

承受建築物整體重量的重要構造。傳統的地基石製作方法是先將碎石子壓入地中後，鋪上天然石塊，再放上地基石並以水泥、砂漿固定。在建材行等地方，地基石也指以水泥做的地基。有各種各樣的地基石，也可用預製板代替。

墊木

以木工虎鉗或夾具對材料進行加工、固定時，為了避免材料被工具弄傷而用墊木進行保護。可將邊角餘料用做墊木。

電鑽

能夠簡單、快速地進行開孔作業的電動工具。裝上電鑽固定台，可做成固定式電鑽。

電動起子機

顧名思義，就是力度更強的螺絲起子。其本體內暗藏有鐵錘功能，可給轉動的螺絲起子軸以衝擊力，因此能以更大的力度來鎖緊螺絲。製作庭院裡的木製露台或做花園外部裝飾等需要鎖緊長螺絲時，多使用這種電動起子機。為一機兩用的電動工具，既可鎖螺絲又用於開孔。使用時只需依需求，更換起子頭或鑽頭即可。選購時需特別注意電池的容量與充電時間。

電動鏈鋸機

用於鋸斷枕木、圓木等材料的電動工具。可使用家庭用的110伏特，透過鏈子轉動來進行切削作業。比電動鏈鋸動力更強的是引擎式電鋸，因噪音大，在住宅區不便使用。

電動砂紙機（Sander）

一種研磨用的電動工具。本體下部的研磨臺上安裝有砂紙，作業時透過使研磨台轉動或振動來完成對材料的研磨。研磨機有多種類，如間歇振動進行研磨的氣動磨砂機；間歇振動加旋轉運動進行研磨的砂布機；研磨台呈三角形能對角落部位進行研磨的delta sander；在圓筒上纏有砂紙的spindle sander等。

電動圓鋸機（circular saw）

透過轉動圓盤狀鋸片（chip saw）來裁切材料的電動工具。每分鐘約5000轉的高速運轉，能將材料鋸得非常直、非常漂亮。一般都是直接插電源的，但也有充電式的。

頂板

組合板子而成的箱型家具中最上方的板材。

釘子直徑

所謂釘子直徑是指釘軸的直徑。一般情況下，釘子直徑在板材厚度的1/6以下比較合適。而杉木、柳桉等較軟的木材最好使用釘子頭比較大的釘子。

釘衝

一種鑿子狀的工具，當釘子頭被周圍的材料擋住時使用。頭部很細小，使用時需抵著釘子頭，再以一般鐵鎚敲擊。在空間很窄的地方釘入釘子時也可使用。

對接

接合方式的一種。接合兩塊材料時，對每塊材料按相同形狀切掉的一部分後再進行對接的方法。若是相同材質的材料，原則上是各自切掉一半，使上下端齊整。

端頭

指物體的端面。若是板材的話，就是指截斷木理的兩個端面。

段差

將接合兩個部件時，兩部件之間產生的錯位。削掉段差使接合面變得平滑的作業叫做去段差。

ㄊ

填縫劑（Calking）

用於填補接縫極其周圍的縫隙的材料，具有氣密性或防水等功能。用於填縫的產品又被稱之為Calking材料、sealing材料等，有矽膠系列、聚氨酯系列等諸多品種。

填砂

製作基材或填縫時，不用砂漿而採用砂子來施工的方法。

鐵鎚

又叫錘子。一般來說，就是木柄套上鐵頭做成的工具。利用向下敲擊時產生衝擊力，進行釘入釘子和金屬加工等作業。按照鐵頭大小的不同，分為多種規格，但重量為300克左右的最為好用。

鐵杉

western hemlock的俗稱，又名hemlock。邊材和心材沒有明顯區別，木紋筆直。木材呈粉白色或淺黃白色。價錢便宜且加工性佳，但較容易開裂。另外，還有耐水性差的弱點。因此，若用在濕潤的地方需要有保護措施。可用做柱子、工藝品、基材、家具、木桶、屋簷等器物的材料。可做美國松木的替代材料。

鐵鏟

用於地面挖洞或平整地面的工具。若是主要用於掘地，可選擇前端較尖的劍形鐵鏟。

踏板

樓梯、梯子等的腳踏板。

透明塗料

進行透明塗刷時具代表性的塗料。材料的顏

色種類不同，塗刷後的顏色效果完全不一樣。因此，作業前應在邊角餘料上試塗。

塗膜
塗刷清漆等塗料後形成的漆膜。塗膜能夠阻擋空氣和水分進入木材，對木材具有保護作用。

托梁（龍骨架）
支撐地板的橫楞木。若地板是縱向鋪的話，托梁則呈橫向。也就是說，托梁與地板是呈直角相交的關係。而托梁本身又由矮支柱支撐。托梁雖然是完工後看不到的部件，但若高低不平的話，地板就會顯得凹凸不平，所以作業時務必要注意這一點。托梁多使用2×6木料。

托灰板
少量盛放和好的砂漿等材料的板子。右手（左撇子的話就用左手）拿抹刀，左手拿盛有材料的托灰板。砌磚時不一定需要，但有的話作業會方便很多。

ㄋ

耐火磚
能承受攝氏1579度以上高溫的磚。可用於製作暖爐、磚窯、工業熔爐等。用過的舊耐火磚呈白色或黃白色，別有一番風味。

內側尺寸
箱子等家具內側的尺寸，也指建築物的內側尺寸。是外徑、週邊尺寸的反義詞。

扭矩
電動氣起子機等工具的緊固力的大小。若是用電池的工具且電池的容量較小的話，那麼其扭矩也小，不適宜於鎖螺絲在厚板材或硬質木材。若作業時需要較大的扭矩，可使用12伏特的電動起子機。另外，過大的扭矩會損壞板材，作業時務必注意。

ㄌ

欄桿扶手
製作柵欄、圍牆等最上端的橫木。考慮到欄桿是接觸人手的部位，所以多使用具有一定寬度的木料。

礫石
一般來說，大量堆積在一起，且直徑為50mm左右的石頭就叫做礫石。依據石材採集地的不同，可分為山礫石、河礫石、海礫石。做預製板時，一般以河礫石作為骨材。但隨著採集量的減少，現在多使用碎石。另外，圓形的鵝卵石中帶有白色、黑色、藍色、茶色等各種顏色的斑點，自古以來就是打造日式庭院的原料。

螺絲起子(Driver)
正式名稱為screw driver。握把前方的金屬部分為「軸」，端頭分有「十」字與「一」字兩種。

螺紋釘
有螺紋的釘子，保持力好。不喜歡有釘子頭露在外面時可使用螺紋釘。

落葉木
秋季落葉、冬去春來時又長新芽的樹木。

連接
將兩個部件接起來拉長長度的結合方法。

柳桉
任何一家建才行內都有銷售的普通板材。價格便宜、使用方便。但木質較粗糙。易於加工，但耐久性較差。

樑柱（Post）
將屋簷、地板的重量傳遞給地基的支撐用垂直部才。

菱形鏝刀
抹刀呈等腰三角形的抹刀。要攝起一定量的砂漿或是整齊漂亮地勾縫都很容易。

ㄍ

乾和
指和水泥或砂漿時，剛開始的時候不加水進行乾和，直到將水泥、河砂和其他材料混合均勻為止。

鋼筋水泥
由鋼筋與水泥兩種相互取長補短的材料組合而成的構造材料。簡稱「RC」。

鋼絲網
細鋼筋交錯而成的網狀補強材料。在簡易車庫上面做荷重較大的地面鋪裝時，可在底層鋪上鋼絲網用以防止表面凹凸。網眼大小有多種尺寸，品種非常豐富。

勾縫刀
一種寬度較窄的細長形抹刀，砌磚時用於勾縫或按壓等作業。寬度為9mm、12mm的抹刀很常用。

固定夾
木工作業的輔助工具。可用於固定組件、材料等在作業臺上；也可在組件黏接後緊固兩個部件，以免在接著劑乾燥之前分開。有各種形狀和尺寸，可滿足不同的用途。多數為金屬做的，但也有木製的。使用過程中為避免固定夾在組件或材料上留下痕跡，可墊上墊木。

骨材
製作砂漿、水泥時，混入的石子等材料的總稱。大粒的粗骨材有石子、碎石、熔渣、再生骨材等；小粒的細骨材有河砂、山砂等。粗骨材和細骨材的判斷標準是看其能否通過5公分孔眼的篩子。

光葉櫸
一種闊葉木，木紋清爽乾淨，價格昂貴。研磨後具有光澤，自古以來就用於建築和家具行業。也是耐水性和耐久性很高的優質木材。

貫穿孔
完全貫穿的孔。如直接將鑽頭鑽穿整個板材，板材背面的孔周圍會出現毛邊。為了避免這一現象，鑽孔時可在板材下面墊上廢木進行。

珪藻土
由珪藻類的遺骸堆積而成的白色或灰白色的土。主要成分是含水的非晶質二氧化矽，質軟多孔，吸濕性好，多作為壁材塗料使用。具有吸收室內濕氣的效果。

ㄎ

檜木
木材表面的觸感接近人的肌膚，為耐水性、耐久性都極好的優質木材，常用於浴室澡盆等。耐水性好、具有獨特的香氣。

闊葉木
基本上都是雙子葉植物。冬季落葉的叫做落葉闊葉木，冬季不落葉的叫做常綠闊葉木。其樹枝都是橫向伸展，所以木紋多富變化與個性，極具美感。因其木質堅硬、木紋漂亮而主要用於家具、地板以及西式房間的室內裝修等。在日本具代表性的樹木有櫻花樹、栗子樹、光葉櫸、橡樹、楓樹、日本厚樸、櫟樹等。

ㄏ

橫樑（Beam）
花園建築中，主要指水平擺放在棚架上部的部件。

橫木
柵欄、欄桿、壁板等頂部的橫木。在家具術語中，也指椅子靠背最上端的部件。

橫楞木
木工作品中，按水平方向接合部件的木料。

含水率
木材中所含水分占木材總重量的百分比。經人工乾燥後含水率為13%以下的木材比較穩定，不易變形。

合成橡膠接著劑
使用有機溶劑的接著劑，揮發性高，硬化時間短。固化後具有柔韌性，不怕材料變形。

護木油（Oil stain）
木材上色後，木材表面不易起毛，著色效果好，且不減木紋的天然美感。一般是乾性油（亞麻油裡加入錳、鈷的氧化物煮沸製成的油）加入染料或顏料後使用。針葉木本身含油份較多，若使用油性著色劑的話，容易出現著色不均的情況。覺得表面缺乏光澤的時候，可塗上油性著色劑後再噴漆。

紅磚
非常普通的日產磚。在建才行等地方容易購得，價格也不貴。

厚板材
一般指厚度在20mm以上的板材。

花崗石
屬於火成岩的深層岩石，日本各地都有出產。

滑動鉸鏈
轉動門扇時，鉸鏈軸也會隨之移動的鉸鏈。裝好後看不到金屬部件，比傳統的老式鉸鏈漂亮。

劃線刀
用薄刀片在材料上劃線的一種規尺。常見的都是用來劃規線（可從木材的一端畫出一定長度的直線，若將其橫桿固定在某一位置的話，就可劃出多條相同長度的直線）

畫墨線
為了便於加工，以鉛筆在材料上畫上線條或做上記號的行為。以前是使用墨，所以叫做畫墨線。被畫出的線條叫做「墨線」。

混凝土
水泥、砂子、石子（骨材）加水攪拌均勻，其中的水泥發生化學反應後硬化而成的一種建築材料。

ㄐ

捲尺（Measure）
印有刻度的金屬捲尺。使用時，用尺端的掛鉤鉤住被測量物體的一端，再拉長捲尺，透過表面的刻度來確認物體長度。鬆開掛鉤後，捲尺會自動縮回本體。但幾乎所有的捲尺都有鎖定功能，鎖定後即便是鬆開掛鉤也不會縮回去。

集合材
以相同厚度的小木板依照相同纖維方向進行長度與寬度的拼接，再多層膠合製成具有一定厚度的板材。如紅松集成才等。

徑圓片鋸
電動圓鋸機有各種尺寸的鋸片，直徑為165mm是常用片鋸，可鋸斷55mm厚的板材。

攪拌機
電鑽一樣的東西上面裝有長長的轉軸，轉軸的端部裝有攪拌刀片，可用於攪拌砂漿等材料。轉數為每分鐘500至1500轉。轉動速度的確不算快，相對與速度來說更加注重的是攪拌扭矩。

腳輪
一種帶輪子的金屬配件，裝在具有一定重量的物體的底部，便於移動。有輪子方向固定不變的固定式腳輪與可前後左右自由移動的自由式腳輪兩種。輪子部位有塑膠做的，也有橡膠做的，還有不用輪子而滾球代替的。

接縫染色劑
給接縫處上色的材料。強調接縫處的效果使其看起來顯眼時使用。

接縫
鋪貼瓷磚、地磚或砌磚的時候，接合面上產生的縫隙。砌磚時所使用的砂漿量不同。可產生各種尺寸不同的接縫。

接合
接合兩個部件的技術及手法的總稱。

鋸子
一片邊緣上有鋸齒的薄鐵皮，用於切斷木材的手動工具的總稱。有單刃鋸、雙刃鋸、短刃鋸等多種類型。

鋸片（Blade）
為圓鋸機進行裁切的圓盤鋼片，周邊有鋸齒。

鋸齒外撇
鋸齒端相對於鋸身向兩側外撇。這樣可使拉鋸時更省力、更順暢，並更容易將鋸末排出於木材之外。

鋸面效果
原封不動的保留鋸子鋸過後的痕跡，將鋸面作為最後的完工效果。

鋸損
用鋸子鋸開木材時，切口處會有與刀片相同厚度的木材變成鋸末而損耗。損耗掉的厚度就叫做鋸損。鋸齒向兩側外撇的橫鋸鋸損更大。因此，在取材時必須要考慮到鋸損，以免鋸掉有用部分的材料。

鋸子銼刀
調整鋸齒的工具。

鍋子
兩端尖鍋的「コ」字形鈎釘。將材料結合在一起時使用。鍋子畢竟是輔助性工具，需要牢牢固定時，還是使用強度較大的方形金屬零件、條形金屬零件等固定工具更好。

尖嘴鉗（Pinchers）
形狀與平口鉗、斜口鉗等相似，但用途卻不同。尖嘴鉗是鉗住鐵絲、電線將其折彎的工具。咬口部位有刀刃，可進行切斷作業。埠部位有各種形狀，可根據需要進行選用。斜口鉗用於切斷各種線材；而平口鉗用於較粗、較厚的螺釘、水管墊圈等的旋動。

ㄑ

取材
將木料按設計好的尺寸裁切就叫做取材。在實際作業時，還需考慮到鋸片具有一定的厚度，這點一定要注意。不然的話，裁切尺寸會與設計尺寸不相符。

曲尺
「L」形的金屬規尺，又名矩尺、角尺。既可用於檢測角落處是否為直角，也可用于測量長度。

砌磚抹刀
砌磚時使用的一種心形抹刀，用於將砂漿盛起來抹到轉的上面。

鉗子
旋轉物體或剪裁電線時非常方便的一種工具。有老虎鉗（combination pliers）、尖嘴鉗、水管鉗（water pomp pliers）等多種類型。

清漆
洋漆的總稱。在木材表面形成較薄的塗膜，既能夠保留木材天然的色澤和木紋，又能呈現非常漂亮的光澤。塗膜對作品的表面具有一定的保護作用，但不如油漆的塗膜厚。清漆分水性清漆和油性清漆，一般都是透明的。但也有亞光清漆、半亞光清漆與有色清漆。

輕質預製板
按JIS（日本工業標準）規格劃分的空心預製板中有A類和B類兩種建築用預製板，C類是重型預製板。A、B、C類預製板的抗壓縮能力也依次遞增。

ㄒ

吸塵器
本體多由不鏽鋼或塑膠做成，其形狀與家用吸塵器相似。生產廠家和產品型號不同，吸塵軟管的長度也不一樣，但多數都可接在電動工具的吸塵口上。若希望有一個乾淨的作業環境，那麼吸塵器則是必需工具。除了有粉塵專用的以外，還有可吸水的乾濕兩用吸塵器。

箱型結構家具
將家具進行分類時，其構造呈箱子狀的家具就叫做箱型結構家具。如衣櫃、櫥櫃等。

橡膠槌
其頭部由橡膠材料製成的鐵槌。砌磚時，一邊堆砌一邊敲打，可調整高度。若以鐵錘的話會將磚敲碎，請特別注意。

修邊機
顧名思義就是對邊緣部位進行修飾的電動工具。透過使安裝在本體下部的鐵刀高速旋轉加工材料的棱角。另外，更換鐵頭，便可進行開槽、搪空、切斷、連接加工等作業。大型的修邊機叫「木工雕刻機」。

斜面接合
指非呈90度直角的接合。由此衍生出來的45度接合叫做「斜角結合」。斜面接合需要精密的加工，作品越小難度越大。

纖維絨毛
塗刷時，木材表面的纖維物質形成的絨毛狀不光滑現象。刷清漆後，柳桉等木材表面特別容易起這種纖維絨毛，一定要以砂紙精心研磨。

線鋸機
透過鋸條的上下移動來裁切木材的電動工具。適用於曲線裁切、開框、開孔等作業。如用於直線裁切，鋸條會晃動而無法鋸的很直。因此，它只是一種輔助工具而已。常見的是插電式線鋸機，但也有充電的。

心材
靠近樹木中心部位的堅硬木材。樹木生長過程中邊材會壞死，微生物不喜歡的樹脂成分則覆蓋在細胞表面形成心材，是支撐樹木的向上生長的構造體。因此，一般來說心材不易腐朽，適合作為構造材料。

辛普森（SIMPSON）金屬零件
美國辛普森公司生產的2×4木料的專用金屬零件。因其品種豐富、價格相對便宜而被廣泛使用。有建築專用、木製露台專用、家具專用等各種用途的專用系列。結合時使用專用的木螺絲。

ㄓ

支撐石
墊在支撐地板托梁的矮支柱下麵的基石。製作木製露台時，多用水泥製成的支撐石，而不用天然石頭。

支柱
支撐棚架、柵欄的柱子。可加長矮柱做成支柱，也可在木製露台上安裝別的材料做支柱。若是後者，則需用金屬零件來進行固定。一般都是使用4×4木料。

錐子
在木材上開小孔用的手動工具。開孔時，雙手手掌握住錐子柄用力往下鑽就可以了。依據錐子錐頭的形狀不同，可分為三面錐、四面錐等。

直角規
製作門窗、家具的時候，用於確認是否是直角的工具。

直木紋
將木材按垂直於年輪的方向鋸開後所見的平行木紋。直木紋木材不僅看起來漂亮，而且收縮性小。

止水閥
設置於水路配管的中間，關掉它便能止住水的流出。在安裝立水栓的時候，關掉止水閥，作業過程中就不會有水流出來了。

制動功能
電動圓鋸機等電動工具上常見的一種功能。關掉開關時，為避免空轉而強制性地使工具停止運轉。若打算購買電動圓鋸機的話，建議選擇具有制動功能的電動工具。

治具
能使導尺、模具等產品快速、準確地按同樣尺寸、形狀完成的輔助工具。也指加工時的輔助裝置。詞源是英語的「jig」，指固定加工品的工裝夾具。「治具」為英譯字。

柵欄（Fence）
用於防止滾落或作為圍牆的輔助設施。但低矮的木製露台多數沒有設置欄桿。欄桿側面除成品可以使用外，現在自製的格子圖案也很常見。

遮蔽
塗刷作業時，為避免塗料將四周弄髒，用塑膠布等材料進行遮蓋的作業。塗刷完畢後，為避免塗刷部位被弄傷、弄髒或是被雨淋到，用塑膠布、紙、膠合板等進行保護的作業也叫遮蔽。

針葉木
樹葉呈針狀或魚鱗狀的樹木的總稱。多為常綠木，樹身細高，有圓形花架。木紋筆直、質地輕而柔軟，易於加工。主要用於門窗和構造材料等。具有代表性針葉木的有扁柏、杉樹、紅松、冷杉等。

枕木
經加工後用於支撐鐵路軌道的木材。多用栗子樹等耐腐朽的木材做成。最近，枕木也常用作修建花園的材料。

種植箱（Planter）
栽培植物用的容器或裝飾花盆。以前主要以塑膠製品居多，但最近出現了水泥、陶瓷等各種材料的裝飾花盆。而木製裝飾花盆可用自己動手做。

磚塊（brick）
先用黏土成型，在經高溫燒製而成的建材。標準尺寸是210×100×60mm，若沒有鋼筋、砂漿進行加固的話，不要砌得太高。

轉數
表示電動工具或帶有發動機的工具如電動起子機，電鋸等每分鐘轉動圈數的參數。一般來說，電動圓鋸機每分鐘的轉數為300至500轉。此外，充電式的轉數會較低。

イ

尺規
測量尺寸、畫直線等作業時使用的工具。建議讀者朋友們購買不容易損傷的金屬尺規，再用美工刀裁切木材時還可作為導尺使用。

側板
（1）箱子、衣櫃等家具的兩側，也指抽屜側面的板材。
（2）所有建築物的側面和山牆部分板材的總稱。

側面
與正面相鄰的那一面。若是細長的箱子的話，較短的那一面叫做側面，較長的那一面叫做正面。

長邊
指長方形板材、木構造等較長的那一側。相對較短的那一側則為「短邊」。由於樹木為縱向生長，將其縱向鋸開的話板材強度會高很多；若橫向切開的話強度會陡然下降。因此，取材時，需順著木紋縱向取材。

常綠木
不會因季節變化而掉落樹葉的樹木。如松樹、杉樹、椎木等。

沉頭釘
所謂打隱形釘，即為一種釘釘子的方法，釘好後會見不到釘子頭。

沖洗
將小石子與水泥混合後塗作基材，在水泥尚未硬化之前噴水沖洗，從而使小石子露出表面的一種施工工藝。

椽子
用於承受屋簷基層的構件。在搭建木製露台的時候，擺放在其頂部的方形裝飾材料也叫椽子。為了避免重量太重，一般是將2×4木料對裁後再使用，或是直接使用2×2木料。

ア

室外裝潢（Exterior）
室內裝潢interior的反義詞，直譯為建築物的外部或外觀的意思。為建築物本體的附屬物，景觀、庭院、庭院打造等外部裝飾的總稱。大門、柵欄、門前道路的鋪裝、照明、花草種植，以及庭園等也包括其中。

水泥（Cement）
一般是指由石灰、黏土、氧化鐵等材料製成的普通水泥。原意為接著劑的總稱，瀝青、動物膠、石膏及石灰等材料都包含在水泥內。

水平線
建築中用於顯示水平的線。

水平儀
又叫水平。在製作家具或修建房屋時，用於確認是否水平或垂直的工具。其本體裡裝有一個含水的氣泡管，透過氣泡管的位置來判斷為水平或垂直。

水栓
水龍頭的俗稱。安裝在花園或裡在地面之上的水栓叫做立水栓。

手提平面砂輪機
透過高速轉動鋸片對磚塊與預製板等進行裁切、金屬加工、切斷或研磨等的電動工具。有多種種類，可依據具體用途進行選擇。

石英砂
以石英為主要成分的細沙。天然石英砂是花崗石風化後的產物，人造石英砂由白珪土粉碎後製成。鋪磚和刷牆的時候都可使用。

石匠錘
其頭部比普通的鐵鎚更重，多用於敲磚等需要較大打擊力的作業。普通鐵鎚的重量是300克，而石匠錘的頭部有一公斤之重。

飾角
木工作業中倒棱角的技法之一，是具有裝飾性倒角技法的總稱。一般使用修邊機，換上不同的鑽刀，倒出的效果也不一樣。

飾邊
確定好庭園的範圍以及種植花草的位置後，對其邊界線進行裝飾的工作就叫做飾邊。進行地面鋪裝時，可設計多個造型各異的區域，並搭配自己喜歡的鋪裝材料。

柿油
搗碎涉柿子發酵後所榨出的汁液，具有較好的防腐性、耐久性，可塗在外壁、日式雨傘、漁網等物品上。柿油具有刺激性氣味，作業時注意通風換氣。

砂漿
石灰裡加入切碎後的稻草、亞麻（將其纖維切碎後的骨材）和漿糊並混合均勻，再加水攪拌調和成的材料。自古以來就是粉刷牆壁的原料。市面上有只需加水攪拌後就可使用的成品砂漿，還有使用更方便的乳膠型砂漿壁材。

砂漿
一般指用水泥、砂子、水等混合而成的水泥砂漿。除此之外，還有石灰砂漿、瀝青砂漿等。進行砌磚等作業時需使用砂漿。

砂漿槽
混合水泥等時候用的一種土建工具。使用過後還可作為放東西的容器或是洗東西用的水桶等使用。

砂漿鋤
混合砂漿等作業時使用的工具。有專門的工具，但也可使用農用鋤頭。長手柄的使用更方便。

砂紙
砂紙的規格由「#」加上表示粒度的番號來表示。數字越大的砂紙粒度越細。

砂子
一般來說，砂子是指石頭自然風化後形成的

直徑為5㎜以下的微粒。在製作木製露台時，用於地基石的基材調整。

杉木
日本人自古以來就很喜歡的一種建材。易於加工且價格便宜，木工中用起來也很輕鬆方便。強度較好，但比較容易裂開。

上油
具有代表性的木工塗刷方法。天然乾性油裡加入若干的樹脂、乾燥劑和著色劑後塗在木工作品上，使其滲透在木材的表面組織裡。由於不形成塗膜，所以天然木材的特性和優點也毫髮無損。

剩料
指從木材上切下來的邊角餘料。作品上雖然用不上，但還有很多其他的用途，可以先留存起來不要扔掉。

樹種
杉樹、松樹、光葉櫸等樹木的種類。與「材種」不是同一個概念。

鼠尾鋸
可從材料中間開鋸的鋸子。鋸身較短、鋸柄較長，鋸齒部位略呈彎曲狀是其主要特徵。

順木紋
將木材順著木紋鋸開後的狀態。易於裁切且木紋漂亮。

ㄖ

卵石
只需鋪在地面上就能輕鬆營造出一番意境的小碎石。從歐式風格到日式風格各種風格的裝飾用碎石是應有盡有，顏色和形狀都很豐富。

溶劑
溶解物質的液體。在塗刷行業，是指稀釋塗料的液體。「○○性」字樣是表示溶劑的性質，若是水性的話，其溶劑為水。

ㄗ

雜木
明治末期之前，由於人們還未熟練掌握使用枹樹、櫟樹、橡樹、山毛櫸、柞樹等木材的技術，故而將其統稱之為雜木。現在，這些木材已廣泛用於木工作業中。

鑿削加工
用鑿子、鋼鑿等在水泥或石才的表面或削或鑿，打造出耐人尋味的凹凸粗糙感和柔美感。

鑿子
由柄與刀片兩部分組成，在外力的敲擊下對木材、石頭等原料進行開孔、切削的手動工具的總稱。可分為打鑿和修鑿兩大類。

組板
櫥櫃等家具的各個構件都用一塊板材做成再進行組裝的方法。部件的數量少了，但材料的體積和重量會隨之增加。
※日式用語。

鑽頭（Bit）
安裝在鑽床、電動起子機或電鑽等最前端的鑽頭。鑽頭分為木工用鑽頭與金屬用鑽頭。建議大家購買附有多種尺寸的鑽頭套組。

ㄘ

材料種類
木材市場上對材料的區分。如板材、角材、圓木等。與樹種不是同一概念。

瓷磚
主要指用於裝飾的陶瓷製品。有各種材質、形狀和尺寸，種類非常豐富，可根據自己的具體用途進行選購。

錯位
兩個部件的擺放位置得略有不齊整時，其相互錯開的部分就叫做錯位。平板或踏腳石等高出地表的部分也叫錯位。消除錯位的作業叫做去錯。

ㄙ

榫卯
又名榫頭。為了接合兩個木料而做的接頭。在膠水和釘子不普遍的時代，為了讓門窗等結合得更加牢固而設計出一種方法。在螺絲的使用普及以後，這種打卯眼接榫頭的方法就顯得格外的獨具匠心。但在家具製作時，嵌合和拼接的方法仍在普遍使用。

榫接
接合兩個以上部件的技法總稱。

松木（Pine）
西洋白松木等人們都很熟悉。邊材呈白色，心材呈淡黃色或淺紅褐色。質地輕而軟，木紋筆直。手感略顯粗糙，易於加工且不易變形。松木的樹脂成分多，且耐水性、耐久性高，但耐候性較差。主要用於建築、地板、家具、三夾板等。進口松木的種類很多，如紅松、黑松等。種類不同，材質的柔軟度也不一樣。選材時需特別注意。

散孔材
端面上分散著一些細小管道的闊葉木材。木紋不明顯。

碎石
硬質岩石用機械設備粉碎後具有相同大小的石粒。按其大小可分為單粒度碎石、粒度調整碎石和未經篩選的碎石，製作木製露台時，可鋪在地基石的下麵。另外，碎石還具有其所特有的暗淡色澤以及讓雨淋濕後的堅硬質感，無論是西式還是日式的庭院都很適合。在庭院小徑或木製露台周圍鋪上碎石做裝飾，也能營造出一份獨特的意境。

三夾板
將原木像切蘿蔔片一樣切成薄片做成單板並使其乾燥，再用接著劑一層一層地黏接固定。重疊時要使木紋相互交錯，重疊的層數為奇數。如此做出的板材就是三夾板。其強度高、不易變形，且價格便宜，各種厚度的都有，品種非常豐富。尺寸大也是其優點之一，建築和木工中都有廣泛使用。

ㄧ

引孔
也叫釘通道。事先以錐子開孔，釘釘子時就不會出現釘子彎曲、板材裂開的問題，釘釘子的作業會進展得非常順利。

引擎鏈鋸
透過轉動鏈子來鋸斷枕木、圓木和樹木的大型工具。使用燃料為混合汽油。具有強勁的動力，但有噪音大，非專業人員不易操作的缺點。另外，鏈鋸需經常保養。

印刷板
表面印有木紋等圖案的三夾板。已做好表面處理，無需再塗刷。

硬化
黏接塗料後逐漸凝固的過程。接著劑乾燥及變硬的過程。

硬質木材
相對於質地較軟的針葉木來說，質地堅硬的闊葉木材就是硬質木材。如橡木、栗木、櫟木、光葉櫸等。

硬木
質地較硬的材料。木工行業裡主要指闊葉木。與之相對的針葉木叫做軟木。

硬齒鋸（Chip saw）
鋸齒部位較硬的電動圓鋸等工具。

陽台
高出地面一截，由人工打造或天然形成的平臺。也叫「露臺」。

研磨
對物體的表面進行磨擦，使其光滑。

油漆
著色木材或金屬的塗料。塗刷後形成的塗膜對材料具有保護作用。有水性漆和油性漆之分，油性漆使用專門的稀釋劑進行稀釋。從塗膜的強度來看，油性漆好於水性漆。

油性漆
木工初級者難以操作，但比水性漆性能好、不容易被刮傷。餐桌桌面等需要漆膜強度較高的部位建議使用油性漆。

油漆刷
塗刷用的工具之一。按用途可分為油性漆用、水性漆用、清漆用和小型油漆刷四種。所使用的刷毛有馬毛、羊毛、豬毛等，最近又出現了使用聚酯纖維的油漆刷。

油漆桶
塗刷時，用於分裝塗料的小桶。多個人同時作業時，多準備幾個，進展會更快更順利。帶有手柄的桶子，使用更方便。

游標卡尺
測量管道、圓腳等圓形物體的直徑時使用的規尺。另外，需要較為精確的測量值時也使用游標卡尺。不像直尺那樣對著刻度來讀數，而是用其卡腳卡住需要測量的部位，顯示幕上顯示的數位就是測量值。除了外徑以外，還有內徑，可用於測量孔穴的深度。

有腳家具
在家具分類中，指那些以腳為支撐材料的家具。如椅子、餐桌、書桌等。

ㄨ

瓦數
消費電力的功率。其數值越高，就表明其動力越強。線鋸機的瓦特數一般是500左右，初次使用時，用400瓦左右的就可以了。

ㄩ

預拌混凝土
已混合完成可直接使用的混凝土，又叫ready-mixed concrete。水泥廠已加水混合完畢，為避免凝固而以攪拌車運送至施工現場的混凝土。

雲杉（Spruce）
與日本產的檜樹、針樅是同類，也叫美國雲杉。邊材和心材之間沒有明顯區別，木材呈白色或淺黃褐色，木紋筆直，手感細膩。另外，其材質偏輕，偏柔軟，易於加工。因其不具有耐水性而不能用於室外，但可用於室內裝飾、門窗、家具等方面。其材質穩定，可用於製作日式房間的裝飾物件。

永久門窗
裝上後就無法取下的門窗。

原木
從樹木的樹幹上切取下來的整塊木材，保留著木材的天然美感。種類非常多，但近年來為了保護資源，較寬的板材減少了且價錢很貴。乾燥後容易發生收縮、翹曲等變形。

原木紋
沒有塗刷的天然木材表面。保留木材天然色澤和質感的塗刷方法叫做透明塗刷。

ㄞ

矮柱（Anchor bolt）
較短的垂直材料總稱。部件之間以垂直方向結合時所使用的短柱。在木製露台中，為支撐托梁的重要部件。因離地面較近，容易吸濕，需進行防腐動作。主要用於支撐上方部件，但有時也用於懸掛下方部件，此情況即為「吊柱」。

ㄦ

二合一塑鋼土
往主劑裡加入硬化劑後發生化學反應而進行硬化。可黏接金屬、玻璃、瓷磚、塑膠等材料。

A～Z

2×材（2倍材）
原為美國的標準板材。因此單位為英寸。木口面為2×4英寸的叫做2×4木料；除此之外還有2×6木料等。適合用於製作大型木工作品且價格合理，是頗受歡迎的木工DIY板材。樹木種類以SPF等為中心，質地較軟易於加工，非常受歡迎。順便介紹一下，SPF中的「S」是「spruce」（雲杉）、「P」是「pine」（松木）、F是「fir」（冷杉）的縮寫。除了SPF以外，市場上還有使用美國鐵杉、美國松、美國冷杉等針葉木加工而成的2倍材。由於這些板材都呈白色，在美國又被稱為「白木」。而表面帶紅色的2倍材中具有代表性的有美國側柏（western red cedar）、紅木（redwood）等。這些比SPF等材料價格貴，但耐水性、防腐和防蟲效果好，適用於室外裝飾。作為木製露台的材料也非常受歡迎。

2×4工法
使用斷面尺寸為2×4英寸或其倍數的木材，只需以釘入釘子進行組裝固定，不用柱子而是以整個壁面來承重的壁面框架組裝方法。由美國與加拿大發明，主要用於住宅建築。

3×6板
其尺寸用「尺」來表示。即3×6尺（90.9×181.8公分）的板材。比這略大的91×182公分是市面上常見的板材尺寸。基本上都無需加工可直接使用。

Composite panel
原為澆灌水泥用的模子，但作為木工材料也很受歡迎。有表面塗刷了的，也有沒塗刷的。其尺寸是90×180公分。

Coarse thread
門窗、家具上廣泛使用的一種木螺絲。木工用螺釘的釘軸基本上都是筆直的，而且比較細。而Coarse thread比一般的螺釘粗且螺紋大，具有保持力高、作業性好的優點，因此取代了釘子而被廣泛使用。使用電鑽作業會更輕鬆。

Garden furniture
庭院裡所使用家具的總稱。如休息用的椅子、長凳以及茶桌等，最近又出現了許多設計獨特、材質各異的新型花園家具。

Inter locking
塊狀的水泥鋪裝材料。表面粗糙，易於行走，施工和補修都很簡單，價格也便宜，因此被廣泛用於人行道和公路的鋪裝。顏色和形狀也非常豐富。

Nippers
斜口鉗。形狀與平口鉗、扁嘴等相似，但用途卻不同。斜口鉗用於切斷各種線材，比平口鉗更精密一些。有能將電線表面的絕緣皮剝掉的帶剝線功能的剝線鉗，能夠使施加的外力變為雙倍的剪切力的倍力鉗等。

Lattice
用板材等組合而成的格子狀或「之」字形圖案的柱子或橫樑。

Level
水平儀。也指標記水平、確認水平、找水平的器材。

MDF板材
將木材粉碎後再用接著劑壓合在一起的板材。表面平滑，質地均勻，易於加工，容易受潮。

Miter saw
多角度切斷機。

Miter box
又名箱鋸、斜切箱。因斜面接合時用於角度裁切而得此名。當然，也是直線裁切的重要工具。

OSB板材
用接著劑將多層木片貼合在一起的板材。強度高，具有獨特的花紋，多用於結構材料。

R（r）英文單字radius（半徑）之首字母。r＝10在木工行業通常表示半徑為10㎜的圓弧。也轉指曲面。

R角
帶有圓弧的角。用修邊機或木工雕刻機的1/4 R刀片進行鑽削的話，圓筒形的鑽片會轉動，即可對直角進行倒角。

Red cedar
又名western red cedar。西洋杉。

SPF材料
2×4標準板材的一種。其中有雲杉板、松木板和冷杉板。

T型搭接
兩塊板子呈「T」字形組裝時，一塊木材的斷面直接作為榫頭，在另一塊木材上切溝槽，然後將兩者嵌合在一起的結合方法。可用釘子、木螺絲、接著劑等加強固定。

Teracotta
義大利語，素陶瓷、陶瓦的意思。指沒有施釉的燒製物。有瓷磚、花盆等各種各樣的室外裝飾用品。

Template
型板、範本、模具等意思。若有工具的話可以自己做，市場上也有修邊機、木工雕刻機等之型板售賣。

製作、改造時輕鬆查詢
關鍵字索引

ㄅ・ㄆ・ㄇ・ㄈ

不規則木紋……97
柏木……21
柏木板……96、97
扳手……10
壁塗的種類與特徵……119
標準塗刷面積……86
鋪砌企口式木地板……120
鋪貼塑膠地磚……172
鋪裝卵石……53
鋪裝……36、52
鋪砌方塊地毯……122
鋪砌企口式木地板……120
鋪裝不規則石板……53
鋪磚……55
噴漆噴塗……108
排水管的構造……187
平口鑿……56
平行尺規……73
美國側柏……21
木製露臺的基本組成……21
木製露臺使用的材料……21
木製露臺地板與托梁配置……21
木製露臺的塗刷順序……21
木工用填縫劑……84
木材用修補塑鋼土……84
木抹刀……51
木地板的維修保養……127
木材的選擇方法……96
木工DIY計畫……90
木工作品的形狀與尺寸……91
木工用膠、白膠……82
抹刀（鏝刀）……51
馬桶水箱的構造……197
毛刷的移動方法……116
毛邊……81
飯廳與廚房的維修保養……184
複合扳手……10
防震小物件……178、179
防止窗戶結露……138
富於變化的設計……94
防盜對策……133

ㄉ・ㄊ・ㄋ・ㄌ

地板保養漆……129
地板打蠟……128
倒角……13
電動砂紙機……10、74
電動砂紙機的使用方法……74
電動起子機……10、78
電動起子機的使用方法……78
電動圓鋸機……70、71
電動圓鋸機的使用方法……70
墊底膠帶……28
打蠟……128
釘子……10、76
釘釘子……76
淡化榻榻米的日曬痕跡……149
塗刷出古典風家具……110
塗刷油漆在壁紙上……125
塗刷日式牆壁……144
塗刷珪藻土……126
塗刷混凝土地臺……30
塗刷作業的善後處理……103
塗刷的基礎知識……84
塗刷的準備工作……87
塗刷前的表面處理……85
塗刷與打蠟的順序……129
塗刷的方法……88
塗刷塑膠製品……112
塗刷磚砌圍牆……58
榻榻米的維修保養……148
填補圖釘洞與刮痕……124
填補混凝土地面破損與裂縫……63
填補混凝土地面的裂縫……63
填補木地板的大面積刮傷……128
填補木地板的小刮傷……127
填補木結構部分的擦傷……147
填補日式牆壁的擦傷……146
填縫袋……35
鐵鎚……10、76
鐵鎚的使用方法……76
鐵木……21
鐵皮屋頂的維修保養……64
鐵抹刀……51
調整已固定窗鎖……136
調整電動圓鋸機的鋸片……71
通用改造……158、160、194
黏貼壁紙……114
黏貼裝飾貼膜……174、175
黏貼瓷磚……176、192
黏貼隔熱膜……138
黏貼兩條遮蔽膠帶……28
黏貼隔熱膜……138
黏貼玻璃防盜膜……133
黏接木材……82
老虎鉗……10
拉門紙的種類……151
鋁合金大門的維修與保養……62
螺絲起子……10、96、97
螺絲……10、78、80
羅漢柏……97
菱形鏝刀……51
柳桉……97
柳桉板……96

ㄍ・ㄎ・ㄏ

改善關門速度過快的狀況……135
改善馬桶沖水……198
改造柱子與橫木……147
更換雨水管……65
更換紗窗滑輪……140
更換紗網……139
更換塑膠地磚損傷處……184
更換窗鎖……136
更換蓮蓬頭……188
更換窗戶滑輪……137
更換漏水的淋浴器水管……190
更換拉門紙……150
更換門把……134
更換滑輪……137、140
更換出水管……180
更換和室拉門紙……152
滾筒……84
滾塗的技巧……125
滾塗的方法……89
根石……21
固定夾……69
勾縫刀……51
構造用三夾板……96
珪藻土……119、126
光葉櫸……97
可更換鋸片的鋸子……68
客廳牆壁的維修保養……124
和室障子門的維修保養……150
和室拉門的維修保養……152
和室拉門邊框的拆卸方法……153
含砂壁材……119
花園DIY的基礎技巧……50
活動扳手……10
混凝土……50
混凝土地面的維修保養……63
混凝土用室外塗料……30

ㄐ・ㄑ・ㄒ

鋸子……10、68、69
鋸子的使用方法……68
角度尺……73
集成材……96
接著劑……82
接著劑的基本常識……82
解決廚房內漏水問題……182
解決洗臉臺的漏水問題……186
解決馬桶堵塞……200
家庭木工計畫工具……10
將家具塗刷出古典風……110
金屬用接著劑（AB膠）……82
金屬網……52
尖嘴鉗……10
精工板……96
均勻塗刷面板的訣竅……109
矯正和室拉門的歪斜變形……154
加裝防盜鎖……132
加工榫頭……143
起子頭……79
取材的要領……98
確認雨水管的斜度……65
去除地毯上汙跡……130
去除瓷磚霉漬……193
去除瓷磚黑漬……193
去除榻榻米上家具壓痕……149
去除日式牆壁的污漬……146
去除日式牆壁的髒汙……146
清掃雨水管……65
清掃紗網……140
清洗蓮蓬頭……191
清理榻榻米……149
清除馬桶內污垢……200
清洗排水管……186
清洗排水彎管……187

塑膠手套……84
裁切瓷磚……191
裁切木材……70、72
擦洗牆上的塗鴉……60
層板的固定方法……94
層板的設計……94
三夾板……96、164
餐桌的尺寸與形狀……93
廁所的維修保養……196
松木……98
鎖螺絲前的準備工作……80
鎖螺絲的注意要點……80
鎖螺絲……78、80

ㄧ・ㄨ・ㄩ

以蒸汽熨斗消除家具壓痕……131
以線鋸機進行曲線裁切……73
以線鋸機進行直線裁切……73
以2×4basics製作置物架……104
以木器補土遮蓋螺絲孔……162
以鋸子裁切較厚的木材……69
以鋸子直線裁切……69
以木材用填縫劑填補……87
以電動圓鋸機裁切較大板材……71
以電動圓鋸機進行角度裁切……71
以釘子接合木材……76
以螺絲結合木材……78
以砂漿鋪地磚……52
以三夾板製作置物櫃……164
椅子的形狀與尺寸……92
研磨木材……74
研磨棒……102
油漆刷……84、85、88
油漆桶……84
油性漆……86
為陽臺加鋪陶磚……40
於木材黏貼金屬零件……83
於木材黏貼裝飾面板……83
雨水管的維修與保養……65
與磚相關的作業……54
浴室瓷磚的維修保養……191
浴室的維修保養……190
雲杉板……97
原木板……97

ㄢ・ㄣ・ㄤ・ㄥ・ㄦ

安裝樓梯扶手……158
安裝防止傾倒物件……178
安裝小掛件於牆面……126
安裝鋸條……73
安裝防震小物件……178
安裝扶手……158、194
安裝廁所扶手……194

A~Z

2倍材……21、97
3×6木料……96
PVC管鋸……48
製作排列枕木柱……44
製作鋪磚陽臺……36
製作矮桌……100
遮蔽……84、87
遮蔽膠帶……84
遮蔽薄膜……84
遮蓋木結構部分的髒汙……147
裝飾板……96
磚砌圍牆與外牆的維修保養……60
專業粉刷工程……144
除霉作業時需注意室內通風……193
除去榻榻米上污漬……148
廚房水管的維修保養……182
纏繞鐵扶龍膠帶的方法……183
垂直釘釘子的訣竅……77
重新塗刷鋁合金大門……62
重新塗刷家具……108
重新黏貼瓷磚……192
重新塗刷掛鐘……112
重新塗刷鐵皮屋頂……64
重新塗刷……108、110
重新塗刷牆面……61
重新塗刷木結構部分……147
窗框的維修保養……136
使用抹刀的訣竅……145
使用噴漆進行塗刷……88
使和室拉門滑動更流暢……154
使用地板專用保養漆……129
室外用護木油……26
室內門與玄關門的維修保養……134
書架的尺寸與大小……91
束石……21
手提平面砂輪機……56
砂紙……74
砂底鋪砌……36
砂紙的使用方法……74
砂漿……50
砂漿、水泥之成份比例……50
砂漿的混合劑或保水劑……41
砂漿的製作方法……51
紗網的維修保養……139
收納家具的形狀與尺寸……92
水泥板……96
水性噴漆……86
水性漆……86
水泥、砂漿工程之基礎……50
水泥糊漿……43
杉木板……97
日本鐵杉……97
日式牆壁的維修保養……146
日本厚樸……97
日式牆壁的維修保養……146
讓失效的螺絲重新發揮作用……135
如何清洗塗刷作業用工具……103

ㄗ・ㄘ・ㄙ

紫檀……21
在廚房牆壁黏貼白色瓷磚……176
在窗框上安裝防盜鎖……132
在牆上抹出圖案……145
鑽孔……78
鑽孔的方法……81
鑽頭……78、79
鑽頭的安裝方法……79
塑膠漆盤……84
切磚……56
砌磚……54
砌磚用抹刀……51
洗臉臺的維修保養……186
矽膠……59
修補雨水管裂縫……65
修補紗網的破洞……140
修補地毯破損處……131
修復壁紙剝離……124
修補拉門破洞……151
修補拉門格櫺……151
修補瓷磚缺口……191
修補榻榻米的毛邊……149
修補鐵皮屋頂的裂縫……64
修補和室拉門的破裂與開孔……154
修補圍牆的空洞……61
修補圍牆裂縫……60
修補日式牆壁的破洞……146
消除煙頭燒焦痕跡……130
消除紗網的惱人聲響……140
消除紗網鬆弛……140
消除壁紙上的汙跡與塗鴉……124
消除玄關段差……160
消除蓮蓬頭掛鉤晃動……190
消除櫥櫃門扇的吱嘎聲……184
消除榻榻米上燒焦痕跡……148
消除門的吱嘎聲……135
消除門把作響的毛病……134
消除地板的吱嘎聲……128
線鋸機……72、73
線鋸機的使用方法……72
香蕉水……86
箱子的形狀與尺寸……91
箱子的設計……95
箱子側板的組裝方法……95
橡膠、皮革用強力膠……82
斜口鉗……10
新油漆刷的使用方法……85

ㄓ・ㄔ・ㄕ・ㄖ

支撐石……21
直木紋……97
止水閥……198
枕木立式水龍頭……46
出水管口徑……181
出水管種類……181
製作英式木柵欄……18
製作玩具收納箱……106
製作花園座椅……15
製作花園桌子……15
製作風化木裝飾承板……142
製作杯櫃……168
製作木楔……143
製作玄關用矮凳和腳踏板……160
製作壁掛衣架……156
製作風化木裝飾承板……142
製作托灰板……119
製作混凝土陽臺……52
製作置物櫃……164
製作玩具收納箱……106
製作置物架・杯櫃・九格櫃……104、168、170
製作烤肉爐……32
製作種植箱……12
製作杯櫃……170
製作太極矮桌……100

手作良品 02

圓滿家庭木作計畫（經典版）

作　　者／DOPA！編輯部
譯　　者／梁容・王海
發 行 人／詹慶和
總 編 輯／蔡麗玲
執行編輯／李佳穎・陳姿伶
編　　輯／蔡毓玲・劉蕙寧・黃璟安・陳昕儀
封面設計／韓欣恬・陳麗娜
美術編輯／周盈汝
內頁排版／造極
出 版 者／良品文化館
發 行 者／雅書堂文化事業有限公司
郵撥帳號／18225950 戶名：雅書堂文化事業有限公司
地　　址／新北市板橋區板新路206號3樓
電　　話／(02)8952-4078
傳　　真／(02)8952-4084
網　　址／www.elegantbooks.com.tw
電子郵件／elegant.books@msa.hinet.net

2010年12月初版一刷　2016年3月二版一刷
2019年10月三版一刷　定價 480元

經銷／易可數位行銷股份有限公司
地址／新北市新店區寶橋路235巷6弄3號5樓
電話／(02)8911-0825
傳真／(02)8911-0801

國家圖書館出版品預行編目(CIP)資料

圓滿家庭木作計畫 / DOPA！編輯部著;梁容, 王海譯. – 三版. -- 新北市 : 良品文化館, 2019.10
面；　公分. -- (手作良品 ; 2)
ISBN 978-986-7627-16-2 (平裝)

1.木工 2.家具製造 3.建築物維修

474.3　　108013513